통계학으로의 여행

– 원리와 응용사례 중심으로 배우는 –

이명호 · 안상형 · 구지현

박영사

서 문

그 동안 "경영 · 경제 통계학"(박영사, 2002년 초판발행, 안상형 · 이명호 공저)은 2011년 3월로 3쇄를 거듭하며 여러 독자들로부터 분에 넘치는 배려와 사랑을 받아오면서, 대학교 교육과정을 진행함에 있어서 한 학기 강의분량으로는 너무나 많은 내용들이 있다는 강사님들 및 학생들의 의견을 수렴하여 "통계학으로의 여행"을 새로이 출간하게 되었다. 특히, 본 교재는 한국외국어대학교에서 30여 년 동안 묵묵하게 학생들에게는 참된 가르침을, 그리고 동료 및 후배교수님에게는 따뜻한 우정과 사랑을 전해주신 이명호 교수님께 감사의 뜻을 전하고자 출판하게 되었다.

이 책의 목적과 특징들을 구체적으로 살펴보면 다음과 같다.

이 책의 목적은 다음과 같다.

통계학의 기본적인 개념과 원리를 이해시키고, 그에 따른 응용사례에 적용시킴으로써 통계학을 어려워하는 독자들에게 통계학으로의 친근감과 흥미를 높이고, 통계학을 다양한 분야에 활용할 수 있는 능력을 배양하는데 있다. 이에 책의 내용들은 사례위주로 그리고 수학적 자식이 부족한 경우에도 이해가 쉽도록 다루어졌다. 각 장에서 소개되는 기법들에 관한 논의와 전개되는 응용사례를 중심으로 구성되어 있으며, 다양하게 발생된 문제들에 관한 해법과 의사결정을 도달할 수 있는 통찰력을 제공하도록 통계적 결과들이 제시되었다.

이 책의 특징을 요약하면 다음과 같다.

첫째, 다양한 현상을 토대로 한 예제들

독자들의 통계적 응용사례들에 관한 폭넓은 이해를 돕기 위하여, 실제 자료 및 현실적인 통계분석으로 다양한 예제들이 제시되어 있다. 이와 같이 다양하게 구상된 예제들을 통해, 통계적 방법론들을 습득하게 할 뿐만 아니라, 실제로 당면하게 되는 현상을 이해할 수 있도록 하였다.

둘째, 각 장의 요약 및 응용관련 연습문제들

각 장마다 그 장에서 공부한 내용을 요약정리하고, 배운 내용을 응용할 수 있는 풍부한 연습문제들이 제시되어 있어서, 독자들의 입장에서 각 장에서 배운 통계분석 및 계산을 정확히 점검할 수 있는 계기가 될 뿐만 아니라 실제 정황에 부합하는 문제들을 섭렵하는 연습의 장이 될 수 있도록 하였다.

셋째, 기본 원리의 이해를 위한 자세한 설명들

통계의 기본적인 원리를 이해시키기 위해 개념을 자세히 설명하였으며, 그 개념에 관련된 자세한 예제로 이해의 폭을 넓히게 하였다. 또한 중요한 수식의 이해를 돕기 위해 가능한 증명을 제시하였다.

넷째, 배운 내용과 앞으로 진행될 사항을 설명

각 장의 앞 부분에 도입부분을 설명하여, 통계분석방법과 응용에 관련한 통찰력을 공고히 할 수 있도록 배려하였다. 즉, 해당되는 각 장의 주요 내용들을 간략하게 설명하였으며, 앞서 다루어진 내용들이 어떻게 현재 및 후속 장에서 연계되는지 일목요연하게 알 수 있도록 제시하였다.

감사의 말씀

본 "통계학으로의 여행"을 새로이 출판하면서 독자들에게 보다 나은 책을 제공하고자 저자들은 최선을 다하였으나, 앞으로도 개선할 점이 많이 있으리라 생각한다. 이러한 점들은 기회가 닿는 대로 적극 반영할 것을 약속한다.

아울러 박영사의 안종만 회장님과 본 교재 작업에 심혈을 기울여 주신 우석진 부장님을 비롯한 전 출판관계자님들께 감사드립니다.

끝으로, 다시금 이명호 교수님께 감사의 마음을 전합니다. 감사합니다.

2015년 2월

저자들 씀

차 례

제 1 장 통계학의 개요

제 2 장 그래프와 표에 의한 자료의 요약

제 3 장 수치에 의한 자료의 요약

제 4 장 확 률

제 5 장 확률변수와 확률분포

제 6 장 이산확률분포

제 7 장 연속확률분포

제 8 장 표본분포

제 9 장 추정과 가설검정: 한 개의 모집단인 경우

제10장 추정과 가설검정: 두 개의 모집단

제11장 회귀분석

부록

제 1 장

통계학의 개요

1.1 통계학의 정의

1.2 통계학의 기본요소

1.3 자료의 분류

1.1 통계학의 정의

통계는 무엇이며 여러분에게 무슨 의미가 있겠는가?

통계는 우리의 일상생활과 매우 밀접하게 관련되어 있다. 예를 들어 기상예보, 야구선수들의 타율, 한경주가지수, 실업률, 인구증가율, 경제성장률 등 다양하게 통계를 접하고 있다. 통계는 의미있고 유용한 과학으로서, 그 적용범위가 매우 넓고 비즈니스와 경제문제에 거의 무한정으로 응용된다는 것을 이해할 필요가 있다. 하지만 잘못된 통계는 사용자에게 커다란 오류를 범하게 한다는 것을 반드시 인식할 필요가 있다. 그러므로 우리는 통계의 정확한 의미를 알고 정확하게 사용해야 한다.

통계는 대부분의 사람들에게 '숫자에 의한 묘사'(numerical descriptions)를 의미한다. 한경주가지수, 월별 실업자의 수 그리고 어떤 산업에서 여성중역의 비율과 같은 특정현상에 대한 수집된 자료의 통계적 묘사이다. 대부분 이러한 숫자들을 집계하는 목적은 단순히 특정한 자료의 묘사만이 아니다. 종종, 자료는 좀 더 많은 자료의 집합으로부터 선택된 표본으로 간주된다. 예컨대, 어떤 대규모의 벤처기업에서 미수금 계정에 대한 표본조사는 미수금 계정의 평균적인 값을 추정할 수 있도록 한다. 이러한 추정은 이 벤처기업이 미지급금 계정의 총액을 감사하는 데에도 사용될 수 있다. 즉, 통계학(statistics)은 자료를 수집하고 정리 및 요약하여 얻어진 정보를 바탕으로 최적의 의사결정을 내릴 수 있도록 도와주는 과학적인 학문이라고 정의할 수 있다. 통계는 자료분석의 목적에 따라 기술통계(descriptive statistics)과 추론통계(inferential statistics)로 나눌 수 있다. 기술통계는 자료를 그래프, 표, 또는 수치로서 요약하는 통계분석을 의미한다. 자료의 양이 방대한 경우 자료에 대한 전반적인 내용을 파악하기는 쉽지 않다. 이러한 경우 기술통계를 통하여 자료에 대한 전반적인 파악을 할 수 있다. 또한 기술통계로 인해 수치로써 요약된 정보는 추론통계에 사용된다. 추측통계란 자료를 통해 얻어진 정보를 분석하여 불확실한 사실에 대하여 추론(추정, 의사결정, 예측 등)을 하는 통계분석을 의미하며, 이를 추측통계라고도 한다.

비스니스 프로그램에서 왜 통계학을 공부하는가?

비즈니스에 관한 연구의 계량화 및 비즈니스의 운영활동(품질관리, 통계에 의한 감사, 경영예측 등)은 지난 수십 년간 계량경제모형, 시장조사 및 CPI(소비자물가지수)와 같은 각종 지수에서 보듯이, 경제활동을 수량화하는 비교적 최근의 노력들을 나타낸다. 오늘날 경제 및 경영학을 전공한 졸업생들은 통계적 방법과 그 의미를 이해하는 것이 그 어느 때보다도 중요하다. 왜냐하면 통계적 지식이 없으면 숫자들의 홍수에서 헤어날 수 없어 더욱 혼란에 빠질 수밖에 없기 때문이다. 경제·경영학도들은 이러한 숫자들에 묻혀져 있는 정보들을 효과적으로 추출할 수 있는 합리적이고 분별있는 사고를 함양하여 현명한 의사결정과 추론 및 일반화를 이룰 수 있어야 한다.

경영관리적 의사결정에 있어서 통계학의 역할

경영자들은 흔히 통계적 분석으로부터의 정보에 의지하여 의사결정을 내린다. 관리적 의사결정에서 통계학의 역할은 [그림 1.1]에 흐름도로 나타나 있다.

모든 경영관리적 의사결정문제는 실제문제로부터 시작된다. 이 실제문제는 경영관리적 용어로 형성되어져서 경영관리적 의문점의 틀로 짜여진다. 다음 단계들(흐름도를 시계의 반대방향으로 따르면)은 이러한 과정에서 통계학이 차지하는 역할을 나타낸다. 경영관리적 의문점이 통계적 의문점으로 바뀌면서 표본이 수집되고 분석되며 그리고 통계적 의문점들이 해결되어져 간다. 그 과정에서 다음 단계는 통계적 의문점에 대한 해답을 사용하여 경영관리적 의문점에 대한 해답에 도달하는 것이다. 경영관리적 의문점에 대한 해답은 원래 경영관리적 문제의 재구성을 의미하고, 새로운 경영관리적 문제를 제기하기도 하며 또는 경영관리적 문제의 해결을 유도하기도 한다.

의사결정과정에서 가장 어려운 단계들 중의 하나는 경영관리적 문제를 통계적 용어로 해석하는 것이다. 즉, 자료의 모집단에 대한 의문점으로 변형시키는 과정을 말한다. 이러한 의문점은 어떤 체제를 갖추어 구성되어야 하는데, 그 이유는 해답이 주어졌을 때 그것이 경영관리적 문제점에 대한 해결을 위한 주요 역할을 하기 위한 것이다. 따라서, 통계분석자는 어떤 최종결과를 가지고 즉, 경영관리적 문제점에 대한 해답을 염두에 두고 통계적 문제를 형성하여야 한다.

그림 1.1 경영관리자적 의사결정에서 통계학의 역할을 나타내는 흐름도

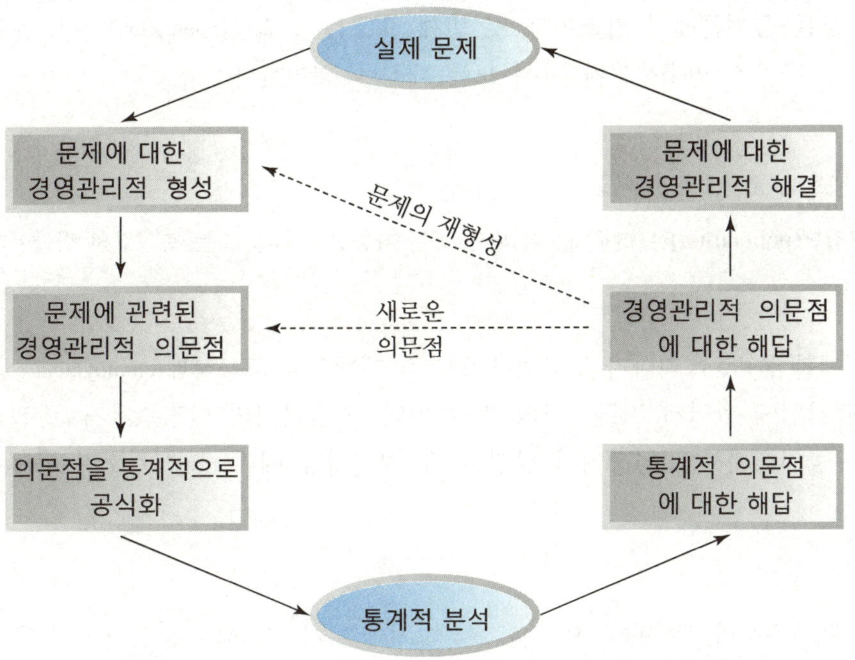

자료원: Chervany, Benson, & Iyer(1980)

1.2 통계학의 기본요소

통계조사는 연구대상 전체를 조사하는 전수조사와 연구대상 전체에서 일부분만을 조사하는 표본조사가 있다. 이러한 통계조사는 거의 모든 분야에서 이루어지며, 모든 통계분석을 위해서는 공통적인 요소들이 있다.

1) 모집단

모든 통계문제의 기초이자 첫 번째 요소는 모집단(population)이다. 모집단이란 연구자가 연구하고자 하는 모든 대상을 의미한다.

정의 1.1

모집단(population)은 연구대상이 되는 모든 가능한 관찰값 또는 측정값의 집합이다.

예를 들면, 우리나라 노동인구에서 각 개개인의 고용상태(employment status), 어떤 기업에 있어서 지금까지의 월별 이익, 지금까지의 한경주가지수, 그리고 어떤 공인회계사의 원장에서 발견된 각 페이지당 에러(error)의 숫자 등이다.

2) 표 본

통계문제의 두 번째 요소는 표본(sample)이다. 표본은 모집단에서 추출한 부분집합(일부분)이다.

정의 1.2

표본(sample)은 모집단에서 추출된 자료의 집합이다.

예를 들면, 지난 5년간의 매일매일 한경주가지수, 지난 18개월 동안의 월별 실업자 수, 작년 한해 동안 어떤 회사의 주별 판매액, 그리고 100매의 원장 중에서 발췌된 10매에 대한 1매당 에러의 숫자 등은 각각에 해당되는 모집단에서 추출한 표본들이다.

3) 추 론

표본의 유용성은 통계문제의 세 번째 요소인 추론(inference)을 함으로써 분명해진다. 사실상, 모집단을 모두 조사하는 것은 거의 불가능하다. 그러므로 표본으로부터 얻어진 정보로 모집단을 추정하게 되는데 이를 추론이라고 한다.

정의 1.3

통계적 추론(statistical inference)이란 표본에 담겨져 있는 정보를 바탕으로 모집단에 관한 의사결정, 추정, 예측을 하거나 이를 일반화하는 것을 말한다.

예를 들어, 원장으로부터 10매의 표본에서 발견된 회계상의 에러의 숫자를 바탕으로 100매에 달하는 원장에 대한 에러의 수를 추정하거나, 다음 달의 실업률을 예측하기 위하여 지난 18개월의 실업자 수를 사용하여 추정하는 것이다. 또는 지난 해의 주별 판매액으로부터 금년의 총 판매액을 추정하거나, 지난 5년간에 걸친 매일매일의 한경주가지수의 표본을 바탕으로 지금으로부터 향후 1년간의 주가지수를 예측하는 것이다.

4) 신뢰도

표본에 담겨진 정보를 토대로 모집단에 대한 추론을 했을 때, 이 모집단에 대한 추론이 옳다고 확신할 수 있는 유일한 길은 표본에 모집단을 모두 포함시키는 것이다. 그러나 그렇게 하는 것은 너무 비용이 많이 들고, 시간소모가 크며, 또한 모집단 전체를 대상으로 하는 것은 사실상 불가능하기 때문에, 모집단으로부터 단지 일부분만 표본으로 선택한다. 바로 여기서 추론에 불확실성의 요소가 개입되는데, 그 이유는 모집단에 대한 부분적인 정보를 바탕으로 모집단에 대한 추론을 시도하기 때문이다. 그러므로 추론에 대한 신뢰도(reliability)를 측정해야 한다. 이것이 통계문제의 네 번째 요소이다.

통계학의 과학성과 점성술을 구분 짓는 것은 이와 같은 신뢰성의 척도이다. 통계학자와 마찬가지로, 손금을 읽는 점술가도 어떤 특정 표본(어떤 특정 고객의 손금)을 검토하여 모집단(그와 같은 손금을 갖고 있는 사람들의 운명)에 대한 추론을 내릴 수 있다. 그러나, 이러한 손금점술가의 추론에는 신뢰성의 척도가 부여될 수 없다. 반면에, 통계학자들은 항상 통계적 추론에 대한 신뢰도를 평가한다. 예를 들어, 과거의 이윤에 관한 표본을 사용하여 어떤 기업의 앞으로 예상되는 이윤을 예측하고자 한다면, 통계학자들은 예측오차(forecasting error)에 대한 한계를 부여한다. 이러한 한계는 단순히 예측오차가 초과하지 않을 숫자이다. 따라서, 예측의 불확실성은 예측오차들에 대한 한계의 크기에 따라 측정된다. 통계적 추론에 대한 신뢰도는 앞으로 계속 논의될 예정이다. 그러므로 여기서는 추론은 신뢰성의 척도가 없이는 불완전하다는 점만 인식해두자.

1.3 자료의 분류

자료는 관찰이나 실험을 통해 얻은 결과의 집합으로써 일반적으로 정보로 가공되기 전의 상태로 정의할 수 있다. 즉 변수를 관찰이나 측정하여 얻은 관찰값 또는 측정값을 의미한다. 여기서 변수는 연구자의 관심대상으로써 그 속성이 두 가지 이상인 것을 의미한다. 예를 들면, 연구자의 관심대상이 고객의 성별이라면, 성별의 속성은 여성과 남성 즉 서로 다른 두 가지의 속성을 가지고 있으므로 성별을 변수라고 한다. 자료는 일반적으로 두 가지 종류, 즉 양적(quantitative) 자료와 질적(qualitative) 자료로 분류될 수 있다.

1) 양적 자료와 질적 자료

비즈니스에서 가장 흔한 자료의 형태는 수량적(numerical) 관찰값들인 양적(계량적, 정량적) 자료이다. 그 이유는 대부분의 비즈니스 현상들이 수치적 눈금으로 측정되기 때문이다. 양적 자료의 예는 다음과 같다.

(1) 한경주가지수
(2) 월별 실업률
(3) 선택된 기업들의 작년도 매출액
(4) 어떤 특정 산업 내에서 여성중역들의 수

여기서 양적 자료는 다시 이산형(discrete) 자료와 연속형(continuous) 자료로 나눌 수 있다. 이산형 자료는 불량품의 개수, 자동차의 수, 전화가 걸려오는 횟수, 고객의 수 등과 같이 정확하게 셀 수 있는 자료를 의미한다. 연속형 자료는 몸무게, 키, 온도 등과 같이 연속적인 값을 갖는 자료로 셀 수 없이 많은 자료를 의미한다. 이산형 자료와 연속형 자료를 쉽게 구분하는 방법은 두 개의 관찰값들을 설정하여, 그 두 관찰값 사이의 자료를 셀 수가 있으면 이산형 자료이고, 셀 수 없이 많다면 연속형 자료이다.

위와 같은 사례에서의 관찰값들은 모두 수량에 의한 것들이다. 수량이 아닌, 즉 비수량적(non-numerical)인 관찰값을 질적(qualitative) 자료 또는 범주적(categorical) 자료라고 한다. 질적 자료의 예는 다음과 같다.

(1) 무작위로 선정된 50명의 회사중역들이 믿고 있는 종교
(2) 무작위로 추출된 74명의 운전자들이 가장 최근에 구매한 휘발유 상표
(3) 무작위로 선정된 32명이 각자의 유동자산 중 가장 많은 액수를 투자하고 있는 투자형태(즉, 주식, 부동산 등)

그림 1.2 자료의 분류

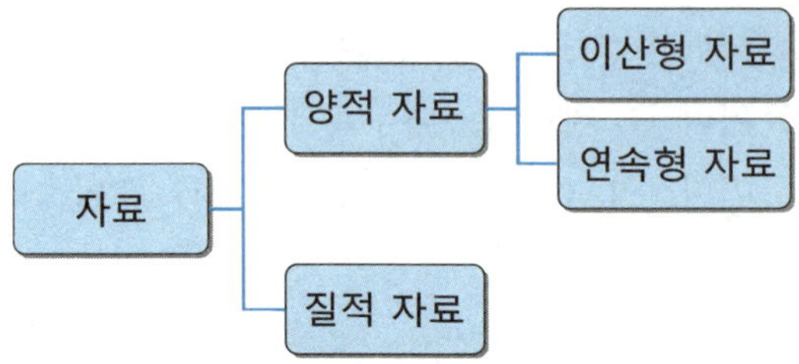

2) 척도에 따른 분류

변수를 측정하기 위해서는 측정도구가 필요한데 이를 척도라고 한다. 척도에는 명목척도, 서열척도, 등간척도, 비율척도가 있으며, 이 중에서 어떠한 척도를 사용하였느냐에 따라 자료를 명목자료, 서열자료, 등간자료, 비율자료로 구분할 수 있다. 척도에 따라 측정된 4가지 자료에 따라 그에 적합한 통계분석을 해야 한다.

(1) 명목자료

명목자료는 명목척도로 측정하여 얻은 자료로, 단지 변수의 속성을 분류하기 위해 속성에 수치를 부여한 자료이다. 예를 들면, 성별이라는 변수의 속성은 남성과 여성이고, 여기서 남성에게는 1이라는 수치를 부여하고 여성에게는 2라는 수치를 부여하였다면, 단지 1과 2는 변수의 속성을 분류하기 위한 표시이지 숫자로서의 의미는 없는 자료이다. 그러므로 명목자료로는 사칙연산을 하는 것은 의미가 없다. 위의 예로 1(=남성)과 2(=여성)를 덧셈하면 3이 나오나 여기서 3은 어떠한 의미도 없는 숫자이다.

(2) 서열자료

서열자료는 변수의 속성에 대한 상대적인 서열을 측정하는 서열척도로 얻은 자료를 의미한다. 즉, 크다－작다, 많다－적다, 좋다－싫다 등과 같이 상대적인 크기비교만 가능하며, 그 간격의 크기는 알 수가 없다. 그러므로 서열자료로 사칙연산을 하는 것은 의미가 없다. 예를 들면, 학생 3명의 통계성적에 대한 등수라는 변수의 속성은 1등, 2등, 3등이고, 여기서 1등은 2등보다 성적이 좋고 3등보다는 2등이 성적이 좋다는 상대적인 비교는 가능하다. 그러나, 1등과 2등을 더한 3등은 어떠한 의미도 없다.

(3) 등간자료

등간자료는 변수의 속성에 대한 서열과 그 서열 간의 간격을 측정하는 등간척도로 얻은 자료를 의미한다. 즉, 속성의 상대적인 크기를 비교할 수 있으며 그 크기의 차이도 측정할 수 있다. 그러므로 등간자료는 덧셈과 뺄셈이 가능하다. 그러나 등간자료는 '절대 0'이 존재하지 않아, 곱셈과 나눗셈은 불가능하다. 예를 들면, 온도, 시각 등과 같은 자료이다. 여기서 온도의 0도는 절대적인 기준점이 아니다. 즉, 0도는 존재하는 0이다. 그러므로 덧셈과 뺄셈은 가능하나, 곱셈과 나눗셈은 의미가 없다.

(4) 비율자료

비율자료는 절대적인 기준이 존재하는 비율척도로 측정된 자료로 변수의 속성이 '절대 0'이 존재하고 상대적인 크기도 측정할 수 있는 자료이다. 그러므로 사칙연산이 모두 가능하다. 예를 들면, 소득, 매출액, 시간, 길이, 무게 등과 같은 자료이다. 이 중 길이의 경우, 4cm는 2cm 보다 2배 더 길다고 할 수 있다. 이는 절대 0이라는 절대적인 기준이 존재하게 때문에 곱셈이라는 의미를 부여할 수가 있는 것이다.

그림 1.3 자료의 분류

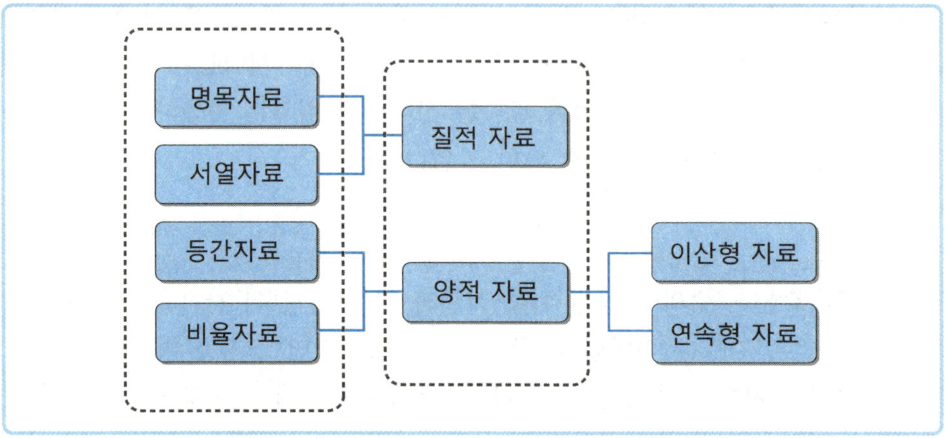

척도에 따른 자료로 정보를 얻을 수 있는 수준은 '명목자료 < 서열자료 < 등간자료 < 비율자료'의 순으로 높아진다. 즉, 등간자료나 비율자료는 명목자료나 서열자료로 전환하여 정보를 얻을 수 있다. 예를 들면, 비율자료인 제품가격을 저가, 중가, 고가로 범주로 분류하여 서열자료로 전환함으로써 정보를 얻을 수 있다.

연습문제

EXERCISES

1.1 어떤 여론조사기관에서 대통령이 국가경제문제를 훌륭히 잘 다루고 있다고 생각하는 성인의 비율을 추정하고자 한다면, 표본으로 선택하고자 하는 모집단을 정의하라.

1.2 어떤 보험회사가 모든 의사들 중에서 적어도 한번 이상 의료사고로 인한 소송에 연루된 의사의 비율을 결정하고자 한다. 이 보험회사는 500명의 의사들을 무작위로 추출하여 의료사고에 의한 소송을 경험한 표본의 숫자를 결정한다. 보험회사가 관심이 있는 모집단을 정의하라. 표본에 대하여 서술하고 이 회사가 어떤 형태의 추론을 얻고자 하는지를 확인하여라.

1.3 모 TV방송국은 TV광고가 특정 제품의 구매에 끼친 영향을 조사하는 데 관심이 있었다. 그래서 경기도 용인시에 거주하는 주민 2,452명을 대상으로 다음과 같은 질문을 하였다. "당신은 (어떤 특정한) TV프로그램을 후원하는 제품을 구매한 적이 있습니까?" 이 문제에 필요한 모집단, 표본 그리고 통계적 추론의 형태를 설명하여라.

1.4 진공청소기를 생산하는 한국전선(주)에서는 매일 생산되는 청소기의 2% 미만이 불량이면, 해당 조립라인은 만족스럽게 운영되고 있다고 판단한다. 만약 조립된 청소기의 2% 이상이 불량이면, 조립라인은 멈추고 적합한 조정작업이 있게 된다. 조립라인으로부터 완성된 진공청소기를 모두 점검하는 것은 비용이 많이 들고 시간소모적인 일이다. 품질관리 담당자는 하루의 생산량으로부터 무작위로 30대의 청소기를 선정하여 불량인지 아닌지를 점검하기로 한다. 모집단, 표본 및 품질관리 담당자가 바라는 통계적 추론의 형태를 설명하라.

1.5 어떤 승용차 및 트럭 판매업자가 다음 해 가을에 판매될 밴의 숫자에 관심이 있는데, 과연 제조업자로부터 얼마나 주문을 하여야 할까를 판단하기 위하여 그 해당

판매지역에서 100가구를 선정하여 전화로 여론조사를 실시하였다. 이 자동차 판매업자에게 관심이 있는 모집단을 설명하여라. 표본을 서술하고 나서 판매업자가 원하는 추론의 성격을 논하라.

1.6 VTR을 생산하는 제조업자는 고객들로부터 VTR의 OTR(OneTouch Recording: 즉 한번 작동으로 2시간 동안 녹화하는) 버튼에 대한 불평이 많이 접수되었다. 따라서 제조업자는 조립공장에 품질관리 프로그램을 실시하기로 결정하였다. 만약 VTR의 하루 생산량 중에서 3% 이상이 불량이라면, 조립생산라인의 어딘가에 치명적인 실수를 범하고 있음에 틀림이 없다고 판단되며, 그러한 실수가 어디서 발생하는지 확인되어야 하고 또한 수정·보완되어야 한다. 매일매일 생산된 VTR의 전량을 검사하는 것은 비용이 엄청나게 많이 소요되므로, 전수검사 대신에 무작위로 30대의 VTR을 선정하여 불량률을 추정하기로 결정하였다. 발견된 불량품의 개수를 사용하여, 하루의 생산량 중에 부적합하게 조립된 불량률을 추정하고자 한다. 이 제조업자가 관심이 있는 모집단을 설명하라. 표본을 서술하고 또한 제조업자가 원하는 통계적 추론의 성격을 설명하라.

1.7 다음 자료를 양적 자료인지 또는 질적 자료인지 분류하여라.

a. 20명의 경영통계학 수강학생들에 의하여 구입된 휴대용 계산기의 상표
b. 무작위로 추출된 50명의 가장들에 의하여 지난 5년간 구매된 자동차의 수
c. 무작위로 선정된 41개의 회사들이 각각 일년 중 최고의 판매실적을 올린 달(月)
d. 지난 15년 동안 매년 기록된 기업합병의 수

일상생활에서의 발생하는 광범위한 문제들에 대한 통계의 활용과 더불어 경영·경제학에서 발생하는 특수한 현상들에 대한 분석 또한 통계가 자주 사용된다. 더욱이 인터넷의 보급은 이러한 정보들의 공유와 획득을 더욱 용이하게 만들었다. 이러한 인터넷을 통하여 우리가 얻을 수 있는 정보들은 무엇인지를 알아보기 위하여 각종 국가기관 및 일반기업의 홈페이지를 직접 방문하여 보고, 이들이 제공하는 자료들은 어떤 것들이 있는지를 조사하여 보자.

제 2 장

그래프와 표에 의한 자료의 요약

2.1 질적 자료를 나타내는 방법: 막대그래프

2.2 질적 자료를 나타내는 방법: 원그래프

2.3 양적 자료를 나타내는 방법: 히스토그램, 도수분포표, 꺾은선 그래프

2.4 누적도수분포

2.5 그래프의 왜곡

표본에 담겨진 정보를 사용하여 모집단에 대한 추론을 내리기 위해서는 표본으로부터 적합한 정보를 추출할 수 있어야만 한다. 즉, 표본을 묘사하고 요약하는 방법들이 필요하다. 예를 들어, 무작위로 선정된 100개 기업들의 작년도 연간 판매액을 살펴본다면, 단지 100개의 판매액 숫자들만을 살펴봄으로써 유용한 정보를 얻어낼 것 같지는 않다. 우리들은 다음과 같은 방법들에 의하여 자료에 관한 좀 더 선명한 윤곽을 얻게 된다. 즉, 최고판매액 그리고 최저판매액을 산출한 회사들을 결정하고, 지난 12개월 동안 월별 평균판매액을 나타내는 그래프를 그린다. 즉, 자료로부터 적합한 정보를 추출하여 요약할 수 있으며, 또한 동시에 표본에 대한 좀 더 선명한 이해를 도울 수 있는 어떤 기법을 사용함으로써 자료에 대한 빠른 이해와 선명한 윤곽이 잡히게 된다.

표본이나 모집단에 담겨져 있는 정보를 요약하는 데 사용되는 방법은 수집된 자료의 종류에 따라 좌우된다. 다음 절에서는 양적 자료와 질적 자료를 그래프에 의해 요약하는 방법들을 다룰 것이다.

참고로, 제 3 장에서부터 입증되기 시작하겠지만, 자료를 수치로 요약하는 방법들이 모집단에 대한 추론을 내리기 위한 주요 관건이 될 것이다.

2.1 질적 자료를 나타내는 방법: 막대그래프

질적 관찰값은 여러 범주 중에서 오로지 한 가지 범주에 속한다. 예컨대, 어떤 대도시의 도심지역에 위치한 여성의류 판매점이 도시 외곽에 지점을 개업하려 한다고 가정하자. 현재 고객들의 지역적 분포에 관한 정보를 얻기 위하여, 이 의류 판매점 부장은 각 고객들에게 현재 거주지역을 북서(NW), 북동(NE), 남서(SW) 또는 남동(SE)으로 분류하여 알려 달라고 요청하는 조사를 실시하였다.

이 조사결과 －무작위로 선정된 30명의 주민들로부터의 응답－ 는 〈표 2.1〉에 나타나 있다(앞으로, '*n*'은 표본의 크기를 나타내는 기호, 즉 표본 내의 측정숫자로 사용된다). 30명에 대한 관찰값들은 각각 도시의 네 군데 지역을 나타내는 네

표 2.1 고객의 거주지역조사: $n = 30$

고객	거주지역	고객	거주지역	고객	거주지역
1	NW	11	NW	21	NE
2	SE	12	SE	22	NW
3	SE	13	SW	23	SW
4	NW	14	NW	24	SE
5	SW	15	SW	25	SW
6	NW	16	NE	26	NW
7	NE	17	NE	27	NW
8	SW	18	NW	28	SE
9	NW	19	NW	29	NE
10	SE	20	SW	30	SW

* NW(북서), NE(북동), SW(남서), SE(남동)

가지 범주들 중의 단 한 가지 범주에 속하게 된다.

질적 자료를 요약하는 데 유용한 기법은 각 범주별로 도수 또는 상대도수를 집계하는 것이다.

정의 2.1

어떤 범주에 대한 **도수(frequency)**는 그 범주에 속하는 관찰값들의 총 수이다. 어떤 특정 범주에 대한 도수(말하자면, 범주 i에 대한 도수)는 기호 f_i로 나타낼 수 있다.

정의 2.2

어떤 범주에 대한 **상대도수(relative frequency)**는 그 범주에 속하는 도수를 관찰값들의 총 수로 나눈 것이다. 즉, 범주 i에 대한 상대도수는 다음과 같다.

$$\text{상대도수} = \frac{f_i}{n}$$

여기서, n = 표본의 관찰값들의 총 수

f_i = i번째 범주에 대한 도수

어떤 범주에 대한 도수는 그 범주에 속하는 관찰값들의 총 수이고, 어떤 범주의 상대도수는 그 범주에 해당하는 관찰값들의 비율(proportion)이다.

〈표 2.2〉는 〈표 2.1〉에 연결된 고객들의 거주지에 대한 도수와 상대도수를 나타낸다. 여기서 주의할 점은 도수들의 합은 표본의 관찰값들의 총 수와 같아야 하며 그리고 상대도수들의 합은(반올림에 의한 오차를 제외하고는) 항상 1이 되어야 한다는 점이다.

질적 자료에 대한 도수 또는 상대도수를 그래프로 나타내는 흔한 방법으로 막대그래프(bar chart)가 있다. 이러한 형태의 그래프에서는 각 범주에 하나의 막대기가 형성되어져 있으며, 그 각각의 막대기의 높이는 해당 범주의 도수 또는 상대도수를 나타낸다. 고객의 거주지 사례에 대한 도수막대그래프와 상대도수막대그래프가 [그림 2.1]에 예시되어 있다.

표 2.2 고객의 거주지 조사에 대한 도수 및 상대도수

범 주	도 수	상대도수
NE	5	5/30 = .167
NW	11	11/30 = .367
SE	6	6/30 = .200
SW	8	8/30 = .267
합	30	1.0

* NE(북동), NW(북서), SE(남동), SW(남서)

그림 2.1 고객의 거주지 조사에 대한 막대그래프

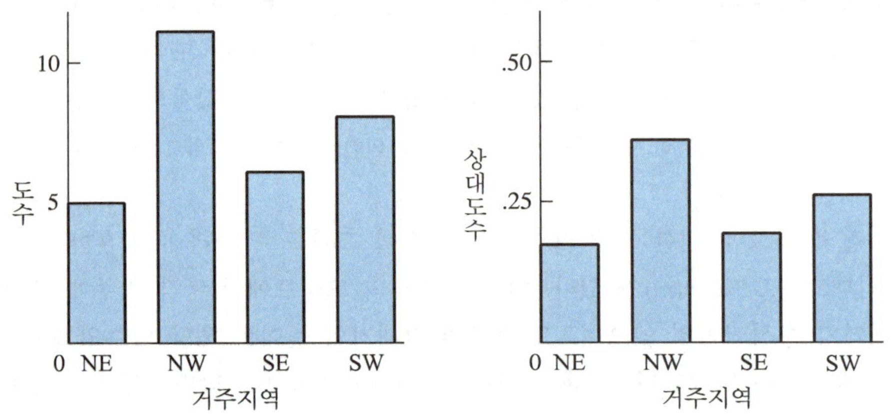

(a) 도수막대그래프 (b) 상대도수막대그래프

사례연구 2.1

OA(Office Automation: 사무자동화)가 직무에 끼친 영향

한국경영자문(주)의 기획조사담당 김한국 부장은 5대 생명보험회사들이 정보처리기술과 장비를 사무처리에 대규모로 도입함에 따라 직무구조에 어떤 변화가 일어났는가를 검토하였다. 김 부장은 5대 생명보험회사들 중 하나(여기서는 회사 B로 부르기로 함)에 대한 노동력 분포의 변화하는 패턴을 예시하기 위하여, 일련의 상대도수막대그래프를 사용하였다. [그림 2.2]에 이러한 막대그래프들 중 두 가지가 나타나 있다.

회사의 여러 직무수준들은 봉급수준에 의하여 특징지어지며, 이를 '직무등급'(job grades)이라고 불린다. 가장 낮은 봉급을 가진 작업자들은 직무등급 1이다. 여기서 주시할 점은 2013년 12월에서 2014년 6월 사이에 낮은 직무등급(1, 2, 3, 4)의 작업자들의 비율은 줄어든 반면에, 높은 등급(5, 6, 7)의 작업자들의 비율은 증가되었다. [그림 2.2]의 막대그래프는 이러한 변화를 효과적으로 예시하고 있다. 숫자들을 일일이 검토하지 않더라도, 누구든지 쉽게 회사 B의 직무구조에 있어서 변화를 직시할 수 있다.

[그림 2.2]의 정보, 회사 B에 대한 다른 자료 그리고 다른 4대 생명보험회사에 관한 정보자료를 바탕으로, 김 부장은 다음과 같은 결론을 내렸다.

"OA(사무자동화)를 도입함에 따라 저수준의 일상 소요 노동력이 감소되며, 그리고 고수준의 사무인력의 필요성이 증대되었다."

그림 2.2 회사 B의 직무등급에 의한 노동력 분포를 나타내는 막대그래프

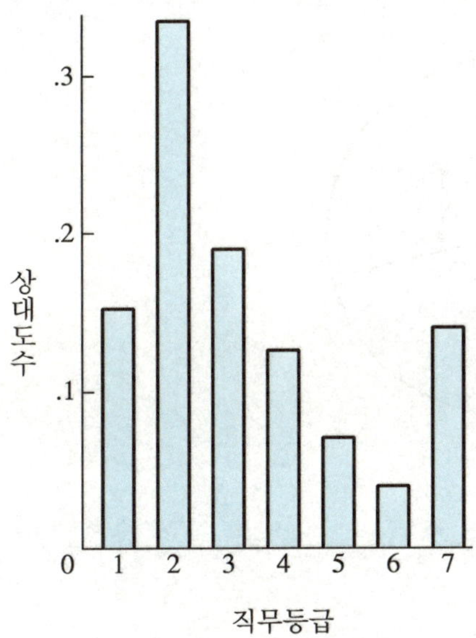

(a) 2013년 12월

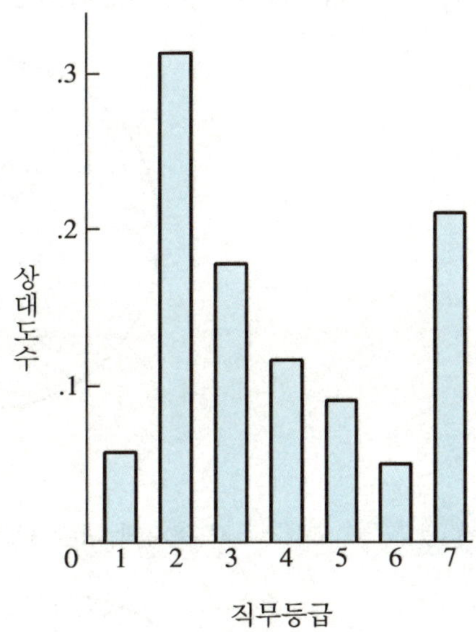

(b) 2014년 6월

2.2 질적 자료를 나타내는 방법: 원그래프

질적 자료를 나타낼 수 있는 두 번째 방법은 원그래프(pie chart)이다. 전체 원(즉, 파이)은 관찰값들의 총 숫자를 나타낸다. 이것은 여러 개의 조각으로 나누어지며, 각 범주에 대해서 하나의 조각이 일 대 일 대응된다. 조각의 크기는

어떤 특정 범주의 상대빈도수에 비례한다. 예를 들어, 원은 360°를 이루기 때문에, 만약 어떤 범주에 대한 상대도수가 0.3이라면, 그 범주에 할당된 조각은 360°의 30%, 즉 (0.3)(360°) = 108°이다. [그림 2.3]을 참조하기 바란다.

[그림 2.4]는 〈표 2.1〉 고객의 거주지역조사 자료에 대한 원그래프이다. 조각의 크기들은 네 가지 범주들에 할당된 상대도수에 비례한다는 것을 주시하기 바란다.

그림 2.3 상대도수 0.3에 해당하는 원그래프의 부분

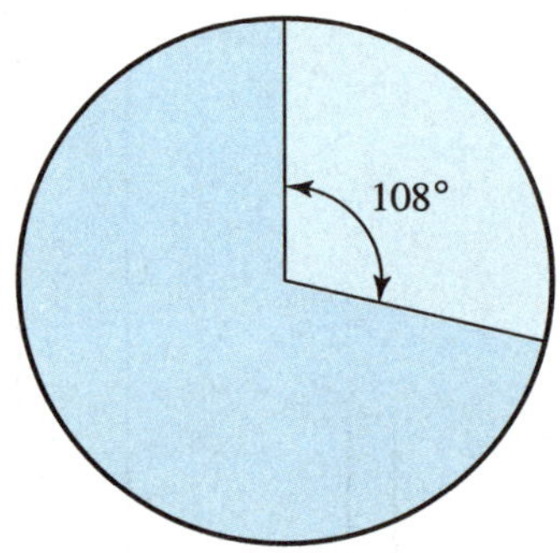

그림 2.4 고객거주지 조사에 대한 원그래프

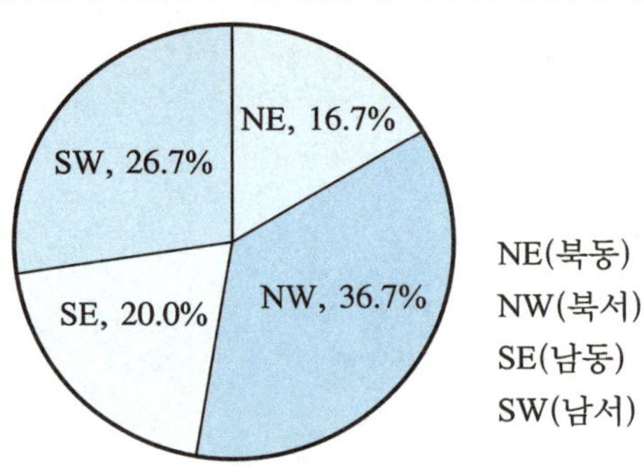

2.3 양적 자료를 나타내는 방법: 히스토그램, 도수분포표, 꺾은선 그래프

양적 자료는 숫자에 의한 관찰값들로 구성된다. 따라서 양적 표본은 단순히 어떤 변수 X에 대하여 취해진 관찰값들로부터 얻어진 수치들이다. 대부분의 비즈니스 자료는 양적이며, 따라서 양적 자료를 요약하는 방법들은 특히 중요하다. 이 절에서는 이런 종류의 자료를 요약하는 그래프에 의한 방법들 중에서 가장 유용한 방법인 히스토그램, 도수분포표, 꺾은선 그래프를 살펴보고자 한다.

히스토그램(histogram)은 양적 자료를 나타내는 데 있어서 가장 흔히 사용되는 그래프 방법이다. 히스토그램은 2.1절에서 제시된 질적 자료를 위한 막대그래프와 대단히 비슷하다. 히스토그램을 소개하기 위하여 매년 기업들의 다양한 통계적 지표들을 통하여 기업의 순위를 매기는 대표적인 예인 포춘 500(Fortune 500)의 상위 30개 회사에 대한 자료를 사용하기로 하자. 관심의 대상인 변수 X는 이러한 30개 회사들에 대한 주당 순이익(Earning per Share: E/S)이다. 주당 순수익은 해당 회사의 연간 총 순이익을 그 기업이 발행한 총 주식수로 나누어 준 것이다. 이렇게 계산된 주당 순이익은 경제계의 관심을 끌게 되는데, 이유는 그것이 회사의 경제적 건전성을 나타내기 때문이다. 30개 회사에 대한 E/S는 〈표 2.3〉에 정리되었다.

양적 자료를 위한 히스토그램을 작성하기 위해 도수분포표를 작성하게 된다. 도수분포표를 작성하는 첫 번째 단계는 계급의 수를 형성하는 것이다. 이 계급의 수는 관찰값들이 관찰되는 수치눈금의 간격들의 수이다. 첫 번째 계급의 하한은 가장 작은 관찰값에 바로 이웃하는 곳에 있게 되며, 그리고 마지막 계급의 상한은 가장 큰 관찰값 다음에 입지하는 점이다. 모든 계급들은 그 계급구간이 같아야 하며, 어떤 관찰값도 계급구간의 경계에 떨어지지 않도록 조정되어져야 한다. 일반적으로, 계급의 수는 5에서 20까지가 보통이다.

표 2.3 포춘 500에서 추출된 30개 회사들에 대한 E/S

회사	E/S	회사	E/S	회사	E/S
1	1.85	11	2.80	21	2.75
2	3.42	12	3.46	22	6.58
3	9.11	13	8.32	23	3.54
4	1.96	14	4.62	24	4.65
5	6.48	15	3.27	25	0.75
6	5.72	16	1.35	26	2.01
7	1.72	7	3.28	27	5.36
8	8.56	18	3.75	28	4.40
9	0.72	19	5.23	29	6.49
10	6.28	20	2.92	30	1.12

* 각 기업의 E/S는 실제수치와는 무관함.

〈표 2.3〉의 자료로 도수분포표를 작성해 보자. 〈표 2.3〉에서 관찰값들의 숫자 $n=30$은 별로 크지 않기 때문에, 6개의 계급을 사용하여 가장 작은 관찰값 0.72와 가장 큰 관찰값 9.11 사이의 간격을 수용할 수 있다. 즉, 계급간격은 가장 작은 관찰값과 가장 큰 관찰값의 차이를 계급의 수만큼 나눠줌으로써 구할 수 있다.

$$\text{계급간격} = \frac{\text{가장 큰 관찰값} - \text{가장 작은 관찰값}}{\text{계급의수}} = \frac{9.11-0.72}{6} \fallingdotseq 1.4.$$

첫 번째 계급의 하한은 0.715(즉, 가장 작은 측정값 0.72 보다 조금 아래)로 선정하고 1.4를 더해 주게 되면, 계급구간의 상한은 2.115가 됨을 알 수 있다. 다시 1.4를 더해 주면 두 번째 계급구간의 상한은 3.515가 된다. 이러한 과정을 계속하여 〈표 2.4〉와 같은 6개의 계급구간을 얻는다. 여기서 어떤 관찰값도 계급구간의 경계에 떨어지지 않도록 하였음을 주시하기 바란다.

다음 단계는 각 계급구간에 해당하는 도수를 찾는 것이다. 이렇게 하여 작성된 표를 도수분포표라고 한다. 그리고 여기에 상대도수를 계산하여 표에 추가하면 이를 상대도수분포표라고 한다.

표 2.4 E/S 자료에 대한 측정계급, 도수 및 상대도수

계급	도수	상대도수
0.715 – 2.115 미만	8	8/30 = .267
2.115 – 3.515 미만	7	7/30 = .233
3.515 – 4.915 미만	5	5/30 = .167
4.915 – 6.315 미만	4	4/30 = .133
6.315 – 7.715 미만	3	3/30 = .100
7.715 – 9.115 미만	3	3/30 = .100
합	30	1.0

정의 2.3

어떤 주어진 계급, 즉 계급 i에 대한 **도수(frequency)**는 각 계급구간에 해당되는 관찰값들의 총 개수를 말한다. 계급 i에 대한 도수는 기호 f_i로 나타낸다.

정의 2.4

어떤 주어진 계급, 즉 계급 i에 대한 **상대도수(relative frequency)**는 계급 i에 해당하는 도수 f_i를 총 관찰값의 수로 나누어 준 것이다. 즉,

$$\text{계급 } i\text{에 대한 상대도수} = \frac{f_i}{n}$$

도수분포표가 작성된 후 히스토그램을 작성하게 된다. 히스토그램은 횡축(가로축)에 계급들을, 그리고 종축(세로축)에 각 계급에 해당되는 도수(또는 상대도수)를 그린 그래프이다. 막대그래프와는 달리, 도수(또는 상대도수)가 어떤 한 점 위에 수직선으로 그려지는 것이 아니라, 계급구간의 폭에 해당되는 밑변과 도수(또는 상대도수)에 해당하는 높이를 가진 직사각기둥으로 나타내어진다. E/S에 대한 도수 및 상대도수분포표에 대한 히스토그램은 [그림 2.5]에 나타나 있다. 양적 자료에 대한 히스토그램을 작성하는 단계는 아래에 요약되어 있다.

그림 2.5 E/S 자료에 대한 히스토그램

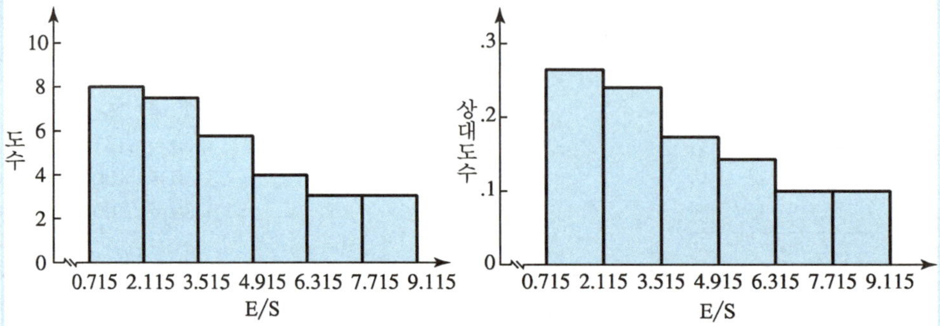

(a) 도수분포표를 이용한 히스토그램 (b) 상대도수분포표를 이용한 히스토그램

히스토그램을 작성하는 방법

1. 자료를 가장 작은 것부터 가장 큰 관찰값에 이르기까지 오름차순으로 나열한다.
2. 가장 작은 관찰값부터 가장 큰 관찰값까지의 거리를 동일한 구간으로 나눈다. 이때 다음과 같은 사항을 주의한다.
   a. 각 관찰값은 단지 하나의 계급에 속하도록 한다.
   b. 어떤 관찰값도 계급의 경계에 떨어지지 않도록 한다. 만약 자료의 양이 적은 경우라면 적은 수의 계급구간들을 사용한다. 많은 양의 자료에 대하여는 더 많은 수의 계급구간들을 사용한다.
3. 각 계급구간 내의 도수(또는 상대도수)를 계산한다.
4. 각 계급구간에 해당하는 자리에 직사각기둥의 모양으로 도수(또는 상대도수)를 그린다.

상대도수로 그려진 히스토그램을 관찰해 보면 다음과 같은 두 가지 중요한 사실들을 알 수 있다.

첫째, 히스토그램의 전체면적과 횡축의 어떤 특정 구간 위에 해당하는 면적의 비율을 주시하라([그림 2.5]). 어떤 계급구간에 해당하는 면적의 비율은 그 구간에 속하는 관찰값들의 상대도수와 같다. 예를 들면, 계급구간 0.715~

그림 2.6 자료의 크기가 히스토그램의 모양에 미치는 영향

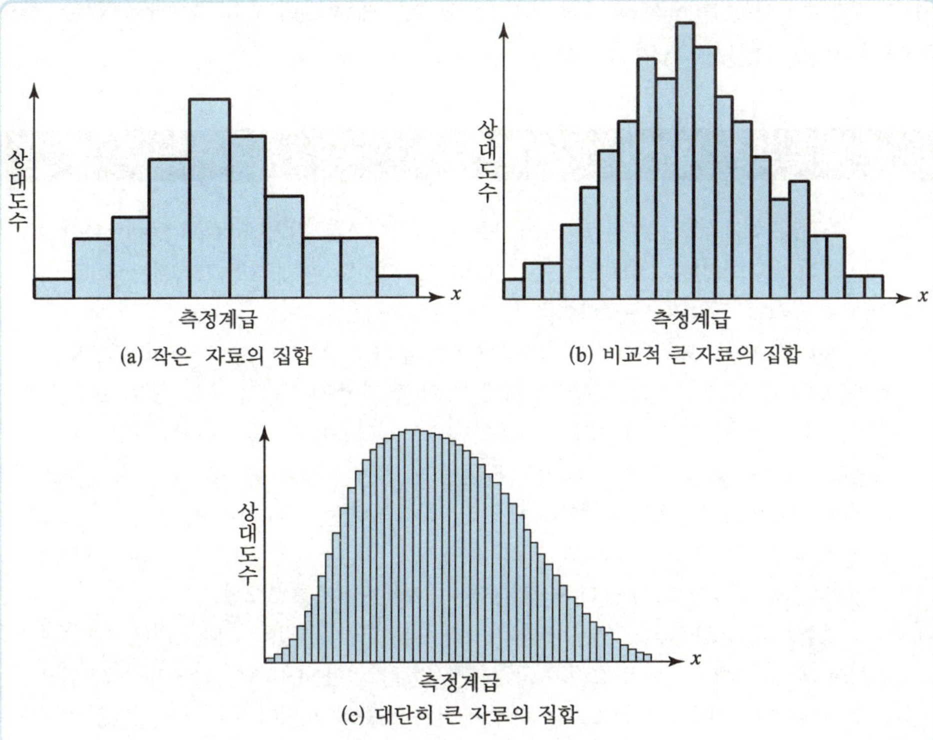

2.115에 대한 상대도수는 0.267이다. 결과적으로 그 구간 위의 직사각기둥은 히스토그램의 전체면적 중에서 0.267에 해당되는 비율만큼 차지한다.

둘째, 대단히 많은 자료의 집합(즉 어떤 모집단)에 대한 상대도수분포표의 모양을 상상해 볼 수 있다. 어떤 자료 집합에서 관찰값들의 수가 증가된다면, 계급구간들이 충분히 작게 선정될 때, 상대도수분포표는 완만한 곡선([그림 2.6] 참조)으로 나타날 것이다.

계급에 대한 도수(또는 상대도수)를 그래프로 나타내는 또 다른 방법은 꺾은선 그래프(frequency polygon)이다. 꺾은선 그래프를 작성하기 위해서는 도수분포표와 같은 방법으로 계급들을 형성해야 한다. 그리고 나서 각 계급의 도수에 해당하는 높이에 해당 계급의 중간지점을 확인하여 점을 찍는다. 그리고 이웃

하는 점들을 직선으로 연결한다. 처음과 마지막 점들은 각각 가장 작은 계급보다 1/2계급구간만큼 아래로, 그리고 가장 큰 계급보다 1/2계급구간만큼 위로 하여 횡축과 직선으로 연결된다.

사례연구 2.2 자산의 시장가격 평가

김갑동 회계사무소는, '공인회계사들이 일반적으로 감가상각이 가능한 자산의 장부가격에는 의견들이 일치하지만, 그러나 그 자산의 현재 시장가격에는 서로 의견들이 일치하지 않는다'는 가설을 연구·검토하였다.

질문서가 준비되었으며 그 질문내용에는 감가상각이 가능한 자산의 구매(분할됨)에 대해서 설명되어 있고, 응답자에게 그 해당 자산의 시장가격을 결정하도록 요청하는 질문이 포함되었다. 또한 자산의 장부가격과 관련된 일련의 질문들도 포함하였다. 김갑동 회계사무소는 이러한 질문들에 대한 회답을 통하여 각 응답자들의 자산에 대한 장부가격을 계산할 수 있었다. 이 질문서는 국내에 있는 공인회계사들 중에서 무작위로 추출된 500명에게 우송되었다. 이 중 회수된 자료는 장부가격에 대한 질문서 및 시장가격에 대한 질문서는 각각 114개, 99개였다.

회수된 질문서로부터 얻은 장부가격과 시장가격에 관한 히스토그램이 [그림 2.7]에 나타나 있다. 히스토그램은 공인회계사들간에 자산에 대한 장부가격 및 시장가격 모두에 대하여 의견이 일치하지 않는다는 것을 암시한다. 따라서 김갑동 회계사무소는 '회계사들이 장부가격에는 의견이 일치하는 경향이며 그리고 시장가격에 대해서는 의견이 같지 않다'라는 가설을 기각하였다.

여기서 한 가지 주의할 점은 히스토그램들을 시각으로 비교하여 내린 의사결정들은 위험하다는 것인데, 그 이유는 그러한 의사결정들은 실수를 범하기 쉽다는 데 있다. 예컨대, 공인회계사들간에 의견불일치가 정말로 존재하는지 또는 히스토그램에서 발견된 차이점이 표본에 따라 존재할지도 모르는 불규칙적 변동에 기인한 것인지 의아해 할 것이다. 이런 형태의 질문들에 대한 답은 제7장에서부터 시작된다.

그림 2.7 공인회계사들에 의하여 평가된 장부가격 그리고 시장가격에 대한 도수분포

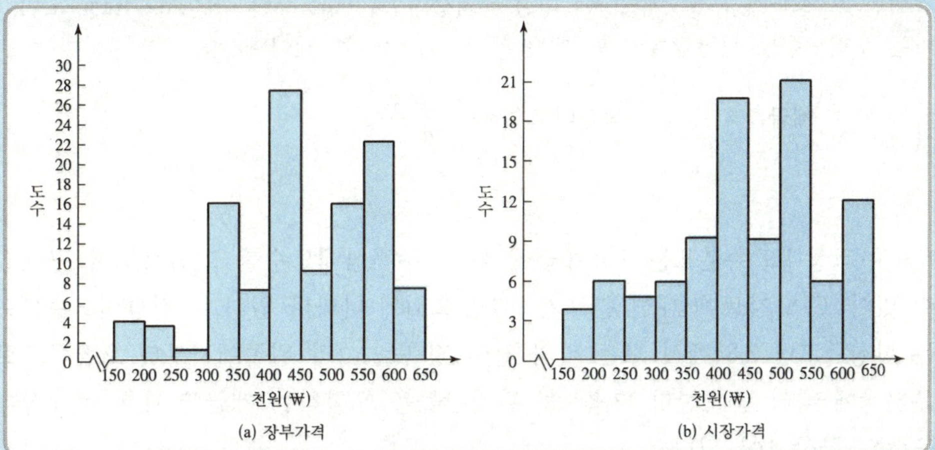

2.4 누적도수분포

때로는 전체 관찰값들 중 어떤 특정한 계급에 포함된 관찰값들과 같거나 또는 그보다 작은 관찰값들의 개수 또는 비율을 알아 두는 것이 유리하다. 이러한 것들은 누적도수 그리고 누적상대도수라고 각각 불린다.

정의 2.5

어떤 주어진 계급, 즉 계급 i에 대한 **누적도수(cumulative frequency)**는 해당 계급 i의 도수를 포함하여 계급 i까지의 계급도수들의 합이다. 즉,

$$\text{누적도수(계급 } i\text{에 대한)} = f_1 + f_2 + \cdots + f_i$$

정의 2.6

어떤 주어진 계급, 즉 계급 i에 대한 **누적상대도수(cumulative relative frequency)** 는 누적도수를 관찰값들의 총 개수 n으로 나누어 준 것이다. 즉,

$$\text{계급 } i\text{에 대한 누적상대도수} = \frac{\text{누적도수}}{n}$$

누적상대도수분포는 각 계급에 대한 누적상대도수를 그림으로써 구해질 수 있다. E/S 자료에 대한 분포가 [그림 2.8]에 나타나 있다. 누적상대도수분포는 항상 [그림 2.8]에서 보는 바와 같이 횡축을 따라 왼쪽에서부터 오른쪽으로 옮겨감에 따라 증가한다. 가장 큰 관찰값들을 포함하는 계급에 대한 누적상대도수는 항상 1이 된다.

그림 2.8 E/S 자료에 관한 누적상대도수분포

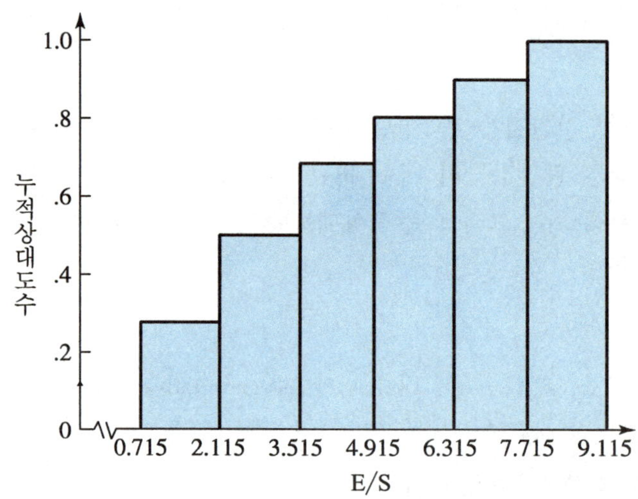

2.5 그래프의 왜곡

그래프는 때로 왜곡된 메시지를 전달하기도 한다. 그래프를 분석할 때 주의해야 할 함정들을 몇 가지 언급하고자 한다. 우선 왜곡되기 쉬운 시계열 그래프부터 다루도록 하자. 시계열 그래프는 시간에 대한 일종의 비즈니스 변수의 형태를 기록한 것이다. 즉, 횡축은 시간을 나타내고 종축에는 비즈니스 변수를 그리게 된다. 시계열로 흔히 나타내는 비즈니스 변수들의 예로는 경제지표, 이익, 판매액, 수요, 공급 등 매우 많다. 여기서는 단순히 몇 가지 시계열 자료를 사용하여 어떻게 그래프들이 왜곡되는지를 예시하도록 하자.

그래프에 의하여 전달되는 내용을 변경시키는 흔한 방법은 횡축, 종축 또는 둘 다의 눈금을 변경하는 것이다. 예컨대, 회사 A의 시간이 경과함에 따른 시장점유율의 변화를 완만하게 보이도록 하려면, 종축 위의 단위 눈금에 많은 양을 밀집시키는 것이다. 즉, 종축의 연속적인 단위척도간의 거리를 작게 만드는 것이다([그림 2.9] (a) 참조). 회사 A의 시장점유율의 변화를 크게 나타내기 위해서는, 종축의 연속적인 단위척도간의 거리를 증가시킬 수 있을 것이다. 즉,

그림 2.9 A회사의 시장점유율(2008년부터 2013)

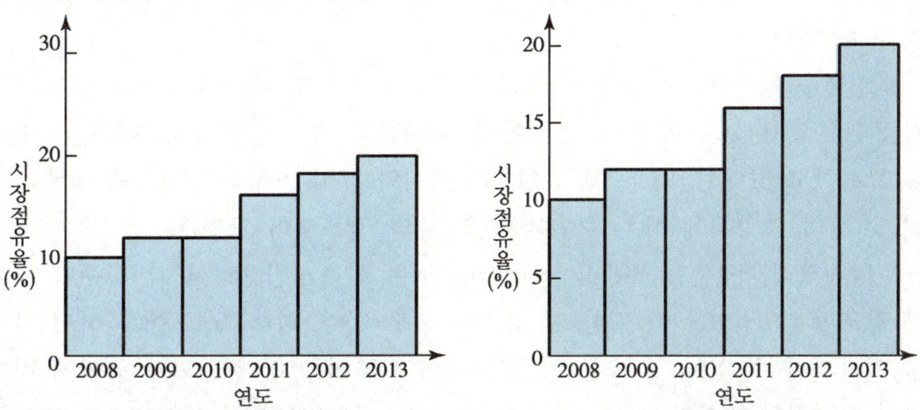

(b) 종축을 압축시킴

(b) 종축을 늘림

그림 2.10 A회사 주식의 일일거래량

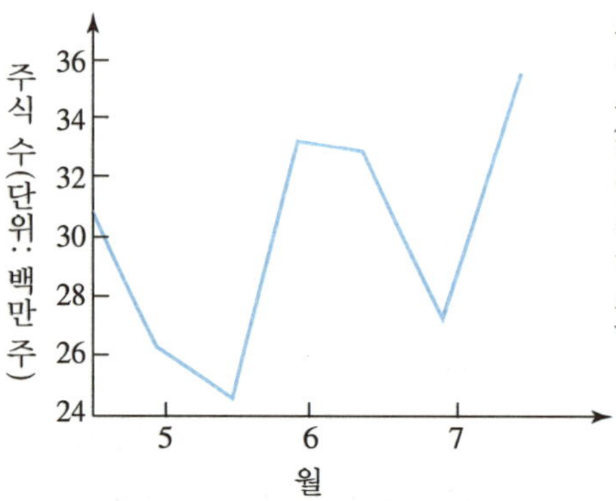

(a) 0보다 큰 점에서 종축을 시작함

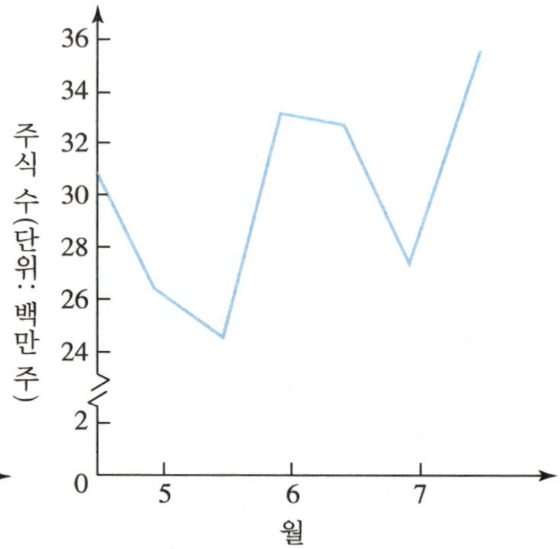

(b) 종축에 절선을 사용함

[그림 2.9] (b)에 나타나 있듯이 종축 위의 단위눈금에 몇 단위만 밀집시켜 그림으로써 종축을 늘린다.

이렇게 잡아늘린 증거는 긴 세로축에서 알 수 있겠지만, 때로 이것은 [그림 2.10] (a)에서 보여주듯이 0보다 큰 어떤 점에서 시작함으로써 감춰진다. 또는 [그림 2.10] (b)에서와 같이 종축에 절선(折線)을 사용함으로써 같은 효과를 얻을 수 있다.

횡축을 늘림으로써 또한 부정확한 결론에 도달할 수 있다. 예를 들어, [그림 2.11] (a)는 2012년 제 1 분기에서 2014년의 제 1 분기까지 A회사의 수입을 묘사하고 있다. 만약 [그림 2.11] (b)에서와 같이 가로축의 크기를 증가시키면, 시간의 경과됨에 따른 수입의 변화는 덜 강조되어 보인다.

막대그래프에서도 종축을 늘리거나 또는 압축시킴으로써 각 범주별 변화를 강조할 수도 있으며, 또한 덜 강조할 수도 있다. 막대그래프에 의하여 자료를 왜곡시킬 수 있는 또 다른 방법은 막대의 넓이를 각 해당되는 높이에 비례하여 결정하는 것이다. 예컨대, 주요 4대 자동차 제조업자들의 연간 총 자동차

그림 2.11 A회사의 수입(2012년 1분기부터 2014년 1분기까지)

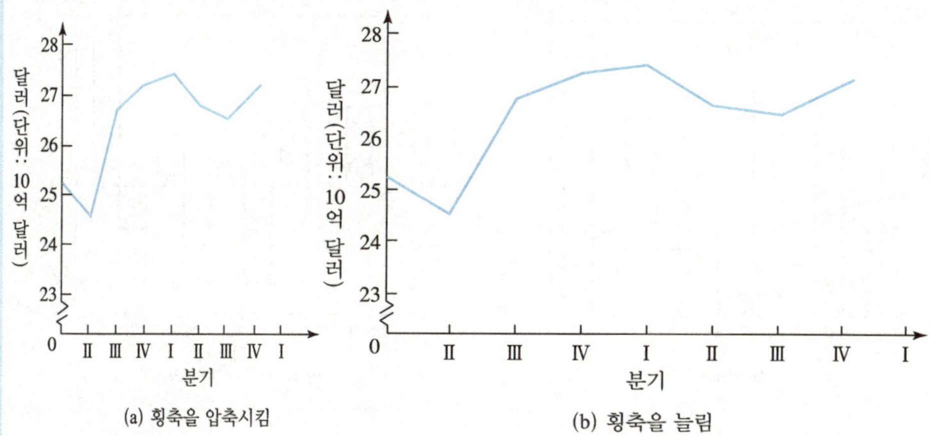

그림 2.12 주요 4대 자동차 제조업자들의 시장점유율에 대한 막대그래프

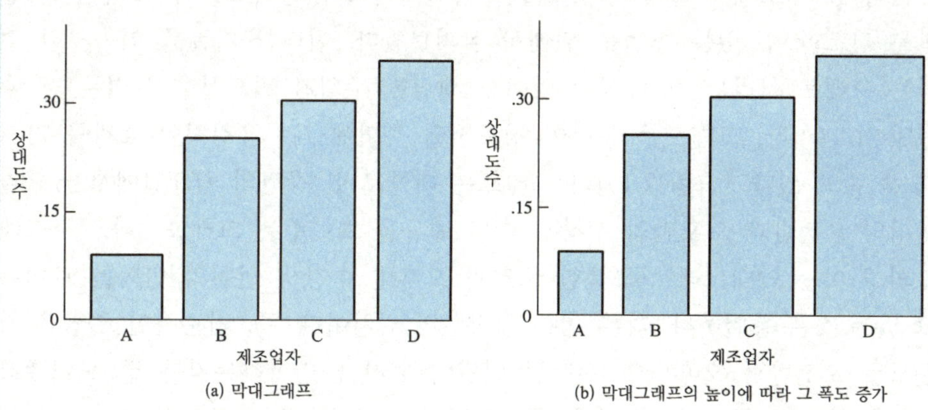

판매량의 비율을 나타내는 [그림 2.12] (a)의 막대그래프를 살펴보자. 시장점유율이 늘어남에 따라 막대그래프의 높이는 물론이고 그 폭도 늘린다고 가정하자. 이것이 [그림 2.12] (b)에 나타나 있다. 대개의 경우 막대기둥의 넓이를 각

그림 2.13 일주일간 수강생의 변동에 관한 그래프

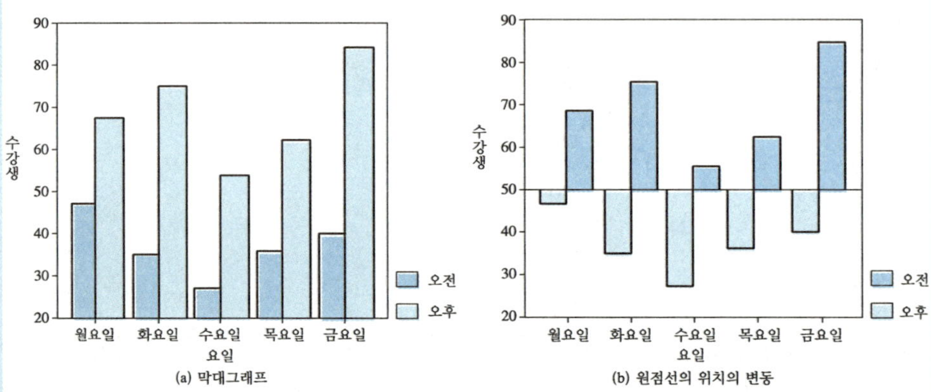

제조업자의 상대적인 시장점유율로 생각하는 경향이 있다. 사실상 실제 상대시장점유율은 오로지 막대기둥의 높이에만 비례한다.

막대그래프에서 종축이나 횡축을 압축시키거나 늘림으로써 각 범주별 변화를 강조할 수 있는 방법을 위에서 살펴보았다. 이러한 자료를 왜곡시킬 수 있는 그래프 처리는 그 해석에 있어서 세심한 주의가 필요함을 우리는 알 수 있었다. 그러나, 그래프를 통하여 정보전달 측면에서는 긍정적인 효과를 가져다 줄 수도 있다. [그림 2.13]의 그래프는 대학교 한 강좌의 월요일에서 금요일까지의 오전반과 오후반의 수강생 수의 변동을 보여주는 그래프이다. 두 그래프의 차이는 막대그래프를 통한 오전과 오후별 수강생 인원의 변화를 보여주고 있는 것은 동일하나, 다른 점은 원점선의 위치이다. 즉, 기준선인 50명을 기준으로 오전반과 오후반의 수강생 인원이 얼마나 변화하는지를 잘 보여주고 있음을 눈으로 확인할 수 있다. 즉, 원점선의 위치를 변화시킴으로써 좀더 쉽게 자료에 대한 정보를 제공하는 데 있어서 유용할 수 있음을 보여주고 있는 것이다.

여기에 제시된 것은 과연 어떻게 그래프들이 비즈니스 현상을 왜곡시킬 수 있는가 하는 몇 가지 사례에 지나지 않는다. 그러나 교훈은 분명하다. 그래프로 표시된 모든 자료를 검토할 때 각별한 주의를 필요로 한다. 특히, 각 축과 그 축의 단위들의 크기를 검토해야 한다. 시각적인 변화를 무시하고 그래프나 도표에 의하여 암시된 실제 수치적 변화에 대하여 중점적으로 검토해야 한다.

요약

비즈니스 자료는 두 가지 형태 중의 하나로 분류될 수 있다. 즉, 질적 자료와 양적 자료이다. 질적 자료에서 각 관찰값은 여러 범주들 중의 하나로 분류되는 반면에, 양적 자료에서는 각 관찰값이 수치적 눈금에 의하여 측정된다.

표본자료를 사용하여 그 표본이 추출된 모집단에 대한 추론을 내리고자 하기 때문에 자료를 나타낼 수 있는 것이 중요하다. 그래프에 의한 방법들은 이러한 두 가지 종류의 자료를 나타내는 데 중요하고도 유용한 도구들이다. 막대그래프와 원그래프는 질적 자료를 나타내는 그래프 방법들로서 유용하다. 히스토그램은 양적 자료를 나타내는 데 사용되는 그래프 기법이다.

통계의 궁극적인 목적은 표본을 사용하여 모집단에 대한 추론을 하는 데 있다. 이러한 목적을 수행하기 위하여 그래프에 의한 기법들을 사용할 때 특별한 주의를 기울여야 하는데, 그 이유는 그래프로서는 추론에 대한 신뢰도 측정이 곤란하기 때문이다. 그러므로 자료를 나타내는 양적 척도들을 개발할 필요가 있다. 이것은 다음 장에서 다루어진다.

연습문제

EXERCISES

2.1 대기업의 최고경영진들에게 설문지를 보내 그들이 중시하는 주요경력들을 조사한 결과는 다음과 같다고 하자. 이 자료에 대한 막대그래프와 상대도수막대그래프를 그려라.

주요 경력	도 수
관련 법규	109
재무관리	202
마케팅, 유통	223
엔지니어링, 연구 및 개발	59
생산/운영 관리	149
일반관리	32
기타	30

2.2 휴대용 전화기 시장이 다음 표에 나타난 대로 여러 제조업자들간에 분할되어 있다. 휴대용 계산기에 대한 시장점유율을 묘사하는 원그래프를 작성하라.

제조업자	시장점유율
A	26%
B	48%
C	15%
D	8%
기타	3%

2.3 어떤 대기업은 그 회사종업원들의 근속연수를 알아보고자 한다. 25명의 종업원들이 무작위로 선정되어, 그들의 근속연수를 각각 기록하였다. 그 자료는 다음과 같다.

3.1	1.8	6.4	10.2	11.2
15.6	11.6	6.8	1.5	2.9
3.4	7.2	0.5	7.7	8.4

0.7	3.9	8.2	8.0	5.5
10.3	12.1	3.9	0.9	4.3

이 자료에 대한 상대도수분포표를 그려라.

2.4 다음은 1.5인치의 길이로 제조되도록 설계된 기계로부터 생산된 골프 티(tee)들로부터 무작위로 30개의 골프 티들을 발췌하여 그 길이(인치)를 기록하여 놓은 것이다.

1.49	1.47	1.52	1.50	1.51	1.54
1.55	1.52	1.48	1.49	1.50	1.51
1.51	1.50	1.53	1.54	1.52	1.55
1.51	1.50	1.50	1.49	1.51	1.57
1.51	1.53	1.47	1.50	1.51	1.49

이 자료에 대한 상대도수히스토그램을 작성하라.

2.5 문제 2.4를 참조하라. 골프 티 길이에 대한 누적도수분포표와 누적상대도수분포표를 작성하라.

우리나라 통계대표기관인 통계청(http://Kostat.go.kr)에서 우리는 통계작성에 필요한 각종 기초자료들을 접해 볼 수 있다. 국내자료의 소비자물가지수(생활물가지수)의 10년 간의 자료를 다운로드받고, 이를 IBM SPSS 20.0 또는 EXCEL를 활용하여 소비자물가지수의 변화추이를 알아보기 위한 그래프를 그려보아라.

한국교육개발원 교육통계시스템(http://std.kedi.re.kr)에서는 우리나라의 유치원, 초등/중등/고등학교의 각종 학생, 교원, 시설에 대한 연도별 통계자료와 미국/독일/일본의 교육시스템에 대한 설명을 제공한다. 이 중 'OECD교육지표'(OECD indicators)는 세계 OECD가입국의 교육수준을 비교할 수 있는 좋은 자료들을 다수 제공받을 수 있다. OECD교육지표에서 제공하는 여러 가지 자료 중에 하나를 선택하고, IBM SPSS 20.0 또는 Excel를 통하여 그래프를 작성한 후, 이러한 교육지표들을 통하여 국가간 교육수준의 상대적 비교가 가능한지를 토론하여 보자.

제 3 장

수치에 의한 자료의 요약

3.1 중심화 경향의 척도

3.2 변동의 척도

3.3 표준편차에 대한 해석

3.4 도수분포표에서의 평균과 표준편차

자료에 대한 분포를 감각적 묘사로 나타내고 또한 그 특성을 기술하기 위해 몇 가지 형태의 수치에 의한 기술적 척도들이 개발되었다. 이들 중 가장 중요한 두 가지는 중심화 경향을 나타내는 척도와 변동을 나타내는 척도이다. 중심화 경향을 나타내는 척도(measures of central tendency)는 자료로부터 계산된 통계량으로써 분포의 중심(center)을 찾아낼 수 있도록 돕는다. 그리고 변동의 척도(measures of variation)는 자료로부터 계산된 통계량으로써 분포의 퍼짐(spread) 또는 산포를 나타낸다.

그 외에도 자료의 분포가 어느 한쪽 방향으로 치우져 있는 경향이 있는지를 나타내는 왜도(歪度: skewness)를 측정하는 기술척도와 분포의 뾰족한 정도를 나타내는 첨도(尖度: kurtosis)를 측정하는 기술척도 등이 있다. 본교재에서는 이러한 척도들에 대한 내용은 다루지 않았다.

3.1 중심화 경향의 척도

1) 최빈수

상대도수분포를 생생하게 마음에 그리기 위한 중심화 경향의 척도로서 우선 떠오르는 것은 분포의 최고점(peak)을 찾아내는 것, 즉 가장 큰 빈도수를 가진 값을 구하는 일이다. 이러한 값을 최빈수(最頻數: mode)라고 불린다.

정의 3.1

최빈수(mode)는 자료의 집합에서 가장 큰 빈도수로 발생하는 관찰값이다.

최빈수는 자료의 밀집도를 강조하기 때문에, 정부나 지방자치단체 등에 의하여 수집된 대규모 자료의 집합을 나타내는 데는 물론이고 마케팅에 많이 응용된다. 예를 들어, 남성용 의류소매업자는 잠재적 고객들이 찾으리라고 예상되는 소매나 목의 치수들을 알고 싶어할 것이다. 노동부에서는 노무자들을 대상으로 그 중에서 가장 빈도수가 많은 소득계급(modal income class)에 관심이 있다. 따라서 최빈수는 많은 비즈니스 응용에 있어서 유용한 중심화 경향의 척도를 제공한다.

자료가 별로 크지 않다면 최빈수는 별로 의미가 없을지도 모른다. 예컨대, 제 2 장에서 사용된 포춘 500 중 30개 회사들에 대한 주당 순수익(E/S) 척도를 생각해 보자. 이 자료(〈표 2.3〉 참조)를 다시 검토해 본다면, 이 표본 내에 30개의 관찰값들 중 어느 것도 같은 것이 없다는 것을 알게 될 것이다. 따라서, 이 표본의 경우 30개의 모든 관찰값들은 각각 최빈수가 된다. 이러한 정보는 자료를 묘사하는 데 별로 도움이 되지 않는다. 이러한 경우는 자료에 관한 상대도수 히스토그램을 작성함으로써 더 의미 있는 최빈수를 계산할 수 있다. 가장 많은 관찰값들을 포함하는 구간은 최빈구간(modal class)이라고 불리며 또한 최빈수는 이러한 계급구간의 중간점으로 취해진다. [그림 3.1]은 30개의 E/S 관찰값들에 대한 도수 히스토그램을 나타낸다. 0.715~2.115에 해당하는 구간(최

그림 3.1 E/S 자료에 대한 히스토그램: 최빈계급

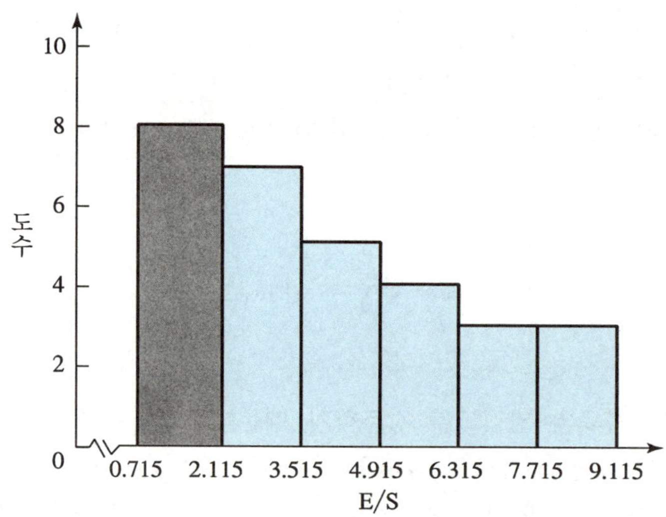

빈구간: [그림 3.1]에서 그림자가 짙게 진 부분)은 분포의 왼쪽에 위치하고 있다. 최빈치는 이 구간의 중간점이다. 즉,

$$최빈수 = \frac{0.715 + 2.115}{2} = 1.415$$

최빈수는 자료의 밀집도를 측정한다는 의미에서 자료의 중심화 경향을 나타낸다.

2) 산술평균

양적 자료에 대한 중심화 경향의 척도로서 가장 잘 알려져 있고 또한 가장 이해하기 쉬운 방법은 산술평균(arithmetic mean 또는 단순하게 평균이라 함)이다.

정의 3.2

평균(mean)은 관찰값들의 합을 그 관찰값의 총 개수로 나눈 값이다.

표본의 평균을 $\bar{x}$('x바'라고 읽음)로 나타내며, 그 계산식은 다음과 같다.

$$\bar{x} = \frac{\sum_{i=1}^{n} x_i}{n}$$

여기서, $x_i = i$번째 관찰값

$n =$ 표본에 포함되어 있는 관찰값들의 총 개수

예제 3.1

다음은 어떤 섬유류 공장에서 직물 1m^2당 나타나는 흠집을 제시한 자료이다. 무작위로 추출된 5, 3, 8, 5, 6, 다섯 개의 표본의 평균결점수를 계산하라.

해답

표본평균의 정의를 사용하면,

$$\bar{x} = \frac{\sum_{i=1}^{5} x_i}{5} = \frac{5+3+8+5+6}{5} = \frac{27}{5} = 5.4$$

이 섬유공장의 직물에서 발견된 1m^2당 평균결점수는 5.4이다.

예제 3.2

서울에 본사를 두고 있는 대규모 회사들로부터 무작위로 추출된 여섯 명의 비서들의 매월 임금은 다음과 같았다. 평균임금(단위: 만원)은 얼마인가?

65, 30, 70, 58, 45, 50

해답

표본평균의 정의를 사용하여,

$$\bar{x} = \frac{\sum_{i=1}^{6} x_i}{6} = \frac{65+30+70+58+45+50}{6} = \frac{318}{6} = 53\text{만원}$$

이 된다.

표본에 담겨져 있는 정보를 바탕으로 모집단에 대한 추론을 내리고자 할 때 표본평균은 중요한 역할을 한다. 이러한 이유 때문에, 표본이 추출된 모집단의 평균을 논의하고자 할 때 표본평균($\bar{x}$)과 서로 다른 기호를 사용하는 것이 필요하다. 모집단의 평균에 대해서는 그리스 문자 μ('뮤'라고 읽음)를 사용한다.

$$\text{표본평균} : \bar{x} = \frac{\sum_{i=1}^{n} x_i}{n}$$

$$\text{모평균} : \mu = \frac{\sum_{i=1}^{N} x_i}{N}$$

모집단의 평균을 추정하기 위하여 표본평균($\bar{x}$)이 가끔 사용된다. 예를 들어, 포춘 500의 모든 500개 기업(모집단)에 대한 E/S(주당 순수익)의 평균 μ는 4.56달러이다. E/S에 대한 30개 회사의 표본으로부터 얻어진 표본평균($\bar{x}$)은 4.08달러이다. 대부분의 경우 모집단 전체에 대하여 접근할 수 없을 때, 표본평균($\bar{x}$)을 모집단평균(μ)의 추정값 또는 근사값으로 사용할 수 있다. 그러면 잠시 여기서 추론의 신뢰성에 대한 것을 살펴보도록 하자. 즉, 얼마나 정확하게 표본평균($\bar{x}$)이 모집단의 평균(μ)을 추정할 수 있는지를 알아둘 필요가 있다. 제 8 장에서, 이러한 정확성(accuracy)은 다음의 두 가지 요인들에 의해 좌우된다는 것을 알 수 있다.

(1) 표본의 크기 — 표본의 크기가 크면 클수록, 그 표본으로부터 얻은 추정값은 좀 더 정확해지는 경향이다.
(2) 자료의 산포 또는 변동 — 모든 다른 요인들이 일정하다고 할 때, 자료의 변동이 심하면 심할수록 추정값의 정확도는 떨어지게 된다.

요약하면, 평균은 관찰값들의 집합에 관한 중심화 경향의 척도로서 매우 가치 있는 도구이다. 평균은 경영 및 경제연구에서 매우 흔히 사용되는 도구이며, 앞으로 배우게 될 추론통계학(inferential statistics)에서 토론의 주요 초점이 될 것이다.

3) 중위수

중심화 경향의 또 다른 중요한 척도는 관찰값들의 집합에 대한 중위수(中位數: median)이다.

정의 3.3

중위수(median)는 자료의 집합에 있는 관찰값들을 오름차순 또는 내림차순으로 나열하였을 때, 가운데 위치한 관찰값을 의미한다.

중위수는 대규모의 자료를 묘사하는 데 많이 쓰이는 값이다. 만약 자료가 상대도수 히스토그램([그림 3.2] 참조)으로 특징지어진다면, 중위수는 X축 위에서 히스토그램 면적의 절반은 중위수 위에 그리고 나머지 절반은 중위수 아래에 위치하도록 된 점을 말한다.

그림 3.2 중위수의 위치

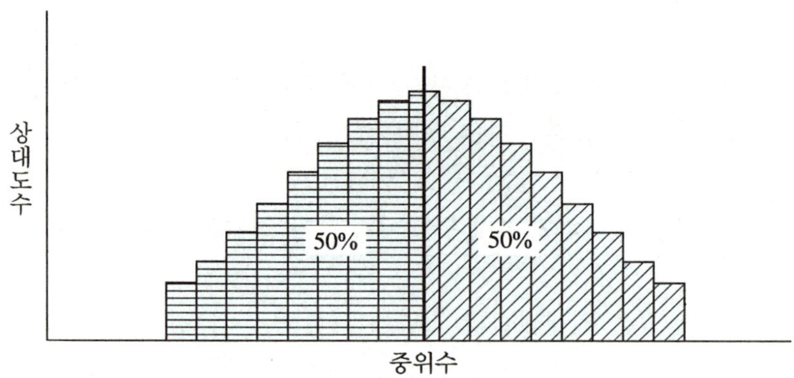

자료에서 중위수를 찾는 절차는 다음과 같다.

중위수의 계산

1. 자료에서 관찰값들의 개수(n)가 홀수이면, 관찰값들을 오름차순(또는 내림차순)으로 나열하였을 때 중위수는 가운데 위치하는 수이다.
2. 만약 관찰값들의 개수(n)가 짝수이면, 중위수는 관찰값들을 오름차순(또는 내림차순)으로 나열하였을 때 가운데 위치하는 두 개의 관찰값들의 평균값이 된다.

예제 3.3

다음 일곱 개의 관찰값($n=7$)으로 구성되어 있는 표본을 고려하자.

5, 7, 4, 5, 20, 6, 2

a. 이 표본의 중위수를 계산하라.
b. 제일 마지막 관찰값(즉 '2')을 제거하고 나서 나머지 여섯 개의 관찰값($n=6$)들의 중위수를 계산하라.

해답

a. 표본의 7개 관찰값들을 우선 오름차순으로 나열한다. 2, 4, 5, 5, 6, 7, 20 관찰값들의 수($n=7$)는 홀수이므로 중위수는 가운데 있는 관찰값이 된다. 따라서 이 표본의 중위수는 5이다.
b. 관찰값들의 집합으로부터 2를 제거한 후, 표본들을 오름차순으로 나열하면 다음과 같다.

4, 5, 5, 6, 7, 20

이제 관찰값들의 수가 짝수($n=6$)이므로, 가운데 2개의 관찰값들을 평균한다. 따라서 중위수는 $(5+6)/2=5.5$이다.

어떤 상황에서는 중위수가 평균값보다 더 나은 중심화 경향의 척도가 되기도 한다. 특히, 중위수는 유난히 크거나 혹은 작은 관찰값들에 대하여 평균값보다 덜 민감하다. 예를 들어, 예제 3.3 a에서 하나의 관찰값을 제외한 다른 모든 관찰값들은 $X=5$ 근처에 위치하고 있다. 단 하나의 큰 관찰값 $X=20$은 중위수(즉, 5)에 영향을 끼치지 않지만, 그러나 평균에 영향을 주게 된다. 따라서 평균값 $\bar{x}=7$은 대부분의 관찰값들의 오른쪽에 위치한다.

또 다른 사례로, 어떤 회사에서 종업원들의 임금에 대한 중심화 경향의 척도로서 평균값을 사용한다면, 그것은 잘못 오도될 수 있을지도 모른다. 만약 모든 노무자 및 일반 사무직 사원들의 임금이 자료의 집합에 포함된다면, 몇몇 중역들의 높은 소득(임금)이 중위수보다는 평균값에 더 많은 영향을 줄 것이다. 따라서 중위수는 회사의 전형적인 임금수준에 대한 좀 더 정확한 윤곽을 제공하게 될 것이다. 이와 비슷하게, 회사들의 연간 판매액에 관한 중위수는 판매액 자료의 중간위치를 찾을 수 있다. 그러나 몇몇 회사들의 많은 연간 판매액들은 평균값에 영향을 끼치며, 나아가서 평균판매액을 크게 만든다. 즉, 평균값은 관찰값들의 대부분을 초과한 점에 위치하게 되어, 결과적으로 중심화 경향의 척도로서 판단을 그르치게 할 수 있다.

포츈 500 중 30개 회사에 대한 E/S 자료를 오름차순으로 나열하였다. 그 결과는 〈표 3.1〉에 정리되어 있다.

표 3.1 E/S 자료(오름차순)

0.72	2.92	5.23
0.75	3.27	5.36
1.12	3.28	5.72
1.35	3.42	6.28
1.72	3.46	6.48
1.85	3.54	6.49
1.96	3.75	6.58
2.01	4.40	8.32
2.75	4.62	8.56
2.80	4.65	9.11

중위수는 15번째와 16번째 관찰값들의 평균과 같다. 즉 $(3.46+3.54)/2=3.50$이다. 여기서 주시할 것은 이 표본의 중위수는 평균(4.08)보다 작다는 점이다. 이러한 사실은 자료가 오른쪽으로 편향(偏向), 즉 관찰값들이 오른쪽으로

그림 3.3(a) E/S 자료의 최빈수, 평균, 중위수

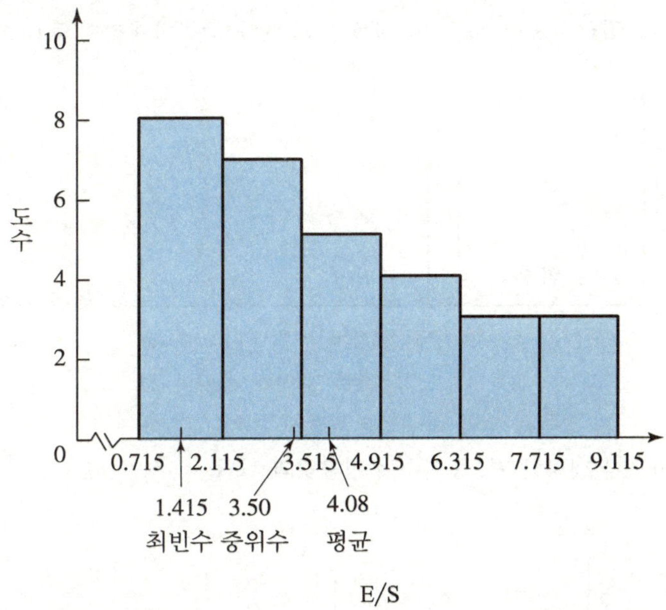

점차 감소하는 경향이 있다는 것을 의미한다. 이것은 평균이 중위수보다도 극단적인(크거나 또는 작은) 관찰값들에 의하여 영향을 더 많이 받기 때문이다. 결과적으로, 어떤 분포가 어느 한쪽 방향으로 꼬리부분이 늘어지면, 평균값은 그쪽 꼬리방향으로 이동한다. 이러한 왜도(歪度: skewness)는 [그림 3.3(a)]에서도 나타난다. 이 그림은 E/S 자료에 관한 최빈수, 평균값 그리고 중위수를 보여주고 있다. 평균과 중위수를 비교하여 자료의 왜도를 알아내는 일반적인 방법은 [그림 3.3(b)]에 나타나 있다.

그림 3.3(b) 평균과 중위수의 비교

1. 중위수가 평균값보다 작으면, 자료는 오른쪽으로 비대칭이 됨(右向偏度)

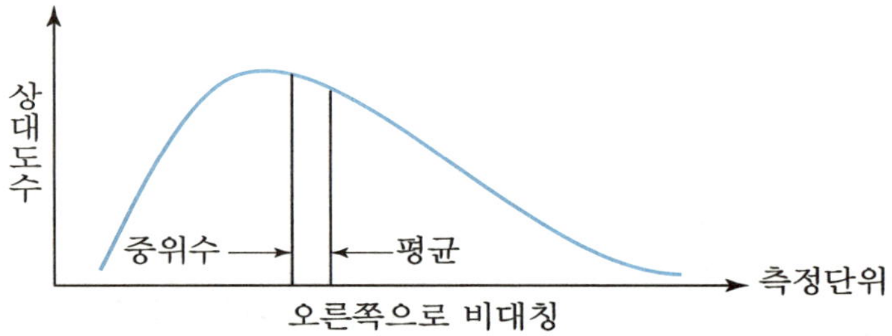

2. 자료가 대칭일 때, 중위수는 평균값과 같다.

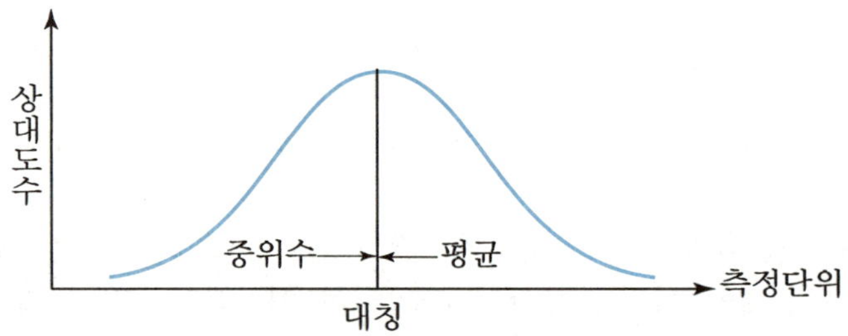

3. 중위수가 평균값보다 크다면, 자료는 왼쪽으로 비대칭이 됨(左向偏度)

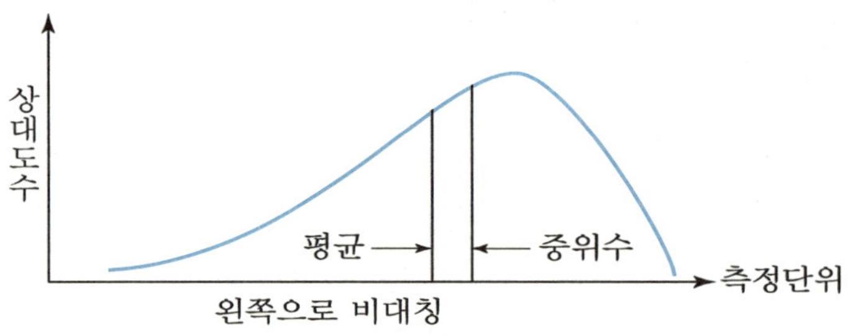

3.2 변동의 척도

1) 범 위

지금까지는 양적 자료의 중심화 경향을 측정하는 방법들을 몇 가지 제시하였다. 그러나 중심화 경향은 단지 자료의 한 면만 나타낸다고 할 수 있다. 자료에 관한 변동(variability) 또는 산포(spread)의 척도가 없이는 이와 관련된 정보는 불완전하다. 참고로 자료를 묘사할 때, 표본 또는 모집단 중 어느 하나에 대하여 언급하게 됨을 명심하기 바란다. 궁극적으로(제 8 장에서) 통계량을 사용하여 그 표본이 추출된 모집단의 모수에 대한 추론을 내리게 된다.

[그림 3.4]의 두 가지 히스토그램들을 비교하여 보면 두 개의 가상적인 자료들은 같은 최빈수, 중위수 그리고 평균을 갖고 있으며 좌우가 대칭임은 알 수 있다. 그러나 [그림 3.4] (a) 자료 1은 관찰값들이 각 계급에서 거의 같은 도수로 발생하지만, [그림 3.4] (b) 자료 2는 관찰값들의 대부분이 중심에 몰려 있다. 이러한 이유 때문에, 자료를 묘사하기 위해서는 중심화 경향의 척도와 함

그림 3.4 두 개의 가상 자료에 대한 히스토그램

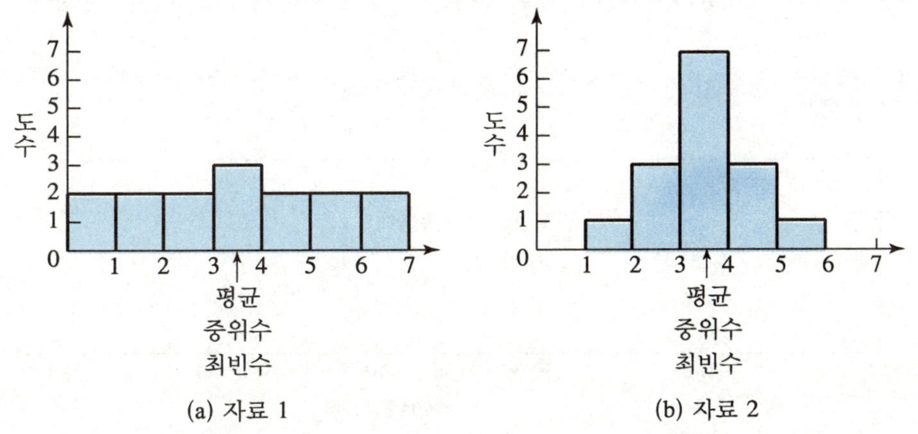

께 변동에 대한 척도가 필요하다. 아마도 양적 자료에 대한 변동의 척도로서 가장 간단한 형태는 범위(範圍: range)일 것이다.

정의 3.4

범위(range)는 자료의 집합에서 가장 큰 관찰값과 가장 작은 관찰값의 차이를 의미한다.

범위는 가장 작은 관찰값과 가장 큰 관찰값간의 거리를 측정함으로써 자료의 산포를 계산하게 된다. 예를 들어, [그림 3.5]에서 나타나 있듯이 주식 A는 1년 동안 주가가 32,000원에서 36,000원까지 변동하였고, 주식 B는 1년간 10,000원에서 58,000원까지 주가가 변동하였다고 하자. 주가 A의 범위는 4,000원인 반면에, 주가 B의 범위는 48,000원이다. 변동의 범위를 비교하여 보면, 주식 B의 주가가 주식 A의 주가보다 훨씬 더 변동한다는 것을 알 수 있다.

범위는 변동의 척도로서 항상 만족스러운 것만은 아니다. 예를 들어, 어떤 대규모 건설회사를 위하여 일하는 두 명의 견적전문가들이 각각 100군데의 건설작업에 대하여 건설작업당 이윤폭(총 입찰가격의 비율로 나타냄)을 예측한 결과를 검토한다고 가정하자. 두 군데 비용측정결과로부터 알 수 있는 것은 그 이윤폭이 모두 −10%(손실)에서 +40%(이윤)까지 변동하며 그리고 두 자료에 대

그림 3.5 두 회사에 대한 주가의 범위

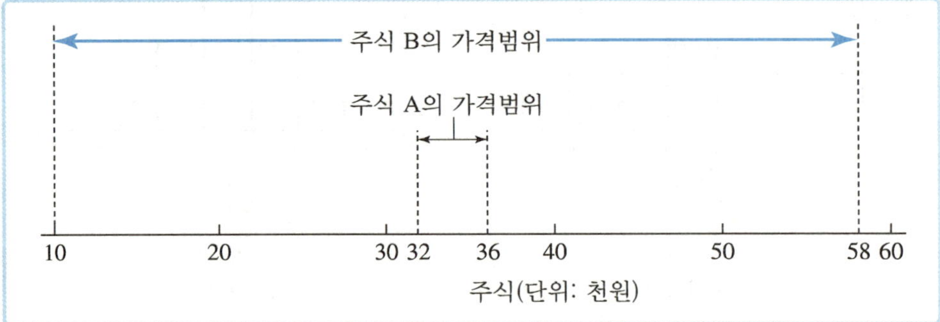

그림 3.6 두 전문가(A 및 B)들이 추정한 이윤폭에 관한 히스토그램

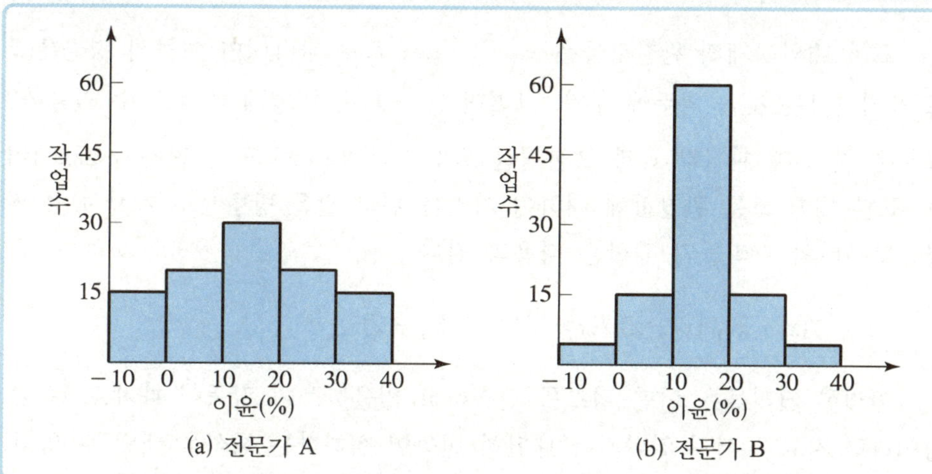

한 범위가 같다는 것이다. 이러한 이유 때문에, 두 가지 관찰값들간에 거의 또는 아무런 차이가 없다는 것이다.

그러나 [그림 3.6]에 나타나 있듯이, 100군데 건설작업에 대하여 이윤폭의 서로 다른 관찰값들이 히스토그램으로 작성되었다고 하자. 두 가지 좌우대칭인 관찰값들의 집합의 범위는 서로 같고 또한 모든 중심화 경향의 척도들도 같으나, 두 자료 간에는 엄연한 차이점이 존재한다. 차이점은 전문가 B의 이윤폭이 더 안정된 경향, 즉 자료가 분포의 중심에 더 몰려 있다는 것이다. 이에 반해서, 전문가 A의 이윤폭은 같은 범위 내에서 좀 더 산포되어 있는데, 그 의미는 어떤 경우는 높은 이윤폭이 가능하지만 또한 더 큰 손실의 위험이 따른다는 것이다. 따라서, 범위는 서로 같지만 전문가 A가 추정한 이윤폭이 전문가 B의 이윤폭보다 더 변동이 심한 것을 암시한다. 결과적으로 그들의 비용추정상에 분명한 차이가 존재한다는 것이다. 그러므로 범위보다도 더 많은 정보를 담은 수치적 척도가 개발될 필요가 있다.

2) 분산과 표준편차

표본 내의 n개의 관찰값들은 $x_1, x_2, \cdots, x_n$으로 나타내며 이들의 평균은 $\bar{x}$로 표시한다는 것을 염두에 두자. 그러면 $(x_1 - \bar{x})$는 어떻게 해석될 수 있을까? 그것은 첫 번째 관찰값 x_1과 표본평균 $\bar{x}$의 거리(distance) 또는 편차(deviation)이다. 표본 내의 모든 관찰값에 대하여 거리를 위와 같은 방법으로 계산하면, 평균으로부터의 거리들의 집합은 다음과 같다.

$$(x_1 - \bar{x}),\ (x_2 - \bar{x}),\ (x_3 - \bar{x}),\ \cdots,\ (x_n - \bar{x})$$

이러한 거리들은 어떤 정보를 간직하고 있을까? 이 값들이 대체로 큰 경향이라면 자료가 퍼져 있다거나 대단히 변동이 심하다는 해석을 내릴 수 있다. 만약 계산된 거리들이 대체로 작다면 자료는 평균($\bar{x}$)의 주위에 밀집되어 있으므로 변동이 작을 것이라고 예측할 수 있다. 간단한 예로, 〈표 3.2〉의 두 개의 표본들을 고려하자. 이들은 각각 5개의 측정값들을 가지고 있으며 편의상 크기 순서대로 나열되어 있다. 두 표본들의 표본평균은 3으로 서로 같다. 그러나 거리들을 관찰하면, 표본 1($\bar{x}$로부터 더 큰 거리들의 집합)은 표본 2($\bar{x}$의 주위에 밀집되어 있음)보다 더 큰 변동을 나타낸다. 이것은 [그림 3.7]의 거리들을 관찰하면 분명히 알 수 있다. 따라서 거리들은 관찰값들의 변동에 대한 정보를 제공하여 준다.

이러한 표본평균 $\bar{x}$로부터의 거리들에 대한 정보를 압축하여 변동에 대한

표 3.2 $\bar{x}$로부터의 거리

	표본 1	표본 2
측정값	1, 2, 3, 4, 5	2, 3, 3, 3, 4
평 균	$\bar{x} = \frac{1+2+3+4+5}{5} = \frac{15}{5} = 3$	$\bar{x} = \frac{2+3+3+3+4}{5} = \frac{15}{5} = 3$
$\bar{x}$로부터의 거리	1−3, 2−3, 3−3, 4−3, 5−3 −2, −1, 0, 1, 2	2−3, 3−3, 3−3, 3−3, 4−3 −1, 0, 0, 0, 1

그림 3.7 두 개의 자료에 대한 평균으로부터의 거리

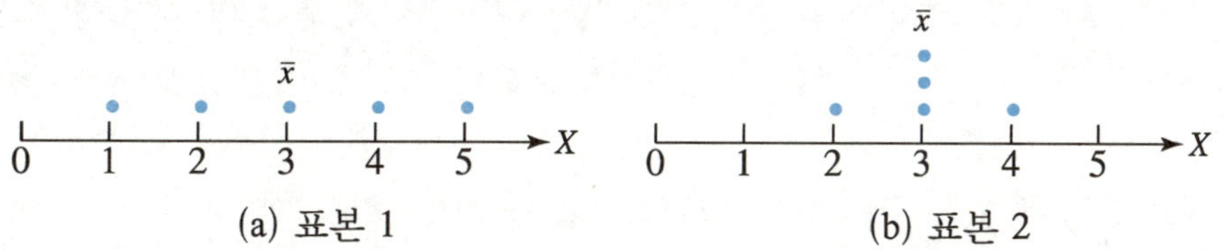

척도를 하나의 숫자로 나타내 보자. 단순히 $\bar{x}$로부터의 거리를 평균내는 것은 별 도움이 되지 못한다. 예컨대, [그림 3.7] (a) 표본 1과 (b) 표본 2에서 음과 양의 값들이 상쇄되어 결국 평균거리는 0이 된다. 이것은 어떠한 자료라도 편차의 합 $\sum_{i=1}^{n}(x_i - \bar{x})$은 항상 0이기 때문에 $\bar{x}$로부터의 거리들의 평균을 취함으로써 아무런 정보를 얻을 수 없다.

평균으로부터의 거리들이 음과 양의 값이 되어 서로 상쇄되는 문제점을 해결하는 데에 두 가지 방법들이 있다. 첫 번째 방법은 평균으로부터의 거리가 음의 값이 되는 경우, 절대값을 구함으로써 '음'의 사인을 무시하고, 거리들이 모두 '양'의 값을 갖게 하는 것이다. 그러나 이러한 변동의 척도(거리의 절대값를 취한 값들의 평균: the mean of the absolute values of the distances)는 해석하기 어렵기 때문에 더 이상 추구하지 않기로 한다. 두 번째 방법은 거리의 '음'의 값들을 제거하기 위해 거리들을 제곱하는 것이다. 거리의 제곱들로부터 계산될 수 있는 통계량은 자료의 변동을 나타내는 데 매우 유용하다. 우선, 자료로부터 계산된 거리의 제곱들을 사용하는 표본분산(sample variance)은 다음과 같다.

정의 3.5

n개의 관찰값들로 구성된 표본에 대한 **표본분산(sample variance)**은 평균으로부터 거리의 제곱들의 합을 $(n-1)$로 나누어 준 것이다. 표본분산을 나타내는 기호로서 s^2을 사용하여 나타내면 다음과 같다.

$$s^2 = \frac{\sum_{i=1}^{n}(x_i - \bar{x})^2}{n-1}$$

〈표 3.2〉에 있는 두 개의 표본으로 돌아가서, 표본 1에 대한 표본분산은 다음과 같이 계산될 수 있다.

$$s^2 = \frac{(1-3)^2 + (2-3)^2 + (3-3)^2 + (4-3)^2 + (5-3)^2}{5-1}$$
$$= \frac{4+1+0+1+4}{4} = 2.5$$

자료의 변동을 파악할 수 있는 유용한 척도로서 두 번째 방법은 자료의 표준편차(standard deviation)를 계산하는 것이다. 모집단에 해당되는 경우, 모집단의 표준편차는 σ(시그마: sigma)로 나타나게 되는데, 이는 모집단 내의 관찰값들의 변동을 측정한다. 모집단의 분산은 따라서 σ^2으로 나타내게 된다. 분산과 표준편차에 대한 기호들을 요약하면 다음과 같다.

표본분산 : $s^2 = \frac{\sum_{i=1}^{n}(x_i - \bar{x})^2}{n-1}$

모분산 : $\sigma^2 = \frac{\sum_{i=1}^{N}(x_i - \mu)^2}{N}$

표본표준편차 : $s = \sqrt{s^2}$

모표준편차 : $\sigma = \sqrt{\sigma^2}$

여기서 특기할 만한 것은, 분산에 대비하여 볼 때, 표준편차는 원래 관찰값의 단위로 표현된다. 예를 들면, 관찰값들의 단위가 원(₩)이라면, 표준편차도 원(₩)으로 표현될 것이다. 다음으로는 표본분산을 계산할 때, n 대신에 $(n-1)$로 나누어 준다는 것이다. 그 이유는 $(n-1)$로 나누어 줌으로써, n으로 나누어 줄 때보다 더 나은(즉, 모분산 σ^2에 좀 더 가까운) 값을 얻을 수 있기 때문이다. 궁극적으로 통계량을 사용하여 해당되는 모집단의 모수를 추정하려는 것이기 때문에, 표본분산을 정의할 때 n 대신에 $(n-1)$을 사용하게 된다.

예제 3.4

〈표 3.2〉의 표본 2의 표준편차를 계산하라.

2, 3, 3, 3, 4

해답

이 자료에 대한 평균 $\bar{x}=3$이다.
그러면

$$s=\sqrt{\frac{(2-3)^2+(3-3)^2+(3-3)^2+(3-3)^2+(4-3)^2}{5-1}}$$
$$=\sqrt{\frac{2}{4}}=\sqrt{0.5}\fallingdotseq 0.71$$

3) 분산과 표준편차를 구하기 위한 간단한 식

표본 내의 관찰값들의 개수가 많아질수록, 표본분산을 계산하기란 더 어려워지게 된다. 각 관찰값과 평균 간의 거리를 계산하고 그 거리를 제곱하여 제곱된 거리를 합한 후, 최종적으로 $(n-1)$로 나누어 준다. 다행히도 표본분산을 계산하기 위한 손쉬운 방법이 있다.

분산을 구하는 손쉬운 방법

$$s^2 = \frac{\sum_{i=1}^{n} x_i^2 - \frac{\left[\sum_{i=1}^{n} x_i\right]^2}{n}}{n-1} \qquad \sigma^2 = \frac{\sum_{i=1}^{N} x_i^2 - \frac{\left[\sum_{i=1}^{N} x_i\right]^2}{N}}{N}$$

위의 식에서는 표본분산을 계산할 때 단지 관찰값들의 합 $\sum_{i=1}^{n} x_i$과 관찰값들의 제곱의 합 $\sum_{i=1}^{n} x_i^2$만을 필요로 한다.

예제 3.5

다음 두 개의 표본들(다섯 개의 측정값들로 구성되어 있음)에 대한 분산을 손쉬운 방법으로 계산하라.

표본 1: 1, 2, 3, 4, 5
표본 2: 2, 3, 3, 3, 4

해답

(1) 우선 표본 1부터 시작하면, 필요한 두 가지 자료들은 다음과 같다.

$$\sum_{i=1}^{n} x_i = 1 + 2 + 3 + 4 + 5 = 15$$

그리고

$$\sum_{i=1}^{5} x_i^2 = 1^2 + 2^2 + 3^2 + 4^2 + 5^2 = 1 + 4 + 9 + 16 + 25 = 55$$

이다.

그러면 표본 1에 대한 표본분산은

$$s^2 = \frac{\sum_{i=1}^{n} x_i^2 - \frac{\left[\sum_{i=1}^{n} x_i\right]^2}{5}}{5-1} = \frac{55 - \frac{(15)^2}{5}}{4} = \frac{10}{4} = 2.5$$

(2) 이와 마찬가지로, 표본 2에 대하여

$$\sum_{i=1}^{5} x_i = 2+3+3+3+4 = 15$$

그리고

$$\sum_{i=1}^{5} x_i^2 = 2^2+3^2+3^2+3^2+4^2 = 4+9+9+9+16 = 47$$

이다. 그러면 표본 2에 관한 분산은

$$s^2 = \frac{\sum_{i=1}^{5} x_i^2 - \frac{\left[\sum_{i=1}^{5} x_i\right]^2}{5}}{5-1} = \frac{47 - \frac{(15)^2}{5}}{4} = \frac{2}{4} = 0.5$$

가 된다.

예제 3.6

포춘 500으로부터 무작위로 추출된 30개 회사에 관한 E/S(주당 순수익)는 다음과 같다. 이들 관찰값들에 대한 표본분산 s^2과 표준편차 s를 계산하라.

1.85	5.72	2.80	1.35	2.75	2.01
3.42	1.72	3.46	3.28	6.58	5.36
9.11	8.56	8.32	3.75	3.54	4.40
1.96	0.72	4.62	5.23	4.65	6.49
6.48	6.28	3.27	2.92	0.75	1.12

해답

표본분산 s^2에 대한 계산은 다음과 같다.

$$\sum_{i=1}^{30} x_i = 1.85 + 3.42 + \cdots + 1.12 = 122.47$$

그리고

$$\sum_{i=1}^{30} x_i^2 = (1.85)^2 + (3.42)^2 + \cdots + (1.12)^2 = 657.5239$$

그러면

$$s^2 = \frac{\sum_{i=1}^{n} x_i^2 - \frac{\left[\sum_{i=1}^{30} x_i\right]^2}{30}}{30-1} = \frac{657.5239 - \frac{(122.47)^2}{30}}{29} \fallingdotseq 5.4331$$

이 된다.

$$s = \sqrt{s^2} = \sqrt{5.4331} \fallingdotseq 2.33$$

이다.

3.3 표준편차에 대한 해석

이미 지적되었듯이, 어떤 모집단으로부터 추출된 두 개의 표본들에 대한 변동을 비교한다면, 더 큰 표준편차를 지닌 표본이 더 변동이 심하다. 따라서 상대적 또는 상호 비교적 관점에서 표준편차를 해석하는 방법은 이미 알고 있지만, 하나의 표본에 대한 변동의 척도로서의 표준편차는 설명되지 않았다.

자료에 대한 변동의 척도로서 표준편차를 해석하는 한 가지 방법은 다음과 같은 질문에 답하는 것이다.

- 평균으로부터 1배의 표준편차 내에 몇 개의 관찰값들이 존재하는가?
- 평균으로부터 2배의 표준편차 내에 몇 개의 관찰값들이 존재하는가?

어떤 자료에 대하여, 각각의 구간 내에 존재하는 관찰값들의 개수들을 세어봄으로써 위와 같은 질문들에 답할 수 있다. 그러나 이러한 질문들에 대한 일반적인 해답을 얻는 데에 관심이 있다면 문제는 더욱 어려워진다.

〈표 3.3〉은 두 가지 지침을 제시하고 있는데, 이를 통하여 평균으로부터 1배, 2배 그리고 3배의 표준편차 내에 과연 몇 개의 관찰값들이 존재하는가 하는 질문들에 대한 답을 얻는 데 도움이 된다.

〈표 3.3〉의 첫 번째 규칙은 러시아의 수학자인 체비셰프(Chebyshev)가 증명한 정리로부터 유도된 것으로, 어떠한 표본에도 적용이 가능하다. 두 번째 경험적 규칙은 오랜 동안 축적된 경험적 사실에 기초를 둔 것인데, 이 규칙이 적용되는 상황은 표본들이 개략적으로 대칭이며 분포의 중심(평균, 중위수 및 최빈수가 거의 모두 일치하여야 함)에서 관찰값들이 밀집하여 있고, 히스토그램의 중심

표 3.3 표준편차의 해석에 대한 지침

1. 체비셰프의 정리(Chebyshev's theorem)
   이 규칙은 도수분포의 모양에 관계없이, 관찰값들로 구성된 어떠한 표본에도 적용된다.
   a. 어떤 관찰값도 평균으로부터 1 배의 표준편차 내($\bar{x}-s$ to $\bar{x}+s$)에 존재하지 않을 가능성이 있다.
   b. 적어도 관찰값들의 3/4은 평균으로부터 2배의 표준편차 내($\bar{x}-2s$ to $\bar{x}+2s$)에 존재한다.
   c. 관찰값들의 적어도 8/9은 평균으로부터 3배의 표준편차 내($\bar{x}-3s$ to $\bar{x}+3s$)에 존재한다.
2. 경험적인 규칙(Empirical rule)
   이 규칙은 작은 산모양의(mound shaped) 도수분포를 가진 표본들에 적용된다.
   a. 개략적으로 관찰값들의 68%는 평균으로부터 1배 표준편차 내($\bar{x}-s$ to $\bar{x}+s$)에 존재한다.
   b. 개략적으로 관찰값들의 95%는 평균으로부터 2배 표준편차 내($\bar{x}-2s$ to $\bar{x}+2s$)에 존재한다.
   c. 거의 모든 관찰값들이 평균으로부터 3배 표준편차 내($\bar{x}-3s$ to $\bar{x}+3s$)에 존재한다.

그림 3.8 작은 산모양의 표본에 대한 히스토그램

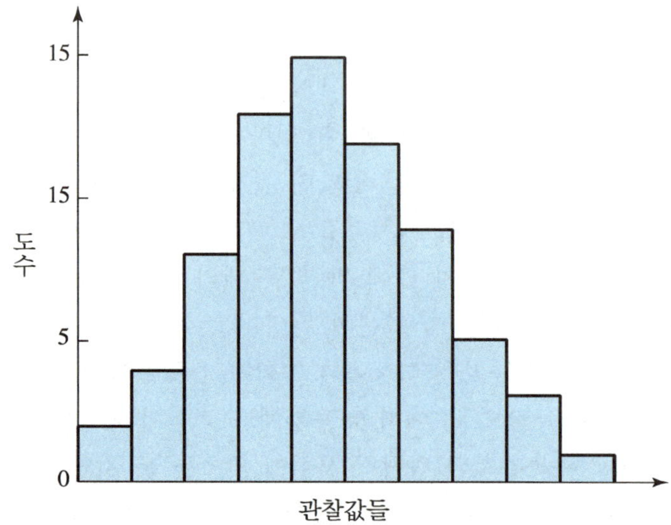

으로부터 멀리 떨어질수록 점점 드문드문해지는 경우이다. 따라서 히스토그램은 [그림 3.8]에 나타나 있듯이 종이나 작은 산모양을 지닌다.

〈표 3.3〉의 두 번째 규칙을 살펴보면, 자료의 분포가 약간 비대칭이거나 편포도(偏布度)가 존재하더라도 주어진 여러 구간에서(특히, $\bar{x}-2s$에서 $\bar{x}+2s$의 구간에서)의 퍼센트는 놀랍게도 자료의 정규분포의 경우에 잘 접근한다.

예제 3.7

포춘 500으로부터 무작위로 추출된 30개 회사의 E/S(주당 순이익)를 여기 다시 인용한다.

1.85	5.72	2.80	1.35	2.75	2.01
3.42	1.72	3.46	3.28	6.58	5.36
9.11	8.56	8.32	3.75	3.54	4.40
1.96	0.72	4.62	5.23	4.65	6.49
6.48	6.28	3.27	2.92	0.75	1.12

이미 앞에서 계산되었듯이, 이 자료의 평균 및 표준편차는 각각 4.08과 2.33이다. 30개 회사 중 그 순수익이 구간 $\bar{x}\pm s$, $\bar{x}\pm 2s$, 및 $\bar{x}\pm 3s$ 내에 존재하는 비율을 구하라. 그리고 그 결과를 〈표 3.3〉과 비교하라.

해답

우선 구간 $(\bar{x}-s,\ \bar{x}+s)=(4.08-2.33,\ 4.08+2.33)=(1.75,\ 6.41)$이 된다. 관찰값들을 관찰해 보면 30개 중 19개 — 즉 개략적으로 63% — 가 평균으로부터 1배의 표준편차 내에 있다.

구간 $(\bar{x}-2s,\ \bar{x}+2s)=(4.08-4.66,\ 4.08+4.66)=(-0.58,\ 8.74)$이다. 구간 $(-0.58,\ 8.74)$은 29개의 관찰값들, 또는 $n=30$ 관찰값들 중 약 97%를 포함한다. 마지막으로, 평균($\bar{x}$)으로부터 3배의 표준편차(s)는 $(\bar{x}-3s,\ \bar{x}+3s)=(4.08-6.99,\ 4.08+\ 6.99)=(-2.91,\ 11.07)$이다. 이 구간은 모든 관찰값들을 포함한다.

이들 1, 2 그리고 3배의 표준편차 내에 존재하는 퍼센트(63, 97 그리고 100)는 〈표 3.3〉의 작은 산모양의 분포에 적용되는 경험적 규칙(empirical rule)에 따라 주어진 값, 약 68%, 95% 그리고 100%들과 매우 잘 일치된다.

[그림 2.5]에 나타난 도수분포표를 살펴보면, E/S(주당 순수익) 자료는 사실 작은 산모양도 아니며 그렇다고 극단적으로 편포도(偏布度)가 있는 것도 아니다. 따라서 작은 산모양의 접근으로부터 합리적으로 좋은 결과를 얻을 수 있다.

예제 3.8

표준편차의 값을 해석하는 도구들 〈표 3.3〉은 표준편차의 계산에 관한 점검용으로 실제 사용될 수 있다. 가령 가장 작은 관찰값이 20이고 가장 큰 관찰값은 80인 자료가 있다고 하자. 이 자료로부터 계산된 표준편차 s가 190이었다. 계산된 s의 값을 개략적으로 점검하기 위하여 〈표 3.3〉을 어떻게 사용할 수 있겠는가?

해답

자료 내에 관찰값들의 수가 많으면 많을수록, 대단히 큰 값이나 아주 작은 값(즉 극단적인 값들)에 대한 경향이 자료 내에 더 크게 나타난다. 〈표 3.3〉으로부터 대부분의 관찰값들(만약 분포가 작은 산모양이면, 개략적으로 95%의 관찰값들)이 평균으로부터 2배의 표준편차 내에 있게 됨([그림 3.9] 참조)을 알 수 있다.

그리고 자료 내의 관찰값들의 수에 관계없이 거의 모든 관찰값들이 평균으로부터 3배의 표준편차 내에 있게 된다. 결과적으로 범위는 4배에서 6배의 표준편차들 사이가 될 것으로

그림 3.9 범위와 표준편차 간의 관계

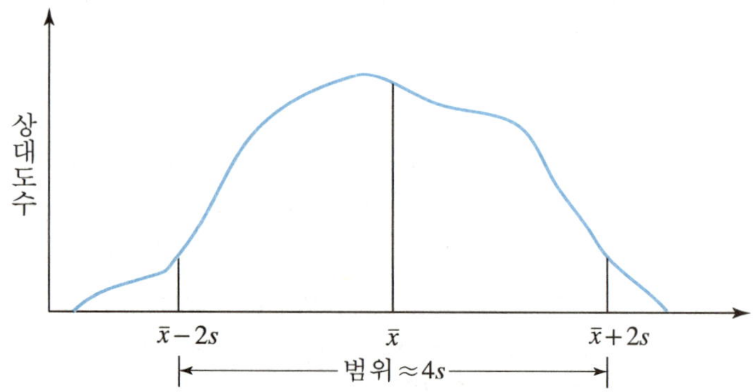

예상할 수 있다. 주어진 자료에 대하여, 범위는 다음과 같다.

$$
\begin{aligned}
\text{범위} &= \text{가장 큰 관찰값} - \text{가장 작은 관찰값} \\
&= 80 - 20 = 60
\end{aligned}
$$

만약 범위가 4배의 표준편차와 같도록 놓게 되면, 범위는 다음과 같다.

$$
\begin{aligned}
R &= 4s \\
60 &= 4s \\
s &= 15
\end{aligned}
$$

또는 범위가 6배의 표준편차와 같다고 하면, 이번에는 s값이 좀 더 큰 표준편차가 얻어진다. 즉,

$$
\begin{aligned}
R &= 6s \\
60 &= 6s \\
s &= 10
\end{aligned}
$$

여기서 분명해진 것은, 범위를 4배의 표준편차로 같게 두든지 또는 6배의 표준편차와 같게 하든지간에 별 차이가 없다는 것이다. 계산된 표준편차의 값 $s=190$은 너무 크다는 것이 분명하다. 따라서 계산을 다시 한번 점검할 필요가 있다.

사례연구 3.1 고객의 요망사항에 더 민감해지기

기업의 입장에서 고객의 불만사항에 민감한 정도는 흔히 기업의 전반적인 성공 여부를 결정짓는 중요한 요인 중의 하나이다. 한국음료(주) 김말동 씨는 그러한 민감도를 달성하는 데에 필요한 절차를 제시하고 있다. 이 절차에 의하면 고객들의 불만의 구체적인 원인들을 과연 조사할 것인지 아니면 그대로 둘 것인지를 결정하기 위하여 어떤 제품에 대한 고객들의 불만율(the rate of consumer complaints)을 사용한다. 즉, 팔린 제품의 10,000단위당 불만의 개수를 사용하여 고객들의 불만의 구체적인 원인들을 언제 규명할 것인지 또는 하지 않을 것인지를 결정한다. 한국음료(주)는 어떤 제품을 로트당 10,000개의 단위로 생산하고 있으며 각 로트별로 접수된 고객들의 불만의 개수를 기록하고 있었다. 회사의 불만기록대장을 검토하여 보니 어떤 특정 로트 10,000단위에 대하여 접수된 고객들의 불만의 수가 100, 96, 145, 201, … 등으로 정리되어 있었다. 이 자료를 토대로 상대도수분포표가 작성되었으며 또한 분산 및 표준편차가 계산되었다. 분포의 모양은 개략적으로 작은 산모양이었으며 따라서 제품에 대한 고객들의 불만숫자의 약 95%는 불만숫자의 평균으로부터 2배의 표준편차 내에 있다고 할 수 있다. 이러한 사실을 바탕으로 다음 사례 3.2에서 더 상세하게 설명되겠지만 고객들의 불만에 관한 구체적인 원인들을 언제 조사하는 것이 가치가 있을 것인지를 결정한다. 만약 불만의 개수에 대한 분포가 작은 산모양이라고 판단내릴 수 없다면, 제품에 대한 불만숫자들의 적어도 95%는 불만개수의 평균치로부터 2배의 표준편차 내에 존재한다고 할 수 있다.

3.4 도수분포표에서의 평균과 표준편차

만약 자료가 같은 너비의 계급으로 그룹지어지고 빈도수를 나타내는 표로 정리되어 있다면, 다음과 같은 식을 사용하여 $\bar{x}$, s^2과 s를 구할 수 있다.

도수분포표로부터 평균과 표준편차를 계산하는 식

$$\bar{x} = \frac{\sum_{i=1}^{k} x_i f_i}{n}$$

$$s^2 = \frac{\sum_{i=1}^{k} x_i^2 f_i - \frac{\left[\sum_{i=1}^{k} x_i f_i\right]^2}{n}}{n-1}$$

$$s = \sqrt{s^2}$$

여기서, $x_i = i$ 번째 계급의 중간지점

$f_i = i$ 번째 계급의 빈도수

$k =$ 계급의 수

예제 3.9

〈표 2.3〉과 〈표 2.4〉로부터 E/S(주당 순수익)에 대한 평균과 표준편차를 계산하라.

해답

계급, 계급의 중간지점 그리고 계급의 빈도수는 다음 표에 나타나 있다.

계 급	중간지점(x_i)	빈도수(f_i)
0.715 − 2.115 미만	1.415	8
2.115 − 3.515 미만	2.815	7
3.515 − 4.915 미만	4.215	5
4.915 − 6.315 미만	5.615	4
6.315 − 7.715 미만	7.015	3
7.715 − 9.115 미만	8.415	3
		$n=30$

계급의 중간지점과 빈도수를 식에 대입하면 다음과 같다.

$$\bar{x} = \frac{\sum_{i=1}^{k} x_i f_i}{n}$$

$$= \frac{(1.415)(8)+(2.815)(7)+(4.215)(5)+\cdots+(8.415)(3)}{30}$$

$$= \frac{120.85}{30} = 4.03$$

$$s^2 = \frac{\sum_{i=1}^{k} x_i^2 f_i - \frac{\left[\sum_{i=1}^{k} x_i f_i\right]^2}{n}}{n-1}$$

$$s^2 = \frac{[(1.415)^2(8)+(2.815)^2(7)+\cdots+(8.415)^2(3)]-(120.85)^2/30}{30-1}$$

$$= \frac{646.49875-486.82408}{29}$$

$$= 5.5060$$

$$s = \sqrt{5.5060} = 2.35$$

도수분포표로부터 얻어진, $\bar{x}$, s^2 그리고 s는 원래 자료에 의한 값들($\bar{x}$ $=4.08$ 그리고 $s=2.33$)과 일치하지 않는다. 그 이유는 각 계급구간 내의 개별적인 x값 대신에 계급의 중간지점을 사용하였기 때문이다.

각 계급 내의 모든 x값들이 해당 계급의 중간지점과 일치할 때에만 그룹별 자료와 원래 자료에 의한 식들이 서로 동일한 $\bar{x}$, s^2 및 s값을 산출해 낸다. 그렇지 않을 경우, 그룹별 자료를 위한 식들은 오로지 근사값만을 산출한다.

사례연구 3.2 고객의 불만에 대한 반응시점을 결정하기

김말동 씨는 고객으로부터 접수되는 불만건수의 변동이 우연원인에 의한 것인지 이상원인에 의한 것인지를 결정하는 의사결정규칙을 만들었다. 만약 관찰된 불만율이 평균보다 2배의 표준편차 이내라면, 그것은 우연원인으로 돌릴 수 있다. 만약 관찰된 비율이 평균불만율보다 2배의 표준편차 이상으로 벌어져 있다면, 제품의 생산활동이나 완제품의 유통에 있어서 어떤 구체적인 문제가 존재한다고 볼 수 있다. 위와 같은 논리는 다음과 같다.

생산활동과 제품의 유통과정에 아무런 문제가 없다면, 항상 불만율의 95%는 평균불만율로부터 2배의 표준편차 이내에 있어야 한다. 만약 생산과 유통과정들이 정상적으로 운영되고 있었다면, 평균으로부터 2배의 표준편차 이상으로 더 높은 불만율이 발생한다는 것은 거의 불가능하다. 오히려, 높은 불만율은 생산과 유통과정에 있어서 비정상적인 운영활동으로 빚어진 결과일 가능성이 더 높다. 즉 공정상의 어떤 문제점이 발생하였다는 의미이다.

김말동 씨는 고객불만율의 변동이 구체적인 이상원인의 결과라는 의사결정규칙에 의하여 판명될 경우에 한해서만 그 원인들을 조사하라고 추천한다. 우연원인에 의한 변동폭에 대해서는 관대히 다루어져야 한다.

김 씨는 이 규칙이 효력이 있는지 여부를 알아보기 위하여 2주 동안 한국음료(주)의 기록으로부터 자료를 수집하였다. 고객들의 불만내용은 이가 빠진 병이 위험하게 보인다는 것이었다. 그 회사의 상표들 중의 하나에 대해서 이미 판매된 10,000병당 평균불만율은 26.01%이고 평균보다 2배의 표준편차가 많은 불만율은 48.78%로 판명되었다. 검토 중에 2주간 관찰된 불만율은 10,000병당 93.12%이었다. 93.12%는 평균불만율에서 2배의 표준편차(즉, 48.78%)보다 훨씬 많기 때문에, 높은 불만율은 음료수의 특정 상표에 대한 유통이나 생산과정에서 구체적인 문제점 때문에 발생하였다고 결론이 내려졌다. 문제점을 추적하여 보니 출하부서에 새로이 고용된 작업자들이 음료수 병들을 너무 거칠게 다루었다는 것이었다. 그 결과, 신규로 채용된 작업자들에 대한 훈련 프로그램이 실시되었다.

요약

양적 자료를 묘사하는 수치적 방법들은 다음과 같이 두 가지로 분류될 수 있다.

(1) 중심화 경향의 척도

(2) 변동의 척도

자료에 대한 최빈수, 산술평균 및 중위수는 중심화 경향의 척도이다. 최빈수는 자료 내에서 가장 많이 관찰되는 수이다. 모평균은 자료 내의 N개의 관찰값들을 더해 주고, 다시 N으로 나누어 줌으로써 구해진다. 중위수는 자료 내에서 관찰값들의 절반은 중위수보다 아래로, 나머지 절반은 중위수 위로 위치되도록 선택된 수이다. 평균과 중위수 간의 관계는 도수분포의 왜도(skewness)에 대한 정보를 제공한다. 모집단에 대한 추론을 내리는 데 있어서, 표본평균은 다른 중심화 경향의 척도들보다 더 많이 사용된다.

자료를 수치에 의하여 기술(記述)함에 있어서 중심화 경향의 척도만으로는 충분치가 않다. 자료에 대한 변동이 또한 묘사되어져야 한다. 범위, 절대편차, 분산 및 표준편차는 변동에 대한 수치적 척도를 나타낸다.

평균과 표준편차는 관찰값들이 어떤 주어진 구간 내에 있게 되는 비율을 묘사하는 데 사용되기도 한다. 예컨대, 자료 내에서 관찰값들의 적어도 95%는 평균으로부터 2배의 표준편차 내에 있게 된다는 것을 알고 있다. 즉, 자료에 대한 도수분포가 작은 산모양을 이루고 있다면, 약 95%의 관찰값들이 평균으로부터 2배의 표준편차 내에 존재하게 된다.

연습문제

EXERCISES

3.1 한국공항관리공단에서는 새벽에 공항버스서비스를 증가할 필요성이 있는지를 평가하기 위하여, 지난달 표본으로 선정된 8일간에 새벽 6:30분 공항리무진버스를 이용한 승객 수를 기록하였다. 그 결과는 다음과 같다.

6월 1일: 44	6월 15일: 45	6월 28일: 32
6월 8일: 41	6월 18일: 42	6월 29일: 44
6월 11일: 35	6월 25일: 35	

이 자료에 대한 평균과 중위수를 구하라.

3.2 사회과학자들이 어떤 개인의 사회경제적 지위를 측정하기 위하여 종종 사용하는 지수는 개인소득이다. 사회경제적 지위에 의하여 음주자와 금주자의 퍼센트를 분석하기 위한 조사가 수행되었다. 금주를 한다고 주장하는 응답자들의 연간소득(단위: 천원)은 다음과 같다.

12,000	10,000	10,000	90,800	9,800
12,000	5,600	9,000	9,000	10,200
15,000	17,000	11,500	13,000	8,000
9,500	13,500	12,200	17,000	11,400

a. 이 표본에 대한 평균, 중위수 및 최빈수를 계산하라.

b. 가장 큰 값을 제외시키고 위의 a를 다시 구하라.
가장 큰 값을 제외시킨 것은 위의 a에서 계산된 중심화 경향 척도에 어떠한 영향을 미치는가?
중심화 경향 척도들 중에서 어느 것이 극단적인 값(즉, 최대 또는 최소값)에 가장 민감한가?

3.3 어떤 회사의 품질검사원이 30일 동안 그 회사의 새로운 조립라인으로부터 생산

된 불량품의 개수를 매일매일 기록하였다. 그 검사원의 노력으로 다음과 같은 도수분포표를 얻었다.

1일 불량품의 개수	도 수
0	2
1	4
2	5
3	10
4	4
5	3
6	2

a. 이 문제의 내용으로 보아 첫 번째 행의 숫자들(즉, 0, 2)이 갖는 의미를 설명하라.
b. 이 자료에 대한 중위수와 최빈수를 구하라.

3.4 다음과 같이 자료에 대한 정보가 주어졌을 때, $\bar{x}$, s^2, s를 각각 구하여라.

a. $n=30,\ \sum_{i=1}^{n} x_i^2 = 2{,}000,\ \sum_{i=1}^{n} x_i = 150$

b. $n=100,\ \sum_{i=1}^{n} x_i^2 = 10{,}000,\ \sum_{i=1}^{n} x_i = 950$

3.5 다음 자료에 대한 $\bar{x}$, s^2, s를 각각 계산하여라.

a. 13, 1, 10, 3, 3
b. 13, 6, 6, 0
c. 1, 0, 1, 10, 11, 11, 15
d. 3, 3, 3, 3

3.6 의료보험관리공단은 병실(2인 1실을 기준)에 입원한 환자가 지불해야 하는 전국적인 평균 입원료(1990년 1월 기준)가 12만 7천원이라고 발표하였다. 그러나 이러한 부담률은 지역에 따라 상당히 변화한다고 보도되었다. 다음 표는 이러한 변동을 예시하는 자료이다.

(*단위: 천원)

지 역	일일 평균 입원실 요금*(2인 1실 기준)
서 울	189
강 원 도	65
경 기 도	143
대 구	102
전라남도	101
부 산	125

a. 범위의 척도로서, 이 자료의 변동을 측정하여라.

b. 표준편차의 척도로서, 이 자료의 변동을 측정하여라.

3.7 한국자동차정비센터는 고객들의 자동차엔진오일 교환간격(월)을 알아보기 위하여 서비스 기록들을 조사하기로 하였다. 무작위로 추출된 20명의 서비스 기록으로부터 조사된 엔진오일 교환간격(월)은 다음과 같다.

7	5	22	12	9
6	6	16	6	12
18	8	4	12	12
24	18	12	10	3

이 자료에 대한 $\bar{x}$, s^2, s를 계산하여라.

3.8 건전지 배터리의 제조업자는 자사가 생산하는 배터리의 저장수명을 통계적 수치자료로 구하고자 한다. 조립라인에서 막 제조된 25개의 건전지 배터리들이 무작위로 추출되었으며 그리고 그들의 저장수명이 검사되었다. 다음은 25개의 배터리들의 수명에 대한 자료이다.

26	20	19	26	21
19	19	27	25	27
20	21	23	17	16
26	22	25	24	24
25	23	28	23	25

a. 이 자료에 대한 $\bar{x}$, s^2, 그리고 s를 계산하여라.

b. 관찰값들의 몇 %가 구간 $\bar{x} \pm s$, $\bar{x} \pm 2s$, 그리고 $\bar{x} \pm 3s$ 내에 각각 해당되리라고 예상하는가?

c. b의 각 구간 내에 실제로 해당되는 관찰값들의 수를 세어보고, 각 구간별로 전체 관찰값들 중에서 차지하는 %를 구하여라. 이 결과를 b의 결과와 비교하여라.

3.9 어떤 중소기업에 종사하는 120명의 종업원들에 대한 주간 소득분포의 평균 및 표준편차는 각각 17만원 그리고 1만원인 것으로 판명되었다.

a. 종업원들 중에 소득이 주당 19만원 이상은 몇 % 정도라고 예상하는가? 주당 16만원 미만은? 주당 20만원 이상은?

b. 만약 모대학 졸업생인 김갑동 군이 이 회사에 취업되었으며, 그리고 김 군의 주당 소득이 18만 5천원이라고 한다면, 김 군의 소득에 대한 Z값은 얼마이며, 그리고 평균소득으로부터 김 군의 소득은 몇 배의 표준편차만큼 떨어져 있는가?

3.10 다음은 어떤 특정한 술병제조기계로부터 지난 10시간 동안 매시간 발생한 불량 술병 개수에 관한 표이다.

2, 6, 4, 5, 8, 10, 1, 3, 6, 6

a. 이 자료의 평균, 중위수, 최빈수, 범위, 분산, 그리고 표준편차를 계산하여라. 그리고 각 척도의 단위를 명시하여라.

b. a에서 계산된 s(표준편차)를 검토하기 위하여 자료의 범위로부터 개략적인 s(표준편차)의 값을 결정하여라.

c. a에서 계산된 척도들 중에서, 어느 것이 변동에 대한 척도이며, 어느 것이 중심화 경향에 대한 척도인가?

3.11 어떤 가구회사의 나무제품 작업장에서 6월 중 7일간의 작업일들이 추출되어 매일매일 기계고장 횟수가 기록되었다. 회사는 노후화된 기계들 중에서 10대를 교체한 후, 8월에도 이러한 절차가 반복되었다. 그 자료는 다음 표로 만들어졌다.

6월	8월
8	0
3	3
0	4
0	11
10	3
4	3
9	2

a. 범위(R)로 추정되었을 때 매일매일 고장나는 기계 대수에 있어서 어느 달이 더 변동폭이 많게 나타나는가?
분산(s^2)으로 추정될 때는 어떠한가? 이 경우에, 범위와 분산 중에서, 어느 척도가 자료의 변동을 더 잘 나타낸다고 느끼는가? 설명하라.

b. 6월의 매일매일 기계고장 횟수에 각각 3을 더하고, 6월에 대한 분산(s^2)을 다시 계산하여라. 이 결과를 a에서 구해진 분산과 비교하여라. 관찰값들의 각각에 상수(constant)를 더해주게 되면, 분산(s^2)에 어떤 영향을 미치겠는가?

c. 6월의 일일 고장횟수에 각각 3일 곱하고, 분산을 다시 계산하여라. 이 결과를 a에서 구해진 분산과 비교하여라. 각 관찰값에 상수(constant)를 곱해주면, 분산에 어떤 영향을 미치겠는가?

3.12 한국대학전자계산소는 중형컴퓨터에서 일일 처리된 전산작업의 수가 개략적으로 작은 산모양의 분포를 이루고 있으며, 그 평균작업수와 분산은 각각 83과 100이라는 것을 확인하게 되었다. 무작위로 어떤 날이 선정되었다면,

a. 그날 처리된 전산작업의 수가 73과 93 사이에 있게 될 확률은 얼마인가?

b. 처리된 직업의 수가 63과 83 사이에 있게 될 확률은?

c. 그날 처리된 전산작업의 수가 93보다 많게 될 확률은 얼마인가?

1950년에 설립된 한국은행(http://www.bok.or.kr)은 우리나라의 중앙은행이다. 한국은행은 우리나라의 통화정책방향, 금융 및 실물경제동향, 각종 조사연구자료 등 다양한 금융경제정보를 제공하고 있다. 한국은행에서 제공하는 경제통계자료 중 연속형인 자료들을 하나 선택((예) 기업경영분석/기업경기조사/소비자동향조사 → 기업경영분석 → 자동차 및 트레일러 → 10년간 매출액증가율)하고, 이들을 바탕으로 IBM SPSS 20.0를 활용하여 평균과 분산 및 표준편차를 구하여라.

제 4 장

확 률

통계학은 표본을 기초로 하여 모집단에 대해 의사결정을 내리는 것에 관심을 두고 있다는 것을 상기하기 바란다. 이를 위해서는 모집단과 표본과의 관계를 잘 이해하고 있어야 한다. 이러한 이해를 증진시키기 위해 역의 관계를 명확히 알고 있어야 한다. 즉, 표본으로부터 모집단에 관한 추론을 내리게 되는 통계적 단계를 거꾸로 진행시킴으로써 말이다.

이 장에서 모집단에 대해서는 알고 있다고 가정하고 그 모집단으로부터 여러 가지 표본들을 추출하게 되는 확률을 계산한다. 따라서 확률은 통계학에 있어서 '반대방향'(reverse)이다. 확률이론에서는 모집단의 정보를 사용하여 표본에 대한 있음직한(probable) 상황을 추리한다.

확률은 의사결정에서 중요한 역할을 한다. 예를 들어, 어떤 석유탐사회사에 투자할 기회가 주어졌다고 하자. 과거의 기록에 의하면 열 번의 석유탐사(해당 회사의 경험들에 대한 표본)에서 열 번 모두 마른 유정(油井: dry wells)으로 결론이 났다. 여러분은 어떤 결론을 내리겠는가? 이 회사가 유전을 발견하게 될 확률은 50 대 50보다 더 많다고 생각하는가? 여러분은 이 회사에 투자하겠는가? 이러한 질문에 대한 여러분의 대답은 부정적일 것이다. 만약 지금까지 회사가 경험적으로 보건대 유전을 발견한 확률이 50%는 된다면, 열 번 중에서 열 번 모두 실패했다는 기록은 거의 발생하기 힘든 사건이다. 석유탐사회사의 잠재적 성공에 관한 의사결정은 확률에 기초를 두고 있다는 것을 명심하기 바란다.

위의 사례에서 표본결과에 대한 확률은 매우 쉽게 결론을 내릴 수 있었다. 불행하게도, 대부분의 경우 관찰된 표본결과에 대한 확률은 쉽사리 평가할 수 없다. 이러한 경우에는 확률이론의 도움이 필요하게 된다.

사례연구 4.1 상식을 뒤집는 통계–Simpson's Paradox

심슨의 패러독스는 여러 부분 그룹의 자료를 합했을 때의 결과와 각각 부분 그룹의 결과가 다른 때를 말한다. 부분을 단순히 합쳤는데 그 결과가 부분의 결과와 달라지는 결과가 발생하는 것은 일반적인 상식으로는 쉽게 이해가 되지 않으므로 Paradox라 한다.

2013년 야구 시리즈에서 김한국 선수와 이대한 선수가 타격왕 타이틀을 놓고 경쟁을 한다고 하자. 전반기 김한국 선수의 타율은 3할8푼2리였으며 이대한 선수의 타율은 3할7푼8리로 전반기의 타격왕은 김한국 선수였다. 후반기 김한국 선수는 3할6푼을 기록했고 이대한 선수는 3할5푼2리를 기록해 후반기의 타격왕도 김한국 선수였다. 전반기 후반기 모두 김한국 선수의 타율이 이대한 선수보다 좋았으므로 2013년도 타격왕 타이틀은 당연히 김한국 선수의 차지라고 모두가 생각했다. 그러나 전반기와 후반기 성적을 합한 2013년도의 타율은 김한국 선수보다 이대한 선수가 높아서 이대한 선수가 타격왕에 등극을 했다.

전반기와 후반기 모두에서 김한국 선수의 타율이 이대한 선수 타율보다 높은데 전·후반기를 합한다고 해서 이대한 선수의 타율이 김한국 선수의 타율보다 높을 수 있을까? 상식과 다른 결과를 어떻게 설명을 할까?

2013년 전반기와 후반기 두 선수의 성적은 아래 표와 같다.

〈표 1〉 2013년 전반기 타율

전반기	타수	안타	타율
김한국	110	42	3할8푼2리
이대한	275	104	3할7푼8리

〈표 2〉 2013년 후반기 타율

후반기	타수	안타	타율
김한국	300	108	3할6푼0리
이대한	125	44	3할5푼2리

위의 표와 같이 전반기, 후반기 모두에서 김한국 선수의 타율이 이대한 선수의 타율보다 높았다.

전반기와 후반기를 합한 2013년 전체의 성적은 아래와 같다.

〈표 3〉 2013년 타율

2013년	타수	안타	타율
김한국	410	150	3할6푼6리
이대한	400	148	3할7푼0리

표에서 보듯이 이대한 선수의 타율은 3할7푼이고, 김한국 선수의 타율은 3할6푼6리로 이대한 선수가 김한국 선수를 누르고 2013년 한국 야구의 타격왕 타이틀을 차지하게 되었다.

전반기에서도 1등을, 후반기에서도 1등을 한 선수는 전·후반을 합쳤을 때도 당연히 1등을 해야 하는데 위의 경우에는 전·후반을 합쳤을 때 2등이 된 역설이 발생했다.

위의 예와 같이 상식적으로 불가능해 보이는 일이 사회과학과 의료 통계 등에서는 자주 발생한다. 가장 잘 알려진 현실적인 심슨의 역설은 캘리포니아 주립대학 - 버클리(U. C. Berkeley)가 대학원 입학에서 남자 지원자에게 유리한 결정을 했다고 즉, 성차별을 했다고 고소를 당한 것이다. 이 때의 자료를 알기 쉽게 각색한 표는 다음과 같다.

공학부와 문학부를 합한 남녀학생의 합격률은 〈표 4〉에서 보듯이 현저한 차이가 있어서 성별간 차별이 있다고 UC - Berkeley는 고소를 당했다.

〈표 4〉 공학부와 문학부 전체 합격률

	지원자	합격자	합격률
남학생	1,150	815	70.9%
여학생	820	185	22.6%

공학부의 자료는 〈표 5〉와 같다.

〈표 5〉 공학부 남녀 합격률

	지원자	합격자	합격률
남학생	1,000	800	80.0%
여학생	120	100	83.3%

문학부 자료의 자료는 〈표 6〉과 같다.

〈표 6〉 문학부의 남녀 학격률

	지원자	합격자	합격률
남학생	150	15	10.0%
여학생	700	85	12.1%

위의 표에서 보듯이 공학부와 문학부 모두에서 여학생의 합격률이 남학생의 합격률보다 높았다. 이 결과 UC－Berkeley는 성차별을 하지 않은 것으로 판명이 나고 고소는 취하되었다.

공학부와 문학부 각각에서 여학생의 합격률이 남학생의 합격률보다 높은데, 두 학부를 단순히 합하면 남학생의 합격률이 오히려 여학생의 합격률보다 높은 상식을 뒤집는 일이 발생하게 된다. 다시 말해, 부분에서 성립하던 성질이 부분들을 합한 전체에서는 성립하지 않는 심슨의 패러독스가 발생했다.

4.1 사건, 표본공간 및 확률

경제나 경영에서 관심을 끄는 자료의 대부분은 어떤 시행(trial)에 의하여 얻어진다.

정의 4.1

시행(trial)은 동일한 조건하에서 반복이 가능한 관찰이나 실험을 의미한다.

시행에 대한 정의는 자연과학에서 사용되는 것보다 더 광범위하다. 자연과학에서는 시험관, 현미경 그리고 다른 실험장비를 이용하여 시행을 수행한다. 경영에서는 어떤 고객이 두 가지 커피 상표들(즉, 상품 A 또는 상표 B) 중 어느 것을 선호하는지, 하루하루 변해 가는 한경주가지수, 어떤 기업의 주간 판매량, 그리고 자동차 공장에서 도장공정이 끝난 후 단위면적당 결점수를 확인하는 시행을 수행한다.

시행의 결과를 사건(event) 또는 사상이라고 불린다.

정의 4.2

사건(event) 또는 **사상**은 시행의 결과이다.

만일 주사위 던지기 시행을 하면 그 결과는 짝수가 나오는 사건, 4보다 작은 숫자가 나오는 사건, 또는 6이 나오는 사건 등이 발생한다. 만일 어느 공인회계사가 감사한 원장에서 페이지당 실수의 개수가 몇 개인지 시행을 하면 그 결과는 0개, 5개 이내, 또는 10개 이상 등의 사건이 발생한다. 우리의 목표는 어떤 시행이 수행될 때 특정한 사건이 발생할 확률을 계산하는 데 있다.

사건에 대한 확률의 계산은 시행하여 나온 가장 기본적인 결과들을 나열함으로써 더욱 쉬워진다.

정의 4.3

단순사건(simple event)은 둘 이상의 다른 사건들로 나누어질 수 없는 사건이다.

〈표 4.1〉은 시행과 그에 해당되는 단순사건들을 제시하고 있다. 시행 a는 하나의 동전던지기의 결과를 관찰하는 것이며, 이 시행의 경우에 가능한 가장 기본적인 사건은 동전의 앞면, 동전의 뒷면이다. 시행 b는 하나의 주사위를 1번 던진 결과를 관찰하는 것이고, 이 시행의 경우에 가능한 가장 기본적인 사건은 1, 2, 3, 4, 5, 6이며, 더 이상 기본적인 사건들로 나누어질 수 없다. 이러한 가장 기본적인 각각의 사건을 단순사건(simple event)이라 한다. 그러나 짝수를 관찰하는 사건은 숫자 2를 관찰한다, 숫자 4를 관찰한다, 그리고 숫자 6을

표 4.1 시행들과 각 시행의 단순사건들

시행 a: 동전의 앞면을 관찰하기

단순사건들: 1. 앞면을 관찰한다.
2. 뒷면을 관찰한다.

시행 b: 주사위의 윗면을 관찰하기

단순사건들: 1. 숫자 1을 관찰한다.
2. 숫자 2를 관찰한다.
3. 숫자 3을 관찰한다.
4. 숫자 4를 관찰한다.
5. 숫자 5를 관찰한다.
6. 숫자 6을 관찰한다.

시행 c: 동전 두 개의 앞면을 관찰하기

단순사건들: 1. H_1, H_2를 관찰한다.
2. H_1, T_2를 관찰한다.
3. T_1, H_2를 관찰한다.
4. T_1, T_2를 관찰한다.
(여기서, H_1은 동전 1의 앞면을, H_2는 동전 2의 앞면을 의미하며, T_1은 동전 1의 뒷면을, 그리고 T_2는 동전 2의 뒷면을 말한다.)

관찰한다는 세 가지 단순사건들로 나누어질 수 있다. 따라서 짝수를 관찰한다는 것은 단순사건이 아니다. 〈표 4.1〉의 시행 c에 대해서도 그 논거는 비슷하다.

단순사건들은 중요한 특성을 지니고 있다. 만약 시행이 한번 수행된다면, 여러분은 오로지 단 한 번의 단순사건을 관찰할 수 있다. 예를 들어, 동전을 던져서 앞면을 관찰한다면, 여러분은 동시에 동전의 뒷면은 관찰할 수 없게 된다. 만약 주사위를 던져서 숫자 2를 관찰한다면, 여러분은 숫자 6을 관찰할 수 없다. 즉, 한 번의 시행으로부터, 단순사건들 중에서 오로지 단 한 가지의 단순사건만이 발생한다. 이러한 특성이 모든 사건들에 적용되는 것은 아니다. 예를 들면, 짝수를 관찰하는 사건을 고려하자. 한 번의 주사위던지기에서 짝수를 관찰하는 것과 숫자 2를 관찰하는 것이 가능하다.

어떤 시행의 모든 단순사건들의 집합을 표본공간(sample space)이라고 부른다.

정의 4.4

표본공간(sample space)은 시행의 결과로 얻어진 모든 단순사건들의 집합이다.

예컨대, 〈표 4.1〉의 시행 b와 관련지어 여섯 가지 단순사건들이 있다. 이러한 여섯 가지 단순사건들이 시행에 대한 표본공간을 이룬다. 이와 비슷하게, 시행 c의 표본공간에는 네 가지 단순사건들이 있다.

표본공간과 해당 단순사건들을 나타내는 데 유용한 그래프 방법으로 벤 다이어그램(Venn diagram)이 있다. 표본공간은 S라고 이름을 붙여서 폐쇄된 그림으로 나타내어진다. [그림 4.1]은 〈표 4.1〉에 표시된 각 시행에 대한 모든 단순사건들을 포함하고 있는 벤 다이어그램을 나타낸다. 표본공간 S에는 각 시행과 관련된 단순사건들이 있다. 즉, 시행 a에 대해서는 단순사건 2개, 시행 b에 대해서는 6개, 그리고 시행 c에 대해서는 4개이다.

이제 단순사건과 표본공간이라는 용어들을 정의하였으므로, 단순사건들의 확률을 정의할 수 있다. 단순사건의 확률은 시행이 수행될 때 그 사건이 일어나게 될 가능성을 측정하는 수치이다. 이 수치는 보통 오랫동안 반복된 시행을 통하여 어떤 단순사건이 발생하게 될 상대빈도수로 취해진다.

또는 이러한 자료가 이용가능하지 않을 때에는, 경험에 의하여 그 숫자를 선택한다. 예를 들어, 동전던지기 시행에서 두 가지 단순사건들(동전의 앞면을 관찰하기와 뒷면을 관찰하기)에 확률을 부여한다면, 만약 균형이 잡힌 동전을 수없이 반복하여 던질 경우에 앞면을 관찰하는 단순사건과 뒷면을 관찰하는 단순사건은 상대빈도수의 값 0.5를 가지고 발생할 것이다. 따라서 각 단순사건의 확률은 0.5이다.

또 다른 경우는 시행에 대한 일반적인 자료를 바탕으로 확률을 선정한다. 예컨대, 시행이 어떤 비즈니스가 성공할 것인가 또는 실패할 것인가(단순사건들)를 관찰하는 것이라면, 그 비즈니스를 경영하는 인적 구성, 그 당시의 일반적인 경제상태, 비슷한 비즈니스들의 성공률, 그리고 적합하다고 판단되는 다른 정보자료들을 감안하여 성공의 확률을 평가한다. 최종적으로 이 비즈니스가

그림 4.1 세 가지 시행(표 4.1)에 대한 벤 다이어그램

(a) 시행 a: 동전의 앞면을 관찰하기

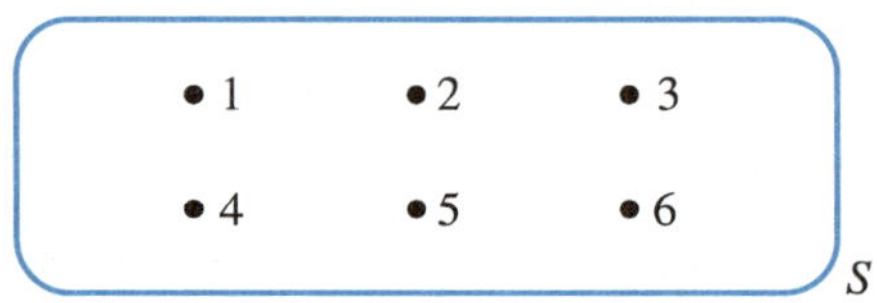

(b) 시행 b: 주사위의 윗면을 관찰하기

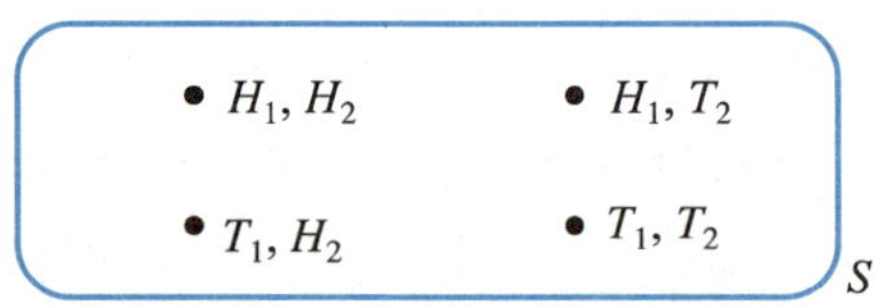

(c) 시행 c: 동전 두 개의 앞면을 관찰하기

성공할 가능성이 80%라고 결정된다면, 성공이라는 단순사건에 0.8의 확률이 부여된다. 부여된 0.8의 확률은 단순사건(성공)이 발생할 가능성에 대한 합리적이고도 정확한 척도라고 믿어진다.

여러분이 어떠한 방법으로 단순사건들에 확률을 부여하든간에 할당된 확률은 다음 두 가지 원칙들을 따라야 한다.

1. 모든 단순사건 확률들은 구간 0~1에 있어야 한다.
2. 표본공간 내에 있는 모든 단순사건들의 확률의 합은 1이 되어야 한다.

어떤 사건의 확률을 구하기 위하여, 사건은 어떤 시행의 결과라는 것을 명심하기 바란다. 좀 더 자세히 검토하기 위하여, 주사위던지기 시행에서 짝수를 관찰하는 사건을 고려하자.

이 사건은 단순히 '숫자 2를 관찰하기, 숫자 4를 관찰하기, 또는 숫자 6을 관찰하기'라고 말로 표현함으로써 정의내릴 수 있는데, 그 이유는 위와 같은 세 가지 단순사건들 중 오로지 어느 하나만 발생한다면 그 사건은 일어난 것이기 때문이다. 결과적으로, 짝수를 관찰하는 사건은 숫자 2를 관찰하기, 숫자 4를 관찰하기, 그리고 숫자 6을 관찰하기의 세 가지 단순사건들의 집합으로 생각할 수 있다. 기호 A로 표시된 사건은 벤 다이어그램의 표본공간 S 내에서 폐쇄된 그림으로 나타낼 수 있다. 이러한 폐쇄된 그림 A는 사건 A를 구성하는 단순사건들을 포함한다([그림 4.2] 참조).

그림 4.2 사건 A(짝수를 관찰하기)에 대한 주사위던지기 실험

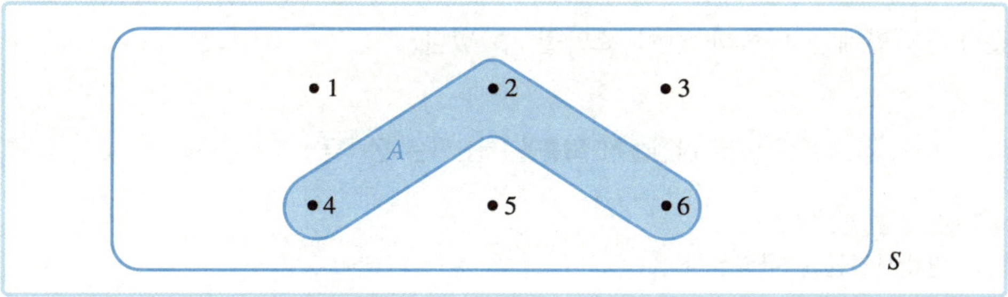

요약한다면, 사건은 단순사건들의 구체적인 집합으로 표현될 수 있다는 것을 예시하였다. 사건(event)의 정의는 다음과 같다.

정의 4.5

사건(event)은 단순사건들의 구체적인 집합이다.

자, 이제 원래의 목표 — 어떤 사건의 확률을 찾는 — 로 되돌아 가자. 한

번의 주사위던지기에서 짝수를 관찰하는(사건 A) 확률을 구하는 문제를 고려하자. 다음의 세 가지 단순사건들 — 즉, 숫자 2, 4 또는 6을 관찰하기 — 중 하나가 발생하면 사건 A가 발생한다는 것을 명심하기 바란다. 두 가지 이상의 단순사건들이 동시에 일어날 수 없기 때문에, 사건 A의 확률은 세 가지 단순사건들의 확률을 더해 줌으로써 쉽게 계산될 수 있다. 각각의 단순사건들에 1/6이라는 확률(만약 주사위가 공정하다면)을 부여할 수 있다. 따라서 짝수를 관찰하게 되는(사건 A) 확률 — 기호 $P(A)$로 나타냄 — 은 $P(A)=P(\{2\})+P(\{4\})+P(\{6\})=1/6+1/6+1/6=1/2$이 된다.

어떤 사건 A의 확률은 A 내의 단순사건들의 확률을 더해 줌으로써 계산된다.

이 예제는 어떤 사건 A의 확률을 계산하는 데 필요한 일반적 단계를 알려준다. 그 단계는 다음과 같이 요약될 수 있다.

사건들의 확률을 계산하는 단계들

1. 시행을 정의한다.
2. 단순사건들을 나열한다.
3. 단순사건들에 확률을 부여한다.
4. 관심의 대상인 사건에 포함되어 있는 단순사건들의 집합을 결정한다.
5. 사건의 확률을 구하기 위하여 단순사건의 확률들을 더한다.

예제 4.1

두 개의 동전을 던지는 시행을 고려하자.

a. 단순사건들을 나열하고, 각각에 확률을 부여하라.

b. 다음 사건 A와 B를 고려하자.

A: {정확히 하나의 앞면을 관찰하기}

B: {적어도 하나의 앞면을 관찰하기}

사건 A와 B의 확률 — 즉 $P(A)$와 $P(B)$ — 을 계산하라.

해답

a. 단순사건들은

$$(H_1, H_2),\quad (H_1, T_2),\quad (T_1, H_2),\quad (T_1, T_2)$$

이다.

여기서 H_1은 동전 1의 앞면을 관찰한다는 뜻이고, H_2는 동전 2의 앞면을 관찰한다는 의미이다.

만약 2개의 동전들이 모두 정당하다면, 오랫동안 반복적인 시행을 통한 상대빈도수의 개념을 사용할 수 있으며, 결론적으로 각 단순사건에 1/4의 확률을 부여할 수 있게 된다.

b. 벤 다이어그램을 사용하여 사건 A와 사건 B를 그림으로 나타내면 [그림 4.3]과 같다. 해당되는 단순사건의 확률을 더해 줌으로써 사건확률을 구할 수 있다.

$$\begin{aligned} P(A) &= P(H_1, T_2) + P(T_1, H_2) \\ &= 1/4 + 1/4 \\ &= 1/2 \\ P(B) &= P(H_1, T_2) + P(H_1, H_2) + P(T_1, H_2) \\ &= 1/4 + 1/4 + 1/4 \\ &= 3/4 \end{aligned}$$

그림 4.3 두 개의 동전던지기에 대한 벤 다이어그램

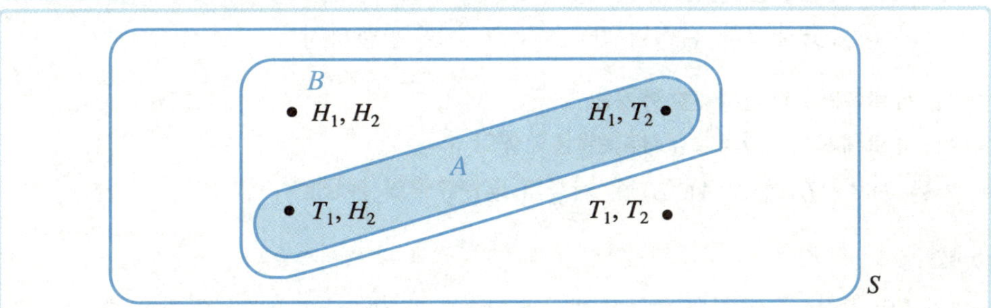

4.2 복합사건의 확률

어떤 사건은 종종 두 개 이상의 다른 사건들의 집합체로 간주될 수 있다. 그러한 사건은 복합사건(compound event)이라고 불리는데, 다음과 같은 두 가지 방법으로 구성될 수 있다.

정의 4.6

두 가지 사건 A와 B의 **합집합(union)**은 단 한번의 실험에서 A 또는 B 혹은 A와 B가 동시에 발생하게 되는 사건이다. 사건 A와 B의 합집합은 $A \cup B$의 기호로 나타낸다.

정의 4.7

두 가지 사건 A와 B의 **교집합(intersection)**은 단 한번의 실험에서 사건 A와 B가 동시에 발생하는 사건이다. 사건 A와 B의 교집합은 $A \cap B$으로 표시한다.

예제 4.2

주사위던지기 시행을 고려하자. 사건 A와 B를 다음과 같이 정의하였다.

A: {짝수를 관찰하기}
B: {숫자 3과 같거나 또는 작은 수를 관찰하기}

a. 이 시행에서 $A \cup B$를 묘사하라.
b. 이 시행에서 $A \cap B$를 묘사하라.
c. 확률 $P(A \cup B)$와 $P(A \cap B)$를 계산하라.

해답

a. A와 B의 합집합은 주사위를 한번 던져서 짝수, 3과 같거나 또는 3보다 작은 수, 또는 두

가지를 동시에 발생하는 사건이다. 결과적으로, $A \cup B$의 사건에서 단순사건들은 A가 발생하기, B가 발생하기, 또는 A와 B가 동시에 발생하는 경우들이다. 전체의 표본공간에서 단순사건들을 점검하여 보면 사건 A와 B의 합집합에서 단순사건들의 집합은 $A \cup B = \{1, 2, 3, 4, 6\}$이 됨을 알게 된다.

b. A와 B의 교집합은 한 번의 주사위던지기에서 짝수와 3이나 또는 3보다 작은 수를 동시에 발생하는 사건이다. 사건 A와 B가 동시에 발생하는 단순사건들을 점검하여 보면, 교집합은 오로지 하나의 단순사건을 포함한다는 것을 알게 된다. 즉,

$$A \cap B = \{2\}$$

이다.

다시 말해서, A와 B의 교집합은 숫자 2를 관찰하기의 단순사건이다.

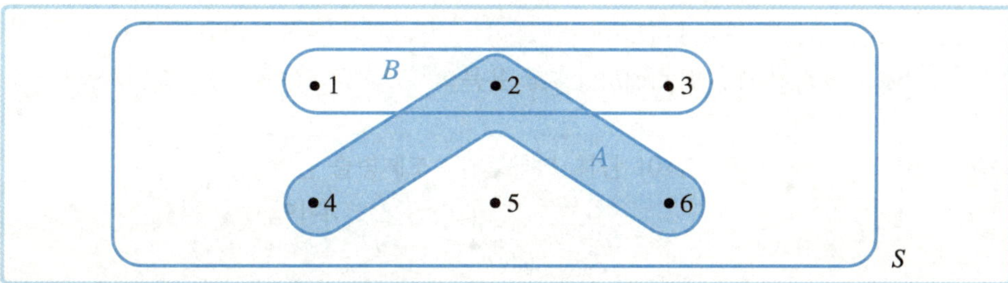

c. 어떤 사건의 확률은 그 사건이 구성하고 있는 단순사건들의 확률의 합이라는 것을 상기하여 볼 때,

$$\begin{aligned} P(A \cup B) &= P(1) + P(2) + P(3) + P(4) + P(6) \\ &= 1/6 + 1/6 + 1/6 + 1/6 + 1/6 = 5/6 \end{aligned}$$

그리고

$$P(A \cap B) = P(2) = 1/6$$

이 된다.

4.3 여사건의 확률

사건에 대한 확률의 계산에 있어서 대단히 유용한 개념은 여사건(餘事件: complementary events)에 관한 것이다.

정의 4.8

어떤 사건 A의 **여집합(complement)**은 사건 A에 포함되지 않는 사건이다. 사건 A의 여집합은 A^c로 나타낸다.

그림 4.4 여사건들의 벤 다이어그램

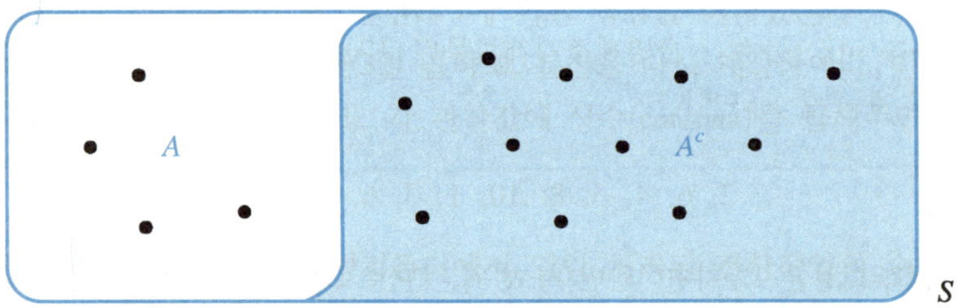

어떤 사건 A는 단순사건들의 집합이므로, A^c에 포함된 단순사건들은 사건 A에 포함되어 있지 않은 사건들이다. [그림 4.4]는 이러한 상황을 예시한다. 이 그림으로부터 표본공간 S 내의 모든 단순사건들은 사건 A나 여사건 A^c에 포함된다는 것과 어떤 단순사건도 A와 A^c에 동시에 존재할 수 없다는 것을 알 수 있다. 이러한 사실로부터 어떤 사건의 확률과 그 여사건의 확률은 합하여 1이 된다는 결론을 내릴 수 있게 된다.

여사건들의 확률의 합은 1이 된다. 즉 $P(A)+P(A^c)=1$

대부분의 확률문제들에서, 관심의 대상이 되고 있는 사건 자체보다도 여사건의 확률을 계산하는 것이 더 쉽다. $P(A)+P(A^c)=1$이므로, $P(A)=1-P(A^c)$의 관계를 이용함으로써 사건 A의 확률을 계산할 수 있다.

예제 4.3

두 개의 동전을 던지는 시행을 고려하여 보자. 여집합의 관계를 사용하여 사건 A: {적어도 하나의 앞면을 관찰하기}의 확률을 계산하라.

해답

사건 A: {적어도 하나의 앞면을 관찰하기}는 다음과 같은 단순사건들로 구성된다는 것을 알 수 있다.

$$A=\{(H_1, H_2), (H_1, T_2), (T_1, H_2)\}$$

A의 여집합은 사건 A가 일어나지 않을 때 발생하는 사건으로 정의된다. 즉, $A^c=\{(T_1, T_2)\}$이다. 이러한 여집합의 관계는 [그림 4.5]에 나타나 있다. 그러므로

$$P(A^c)=P(T_1, T_2)=1/4 \text{이며}$$
$$P(A)=1-P(A^c)=1-1/4=3/4$$

이 된다.

그림 4.5 두 개의 동전던지기에서 여사건들

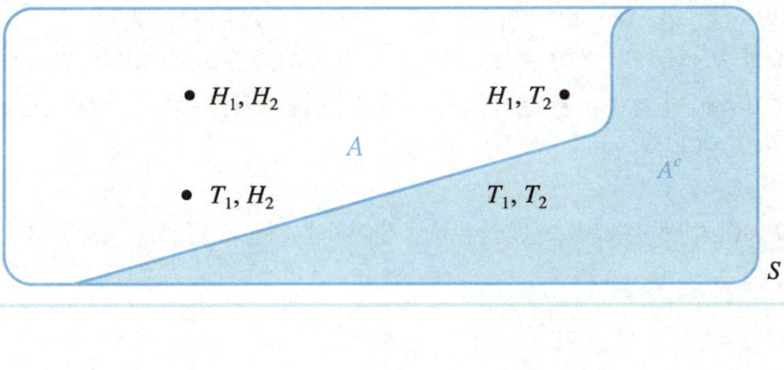

4.4 조건부 확률

사례연구 4.2 추가적 정보와 조건부확률

어떤 사건이 발생할 확률이 추가적인 정보가 있는 경우와 없는 경우가 있다. 예를 들면, 여자고등학교 동창회 20주년 모임에서 두 친구 사이의 대화가 다음과 같다고 하자.

상황 1) 민지: "너 아이가 둘이라 들었어."
혜영: "응, 그래. 누구한테 들었니?"

이 경우 혜영이 아들 형제(아들 2명)를 두었을 확률은 1/4이다.

상황 2) 민지: "너 아이가 둘이며 (적어도) 한 아이는 아들이라며?"
혜영: "응, 그래. 누구한테 들었니?"

상황 3) 민지: "너 아이가 둘이며 큰 아이가 아들이라며?"
혜영: "응, 그래. 누구한테 들었니?"

상황 2와 3에서 혜영이 아들 형제(아들 2명)를 두었을 확률은 얼마인가?

상황 1에서는 아이가 2명이므로 (큰 아이, 작은 아이) 순으로 (아들, 아들), (아들, 딸), (딸, 아들), (딸, 딸) 4가지 가능성이 존재한다. 그래서 아들 형제를 두었을 확률은 1/4이다.

상황 2에서는 아이가 2명이며 적어도 한 아이는 아들이라는 추가적 정보가 주어졌으므로 4가지 가능성 중에서 (딸, 딸)의 경우는 제외되어 (아들, 아들), (아들, 딸), (딸, 아들) 3가지 가능성만 남게 된다. 이 3가지 가능성 중에서 한 명이 아들일 때 나머지 한 명도 아들인 경우는 (아들, 아들)밖에 없으므로 확률은 1/3이 된다.

상황 3에서는 두 아이 중 한 명은 아들이며 이 아들이 큰 아이이므로 남는 가능성은 (아들, 아들), (아들, 딸) 2가지가 된다. 아들 형제를 두었을 가능성은 직감대로 1/2이 된다.

이처럼 어떤 정보나 조건이 주어진 전제하에 사건이 발생할 확률을 조건부 확률이라 한다. 상황 2와 상황 3은 얼핏 보면 형제를 두었을 확률이 같을 것처럼 느껴지지만 주어진 추가적인 정보의 양이 다르므로 확률이 달라질 수가 있는 것이다.

어떤 시행의 단순사건들에 부여한 확률은 그 시행이 수행될 때 그들이 발생하리라는 신념의 척도들이다. 이러한 확률들이 부여될 때, 시행의 정의나 시행 속에 포함된 가정들 외에는 다른 어떤 제약도 받지 않는다. 그러나 때로는 시행상의 지침 이외에도 다른 가정을 하기도 하며, 이러한 가정은 시행의 단순사건들에 부여한 확률들을 변경시킬 수도 있다.

예컨대, 단 한 번의 주사위던지기에서 짝수를 관찰하게 되는(사건 A) 확률은 1/2이라는 것을 알았다. 그러나 가령 어떤 주사위던지기에서 그 결과가 3과 같거나 또는 3보다 작은 숫자(사건 B)였다는 정보를 가지고 있다고 하자. 바로 그 주사위던지기에서 짝수를 관찰하게 되는 확률이 여전히 1/2이라고 할 수 있을까?

사건 B가 발생했다는 가정을 함으로써 표본공간이 6개의 단순사건들로부터 3개의 단순사건들(즉, 사건 B에 포함된 단순사건들)로 감소되었다는 합리적인 판단을 내리게 된다면, 축소된 표본공간은 [그림 4.6]에 나타난 것처럼 사건 B가 된다.

축소된 표본공간 B에서 세 가지 숫자 중 짝수는 오로지 숫자 2뿐이기 때

그림 4.6 주사위던지기 시행에서 축소된 표본공간 — 사건 B가 발생했다는 가정하에서

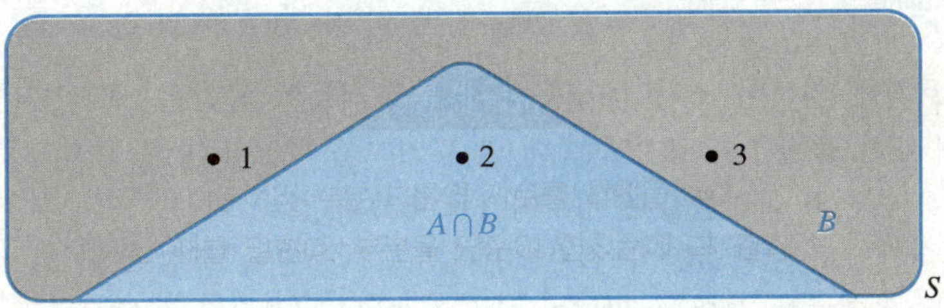

문에, 사건 B가 일어난다는 조건하에서 사건 A가 발생할 확률은 1/3이라고 결론짓는다. 즉, 사건 B가 일어난다는 조건하에서 사건 A의 확률은 $P(A|B)$로 표시한다. 주사위던지기 예에서, $P(A|B)=1/3$이다.

사건 B가 일어난다는 조건하에서 사건 A의 확률을 구하기 위하여, 다음과 같이 진행한다. 축소된 표본공간 B 내에서 사건 A에 해당되는 확률 — 즉, $P(A\cap B)$ — 을 축소된 표본공간의 전체확률, 즉 $P(B)$로 나누어 준다.

따라서 사건 A: {짝수를 관찰하기}와 사건 B: {숫자 3이나 3보다 작은 숫자를 관찰하기}를 가진 주사위던지기 예제에서,

$$P(A|B)=\frac{P(A\cap B)}{P(B)}=\frac{P(2)}{P(1)+P(2)+P(3)}=\frac{\frac{1}{6}}{\frac{3}{6}}=\frac{1}{3}$$

이 된다.

$P(A|B)$에 대한 식은 일반적으로 다음과 같다.

사건 B가 일어난다는 조건하에 사건 A가 발생하는 **조건부 확률(conditional probability)**은 A와 B가 동시에 발생할 확률을 B가 일어나는 확률로 나눈다. 즉

$$P(A|B)=\frac{P(A\cap B)}{P(B)}$$

이다.

예제 4.4

소비자보호원에 의하여 조사된 제품에 대한 고객들의 불만은 제조업자들이 그들의 제품에 대한 품질을 향상시키는 데 많은 기여를 하였다. 어떤 마이크로 오븐 제조업자는 고객들의 불만들을 분석하여 〈표 4.2〉와 같이 여섯 가지 범주로 나누었다. 어떤 고객으로부터 불만이 접수되었다면, 그 불만이 품질보증기간 이내에 발생하였다는 조건하에 불만의 원인이 제품의 외양일 확률은 얼마인가?

표 4.2 제품불만에 대한 분포

	불만의 이유			
	전기적	기계적	제품외양	합 계
품질보증기간 이내	18%	13%	32%	63%
품질보증기간 이후	12%	22%	3%	37%

해답

사건 A는 어떤 특정 불만의 원인이 제품의 외양이라고 정의하며, B는 그 불만이 품질보증기간이 끝나기 전에 발생했다는 사건을 나타낸다고 하자. 〈표 4.2〉를 점검하여 보면, 불만의 63%(즉 $18+13+32=63$)는 보증기간이 끝나기 전에 발생했다는 것을 알 수 있다. 그러므로 $P(B)=0.63$이다.

불만의 원인이 제품외양(A)이며 그리고 보증기간이 끝나기 전에 발생(B)한 확률은 32%이다. 그러므로 $P(A \cap B)=0.32$이다.

이러한 확률값들을 사용하여, 제품에 대한 불만이 보증기간의 종료 이전에 발생하였다(B)는 조건하에 그 불만의 원인은 제품외양(A)인 조건부 확률 $P(A|B)$를 계산할 수 있다.

$$P(A|B) = \frac{P(A \cap B)}{P(B)} = \frac{0.32}{0.63} = 0.51$$

이다.

결과적으로, 보증기간 이내에 발생한 불만들의 약 절반 정도가 마이크로 오븐의 표면에서 발견된 흠집 또는 다른 불완전한 점들에 의한 것이라는 것을 알 수 있다.

조건부 확률은 통계학의 응용부문에서 중요한 역할을 한다. 예를 들어, 어떤 특정 주식이 다음 해에 10%의 수익률을 얻게 될 확률에 관심이 있다고 하자. 이러한 확률(통계적 문제)은 그 주식의 과거 수익률이나 현재 경제의 상황과 같은 정보를 사용하여 추정할 수 있다. 그러나 만약 다음 해에 GNP(국민총생산액)가 10% 증가한다면 그 확률에 대한 추정은 상당히 변화할 것이다. 그렇게 되면, 다음 해에 GNP가 10% 증가된다는 조건하에 해당 연도의 주식이 10%의 수익률을 갖게 되는 조건부 확률을 추정해야 한다. 이렇게 어떤 다른 사건이 발생한다는 가정하에 계산 또는 추정되는 어떤 사건의 확률이 조건부 확률이다.

4.5 합집합과 교집합의 확률

사건들의 합집합과 교집합은 그 자체가 사건들이기 때문에, 항상 그들을 구성하는 단순사건들의 확률을 더해 줌으로써 해당되는 확률들을 계산할 수 있다. 그러나 합집합 또는 교집합과 관련된 어떤 사건들의 확률을 알고 있다면, 때로는 그들의 확률을 계산하기 위하여 특별한 식을 사용하는 것이 더 간단하다. [그림 4.7]의 벤 다이어그램을 보면, 두 가지 사건 A와 B의 합집합의 확률은 $P(A)$와 $P(B)$를 더해 주고 나서 $A \cap B$에 해당하는 확률을 빼 줌으로써 구해진다는 것을 알 수 있다. 그러므로 두 가지 사건들의 합집합을 계산하는 식은 다음과 같다.

그림 4.7 합집합의 벤 다이어그램

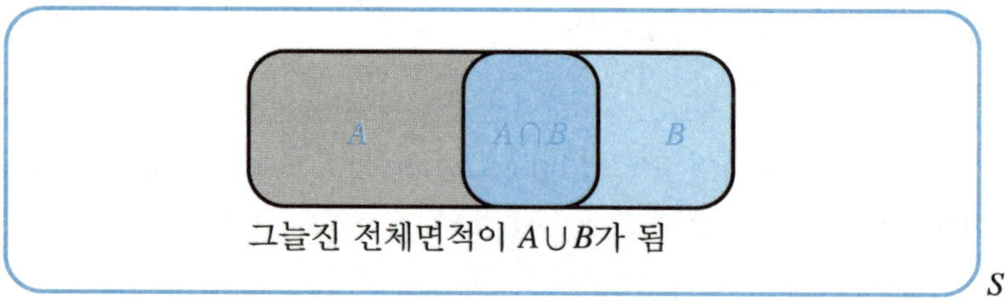

확률의 덧셈법칙

사건 A와 사건 B의 합집합에 대한 사건 A와 B의 확률의 합에서 사건 A와 B의 교집합의 확률을 빼 준 것, 즉

$$P(A \cup B) = P(A) + P(B) - P(A \cap B)$$

이다.

여기에서 명심해야 할 것은 교집합의 확률을 빼 주는 것인데, 그 이유는

사건 A와 B의 확률을 더해 줄 때 교집합 확률이 두 번 계산되었기 때문이다.

예제 4.5

주사위던지기 시행을 고려하자. 다음 사건들

A: {짝수를 관찰하기}
B: {숫자 3이나 또는 3보다 작은 수를 관찰하기}로 정의한다.

확률의 덧셈법칙을 사용하여 A와 B의 합집합에 대한 확률은 얼마인가?

해답

합집합에 대한 덧셈법칙을 이용하여 계산하면 다음과 같다.

$$P(A \cup B) = P(A) + P(B) - P(A \cap B)$$
$$= \frac{3}{6} + \frac{3}{6} - \frac{1}{6} = \frac{5}{6}$$

여기서

$$P(A) = P(2) + P(4) + P(6)$$
$$= \frac{1}{6} + \frac{1}{6} + \frac{1}{6} = \frac{3}{6}$$
$$P(B) = P(1) + P(2) + P(3)$$
$$= \frac{1}{6} + \frac{1}{6} + \frac{1}{6} = \frac{3}{6}$$
$$P(A \cap B) = P(2)$$
$$= \frac{1}{6}$$

만약 두 사건 A와 B가 공통된 사건이 없다면 — 즉, $A \cap B$가 어떠한 단순사건도 포함하지 않을 때 — 사건 A와 B는 상호 배타적(mutually exclusive)인 사건들이라고 할 수 있다.

정의 4.9

사건 A와 사건 B의 교집합인 $A \cap B$에 어떠한 단순사건도 포함되지 않았다면, 사건 A와 사건 B는 **상호 배타적(mutually exclusive)** 또는 **상호 배반적**이라고 한다.

[그림 4.8]은 상호 배타적인 두 사건들에 대한 벤 다이어그램을 나타낸다. 즉, 사건 A와 B는 서로 공통적인 단순사건들을 갖고 있지 않다. 그러므로 $P(A \cap B) = 0$이다. 따라서 다음과 같은 중요한 관계식을 도출할 수 있다.

그림 4.8 서로 배타적 사건들에 대한 벤 다이어그램

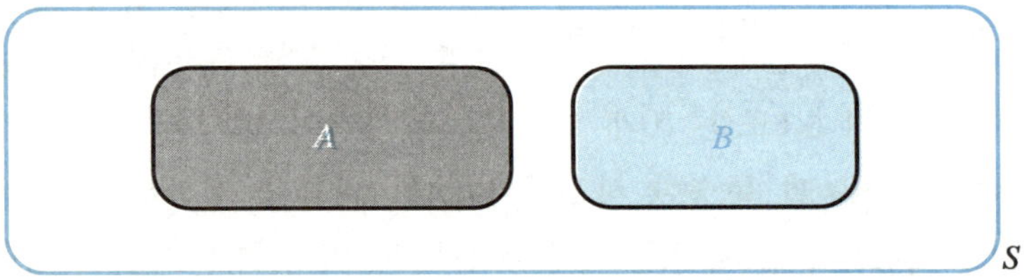

만약 두 사건 A와 B가 상호 배타적이라면, A와 B의 합집합에 대한 확률은 사건 A와 B의 확률의 합과 같다. 즉,

$$P(A \cup B) = P(A) + P(B)$$

이제 교집합에 대한 확률을 계산하는 식을 전개하여 보자. 사실, 이 식은 다른 상황에서 이미 밝혀졌다. 사건 B가 일어난 조건하에 사건 A의 조건부 확률을 계산하는 식에서

$$P(A|B) = \frac{P(A \cap B)}{P(B)}$$

이다.

만약 이 식을 양변을 $P(B)$로 곱하게 되면, 사건 A와 B의 교집합에 대한 확률식을 다음과 같이 얻게 된다.

확률의 곱셈법칙

$$P(A \cap B) = P(B)P(A|B)$$

또는

$$P(A \cap B) = P(A)P(B|A)$$

위의 두 번째 식은 $P(B|A) = \dfrac{P(A \cap B)}{P(A)}$의 양변을 $P(A)$로 곱해 줌으로써 구해진다.

예제 4.6

어떤 투자자문회사가 사건 A와 사건 B에 관심을 갖고 있다고 하자.

A: {XYZ사의 주식이 다음 해에 10% 수익률을 산출한다}
B: {GNP가 다음 해에 10% 성장한다}

이 투자자문회사는 가능한 정보자료를 바탕으로 다음 확률을 부여하였다.

$$P(A|B) = 0.8$$
$$P(B) = 0.3$$

즉, 다음 해에 GNP가 10% 성장한다라는 가정하에 같은 기간 동안 XYZ사의 주식이 10%의 수익률을 산출하게 될 확률은 0.8이라고 믿는다. 그리고 다음 해에 GNP가 10% 성장하게 될 확률은 0.3이라고 판단된다.

교집합에 대한 확률을 계산하는 식을 사용하여 XYZ사의 주식수익률이 10%이며 GNP가 다음 해에 10% 성장하게 될 확률을 구하라.

해답

확률 $P(A \cap B)$를 계산하고자 한다. 식은 $P(A \cap B) = P(B)P(A|B) = (0.3)(0.8) = 0.24$이다. 따

라서, 이 투자자문회사에 의하면 다음 해에 XYZ사의 주식의 수익률과 GNP가 동시에 10% 성장하게 될 확률은 0.24이다.

제 4 절 조건부 확률에서 어떤 사건 A의 확률은 사건 B가 일어났다는 가정에 의하여 상당히 변경되는 것을 지적하였다. 그러나, 이것은 항상 그렇게 되는 것은 아니다. 어떤 경우에 있어서는, 사건 B가 발생하였다는 가정이 사건 A의 확률을 전혀 변경시키지 못하기도 한다. 이러한 경우, 사건 A와 B는 서로 독립적(independent)이라고 부른다.

정의 4.10

사건 B가 발생하였다는 가정이 사건 A가 일어나는 확률을 변경시키지 못한다면 사건 A와 B는 **독립적(independent)**이다. 즉,

$$P(B|A) = P(B)$$

동등하게 $P(A|B) = P(A)$이면 사건 A와 B는 독립적이다. 독립적이 아닌 사건들은 **종속적(dependent)**이라고 한다.

예제 4.7

주사위던지기 시행에서 사건 B는 {숫자 4와 같거나 또는 4보다 작은 수를 관찰하기}이고 사건 A는 {짝수를 관찰하기}이다. 사건 A와 B는 독립적인가?

해답

이 시행에 대한 벤 다이어그램은 [그림 4.9]에 나타나 있다.
우선 다음 확률을 계산하면,

$$P(A) = \frac{1}{2}$$

$$P(B) = P(1) + P(2) + P(3) + P(4) = \frac{4}{6} = \frac{2}{3}$$

그림 4.9 예제 4.7의 주사위던지기 실험

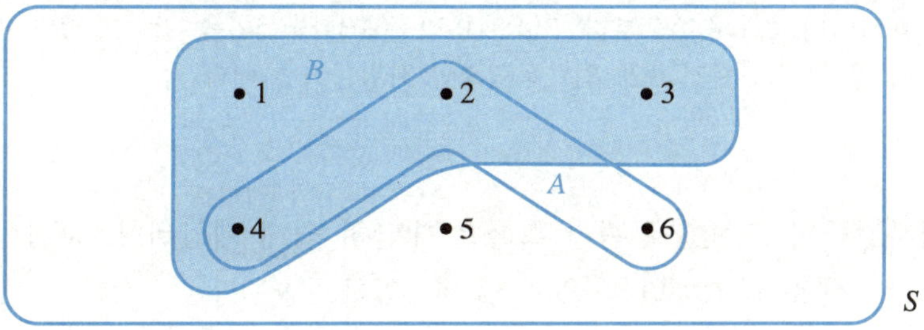

$$P(A \cap B) = P(2) + P(4) = \frac{2}{6} = \frac{1}{3}$$

사건 B가 발생하였다고 가정한 후, 사건 A의 조건부 확률은

$$P(A|B) = \frac{P(A \cap B)}{P(B)} = \frac{\frac{1}{3}}{\frac{2}{3}} = \frac{1}{2} = P(A)$$

따라서, 사건 B의 발생에 대한 가정이 짝수를 관측하게 되는(사건 A) 확률을 변경하지 못한다. 그러므로 사건 A와 B는 독립적이다.

예제 4.8

예제 4.4에서 다루어졌던 소비자 제품불만연구를 참조하라. 품질보증기간 이전 및 보증기간 이후의 여러 가지 형태로 분류된 불만의 퍼센트는 〈표 4.2〉에 나타나 있다. 다음 사건 A와 B를 정의하면,

$A = \{$불만의 원인이 제품의 외양이다$\}$
$B = \{$불만이 보증기간 내에 발생하였다$\}$

A와 B는 독립적인 사건들인가?

해답

만약 $P(A|B)=P(A)$의 관계가 성립되면, 사건 A와 B는 독립적이다. 예제 4.4에서 계산된 $P(A|B)$는 0.51이며 〈표 4.2〉로부터 $P(A)=0.32+0.03=0.35$임을 알 수 있다. $P(A|B)$는 $P(A)$와 같지 않으므로, 사건 A와 B는 독립적인 사건들이 아니다.

독립사건들의 교집합에 관한 확률은 대단히 쉽게 계산된다. 교집합의 확률을 계산하는 식을 참조하면 다음을 알 수 있다.

$$P(A\cap B)=P(B)P(A|B)$$

A와 B가 독립적일 때 $P(A|B)=P(A)$의 관계를 가지므로, 다음과 같은 유용한 법칙을 갖게 된다.

사건 A와 B가 독립적이면, A와 B의 교집합에 대한 확률은 A와 B의 확률의 곱과 같다. 즉,

$$P(A\cap B)=P(A)P(B)$$

주사위던지기 시행에서(예제 4.7을 참조), 사건 A: {짝수를 관찰하기}, 사건 B: {숫자 4와 같거나 또는 4보다 작은 수를 관찰하기}는 서로 독립적이다. 따라서 $P(A\cap B)=P(A)P(B)=(1/2)(2/3)=1/3$이다. 이것은 예제 4.7에서 구해진 결과 $P(A\cap B)=P(2)+P(4)=2/6=1/3$과 일치된다.

4.6 베이즈 정리

시행의 결과로 얻은 정보를 기준으로 알려져 있지 않은 어떤 사건이 일어나게 될 확률을 간단하게 구할 수 있는 방법이 베이즈 정리(Bayes' theorem)이

며, 사전정보가 결과에 미치는 영향을 분석하는데 유용하게 이용되고 있다.

베이즈 정리를 쉽게 이해하기 위해 의사결정나무(decision tree)로 설명하도록 하겠다. 예를 들어, 상자가 총 5개가 있는데 이 중 2개의 상자는 흰색이고 나머지 3개의 상자는 검은색이라고 가정하자. 각각의 흰색 상자에는 빨간 공 1개와 노란 공 4개가 들어있고, 각각의 검은색 상자에는 빨간 공 2개와 노란 공 1개가 들어있다. 만일 무작위로 추출하여 빨간 공 1개가 뽑혔을 때 이 공이 흰 상자에서 추출되었을 확률은 어떻게 되겠는가?

위의 확률을 구하기 위해 흰 상자가 선택될 사건을 A, 검은 상자가 선택될 사건을 A^c, 그리고 빨간 공이 추출될 사건을 B, 노란 공이 추출될 사건을 B^c라고 하자. 그러면 추출된 1개의 빨간 공이 흰 상자에서 추출될 확률은 $P(A|B)$이다. $P(B)$는 B사건의 확률 즉, 빨간 공이 추출될 사건의 확률이므로, 흰 상자에서 빨간 공이 추출되는 확률과 검은 상자에서 빨간 공이 추출될 확률을 합한 확률이다. 그러므로 $P(A|B)$은 빨간 공이 추출될 확률에서 흰 상자에서 빨강 공이 선택될 확률의 비율을 의미한다. 즉, $P(A|B)=P(A\cap B)/[P(A\cap B)+P(A^c\cap B)]$이다. 위의 예에 대한 의사결정나무는 [그림 4.10]과 같고 $P(A|B)$을 계산하면, $P(A|B)=(8/25)/(8/25+1/5)=8/13\fallingdotseq 0.615$이 된다.

그림 4.10 의사결정나무

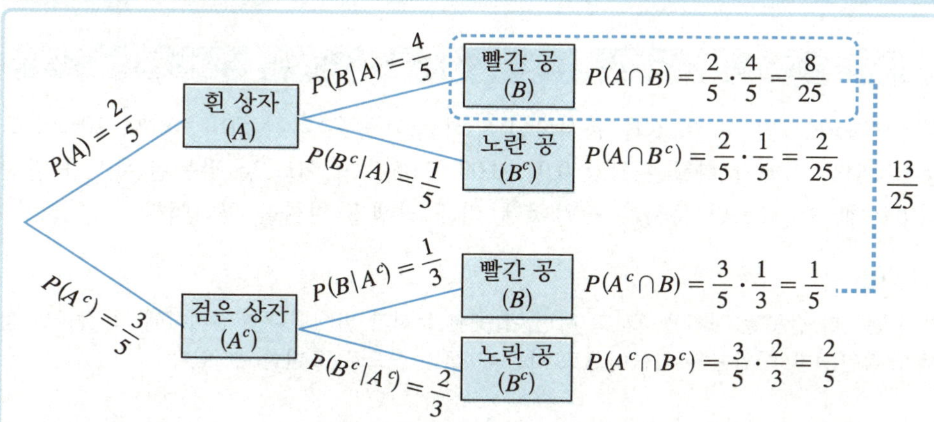

위의 예를 일반화시켜보자. 만일 사건 B를 발생시킬 수 있는 사건들이 n개가 있고, 이를 $A_i(i=1, 2, \cdots, n)$로 표시하면, 사건 B가 발생할 수 있는 확률 $P(B)$는 다음과 같은 식으로 나타난다.

$$P(B) = P(B \cap A_1) + P(B \cap A_2) + \cdots + P(B \cap A_n)$$

따라서 사건 B가 발생했다는 전제하에 어떤 사건 A_k가 발생할 확률인 $P(A_k|B)$는 다음과 같이 나타낼 수 있으며, 이 식이 베이즈 정리이다.

$$P(A_k|B) = \frac{P(B \cap A_k)}{P(B)} = \frac{P(B \cap A_k)}{\sum_{i=1}^{n} P(B \cap A_i)}$$

정의 4.11

사건 $A_1, A_2, \cdots, A_n$이 상호 배반이고 완비된 사건이며 $P(A_i) > 0$, $P(B) > 0$일 때, 아래의 식을 **베이즈 정리(Bayes' theorem)**라 한다.

$$P(A_k|B) = \frac{P(B \cap A_k)}{P(B)} = \frac{P(B \cap A_k)}{\sum_{i=1}^{n} P(B \cap A_i)}$$

예제 4.9

한국회사의 직원 A, B, C가 문서작업을 하는 비중은 각각 50%, 30%, 20%이고, 문서작업을 실패할 확률은 각각 0.02, 0.03, 0.05이다. 어느 날 잘못된 문서가 발견되었는데, 그 잘못된 문서가 직원 A에 의해 발생될 확률을 구하여라.

해답

우선 문서가 잘못된 사건을 F라고 하면, 잘못된 문서가 발생했다는 전제하에 그 잘못된 문서가 직원 A가 작업했을 확률이므로 다음과 같은 식으로 표현할 수 있다.

$$P(A|F)=\frac{P(A\cap F)}{P(F)}$$

잘못된 문서일 확률인 $P(F)$는 $P(F\cap A)+P(F\cap B)+P(F\cap C)$이다.
그러므로

$$\begin{aligned}P(A|F)&=\frac{P(A\cap F)}{P(F)}=\frac{P(A\cap F)}{P(F\cap A)+P(F\cap B)+P(F\cap C)}\\&=\frac{P(F|A)P(A)}{P(F|A)P(A)+P(F|B)P(B)+P(F|C)P(C)}\\&=\frac{0.02\times0.5}{0.02\times0.5+0.03\times0.3+0.05\times0.2}\\&=10/29\fallingdotseq0.35\end{aligned}$$

요약

지금까지 어떤 특정한 모집단의 구조하에서 여러 가지 표본결과들에 대한 확률을 평가할 수 있는 몇몇 확률의 기본적인 도구들(tools)을 전개하였다. 여기서 제시된 많은 예제들은 확률의 기본적인 지식에 필요한 개념과 정의들을 이해하기 쉽도록 만들어졌다.

앞으로 전개되는 장(章)들에서는 실제의 경제·경영문제들을 해결하는 데 사용할 수 있는 확률모형들이 제시된다. 대부분의 응용부문에서 이러한 확률모형들의 알려지지 않은 면에 대하여 추정할 필요가 있다. 즉, 당면하고 있는 문제에 추론통계학을 적용할 필요가 있다.

연습문제

EXERCISES

4.1 지난달에 어느 자동차 강북영업소에서 할부에 의하여 판매한 500건의 할부판매 자료는 아래와 같다.

대여금	1,000 미만	1,000~4,000 미만	4,000~6,000 미만	6,000 이상	합계
건수	27	99	298	76	500

영업소의 기록들에 대한 정확도를 점검하기 위하여, 영업소장은 검열을 목적으로 이러한 대여금 파일들 중에 하나를 무작위로 추출한다고 하자.

a. 이 시행에서 단순사건들을 열거하여라.
b. 선정된 대여금 파일이 6백만원 이상이 될 확률은 얼마인가?
c. 대여금이 4백만원 미만일 확률은 얼마인가?

4.2 서울화장품 주식회사는 두 가지 신상품을 판매하기로 결정하였다. 현재 시장상황에 대한 분석, 그리고 자사의 신상품에 대한 과거의 성공 및 실패를 검토하여 본 결과 판매기획 담당자는 다음 표와 같은 단순사건들과 그 발생확률을 작성할 수 있었다. 다음 각 사건에 관한 확률을 구하라.

단순사건	확 률
S_1, S_2	0.16
S_1, F_2	0.24
F_1, S_2	0.24
F_1, F_2	0.36

A: {두 가지 신상품들이 첫해에 모두 성공적이다}
B: {적어도 한 가지 신상품이 첫해에 성공적이다}

4.3 3개의 동전던지기 시행에서 사건들이 아래와 같이 정의되어 있다.

A: {정확히 동전 한 개의 앞면을 관찰하기}
B: {정확히 동전 두 개의 앞면을 관찰하기}
C: {정확히 동전 두 개의 뒷면을 관찰하기}

아래 확률들을 계산하라.

a. $P(A \cup B)$
b. $P(A \cap B)$
c. $P(A \cap C)$
d. $P(B \cap C)$

4.4 어떤 기계운영자는 그가 관리하는 기계에 의해 생산된 최근의 1,000개 품목들에 대하여 다음과 같이 묘사될 수 있다고 믿는다.

7%는 한 가지 결점을 가지고 있다.
2%는 두 가지의 결점들을 가지고 있다.
1%는 두 가지보다 더 많은 결점들을 가지고 있다.

이러한 1,000개의 품목들 중에서 무작위로 한 개가 추출된다.

a. 기계 운영자의 판단이 옳다고 가정하면, 추출된 한 개의 품목이 결점을 가지고 있지 않을 확률은 얼마인가?
b. 기계운영자의 판단이 옳다고 가정하면, 추출된 것이 적어도 한 가지의 결점을 갖게 될 확률은 얼마인가?
c. 추출된 한 개의 품목이 세 가지의 결점들을 가지고 있다면, 기계운영자의 서술을 의심할 만하겠는가? 설명하여라.

4.5 어떤 시행의 결과는 5가지 단순사건들로 구성되며, 각 단순사건의 확률은 다음과 같다.

$$P(E_1) = 0.22,\ P(E_2) = 0.31,\ P(E_3) = 0.14,\ P(E_4) = 0.23,\ P(E_5) = 0.10$$

다음과 같은 사건들이 정의되었다고 하자.

$A = \{E_1, E_3\}$
$B = \{E_2, E_3, E_4\}$
$C = \{E_1, E_5\}$

다음 각 확률을 구하여라.

a. $P(A)$ b. $P(B)$ c. $P(A \cap B)$
d. $P(A|B)$ e. $P(B \cap C)$ f. $P(C|B)$

4.6 문제 4.5를 참조하라. 다음 한 쌍의 사건들 중에 어느 것이 독립적인가? 설명하라.

a. A와 B b. A와 C c. B와 C

4.7 $P(R)=1/3$, $P(S)=1/3$ 그리고 사건 R과 S는 서로 배타적일 때, $P(R|S)$와 $P(S|R)$를 구하여라.

4.8 한국기업은 자사의 제품을 잡지 A와 잡지 B에 광고를 내려고 한다. 잠재적인 고객들의 30%는 잡지 A를 구독하고 있으며, 40%는 잡지 B를, 그리고 15%는 잡지 A와 B를 동시에 구독하고 있다.

a. 잠재적인 고객들의 몇 %가 잡지 A 또는 B를 구독하고 있는가? 잡지 A와 B를 모두 구독하는 고객은 몇 %인가?

b. 만약 어떤 잠재적인 고객이 잡지 A를 구독하고 있다면, 그 잠재적인 고객이 또한 잡지 B를 구독하고 있을 확률은 얼마인가?

4.9 마이크로 오븐 제조업자는 자사가 제조하는 오븐의 10%만이 첫해에 수리를 필요로 한다고 주장한다. 최근의 고객들 중 3명이 독립적으로 선정되었다고 가정하자.

a. 제조업자의 주장이 옳다면, 3대의 오븐들 중에서 적어도 2대가 첫해에 수리를 받게되는 확률은 얼마인가?

b. 3명의 고객들의 오븐 중에서 2대가 첫해에 수리를 필요로 했다는 것을 관찰하게 되었다고 가정하자. 제조업자의 주장에 대하여 어떠한 추론을 내릴 수 있겠는가?

4.10 한국식품(주)은 전국적으로 700군데에 패스트푸드 체인점들을 갖고 있는데 그 지역적인 위치를 다음과 같이(%) 나타낼 수 있다.

인구분포 \ 지역	경 기	호 남	강 원	영 남
만명 미만	5%	6%	3%	0
만명~10만명	10%	15%	12%	5%
10만명 이상	25%	4%	5%	10%

700군데의 체인점들로부터 무작위로 한군데 체인점이 선정되어 새로 개발된 닭튀김을 시험삼아 판매하기로 계획중이다. 사건들의 정의는 아래와 같다.

A: {선정된 체인점이 호남지역에 위치하고 있다}

B: {선정된 체인점이 인구가 만명 미만인 도시에 위치하고 있다}

C: {선정된 체인점이 인구가 만명 이상인 도시에 위치하고 있다}

a. $P(A|B)$를 구하라.
b. $P(B|A)$를 구하라.
c. $P(A|C)$를 구하라.
d. $P(C|D)$를 구하라.

4.11 문제 4.10을 참조하라. 다음 관계가 옳다는 것을 증명하여라.

$$P(A \cap B) = P(A)P(B|A) = P(B)P(A|B) = 0.06$$

4.12 한국미니컴퓨터(주)의 영업사원인 김한국 대리는 단골이 될듯한 고객을 처음 방문하여 컴퓨터를 판매하게 될 확률은 0.4이다. 만약 김 대리가 첫 번째 방문에 판매를 성사시키지 못한다면, 두 번째 방문에 컴퓨터를 판매하게 될 확률은 0.65라고 한다. 김 대리는 두 번째 방문에 의한 판매에 실패하더라도 그 고객을 더 이상 방문하지 않는다. 김한국 대리가 어떤 특정 고객에게 판매를 성사시킬 확률은 얼마인가?

제 5 장

확률변수와 확률분포

5.1 확률변수

5.2 확률분포

5.3 확률변수의 기대값과 분산

5.4 결합확률분포와 주변확률분포

5.5 공분산과 상관계수

확률변수와 확률분포는 통계학에 매우 중요하게 사용되고 있다. 기술통계에 사용되기도 하고, 앞으로 다루게 될 추론통계에서는 기본적인 배경지식으로 필요하게 될 것이다. 이 장에서는 확률변수의 정의 및 유형, 확률변수의 분포인 확률분포에 대한 정의, 기대값, 표준편차, 및 분산, 그리고 두 개의 확률변수가 결합된 경우인 결합확률분포에 대하여 살펴볼 것이다.

5.1 확률변수

'확률변수'(random variable)라는 용어는 '변수'(variable)라는 용어보다 더 의미가 있다. 그 이유는 형용사인 'random'이 의미하는 것은 실험의 무작위(random)적인 결과에 따라 변수가 취할 수 있는 여러 가지 가능한 값들 중에서 어느 하나로 결정되는 것이기 때문이다. 예를 들어, 실험이 매일 은행에 설치된 현금인출기를 사용하는 고객의 수를 헤아리는 것이라면 그 확률변수(고객의 숫자)는 나날이 변화할 것이다. 이는 고객들이 현금인출기를 사용할 것인가 또는 말 것인가에 영향을 미치는 무작위(無作爲)적 현상 때문이다. 따라서 이 확률변수의 가능한 값들은 0에서부터 현금인출기가 현실적으로 하루에 수용할 수 있는 최대의 고객들의 숫자에까지 이른다.

확률변수의 의미를 간단한 예로써 다시 살펴보자. 두 개의 동전을 한 번 던지는 시행하여 동전의 앞면이 나오는 개수를 연구하고자 한다. 동전의 앞면을 H, 뒷면을 T라고 하고, 첫 번째 동전은 아랫첨자 1로 표기하고 두 번째 동전은 아랫첨자 2로 표기하기로 하자. 시행의 모든 단순사건의 결과의 집합인 표본공간은 $S = \{(H_1, H_2), (H_1, T_2), (T_1, H_2), (T_1, T_2)\}$이 된다. 만일 동전의 앞면이 나오는 개수를 X라고 하면, 각 단순사건에 대응되는 X는 2, 1, 0이다. 또한 각 X의 값에 대응하는 확률은 $P(X=2)=1/4$, $P(X=1)=2/4$, $P(X=0)=1/4$의 값을 갖는다. 즉, X는 일정한 확률을 가지고 있고 각각의 단순사건들에 수치가 부여된 확률변수이다. 다시 말해서, 확률변수 X는 어떤 시행의 표본공간 S에서 실수 R로의 함수 $X: S \rightarrow R$로 표현할 수 있다.

그림 5.1 확률변수

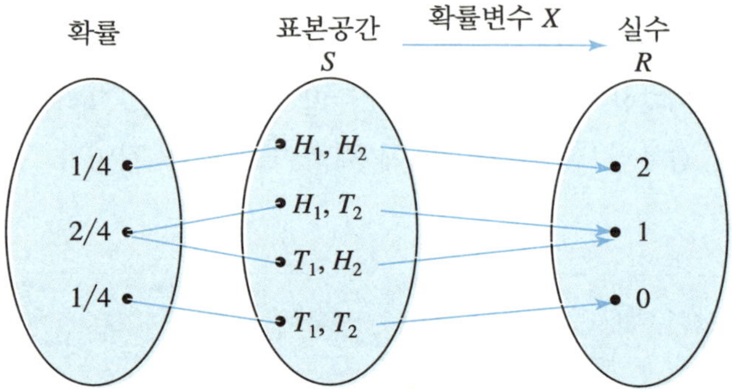

정의 5.1

확률변수(random variable)는 일정한 확률을 가지고 발생하는 단순사건들에 수치가 부여되는 변수를 의미하며, X 등과 같이 대문자로 표시한다.

예제 5.1

5개의 제품 중에서 2개는 불량품이다. 이 5개의 제품에서 임의로 3개를 추출하여 불량품이 몇 개가 나오는지를 시행하였다. 이 시행에서 확률변수 X는 무엇인가?

해답

불량품의 개수를 X라고 하면, X는 {불량품이 0개 나오는 경우}, {불량품이 1개 나오는 경우}, {불량품이 2개가 나오는 경우}이다. X의 각각의 단순사건은 각각의 확률이 있다. 즉, $P(X=$ {불량품이 0개 나오는 경우}$)=3/5$, $P(X=$ {불량품이 1개 나오는 경우}$)=2/5$, $P(X=$ {불량품이 2개 나오는 경우}$)=2/5$이다. 또한 각 단순사건을 수치에 대응시키면, {불량품이 0개 나오는 경우}는 0, {불량품이 1개 나오는 경우}는 1, {불량품이 2개가 나오는 경우}는 2로 대응시킬 수 있다. 즉, 0, 1, 2인 X는 확률변수 X이다.

표본공간 내의 단순사건들에 확률을 부여하는 것, 그리고 결과적으로 어떤 확률변수의 값들에 확률을 부여하는 것은 항상 쉬운 것만은 아니다. 만약 단순사건들의 수가 유한(finite)하다면 그 작업은 쉽다. 단순사건들의 수가 무한하지만 그들을 순서대로 나열할 수 있다면(이것을 흔히 '셀 수 있는(countable) 것'이라 함), 그 작업은 여전히 그리 어렵지 않다. 그러나 단순사건들이 수치적이며, 어떤 직선 구간 내에 포함된 무수히 많은 점들에 해당된다면 확률을 부여하는 작업은 불가능하다. 그 이유는 무한히 많은 집합 내의 각 단순사건들에 일일이 작은 확률을 부여할 수 없기 때문이다. 위의 두 가지 상황들은 표본공간 내의 단순사건들의 수(또는 확률변수가 취할 수 있는 값)를 셀 수 있는 경우 또는 이들이 어떤 직선상의 하나 이상의 구간들에 포함된 무한히 많은 점들에 해당하는 경우를 말한다. 전자와 같이 확률변수가 취할 수 있는 값들을 셀 수 있는 확률변수를 이산확률변수(discrete random variable)라고 하고, 후자와 같이 확률변수가 취할 수 있는 값들을 셀 수 없는 확률변수를 연속확률변수(continuous random variable)라고 한다.

정의 5.2

이산확률변수(discrete random variable)는 셀 수 있는(countable) 수치적 값을 취하는 확률변수이다.

정의 5.3

연속확률변수(continuous random variable)는 어떤 구간 내에 셀 수 없이 많은(uncountable) 수치적 값을 취하는 확률변수이다.

이산확률변수의 예를 들어보면 다음과 같다.

(1) 어떤 특정 기간 내에 판매원이 달성한 판매량: $X = 0, 1, 2, \cdots$

(2) 500명의 표본 중에서 다른 모든 경쟁사들의 제품보다 어떤 특정 상품을 선호하는 사람들의 수: $X = 0, 1, 2, \cdots, 499, 500$

(3) 어떤 공인회계사의 원장에서 발견된 실수의 개수: $X = 0, 1, 2, \cdots$

(4) 어느 특정 시간에 식당에서 봉사받기를 기다리는 고객들의 수: $X = 0, 1, 2, \cdots$

연속확률변수의 예를 들어보면 다음과 같다.

(1) 어떤 병원에 도착하는 환자들 간의 시간간격: $0 \le X < \infty$

(2) 신축된 임대아파트 단지에서, 아파트의 완성시기부터 특정 수의 아파트들이 임대될 때까지의 시간: $0 \le X < \infty$

(3) 12온스 병에 채워진 탄산음료의 양: $0 \le X \le 12$

(4) 어떤 슈퍼마켓에서 구매된 특정 식품의 무게: $0 \le X \le 5$

각 단순사건에는 확률변수의 유일한 값 또는 범위로 부여된다는 것을 명심하기 바란다. 따라서 확률변수의 값들 또는 범위들은 서로 배타적인 사건들을 나타낸다.

5.2 확률분포

확률변수는 실험과 연관된 단순사건들의 각각에 수치적(數値的) 값을 할당하기 때문에, 어떤 확률변수에 대한 기술(記述)은 그에 해당하는 확률분포(probability distribution)를 명시함으로써 완벽해진다. 확률분포는 이산확률분포와 연속확률분포로 나눠진다.

정의 5.4

확률분포(probability distribution)는 확률변수가 취할 수 있는 모든 가능한 값들과 대응되는 확률을 그래프, 표, 또는 함수로 표현한 것을 의미한다.

이산확률분포는 이산확률변수 X가 취할 수 있는 모든 값 x_i (여기서, $i =$

1, 2, ⋯, n)와 그에 대응되는 확률 $P(X=x_i)=p_i$ $(i=1, 2, \cdots, n)$로 그래프, 표, 또는 함수로 표현한 것을 의미한다. 특히 함수로 표현한 이산확률분포에서 함수를 확률질량함수(probability mass function, pmf)라 하며, 일반적으로 $P(X)$로 표시한다. 이산확률분포의 표와 그래프는 다음과 같다.

표 5.1 이산확률분포: 표 형태

X	x_1	x_2	⋯	x_n	합계
$P(X=x_i)$	p_1	p_2	⋯	p_n	1

그림 5.2 이산확률분포: 그래프 형태

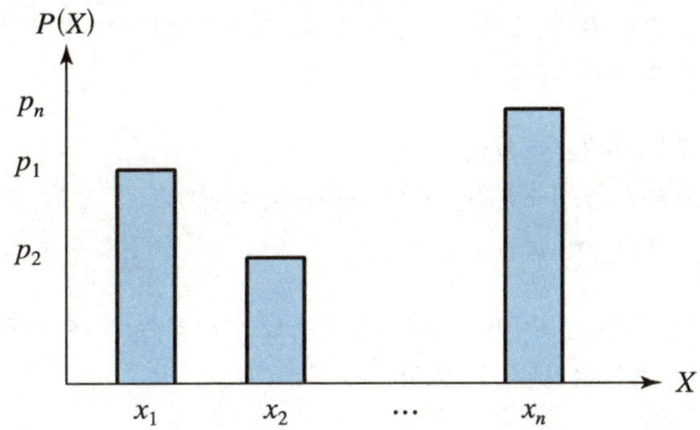

앞 절의 한 개의 동전을 한번 던지는 시행을 하여 동전의 앞면이 나오는 개수를 이산확률변수 X로 하여 이산확률분포의 함수를 나타내면 다음과 같다.

$$P(X)=\frac{1}{2},\ x=0,\ 1$$

예제 5.2

두 개의 동전던지기 시행으로 되돌아가서, X를 관측된 앞면의 수라고 하자. 이산확률변수 X에 대한 이산확률분포를 구하라.

그림 5.3 두 개의 동전던지기 시행에 관한 벤 다이어그램

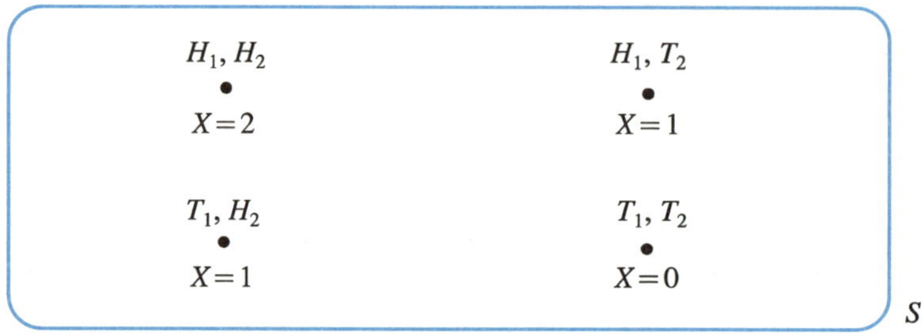

해답

앞 절을 상기하여 보면, 이 실험에 대한 표본공간과 단순사건들은 [그림 5.3]과 같다. 그리고 네 개의 단순사건들과 연관된 각각의 확률은 1/4이다.

이산확률변수 X는 값은 0, 1, 2를 취할 수 있다. 그리고 이러한 X의 각각의 값과 관련된 단순사건들의 확률은 다음과 같다.

$$P(X=0)=P(T_1,\ T_2)=1/4$$
$$P(X=1)=P(T_1,\ H_2)+P(H_1,\ T_2)=1/4+1/4=1/2$$
$$P(X=2)=P(H_1,H_2)=1/4$$

이산확률변수 X의 확률은 $P(0)=1/4$, $P(1)=1/2$, $P(2)=1/4$이므로, 이산확률분포의 함수 $P(X)$는 다음과 같이 나타낼 수 있다.

$$P(X)=\begin{cases}1/4, & x=0,\ 2\\ 1/2, & x=1\end{cases}$$

표 5.2 이산확률분포: 표 형태

X	$P(X)$
0	$\frac{1}{4}$
1	$\frac{1}{2}$
2	$\frac{1}{4}$
합계	1

그림 5.4 이산확률분포: 그래프 형태

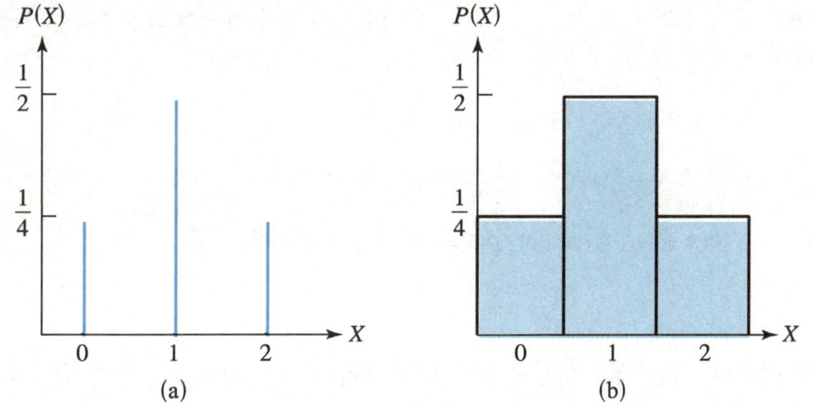

〈표 5.2〉는 이산확률변수 X의 확률분포를 표의 형식으로 나타낸 것이며, [그림 5.4]는 이산확률변수 X의 확률분포를 그래프 형태로 나타낸 것이다.

[그림 5.4] (a)는 $X=0$, 1 그리고 2의 점들에 집중된 확률을 보여준다. 수직선의 높이는 각 이산확률변수 X에 해당하는 확률을 의미한다. [그림 5.4] (b)의 이산확률분포는 X의 세 가지 값들 중 각각에 해당하는 계급마다 히스토그램으로 표현되어 있다.

예제 5.2는 어떻게 이산확률변수에 대한 확률분포가 유도될 수 있는지를 설명하고 있지만, 대부분의 경제 · 경영과 관련된 확률변수들의 실제 사례들에서는 그 작업이 훨씬 더 어렵다. 다행스럽게, 동일한 특성들을 갖춘 이산확률변수들과 시행들은 많은 다른 경영분야들에서도 발견된다. 즉, 비록 자료는 회계학, 마케팅, 경제학 또는 경영관리 등의 영역에서 수집될지라도, 사실상 그 자료는 동일한 형태의 확률변수의 관찰값들을 나타낸다. 이러한 사실은 경영통계학자가 당면한 문제를 단순화시켜 준다. 오로지 수행되어야 할 일들은 이렇게 자주 반복되는 시행들의 성격을 정의하고, 확률변수의 형태를 정의하며 그리고 그 확률변수의 확률분포를 구하는 것이다. 이산확률변수에 대한 모든 확률분포는 다음과 같은 기본성질을 가지고 있다.

확률질량함수의 기본성질

확률변수 X가 x_i의 값을 가지고, 그에 대응되는 각각의 확률이 p_i라 할 때, 확률질량함수의 성질은 다음과 같다. 여기서, $i, j = 1, 2, \cdots, n$이다.

1. $0 \le P(X = x_i) \le 1$
2. $\sum_{i=1}^{n} P(X = x_i) = 1$
3. $P(X = x_i \text{ or } X = x_j) = P(X = x_i) + P(X = x_j)$, 단 $i \neq j$

연속확률분포는 연속확률변수에 대한 확률을 그래프, 표, 또는 함수로 표현한 것을 의미 한다. 특히 함수로 표현한 연속확률분포를 확률밀도함수(probability density function)라 하며, $f(X)$로 표시한다.

연속확률변수 X에 대한 확률분포의 그래프 형태는 [그림 5.5]에 나타난 바와 같이 곡선이 된다. 여기서 확률밀도함수의 면적이 X에 대한 확률이 된다. 예컨대, [그림 5.5]에 나타나 있듯이, 연속확률변수 X가 a와 b 사이에 있을 확률 $P(a < X < b)$는 a와 b 사이의 면적이다. 구간의 면적들은 확률을 나타내기 때문에 확률밀도함수의 총 면적 — X의 모든 값들에 부여된 확률 — 은 1이 되며, 만일 특정 하나의 값 c에 대한 확률 $P(X = c)$은 면적이 없으므로 0이 된다. 그러므로 연속확률변수에서 등호(=)는 의미가 없게 된다. 예를 들면, $P(a < X < b)$의 값은 $P(a \le X \le b)$, $P(a \le X < b)$, 또는 $P(a < X \le b)$의 값들과 같게 된다.

연속확률변수에 대한 확률분포는 실제 자료의 상대도수분포에 따라 여러 가지 모양을 가지고 있으며, 대부분의 확률분포의 면적들은 미적분학이나 다른 수치적 방법의 사용으로 구해진다. 이것은 종종 어려운 절차이기 때문에 자주 사용되는 확률분포들에 대한 면적은 부록에서 표의 형태로 제시하였다. 그러므로 X의 두 값들 — 즉 $X = a$와 $X = b$ — 사이의 면적을 구하기 위하여 해당되는 표를 참고로 하면 된다.

연속확률변수에 대한 모든 확률분포는 다음과 같은 기본성질을 가지고 있다.

그림 5.5 연속확률변수 X에 대한 확률분포 $f(X)$

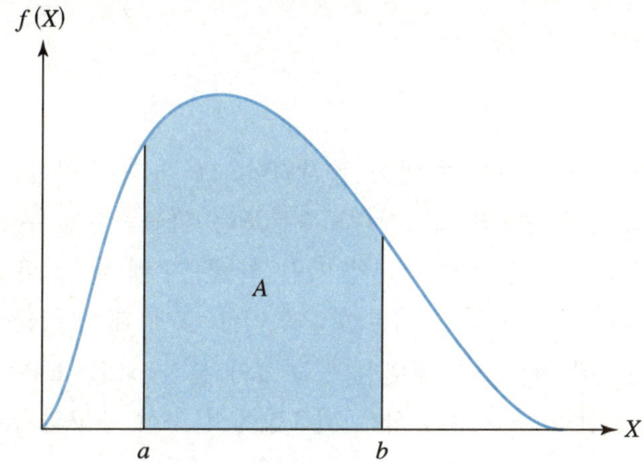

확률밀도함수의 기본성질

확률변수 X가 구간 $[\alpha, \beta]$에서 임의의 값을 취할 때, 확률변수 X에 대한 확률밀도함수의 성질은 다음과 같다. 여기서, $\alpha \le X \le \beta$이다.

1. $f(X) \ge 0$
2. $\int_{\alpha}^{\beta} f(x)dx = 1$
3. $P(a \le X \le b) = \int_{a}^{b} f(x)dx$ 단 $\alpha \le a \le b \le \beta$

5.3 확률변수의 기대값과 분산

기대값(expected value)은 우리가 잘 알고 있는 평균과 같은 의미라고 할 수 있다. 다만 기대값은 확률변수가 취할 수 있는 모든 값들의 평균을 의미한다. 제 3 장에서 자료에 대한 기술통계분석으로 중심화 경향인 평균과 변동척도인 분산을 구하였다. 이 절에서는 확률변수에 대한 기대값과 분산을 구하고자 한다.

1) 이산확률변수의 기대값과 분산

이산확률변수 X가 수없이 많이 관찰되어, 그 결과로 얻어진 자료들이 상대도수분포표로 정돈된다면, 그 상대도수분포는 확률변수에 관한 확률분포와 거의 구별할 수 없을 것이다. 따라서 어떤 확률변수에 대한 확률분포는 어떤 모집단의 상대도수분포에 관한 이론적 모형이다. X에 대한 확률분포는 해당되는 모집단의 기술적 척도들과 동일한 평균 μ와 분산 σ^2을 소유한다. 확률변수 X의 기대값과 분산을 구하는 공식은 제 3 장에서 구한 평균과 분산 공식과 다를 것이 없다.

기대값을 구하는 공식을 예를 들어가며 살펴보자. 아래의 〈표 5.3〉은 확률변수 X에 대한 상대도수분포표로, 확률변수 X는 $x_1, x_2, \cdots, x_N$의 관찰값을 가지고 있고, 각 관찰값에 해당하는 도수 $f_1, f_2, \cdots, f_N$와 상대도수 $f_1/N, f_2/N, \cdots, f_N/N$가 있다.

위의 자료에서 도수에 의한 평균은 다음과 같다.

$$\mu = \frac{\sum_{i=1}^{N} x_i \cdot f_i}{N} = \frac{x_1 \cdot f_1}{N} + \frac{x_2 \cdot f_2}{N} + \cdots + \frac{x_N \cdot f_N}{N}$$

표 5.3 상대도수분포표

확률변수 X	도수 f	상대도수 f/N
x_1	f_1	f_1/N
x_2	f_2	f_2/N
$\vdots$	$\vdots$	$\vdots$
x_N	f_N	f_N/N
합계	N	1

여기서 f_i/N (단, $i=1, 2, \cdots, N$)는 상대도수를 나타내고 있으며, 상대도수는 각 관찰값의 확률을 의미함으로 $f_1/N=p(x_1)$, $f_2/N=p(x_2)$, $\cdots$, $f_N/N=p(x_N)$로 표시할 수 있다. 그러므로 평균 μ는 $\sum_{i=1}^{N} x_i \cdot p(x_i)$로 구할 수 있게 되며 이를 $E(X)$로 표시하고 기대값이라고 한다.

$$
\begin{aligned}
\text{즉, } \mu &= \frac{\sum_{i=1}^{N} x_i \cdot f_i}{N} = \frac{x_1 \cdot f_1}{N} + \frac{x_2 \cdot f_2}{N} + \cdots + \frac{x_N \cdot f_N}{N} \\
&= x_1 \cdot p(x_1) + x_2 \cdot p(x_2) + \cdots + x_N \cdot p(x_N) \\
&= \sum_{i=1}^{N} x_i \cdot p(x_i) \\
&= E(X)
\end{aligned}
$$

정의 5.5

이산확률변수 X의 **기댓값(expected value)**은 다음과 같다.

$$\mu = E(X) = \sum_{i=1}^{N} x_i \cdot p(x_i)$$

예제 5.3

어떤 보험회사 직원이 1년간 보험료가 29만원인 1천만원짜리 종신보험을 판매하였다고 하자. 보험통계표를 살펴보니 해당되는 고객과 나이, 성별, 건강상태가 같은 사람이 다음 해에 사망할 확률은 0.001이다. 이와 같은 형태의 보험상품으로 기대되는 수익(즉 회사가 번 돈)은 얼마인가?

해답

실험은 고객이 다가오는 해에 생존할 것인지를 관찰하는 것이다. 두 가지 단순사건들(즉, 생존 그리고 사망)과 관련된 확률들은 각각 0.999 및 0.001이다. 관심의 대상인 확률변수 X는 수익이 되는데 이는 다음 값들을 취할 수 있다.

X	단순사건	$P(X)$
290,000	보험가입자의 생존	0.999
290,000 − 10,000,000	보험가입자의 사망	0.001

만약 고객이 생존한다면, 회사는 보험료 29만원을 수익금으로 벌게 된다. 그러나 고객이 사망한다면, 회사가 1천만원을 지불하여야 하므로, (10,000,000 − 290,000)원의 지출이 발생한다. 그러므로 예상되는 수익은

$$\begin{aligned}\mu = E(X) &= \sum_{\text{모든 } i} x_i \cdot P(x_i)\\ &= (29)(0.999) + (29 - 1{,}000)(0.001)\\ &= 29(0.999 + 0.001) - 1{,}000(0.001)\\ &= 29 - 1\\ &= 28(\text{단위: 만원})\end{aligned}$$

다시 말해서, 이 회사가 위에 언급된 속성을 가진 고객들에게 1천만원짜리 보험상품을 많이 팔게 된다면, 다음 해에 평균적으로 판매된 보험건당 28만원의 수익을 얻게 될 것이다.

모집단의 분산(population variance: σ^2)은 모집단 평균(μ)과 관찰값들(X) 간의 거리를 제곱하여 평균한 것이다. 또한 평균으로부터 거리의 제곱의 기대값, 즉 $\sigma^2 = E[(X-\mu)^2]$이다. 분산을 구하는 공식을 예를 들어가며 살펴보면 다음과 같다. [표 5.2]에 있는 자료에 대한 분산은 $\sum_{i=1}^{N}(x_i-\mu)^2 \cdot f_i/N$임을 알고 있다. 여기서 f_i/N(단, $i=1, 2, \cdots, N$)의 각각의 값은 기대값에서와 같이 $f_1/N = p(x_1)$, $f_2/N = p(x_2)$, $\cdots$, $f_N/N = p(x_N)$로 표시할 수 있다.

$$\begin{aligned}\text{즉, } \sigma^2 &= \sum_{i=1}^{N}\frac{(x_i-\mu)^2 \cdot f_i}{N}\\ &= (x_1-\mu)^2 \cdot \frac{f_1}{N} + (x_2-\mu)^2 \cdot \frac{f_2}{N} + \cdots + (x_N-\mu)^2 \cdot \frac{f_N}{N}\\ &= (x_1-\mu)^2 \cdot p(x_1) + (x_2-\mu)^2 \cdot p(x_2) + \cdots + (x_N-\mu)^2 \cdot p(x_N)\end{aligned}$$

$$= \sum_{i=1}^{N} (x_i - \mu)^2 \cdot p(x_i)$$
$$= E[(X-\mu)^2]$$
$$= V(X)$$

즉, 분산 σ^2은 $\sum_{i=1}^{N} (x_i - \mu)^2 \cdot p(x_i)$로 구할 수 있게 되며, 이를 $V(X)$로 표시한다.

정의 5.6

이산확률변수 X의 분산과 표준편차는 다음과 같다.

분산 $\sigma^2 = V(X) = E[(X-\mu)^2] = \sum_{i=1}^{N} (x_i - \mu)^2 \cdot p(x_i)$

표준편차 $\sigma = \sqrt{V(X)} = \sqrt{E[(X-\mu)^2]}$

여기서, $E[(X-\mu)^2] = E(X^2) - [E(X)]^2 = \sum_{i=1}^{N} x_i^2 \cdot p(x_i) - \left[\sum_{i=1}^{N} x_i \cdot p(x_i)\right]^2$이다.

예제 5.4

일정한 돈을 다섯 가지의 비즈니스 벤처에 각각 투자한다고 하자. 그와 같은 벤처기업들의 70%는 성공한다는 것을 알고 있으며 각 벤처의 성공 여부는 서로 독립적이라고 가정한다. 다섯 가지 중에서 성공적인 벤처기업들의 수(X)에 대한 확률분포는 다음과 같다.

X	$P(X)$
0	0.002
1	0.029
2	0.132
3	0.309
4	0.360
5	0.168

a. $\mu = E(X)$를 구하라.

b. $\sigma = \sqrt{E[(X-\mu)^2]}$을 구하라.

c. $P(X)$의 그래프를 그리고, 그래프상에서 μ와 구간 $\mu \pm 2\sigma$를 표시하라. 어떻게 μ와 σ를 사용하여 $P(X)$를 묘사할 수 있는지를 설명하라.

해답

a. 식을 적용하여 μ를 구하면,

$$\begin{aligned}\mu = E(X) &= \sum_{\text{모든 } i} x_i \cdot P(x_i)\\ &= 0(0.002) + 1(0.029) + 2(0.132) + 3(0.309) + 4(0.360) + 5(0.168)\\ &= 3.50\end{aligned}$$

이 된다.

b. X에 대한 분산을 계산한다.

$$\begin{aligned}\sigma^2 = E[(X-\mu)^2] &= \sum_{\text{모든 } i} (x_i - \mu)^2 \cdot P(x_i)\\ &= (0-3.5)^2(0.002) + (1-3.5)^2(0.029) + (2-3.5)^2(0.132) +\\ &\quad (3-3.5)^2(0.309) + (4-3.5)^2(0.360) + (5-3.5)^2(0.168)\\ &= 1.05\end{aligned}$$

따라서 표준편차는

$$\sigma = \sqrt{\sigma^2} = \sqrt{1.05} = 1.02$$

이다.

c. $P(X)$에 대한 그래프는 [그림 5.6]에 나타나 있다. 평균값 μ와 구간 $\mu \pm 2\sigma$가 그래프상에 표시된 것을 주시하라.

제 3 장에서 상대도수분포를 묘사하기 위하여 $\bar{x}$와 s를 사용하였던 것과 마찬가지로 여기서도 μ와 σ를 사용하여 확률분포를 묘사할 수 있다. 특히 $\mu = 3.5$는 확률분포의 '중심'(center)을 나타낸다는 것을 명심하기 바란다. 5개의 벤처기업들에 투자된다면, 성공하는 벤처기업의 수(X)는 3.5에 인접한 값이 될 것으로 예상된다. 비슷하게, $\sigma = 1.02$는 확률분포의 산포를 측정한다. 이 분포는 작은 산모양으로([그림 5.6] 참조) 이론적인 상대도수분포이기 때문에, 관찰된 X값들의 68%는 구간 $\mu \pm \sigma$(〈표 3.3〉 참조), 그리고 좀 더 높은 가능성으로 볼 때 관찰된 X값들의 95%는 구간 $\mu \pm 2\sigma$(즉, 1.46과 5.54 사이)에 있게 될 것으로 예상된다. 이것을 실제로 X가 구간 $\mu \pm 2\sigma$ 내에 있을 확률과 비교해 보자.

그림 5.6 예제 5.4에 대한 $P(X)$의 그래프

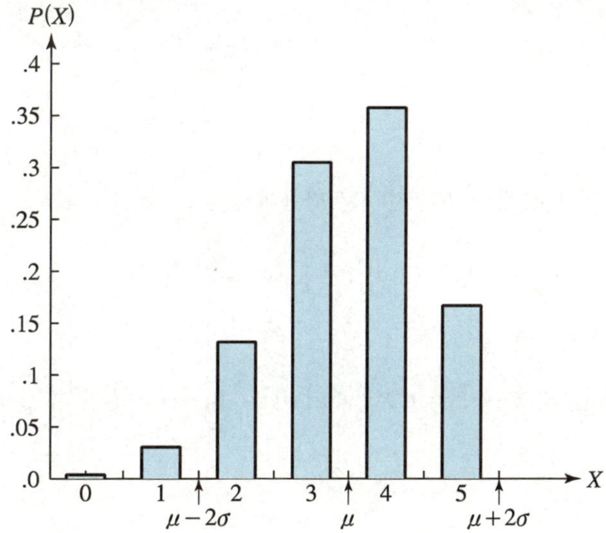

[그림 5.6]으로부터 이 확률은 $P(0)=0.002$와 $P(1)=0.029$를 제외한 모든 X의 값들에 대한 $P(X)$의 합이 됨을 알 수 있다. 그러므로 확률분포의 96.90%는 평균으로부터 2배의 표준편차 내에 있게 된다. 이 확률은 제 3 장의 〈표 3.3〉과 일치한다.

2) 연속확률변수의 기대값과 분산

연속확률변수 X가 구간 $[a, b]$ 내의 모든 실수값을 가지고 있다면 연속확률변수 X의 기대값 $E(X)$는 $\int_a^b x \cdot f(x)dx$이며, 분산 $V(X)$는 $\int_a^b (x-\mu)^2 \cdot f(x)dx$이다.

정의 5.7

연속확률변수 X의 **기대값(expected value)**은 다음과 같다.

$$\mu = E(X) = \int_a^b x \cdot f(x)dx$$

정의 5.8

연속확률변수 x의 분산과 표준편차는 다음과 같다.

분산 $\sigma^2 = V(X) = E[(X-\mu)^2] = \int_a^b (x-\mu)^2 \cdot f(x)dx$

표준편차 $\sigma = \sqrt{V(X)} = \sqrt{E[(X-\mu)^2]}$

여기서, $E[(X-\mu)^2] = E(X^2) - [E(X)]^2 = \int_a^b x^2 \cdot f(x)dx - \left[\int_a^b x \cdot f(x)dx\right]^2$ 이다.

3) 확률변수의 기대값과 분산의 특성

확률변수 X의 기대값 $E(X)$과 분산 $V(X)$을 사용하여 확률변수 X로 1차식으로 구성된 다양한 확률변수에 대한 기대값과 분산을 쉽게 구할 수 있다. 기대값과 분산의 특성은 다음과 같다.

확률변수의 기대값의 특성

확률변수 X와 상수 c로 구성된 1차식에 대한 기대값은 다음과 같다.

$E(c) = c$

$E(cX) = cE(X)$

$E(X+c) = E(X) + c$

$E(aX+c) = aE(X) + c$

위의 정리는 확률변수 X가 이산확률변수인 경우와 연속확률변수인 경우로 나눌 수 있으며, 각각의 $E(X)$를 알고 있다면 다음과 같이 간단하게 증명할 수 있다.

이산확률변수의 경우,

$$E(c) = \sum_{\text{모든 } i} c \cdot p(x_i) = c$$

$$E(cX) = \sum_{\text{모든 } i} cx_i \cdot p(x_i) = c \sum_{\text{모든 } i} x_i \cdot p(x_i) = cE(X)$$

$$E(X+c) = \sum_{\text{모든 } i} (x_i + c) \cdot p(x_i) = \sum_{\text{모든 } i} x_i \cdot p(x_i) + \sum_{\text{모든 } i} c \cdot p(x_i) = E(X) + c$$

$$E(aX+c) = \sum_{\text{모든 } i} (ax_i + c) \cdot p(x_i) = a \sum_{\text{모든 } i} x_i \cdot p(x_i) + \sum_{\text{모든 } i} c \cdot p(x_i) = aE(X) + c$$

연속확률변수의 경우,

$$E(c) = \int c \cdot f(x)dx = c$$

$$E(cX) = \int cx \cdot f(x)dx = c \int x \cdot f(x)dx = cE(X)$$

$$E(X+c) = \int (x+c) \cdot f(x) = \int x \cdot f(x) + \int c \cdot f(x) = E(X) + c$$

$$E(aX+c) = \int (ax+c) \cdot f(x) = a \int x \cdot f(x) + \int c \cdot f(x) = aE(X) + c$$

확률변수의 분산의 특성

확률변수 X와 상수 c로 구성된 1차식에 대한 분산은 다음과 같다.

1. $V(X) = E(X^2) - [E(X)]^2$
2. $V(c) = 0$
3. $V(cX) = c^2 V(X)$
4. $V(X+c) = V(X)$
5. $V(aX+c) = a^2 V(X)$

위의 분산의 특성은 각각의 $E(X)$와 $V(X)$를 알고 있다면 다음과 같이 간단하게 증명할 수 있다.

$$V(X) = E[(X - E(X))^2] = E[X^2 - 2XE(X) + [E(X)]^2] = E(X^2) - [E(X)]^2$$

$$V(c) = E(c^2) - [E(c)]^2 = c^2 - c^2 = 0$$

$$V(cX) = E(c^2X^2) - [E(cX)]^2 = c^2E(X^2) - c^2[E(X)]^2 = c^2V(X)$$

$$\begin{aligned} V(X+c) &= E[(X+c)^2] - [E(X+c)]^2 \\ &= E[X^2 + 2cX + c^2] - [E(X)]^2 - 2cE(X) - [E(c)]^2 \\ &= E(X^2) - [E(X)]^2 \end{aligned}$$

$$\begin{aligned} V(aX+c) &= E[(aX+c)^2] - [E(aX+c)]^2 \\ &= E(a^2X + 2acX + c^2) - [aE(X)]^2 - 2acE(X) - c^2 \\ &= E(a^2X) - [aE(X)]^2 \\ &= a^2V(X) \end{aligned}$$

예제 5.5

한국주식회사의 수익에 대한 평균은 2,000만원이고 분산은 100만원이였다. 한국주식회사의 수익이 2배가 증가하였을 때의 기대수익과 분산을 구하라.

해답

확률변수 X는 한국주식회사의 수익이고, 확률변수 X에 대한 정보는 $E(X) = 2{,}000$이고 $V(X) = 100$가 있다. 수익의 2배인 기대값과 분산은 각각 $E(2X)$와 $V(2X)$이며 다음과 같이 구할 수 있다.

$$E(2X) = 2E(X) = 2 \cdot 2000 = 4000(\text{만원})$$
$$V(2X) = 4V(X) = 4 \cdot 100 = 400(\text{만원})$$

5.4 결합확률분포와 주변확률분포

시행에서 두 개 이상의 확률변수가 서로 상호작용하며 동시에 발생하는 경우가 빈번하다. 이렇게 두 개 이상의 확률변수에 대한 분포를 결확확률분포(joint probability distribution)이라고 한다.

정의 5.9

결합확률분포(joint probability distribution)는 두 개 이상의 확률변수로 형성된 확률분포를 의미한다.

만일 두 개의 확률변수를 X와 Y라고 하고, 확률변수 X의 값은 $x_1, x_2, \cdots, x_i$이고 Y의 값은 $y_1, y_2, \cdots, y_j$라 하면, X와 Y의 조합은 총 $(i \times j)$개의 서로 다른 (x_i, y_j)을 가질 수 있으며, 그 각각의 확률은 $P(X=x_i, Y=y_j)$로 나타낸다. 이러한 결합확률분포에서 확률변수 X 또는 Y의 어느 하나만의 확률분포를 주변확률분포(marginal probability distribution)라고 한다. 여기서 $P(x_i)=P(x_i, y.)=\sum_{b=1}^{j} P(x_i, y_b)$을 의미한다.

정의 5.10

주변확률분포(marginal probability distribution)는 결합확률분포에서 두 개 이상의 확률변수 중에서 어느 하나의 확률변수에 대한 확률분포를 의미한다.

표 5.4 결합확률분포

X \ Y	y_1	y_2	$\cdots$	y_j	X의 주변확률
x_1	$P(x_1, y_1)$	$P(x_1, y_2)$	$\cdots$	$P(x_1, y_j)$	$P(x_1, y.)$
x_2	$P(x_2, y_1)$	$P(x_2, y_2)$	$\cdots$	$P(x_2, y_j)$	$P(x_2, y.)$
$\vdots$	$\vdots$	$\vdots$	$\vdots$	$\vdots$	$\vdots$
x_i	$P(x_i, y_1)$	$P(x_i, y_2)$	$\cdots$	$P(x_i, y_j)$	$P(x_i, y.)$
Y의 주변확률	$P(x., y_1)$	$P(x., y_2)$	$\cdots$	$P(x., y_j)$	1

표 5.5 X의 주변확률분포

X	X의 주변확률
x_1	$P(x_1, y.)$
x_2	$P(x_2, y.)$
$\vdots$	$\vdots$
x_i	$P(x_i, y.)$
합계	1

표 5.6 Y의 주변확률분포

Y	Y의 주변확률
y_1	$P(x., y_1)$
y_2	$P(x., y_2)$
$\vdots$	$\vdots$
y_j	$P(x., y_j)$
합계	1

예제 5.6

한국기업의 매출증가와 경제성장이 관계가 있다고 한다. 연간 매출증가율 X는 5%, 10%, 15%인 경우와 경제성장률 Y는 3%, 4%, 5%인 경우로 작성된 결합확률분포가 [표 5.7]에 나타나 있다.

주변확률분포는 결합확률변수 X 또는 Y의 어느 하나만의 확률분포이므로, 여기서 X의 주변확률분포는 표의 오른쪽 마지막 행에 나타나 있다. 즉, 확률변수 X가 5%인 경우의 확률 $P(X=5\%)$는 $P(X=5\%, Y=3\%)+P(X=5\%, Y=4\%)+(X=5\%, Y=5\%)=0.00+0.05+0.05=0.1$, $P(X=10\%)$는 $P(X=10\%, Y=3\%)+P(X=10\%, Y=4\%)+(X=10\%, Y=5\%)=0.15+0.15+0.20=0.5$, $P(X=15\%)$는 $P(X=15\%, Y=3\%)+P(X=15\%, Y=4\%)+(X=15\%, Y=5\%)=0.05+0.10+0.25=0.4$이 된다. 확률변수 Y의 주변확률분포는 마지막 열에 나타나 있다.

표 5.7 확률변수 X와 Y의 결합확률분포

X \ Y	3%	4%	5%	X의 주변확률
5%	0.00	0.05	0.05	0.10
10%	0.15	0.15	0.20	0.50
15%	0.05	0.10	0.25	0.40
Y의 주변확률	0.20	0.30	0.50	1.00

연간 매출증가율 X와 경제성장률 Y에 대한 각각의 기대값과 분산을 구하여라.

해답

두 확률변수 X와 Y의 각각의 기대값과 분산은 주변확률분포를 사용하여 쉽게 구할 수 있다.

$$E(X)=\sum_{i=1}^{3} x_i \cdot p(x_i, y.)=5\cdot 0.10+10\cdot 0.50+15\cdot 0.40=11.5(\%)$$

$$E(Y)=\sum_{j=1}^{3} y_j \cdot p(x., y_j)=3\cdot 0.20+4\cdot 0.30+5\cdot 0.50=4.30(\%)$$

$$V(X)=E(X^2)-[E(X)]^2=5^2\cdot 0.10+10^2\cdot 0.50+15^2\cdot 0.40-(11.5)^2=10.25(\%)$$

$$V(Y)=E(Y^2)-[E(Y)]^2=3^2\cdot 0.20+4^2\cdot 0.30+5^2\cdot 0.50-(4.30)^2=0.61(\%)$$

〈표 5.7〉로 확률변수 X와 Y가 결합된 경우의 $E(X+Y)$과 $V(X+Y)$를 구해보자. 〈표 5.8〉은 확률변수 $X+Y$의 확률분포이다.

표 5.8 $X+Y$의 확률분포

$X+Y$	$P(X=x_i, Y=y_j)$
8	0.00
9	0.05
10	0.05
13	0.15
14	0.15
15	0.20
18	0.05
19	0.10
20	0.25
합계	1.00

$E(X+Y)$는 다음과 같다.

$$\begin{aligned} E(X+Y) &= \sum\sum(x_i+y_j)\cdot p(x_i,\ y_j) \\ &= 8\cdot 0.00+9\cdot 0.05+10\cdot 0.05+13\cdot 0.15+14\cdot 0.15+15\cdot 0.20 \\ &\quad +18\cdot 0.05+19\cdot 0.1.+20\cdot 0.25 \\ &= 15.80 \end{aligned}$$

또한 $E(X+Y)$의 값은 위에서 구한 $E(X)$와 $E(Y)$을 합한 값, 즉, $E(X)+E(Y)=11.50+4.30=15.80$과 동일하게 된다.

결합확률변수의 기대값

1. $E(X+Y)=\sum\sum(x_i+y_j)\cdot p(x_i,\ y_j)=E(X)+E(Y)$
2. $E(X-Y)=\sum\sum(x_i-y_j)\cdot p(x_i,\ y_j)=E(X)-E(Y)$
3. $E(XY)=\sum\sum(x_i\cdot y_j)\cdot p(x_i,\ y_j)=E(X)\cdot E(Y)$, (단 X와 Y는 독립)

$V(X+Y)$의 값은 아래와 같이 구할 수 있으며, 여기서 $Cov(X, Y)$는 확률변수 X와 Y의 공분산으로 5.5절에서 자세히 설명하고 있다.

$$
\begin{aligned}
V(X+Y) &= E[(X+Y)^2] - [E(X+Y)]^2 \\
&= V(X) + V(Y) + 2Cov(X, Y) \\
&= 10.25 + 0.61 + 2(0.3) \\
&= 11.46
\end{aligned}
$$

5.5 공분산과 상관계수

두 개의 확률변수 간에 공통된 분포를 나타내는 분산을 공분산(covariance)이라고 한다. 즉, 두 확률변수의 관찰값이 각각의 평균으로부터 어느 정도 떨어져 있는지를 나타내므로, 두 개의 확률변수의 편차의 곱을 평균한 것이다.

정의 5.11

두 확률변수 X와 Y의 분산은 **공분산(covariance)**이라고 하고, $Cov(X, Y)$ 또는 σ_{XY}로 표현한다.

$$Cov(X, Y) = \sigma_{XY} = E[(X-\mu_x)(Y-\mu_y)] = E(XY) - E(X)E(Y)$$

공분산이 양의 값이 나오면 확률변수 X와 Y는 같은 방향으로 움직인다. 즉, X의 값이 커지면 Y의 값도 커지고, X의 값이 작아지면 Y의 값도 작아지는 경향이 있다. 공분산이 음의 값이 나오면 확률변수 X와 Y는 반대 방향으로 움직인다. 즉, X의 값이 커지면 Y의 값은 작아지고, X의 값이 작아지면 Y의 값은 커지는 경향이 있다. 이렇듯 공분산은 두 변수가 관련된 방향을 알 수 있다.

하지만 관련성 정도는 파악할 수가 없다. 왜냐하면 두 변수의 측정한 단위에 따라 그 값이 달라지기 때문이다. 예를 들면, X의 단위를 kg에서 g으로 바꾸면 공분산의 크기는 1,000배가 된다. 이러한 문제점을 해결하고자 즉, 측정 단위에 관계없이 관련성 정도를 비교하기 위해 공분산을 X와 Y의 각각의 표준

그림 5.7 확률변수 X와 Y의 공분산

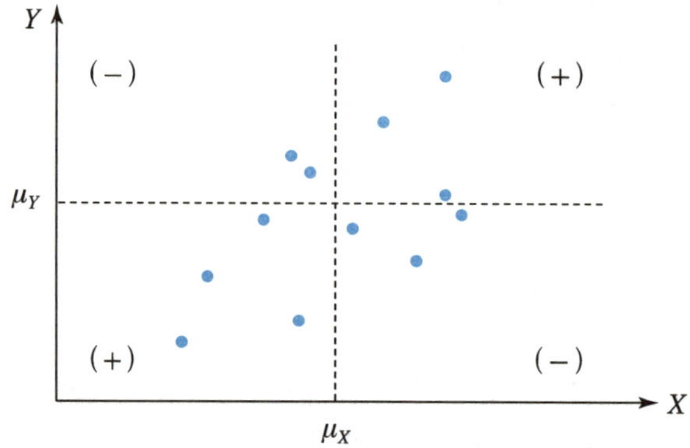

편차의 곱으로 나누어줌으로써 측정단위를 상쇄시켜 두 변수의 관련성의 정도를 파악할 수 있게 한 것을 X와 Y의 상관계수(correlation coefficient)라고 하고, 이를 $Corr(X, Y)$ 또는 ρ_{XY}라고 표시한다. 상관계수는 두 확률변수 간의 선형적인 연관성 정도를 측정하는데 많이 사용되고 있다.

정의 5.12

상관계수(correlation coefficient)는 두 확률변수 X와 Y의 선형적인 연관성 정도를 나타내며, ρ_{XY}로 표현된다.

$$\rho_{XY} = \frac{Cov(X, Y)}{\sigma_X \sigma_Y} = \frac{\sigma_{XY}}{\sigma_X \sigma_Y}$$

상관계수는 -1에서 $+1$의 값을 가지고 있으며, 부호는 두 변수 간의 방향성을 의미한다. 그리고 값이 클수록 두 변수간의 관련성이 매우 높은 것을 의미하며, 0은 두 변수는 서로 관련성이 없는 것을 의미한다. 만일 확률변수 X와 Y가 서로 독립이라면 $Cov(X, Y) = 0$이므로 $\rho_{XY} = 0$이 된다.

요약

확률변수는 이산확률변수와 연속확률변수로 구분되었다. 이 장에서는 이러한 확률변수들에 대한 특징을 확인하였으며, 각각에 대한 기대값, 분산 및 표준편차를 구하는 식을 제시하였다. 또한 두 개의 확률변수에 대한 분포인 결합확률분포의 기대값을 계산하는 식을 제시하였으며, 두 확률변수 간의 공분산 및 상관계수를 설명하였다.

연습문제

EXERCISES

5.1 다음 중 연속확률변수와 이산확률변수를 구별하고, 그 이유를 설명하라.

a. 내년도 국내에 수입하게 될 승용차의 대수
b. 한국자동차에서 개발한 에너지 절약용 신차종의 1리터당 평균 주행거리
c. 내년도 국내에 시판될 신차종들 중에서 수입차가 차지하게 될 비율(%)

5.2 다음 중 연속확률변수와 이산확률변수를 구별하여라.

a. 통계학 과제물을 마치는 데 소요된 시간
b. 올림픽 주경기장에서 열린 축구경기에 참석한 관객들의 수
c. 한국자동차에서 내년도 기계적인 결함으로 인해 무상서비스를 해준 자동차의 대수
d. 500g 용량의 설탕봉지에 실제 들어있는 내용물의 무게

5.3 3개의 동전던지기 실험을 고려하자. 앞면이 관찰된 동전의 수를 X라고 놓자.

a. 이 실험과 관련된 단순사건들을 나열하여라. 단순사건에 X값을 부여하여라.
b. 각 X값에 대하여 $P(X)$를 계산하여라.
c. X에 대한 확률분포를 그래프형태로 나타내어라.

5.4 주사위던지기 실험을 하여 관찰된 수를 X라고 놓자.

a. X의 확률분포를 구하고, 그 분포를 표의 형태로 나타내어라.
b. X에 대한 확률분포를 그래프의 형태로 나타내어라.

5.5 확률변수 X는 다음과 같은 이산확률분포를 가지고 있다.

X	$P(X)$
−1	0.15
0	0.20
1	0.25
2	0.25
3	0.15

아래의 각 해당되는 확률을 구하여라.

a. $P(X \leq 0)$ b. $P(X < 0)$ c. $P(X = 2)$

d. $P(1 \leq X \leq 3)$ e. $P(X \leq 3)$ f. $P(X > 0)$

5.6 어떤 중소건설업자가 내년 봄에 짓도록 예상되는 방 4개짜리 주택건설사업에 관한 확률분포는 다음표와 같다고 믿고 있다.

시장수요		시장수요	
X=주택의 수	$P(X)$	X=주택의 수	$P(X)$
0	0.01	6	0.18
1	0.02	7	0.24
2	0.05	8	0.10
3	0.08	9	0.05
4	0.10	10	0.02
5	0.15		

a. 확률분포를 그래프형태로 나타내어라.

b. 이 건설업자의 예측에 의하면, 그가 내년 봄에 주택을 5채 이상 짓도록 요청되지 않을 확률은 얼마인가?

c. 8채 이상 짓게 될 확률은?

5.7 확률변수 X에 대한 확률 분포가 다음과 같다.

X	$P(X)$
−2	0.05
−1	0.15
0	0.20
1	0.25
2	0.35

a. μ를 구하라.

b. $P(X)$의 그래프를 그리고, 그래프상에 μ의 위치를 찾아라.

5.8 확률변수 X에 대한 확률분포가 아래와 같이 주어져 있다.

X	P(X)
0.1	0.05
0.2	0.20
0.3	0.35
0.4	0.25
0.5	0.15

a. μ, σ^2과 σ를 구하여라.

b. $P(X)$의 그래프를 그려라.

c. 그래프상에 구간 $\mu \pm \sigma$를 나타내어라. X가 구간 $\mu \pm \sigma$내에 해당될 확률은 얼마일까?

d. 그래프상에 구간 $\mu \pm 3\sigma$를 나타내어라. X가 이 구간 내에 해당될 확률은 얼마인가?

5.9 어떤 주식시장분석가는 한국주식회사의 주가가 다음날 객장이 끝날 때까지 증가할 확률은 0.6이며, 감소할 확률은 0.2이고, 또한 오늘의 주가와 같게 될 확률은 0.2라고 믿는다. 한국㈜의 주가가 변동한다면, 그 변동폭은 정확히 2,000원이라고 가정하자.

a. 이 분석가의 가정에 따르면, 다음날 객장이 끝날 때 한국㈜의 주가의 예상되는 변동가격은 얼마인가?

b. 다음날 객장이 끝날 때에 한국㈜의 주가변동은 실제로 예상되는 기대값과 같을 수 있겠는가? 설명하시오.

제 6 장

이산확률분포

6.1 이항분포

경제·경영에 대한 자료원은 종종 여론조사 또는 선호도 조사의 결과이다. 이러한 조사활동의 대부분은 두 갈래의 반응들 — 즉 예 또는 아니오와 같은 두 가지 가능한 대안들 중 하나를 받아들이는 반응들 — 로 결론이 난다. 긍정적(YES) 반응들의 수(또는 부정적(NO) 반응들의 수)는 보통 이항분포(binomial distribution)를 이룬다. 예컨대, 어떤 특정 상품에 대한 잠재적 고객들로부터 무작위로 표본이 추출된다고 가정하자. 그 표본 내에서 경쟁회사의 상품보다 자사 상품을 선호하는 고객들의 수는 이항분포를 가진 확률변수이다. 하나의 동전을 n번 던지는 것과 동일한 실험을 상상하여 보자. 비록 그 동전이 균형 잡히지 않았을지라도, n번 던지는 중에서 앞면이 관찰되는 횟수(X)에 관심을 갖게 된다. 그러한 실험에서 X는 이항확률변수(binomial random variable)이다. 일반적으로 어떤 이산확률변수가 이항분포를 가지고 있는지 여부를 결정하려면, 아래에 열거된 특징들과 검토하여 보아라.

이항확률변수의 특징

1. 시행은 n개의 동일한 시행들로 구성된다.
2. 각 시행에 따라 오로지 두 가지 가능한 결과들이 있다.
   하나의 결과를 S(성공이라는 뜻으로) 그리고 다른 결과를 F(실패라는 뜻으로)로 나타낸다.
3. S의 확률은 매 시행마다 항상 같다. 이러한 확률은 p로 나타내며 그리고 F의 확률은 q로 나타낸다. $p+q=1$이 됨을 명심하라.
4. 시행들은 독립적이다.
5. 이항확률변수 X는 n번의 시행 중에서 S(성공)를 관찰하게 되는 횟수이다.

예제 6.1

다음 사례들에 대해서, X가 이항확률변수인지 여부를 결정하라.

a. 어떤 신제품을 대규모로 판매하기 전에, 많은 회사들은 과연 그 제품이 성공적일 것인지를 결정하기 위하여 고객들에 대한 선호도 조사를 실시한다. 가령 어떤 음료수 제조회사가 새로운 다이어트 소다수(水)를 개발하고 나서 무작위로 선정된 100명의 고객들에게 자사의 새로운 소다수와 다른 회사의 가장 잘 팔리는 두 가지 음료수들간에 어느 것을 더 좋아하는지를 묻는 맛-선호도 조사를 실시한다고 가정하자. 여기서 100명 중에서 X는 다른 회사의 음료수들보다 새로운 상표를 선택하는 고객의 수이다.

b. 어떤 텔레비전 케이블 회사가 어느 특정 도시에 출장소의 설치 여부를 검토하고 있다고 가정하자. 이 회사는 그 도시 내에 케이블TV 서비스를 사용하게 될 세대의 비율을 결정하기 위한 조사를 실시하려고 한다. 표본조사방법은 임의로 도시의 한 구획을 선정하여서 그 구획 내의 모든 세대를 조사하는 것이다. 이러한 표본추출방법을 집락표본추출(cluster sampling)이라고 불린다. 가령 열 군데의 구획들이 이와 같이 선정되어 모두 124세대로부터 반응을 얻었다고 하자. X는 124세대 중에서 케이블TV 서비스를 사용할 세대수로 놓는다.

해답

a. 두 갈래의 반응을 초래하며 무작위표본추출방법(random sampling)을 사용하는 조사들은 이항실험의 전통적인 사례들이다. 이 사례에서, 무작위로 선정된 각각의 고객은 새로운 다이어트 소다수를 선호하거나 선호하지 않거나 둘 중의 하나이다. 100명의 고객이라는 표본은 잠재적 고객들 전체에 비하여 대단히 적은 부분이므로, 어느 한 고객의 반응은 실제로 다른 고객의 반응과 서로 독립적이다. 따라서 X는 이항확률변수이다.

b. 이 예제는 두 갈래의 반응들(케이블TV 서비스에 대한 긍정(YES) 또는 부정(NO) 반응)에 관한 조사이지만, 표본추출방법이 단순무작위추출이 아니다. 또한, 독립시행이라는 이항확률변수의 특징이 만족될 수 없을지도 모른다. 어떤 특정 구획 내의 세대들의 반응들은 거의 확실하게 상호의존적일 터인데, 왜냐하면 구획 내의 세대들은 소득 그리고 일반적인 홍미에 관하여 비슷한 경향이기 때문이다. 따라서 집락표본추출방법이 사용된다면, X에 대한 이항확률모형은 만족스럽지 못할 것이다.

이항확률변수에 대한 확률분포는 다음과 같은 식의 형태로 나타낼 수 있다.

이항분포

$$P(X) = \binom{n}{x} p^x q^{n-x} \qquad (x = 0,\ 1,\ 2,\ \cdots,\ n)$$

여기서, p = 어떤 단독시행에서 성공할 확률
$q = 1 - p$
n = 시행의 수
x = n번 시행에서 성공(S)의 수

이항확률변수에 대한 평균, 분산과 표준편차는 다음과 같다.

이항확률변수에 대한 평균, 분산, 그리고 표준편차

평 균: $\mu = np$
분 산: $\sigma^2 = npq$
표준편차: $\sigma = \sqrt{npq}$

제 3 장에서 논증되었듯이, 평균과 표준편차는 각각 어떤 분포의 중심화 경향과 변동의 척도가 된다. 따라서 평균(μ)과 표준편차(σ)를 사용하여 확률분포의 개략적인 구상을 할 수 있다.

예제 6.2

자동차 엔진의 부속품을 생산하는 기계가 잘못되어 10%의 불량품을 내고 있다. 그 기계로부터 불량부품과 양질의 부품들은 무작위로 발생한다. 만약 다섯 개의 부속품들이 무작위로 추출된다면, 이들 중 세 개가 불량이 될 확률을 구하라.

해답

5번의 시행($n=5$)에서 불량부품의 수를 X라고 두자. 그러면 X는 하나의 부속품이 불량이 될 확률(P)는 0.1이며, $q=1-p=1-0.1=0.9$인 이항확률변수이다.

X에 대한 확률분포는 다음 표현으로 주어진다.

$$P(X)=\binom{n}{x}p^x q^{n-x}=\binom{5}{x}(0.1)^x(0.9)^{5-x}$$
$$=\frac{5!}{x!(5-x)!}(0.1)^x(0.9)^{5-x} \qquad (X=0,\ 1,\ 2,\ 3,\ 4,\ 5)$$

$n=5$인 표본 내에서 세 개의 불량품($X=3$)을 관찰하게 될 확률을 구한다. $P(X)$에 관한 식에서 x 대신 3으로 대입하면,

$$P(3)=\frac{5!}{3!(5-3)!}(0.1)^3(0.9)^{5-3}=\frac{5!}{3!2!}(0.1)^3(0.9)^2$$
$$=0.0081$$

이 된다.

예제 6.3

예제 6.2와 관련하여, $P(0)$, $P(1)$, $P(2)$, $P(4)$ 그리고 $P(5)$의 값들을 구하라. 그리고 $P(X)$를 그래프로 나타내어라. 평균값(μ)과 표준편차(σ)를 계산하여라. μ와 구간 $[\mu-2\sigma,\ \mu+2\sigma]$을 그래프상에 나타내어라. 만약 실험이 수없이 반복되어 계속된다면 관찰값들이 어느 정도 구간 $[\mu-2\sigma,\ \mu+2\sigma]$ 내에 해당되겠는가?

해답

$n=5$, $p=0.1$ 그리고 $q=0.9$를 $P(X)$의 식에 대입하여 풀면,

$$P(0)=\frac{5!}{0!(5-0)!}(0.1)^0(0.9)^{5-0}=0.59049$$

$$P(1)=\frac{5!}{1!(5-1)!}(0.1)^1(0.9)^{5-1}=0.32805$$

$$P(2)=\frac{5!}{2!(5-2)!}(0.1)^2(0.9)^{5-2}=0.07290$$

$$P(4)=\frac{5!}{4!(5-4)!}(0.1)^4(0.9)^{5-4}=0.00045$$

그림 6.1 **$n=5$, $p=0.1$**인 이항분포

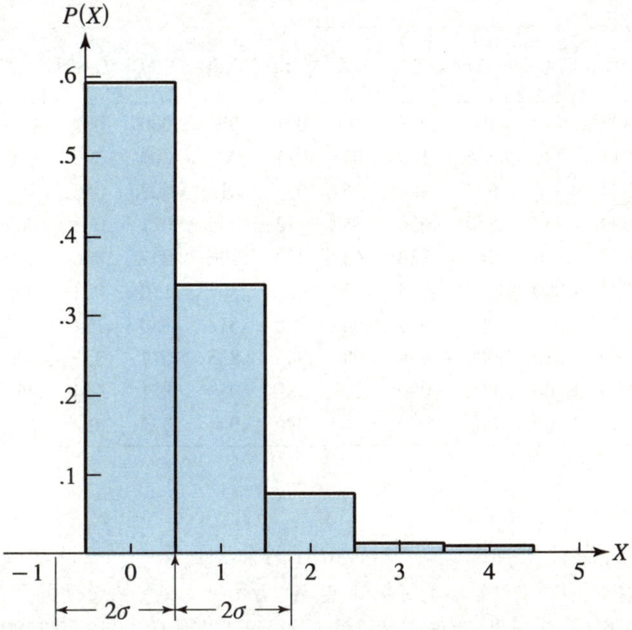

$$P(5)=\frac{5!}{5!(5-5)!}(0.1)^5(0.9)^{5-5}=0.00001$$

$P(X)$의 그래프는 [그림 6.1]에 확률 히스토그램으로서 나타나 있다($P(3)$은 예제 6.2로부터 0.0081이 된다).

μ와 σ값을 계산하기 위하여 다음 식에서 $n=5$와 $p=0.1$을 대입하면

$$\mu=np=(5)(0.1)=0.5$$
$$\sigma=\sqrt{npq}=\sqrt{5(0.1)(0.9)}=\sqrt{0.45}=0.67$$

이 된다.

구간 $[\mu-2\sigma,\ \mu+2\sigma]$를 구하기 위하여,

$$\mu-2\sigma=0.5-2(0.67)=-0.84$$
$$\mu+2\sigma=0.5+2(0.67)=1.84$$

표 6.1 부록, 표 Ⅱ의 일부분

f. $n=10$

k \ p	0.01	0.05	0.10	0.20	0.30	0.40	0.50	0.60	0.70	0.80	0.90	0.95	0.99
0	.904	.599	.349	.107	.028	.006	.001	.000	.000	.000	.000	.000	.000
1	.996	.914	.736	.376	.149	.046	.011	.002	.000	.000	.000	.000	.000
2	1.000	.988	.930	.678	.383	.167	.055	.012	.002	.000	.000	.000	.000
3	1.000	.999	.987	.879	.650	.382	.172	.055	.011	.001	.000	.000	.000
4	1.000	1.000	.998	. 967	.850	.633	.377	.166	.047	.006	.000	.000	.000
5	1.000	1.000	1.000	.994	.953	.834	.623	.367	.150	.033	.002	.000	.000
6	1.000	1.000	1.000	.999	.989	.945	.828	.618	.350	.121	.013	.001	.000
7	1.000	1.000	1.000	1.000	.998	.988	.945	.833	.617	.322	.070	.012	.000
8	1.000	1.000	1.000	1.000	1.000	.998	.989	.954	.851	.624	.264	.086	.004
9	1.000	1.000	1.000	1.000	1.000	1.000	.999	.994	.972	.893	.651	.401	.096

가 된다.

만약 실험이 수없이 반복적으로 계속된다면, 관찰값들 중 어떤 비율만큼 구간 $[\mu-2\sigma,\ \mu+2\sigma]$ 내에 들겠는가? [그림 6.1]로부터 알 수 있듯이, 모든 관찰값들은 그 구간 내에서 0 또는 1에 해당한다. 이러한 값들에 해당하는 확률은 각각 0.5905와 0.3280이다. 결과적으로, 관찰값들의 약 91.9%(즉 $0.5905+0.3280=0.9185$) 가량이 구간 $[\mu-2\sigma,\ \mu+2\sigma]$ 내에 해당된다고 예상할 수 있다. 대부분의 확률분포에서, 관찰값들이 평균값(μ)으로부터 표준편차의 2배 밖에 해당되는 경우는 드물다는 것이 다시 한번 이 사례를 통하여 강조되었다. n의 값이 클 때, 모든 이항확률들을 계산한다는 것은 지루한 일이다. 부록의 표 Ⅱ를 사용하면 이러한 계산을 피할 수 있다. 〈표 6.1〉는 그 표의 일부를 나타낸다. 어떤 구체적인 X의 값에 해당되는 확률보다는 이항확률값의 합들을 더 많이 사용하기 때문에, 부록의 표 Ⅱ의 값들은 다음과 같이 누적된 합들이다.

$$P(X \le k) = P(0) + P(1) + P(2) + \cdots + P(k)$$

여기서 k의 값들은 0, 1, 2, ⋯, $(n-1)$이다.

$k=n$에서의 모든 값들은 1이 되기($[P(X \le n-1)]$) 때문에, 이항분포표에서 이 행은 제외된다.

〈표 6.1〉에서 부록의 표 Ⅱ의 일부분은 10번 시행($n=10$)에 해당한다. $n=10$ 그리고 $p=0.1$에 대한 $P(X \le 2)$를 구하기 위하여, $p=0.1$에 해당하는 열과 $k=2$에 해당하는 행의 교차점을 찾는다. 기록된 값은 $P(X \le 2)=0.930$이다.

또한 부록의 표 Ⅱ를 사용하여 X의 구체적인 값과 관련된 확률을 구할 수 있다. 표에서의 값들은 $X=0$에서부터 $X=k$까지의 이항확률의 합이라는 것을 기억하기 바란다. 그러므로 $n=10$ 그리고 $p=0.1$에 대하여 X가 정확히 2인 확률을 찾기 위하여, 표 Ⅱ의 $p=0.1$에 해당하는 열에서 두 번째 행의 값으로부터 첫 번째 행의 값을 빼준다. 즉,

$$P(2) = \sum_{x=0}^{2} P(x) - \sum_{x=0}^{1} P(x)$$
$$= 0.930 - 0.736 = 0.194$$

이다.

예제 6.4

어떤 대기업에서 20명의 종업원에게 여론조사를 실시하였다고 가정하자. 그 조사의 목적은 노동조합으로의 조직화를 찬성하는 종업원의 수(X)를 결정하는 데 있다. 회사의 모든 종업원들의 60%는 노동조합으로의 조직화를 찬성한다고 가정하자.

a. X의 평균 및 표준편차를 구하라.
b. $X < 10$인 확률을 구하라.
c. $X > 12$인 확률을 구하라.
d. $X = 11$인 확률을 구하라.

해답

a. 여론조사에 응한 종업원의 수는 이 회사의 전체종업원 숫자에 비하여 적다. 따라서 20명 중에서 노동조합으로의 조직화를 찬성하는 종업원의 수 X는 이항확률변수이다. p의 값은 총 종업원들 중에서 노동조합에 찬성하는 비율, 즉 0.6($p=0.6$)이다. 그러므로 평균과 분산은

$$\mu = np = 20(0.6) = 12$$
$$\sigma^2 = npq = 20(0.6)(0.4) = 4.8$$

로 된다. 표준편차는

$$\sigma = \sqrt{4.8} = 2.19$$

그림 6.2 예제 6.4에서 $n=20$, $p=0.6$인 경우의 X에 대한 이항확률분포

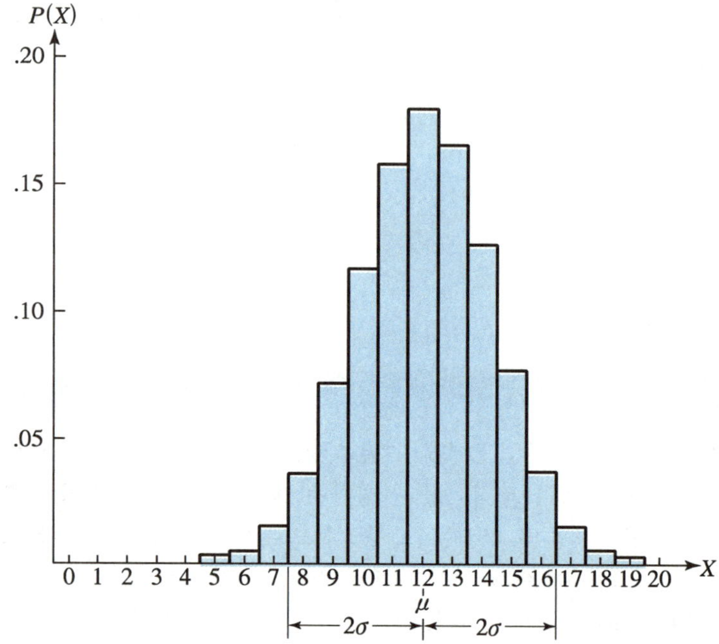

이다.

b. 부록의 표 Ⅱ를 참조하면

$$P(X \leq 9) = 0.128$$

이다.

c. $P(X>12)=\sum_{x=13}^{20} P(x)$ 인 확률을 구하기 위하여 모든 확률분포에 대한 특징, 즉 $\sum_{\text{모든 } x} P(x) = 1$을 사용한다.

그러므로

$$P(X>12) = 1 - P(X \leq 12) = 1 - \sum_{x=0}^{12} P(x)$$

이다. 부록의 표 Ⅱ를 참조하여, $k=12$인 행, $p=0.6$인 열의 교차점에 있는 값을 찾으면 0.584가 된다.

따라서 $P(X>12)=1-0.584=0.416$이다.

d. 정확히 11명의 종업원들이 노동조합으로의 조직화를 찬성하게 될 확률을 구하기 위하여, 다음 관계식을 사용한다.

$$P(X=11)=[P(0)+P(1)+P(2)+\cdots+P(10)+P(11)]-[P(0)+P(1)+P(2)+\cdots+P(9)+P(10)]=P(X\leq 11)-P(X\leq 10)$$

그러면

$$P(X=11)=0.404-0.245=0.159$$

이다. 이 예제에서 X에 대한 확률분포는 [그림 6.2]에 나타나 있다. 구간 $\mu\pm 2\sigma$는 [7.62, 16.38]이 됨을 주시하기 바란다.

6.2 포아송분포

어떤 특정한 기간 또는 어느 특정 지역에서 발생하는 사건들의 수를 묘사하는 데 유용한 확률분포의 형태는 포아송분포(Poisson distribution: 이 분포는 18세기 물리학자이며 수학자인 Siméon Poisson의 이름을 따라 명명됨)이다. 포아송분포로 잘 묘사될 수 있는 확률변수들의 전형적인 예들은 다음과 같다.

(1) 어떤 공장의 안전감독관에 의하여 관찰된 특정한 제조공장에서의 월별 산업재해의 수
(2) 어떤 신(新)차종에서 품질검사원들에 의하여 발견된 표면상에 눈에 띄는 흠집의 수
(3) 어떤 회사의 회계기록 중에서 100매의 송장(또는 1,000매의 송장 등)당 발견된 계산상의 실수의 개수
(4) 어떤 서비스 카운터(주유소, 병원, 슈퍼마켓의 지불 카운터 등)에서 단위시간당 도착하는 고객들의 수
(5) 어떤 보험회사에 매일매일 접수된 사망보험지불청구의 수

(6) 어떤 컴퓨터의 월별 고장횟수

포아송 확률변수의 특징들은 보통 실제 사례들에 대하여 입증하기에 오히려 어렵다. 위에 열거된 예들은 그러한 특징들을 잘 충족시키고 있어서 포아송 분포는 많은 경우에 좋은 모형을 마련한다.

포아송 확률변수의 특징

1. 이 실험은 어떤 주어진 단위시간, 어떤 주어진 면적 또는 부피(무게, 거리 또는 다른 특정 단위) 내에서 특정 사건이 발생하는 횟수를 세는 것으로 구성된다.
2. 어떤 주어진 단위시간, 면적 또는 부피 내에서 특정 사건이 발생하는 확률은 모든 (구성)단위들에 대해서 동일하다.
3. 어느 한 단위시간, 면적 또는 부피 내에서 발생하는 사건들의 수는 다른 단위들에서 발생하는 수와 서로 독립적이다.
4. 각 단위 내에서 사건들의 평균(또는 기대값)은 그리스 문자 λ로 나타낸다.

모든 확률모형들에서 그렇듯이, 포아송모형의 적합성에 관한 실제 시험은 이 모형이 현실에 알맞는 근사치를 마련할 수 있는지 여부 — 즉 경험적인 자료가 포아송모형을 옹호하는지 여부 — 에 달려 있다.

부록의 표 Ⅳ에서 여러 가지의 λ값에 대한 $e^{-\lambda}$의 값을 찾을 수 있다. 이 값들은 포아송 확률을 계산하는 데 도움이 된다.

포아송 확률변수에 대한 확률분포는 다음과 같은 식의 형태로 나타낼 수 있다.

포아송분포

$$P(X)=\frac{\lambda^x e^{-\lambda}}{x!} \qquad (x=0,\ 1,\ 2,\ \cdots)$$

여기서, λ=주어진 기간 동안에 발생한 사건들의 평균

$e=2.71818\cdots$

포아송확률변수에 대한 평균, 분산과 표준편차는 다음과 같다.

포아송확률변수에 대한 평균, 분산 그리고 표준편차

평균: $\mu = \lambda$

분산: $\sigma^2 = \lambda$

표준편차: $\sigma = \lambda$

예제 6.5

어떤 회사에서 월요일에 결근하는 종업원들의 수(X)는 개략적으로 포아송 분포를 이룬다고 가정하자. 그리고, 월요일 결근자의 평균은 2.5이라고 가정한다.

a. 월요일에 결근하는 종업원의 수(X)의 평균 및 표준편차를 구하라.

b. 어떤 특정 월요일에 정확히 5명의 종업원들이 결근할 확률을 구하라.

c. 월요일에 2명 이상의 종업원들이 결근할 확률을 구하라.

해답

a. 포아송 확률변수의 평균과 분산은 둘 다 λ와 같다. 따라서 이 사례에서

$$\mu = \lambda = 2.5 \qquad \sigma^2 = \lambda = 2.5$$

이다. 그러면 표준편차는

$$\sigma = \sqrt{2.5} = 1.58$$

이다.

b. X에 대한 확률분포는 다음과 같다.

$$P(X) = \frac{\lambda^x e^{-\lambda}}{x!}$$

그러면

$$\lambda = 2.5,\ X = 5 \text{ 그리고 } e^{-0.25} = 0.082085(\text{부록의 표 IV참조})$$

이므로,

그림 6.3 예제 6.5의 X에 대한 포아송분포

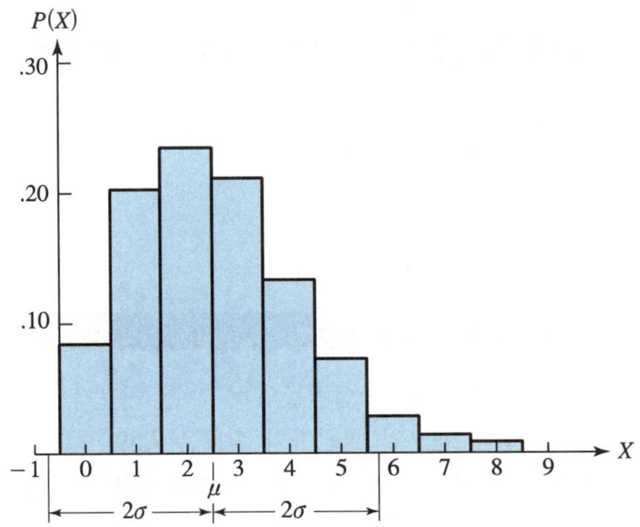

$$P(5) = \frac{(2.5)^5 e^{-2.5}}{5!} = 0.067$$

이다.

c. 월요일에 2명 이상 결근할 확률을 구하기 위하여 다음을 계산한다.

$$P(X \geq 2) = P(2) + P(3) + P(4) + \cdots = \sum_{x=2}^{\infty} P(x)$$

이러한 사건의 확률을 구하는 손쉬운 방법은 그 여사상을 사용하는 것이다. 따라서

$$\begin{aligned} P(X \geq 2) &= 1 - P(X \leq 1) = 1 - [P(0) + P(1)] \\ &= 1 - \frac{(2.5)^0 e^{-2.5}}{0!} - \frac{(2.5)^1 e^{-2.5}}{1!} \\ &= 1 - \frac{1(0.082085)}{1} - \frac{2.5(0.082085)}{1} \\ &= 1 - 0.287 \\ &= 0.713 \end{aligned}$$

포아송모형에 따르면 2명 이상의 종업원들이 월요일에 결근할 확률은 0.713이다.

이 예제의 X에 대한 확률분포는 0에서 9 사이의 X의 값에 대하여 [그림 6.3]에 나타나 있다. 평균값 $\mu=2.5$ 그리고 구간 $\mu\pm2\sigma$, 즉 $[-0.7,\ 5.7]$가 표시되어 있다.

6.3 초기하분포

초기하분포(Hypergeometric distribution)의 특징들은 아래와 같이 열거할 수 있다.

초기하 확률변수의 특징

1. 이 실험은 M개의 요소로 구성된 집합으로부터 복원없이(without replacement) n 개를 무작위로 추출하는 것으로 구성된다. M개의 구성요소들 중에는 k개의 S (Success: 즉 성공)들과 $(M-k)$개의 F(Failure: 즉 실패)들이 있다.
2. 초기하 확률변수 X는 n개의 추출에서 S(성공)의 개수이다.

초기하분포 및 이항분포의 특징들에서 각 시행은 두 가지 결과들 중의 하나로 귀착된다는 전제조건이 필요하다는 것을 명심하기 바란다. 이들 확률변수들 간의 기본적인 차이점은 초기하(hypergeometric) 시행들은 서로 의존적인 반면에, 이항(binomial) 시행들은 서로 독립적이라는 것이다. 시행들이 의존적이라는 의미는 S(또는 F)의 확률이 선행하는 시행들에서 발생한 결과에 좌우된다는 의미이다.

시행간의 의존성을 예시하기 위하여, 첫 번째 시행에서 S가 추출될 확률은 k/M이 됨을 주목하기 바란다. 그러면, 두 번째 시행에서 S를 추출할 확률은 첫 번째 시행의 결과에 의존한다. 그것은 첫 번째 시행이 S 또는 F이었는지의 여부에 따라 $(k-1)/(M-1)$ 또는 $k/(M-1)$가 된다. 결과적으로, 시행들의 결과는 종속사건들을 나타낸다.

예를 들어, 총 6명의 남자와 4명의 여자로부터 3명의 지원자를 무작위로 뽑는데, 여기에 포함된 여자의 숫자를 X로 정의하자. 이 확률변수는 $M=10$ 그리고 $n=3$인 초기하 확률변수의 특징들을 만족시킨다. 각 시행의 가능한 결과들은 여자지원자의 선발(S) 또는 남자의 선발(F)이 된다.

초기하확률변수에 대한 확률분포는 다음과 같은 식의 형태로 나타낼 수 있다.

초기하분포

$$P(X)=\frac{\binom{k}{x}\binom{M-k}{n-x}}{\binom{M}{n}} \qquad x=\text{Max}[0,\ n-(M-k),\ \cdots,\ \text{Min}(k,\ n)]$$

여기서, M=구성요소들의 총 숫자

k=M개의 구성요소들 중 S의 수

n=추출된 개수

x=추출된 n개의 구성요소 내에 S의 수

초기하확률변수에 대한 평균, 분산과 표준편차는 다음과 같다.

초기하 확률변수에 대한 평균, 분산 그리고 표준편차

평균: $\mu=n\cdot\frac{k}{M}$

분산: $\sigma^2=n\cdot\frac{k}{M}\cdot\left(1-\frac{k}{M}\right)\cdot\left(\frac{M-n}{M-1}\right)$

표준편차: $\sigma=\sqrt{n\cdot\left(\frac{k}{M}\right)\cdot\left(1-\frac{k}{M}\right)\cdot\left(\frac{M-n}{M-1}\right)}$

예제 6.6

위에서 언급된 대로, 어떤 고용주가 6명의 남자와 4명의 여자로 구성된 총 10명의 지원자들로부터 새로이 3명의 종업원을 선발한다고 가정하자. X를 고용된 여자종업원의 수라고 하자.

a. X의 평균과 표준편차를 구하라.

b. 여자지원자가 전혀 고용되지 않을 확률을 구하라.

해답

a. X는 $M=10$, $n=3$ 그리고 $k=4$인 초기하 확률변수이므로 평균과 분산은

$$\mu = n \cdot \frac{k}{M} = 3 \cdot \frac{4}{10} = 1.2$$

$$\sigma^2 = n \cdot \frac{k}{M} \cdot \left(1 - \frac{k}{M}\right) \cdot \frac{M-n}{M-1} = 3 \cdot \frac{4}{10} \cdot \left(1 - \frac{4}{10}\right) = 0.56$$

이다. 표준편차는

$$\sigma = \sqrt{0.56} \fallingdotseq 0.75$$

가 된다.

그림 6.4 예제 6.6의 X에 대한 확률분포

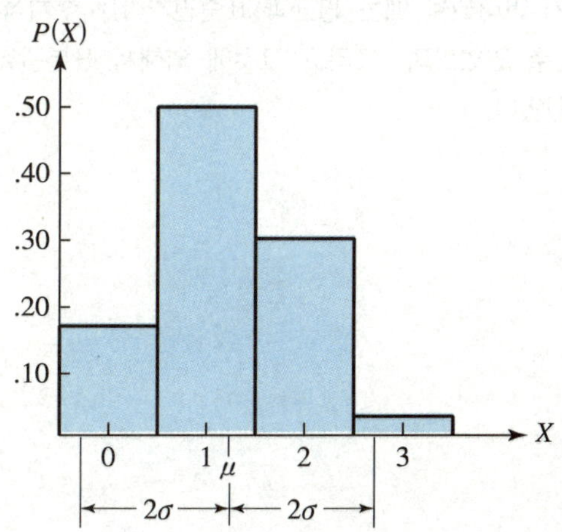

b. 선발과정이 무작위(random)에 의한다고 가정하고 고용주에 의해 전혀 여자지원자가 고용되지 않을 확률은

$$P(X=0)=P(0)=\frac{\binom{4}{0}\binom{10-4}{3-0}}{\binom{10}{3}}=\frac{1}{6}$$

이 예제의 X에 대한 확률분포는 [그림 6.4]에 나타나 있다. 평균 $\mu=1.2$와 구간 $\mu\pm2\sigma=[-0.3,\ 2.7]$은 그래프상에 표시되어 있다. 만약 이 확률변수가 수없이 반복적으로 관찰된다면, X값의 대부분은 구간 $\mu\pm2\sigma$ 내에 해당할 것이다.

요약

경제 · 경영세계에 있어서, 이산확률변수들로 취해지는 관찰값들은 종종 이항확률변수, 포아송확률변수, 또는 초기하확률변수의 특징들을 지닌다. 이 장에서는 이러한 확률변수들에 대한 특징을 확인하였으며, 해당 확률모형들에 적합한 경제 · 경영자료들을 지적하였고 또한 각각의 확률분포, 평균 및 분산을 구하는 식을 제시하였다.

확률변수에 대한 확률분포를 사용하여, 특정한 표본관찰결과에 대한 확률을 계산할 수 있었다. 확률을 계산하기 어려웠을 때는 평균과 표준편차라는 수치적 척도에 의하여 확률분포를 구상화(具象化)할 수 있었으며, 그리고 그것에 의해서 표본관찰결과에 관한 개략적인 확률적 설명을 할 수 있었다.

연습문제

EXERCISES

6.1 X가 이항확률변수일 때, 다음 각 경우에 대한 $P(X)$를 계산하라.

a. $n=6,\ X=2,\ p=0.4$

b. $n=4,\ X=3,\ q=0.8$

c. $n=2,\ X=0,\ p=0.2$

6.2 X가 이항확률변수($n=5$, 그리고 $p=0.5$)일 때

a. $P(X)$를 표의 형태로 나타내어라

b. X에 대한 평균과 분산을 계산하여라.

c. $P(X)$의 그래프를 그리고, 그래프상에 $E(X)$와 구간 $\mu \pm 2\sigma$를 나타내어라.

d. X가 구간 $\mu \pm 2\sigma$ 내에 있게 될 확률은 얼마인가?

6.3 X가 이항확률변수($n=15$, 그리고 $p=0.2$)일 때, 부록에 있는 표 II를 사용하여 다음 확률을 구하라.

a. $P(X \le 1)$ b. $P(X \ge 5)$ c. $P(X \le 13)$

d. $P(X < 10)$ e. $P(X > 10)$ f. $P(X = 10)$

6.4 어떤 자동차 제조업자는 1990년도 소형차에 설치된 모든 휘발유탱크의 30%는 불량품이라고 단정하였다.

a. 그 소형차종을 15대 다시 불러들였을 때, 15대 중 11대 이상이 새로운 휘발유탱크를 필요로 할 확률은 얼마인가?

b. 10,000대가 소환된다면, 이중 모두가 새로운 휘발유탱크를 필요하게 될 확률은 얼마인가? 식을 세우고, 계산을 하지 않아도 된다.

c. a와 b를 풀 때, 어떠한 가정들이 필요한가?

6.5 제조업자에게 가장 큰 관심사 중의 하나는 제품의 품질보증기간 내에 발생하는

수리비용과 교체비용이다. 가령 구매된 휴대용 전자계산기들 중에 10%가 품질보증 기간 내에 수리를 위하여 반품된다고 하자. 만약 어떤 기업이 영업사원들을 위하여 25개의 휴대용 계산기들을 구매하였다면, 이 계산기들 중에 5개에 이상이 품질보증 기간 내에 수리 받게될 확률은 얼마인가?

6.6 평균치 3(즉, $\mu=3$)인 포아송 확률분포로 잘 설명될 수 있는 확률변수 X를 고려하자.

a. $X=0, 1, 2, \cdots, 9, 10$에 대한 $P(X)$의 그래프를 그려라.
b. X에 대한 평균(μ)과 표준편차(σ)를 구하고, 그래프상에 μ와 구간 $\mu\pm2\sigma$의 위치를 나타내어라.
c. X가 구간 $\mu\pm2\sigma$ 내에 해당될 확률은 얼마인가?

6.7 확률변수 X는 평균치가 5인 포아송분포로 나타낼 수 있다고 한다. 다음 X의 값들 중 평균으로부터 2배의 표준편차 내에 있지 않은 것은?

a. 1　　b. 5　　c. 11
d. 2　　e. 14　　f. 7

6.8 경기도 지역에서 매달 도산되고 있는 중소기업의 수는 개략적으로 평균치가 6.5인 포아송분포를 이룬다고 한다.

a. 다음 달에 적어도 5개의 중소기업체가 도산될 확률을 구하여라.
b. 다음 달에 정확하게 4개의 중소기업체가 도산될 확률은 얼마인가?

6.9 대규모 제조공장의 안전감독관은 매월 산재의 평균발생건수가 3.4건이라고 믿고 있다. 다음 달에 정확하게 2건의 산재가 발생할 확률은 얼마인가? 3건 이상의 산재가 발생할 확률은? 이 문제를 풀기 위하여 어떠한 가정들이 필요한가?

6.10 X가 초기하 확률변수라고 할 때, 다음 각 경우에 대한 $P(X)$를 계산하라.

a. $N=5,\ n=3,\ r=4,\ X=1$　　b. $N=10,\ n=5,\ r=3,\ X=3$
c. $N=3,\ n=2,\ r=2,\ X=3$　　d. $N=4,\ n=2,\ r=2,\ X=0$

6.11 불량교류발전기가 잘못하여 트럭의 엔진조립라인에 투입되어서 6대의 엔진 중에 3대에 장착되었다. 어느 엔진에 불량교류발전기가 장착되어 있는지를 모른다고 하자. 6대의 엔진 중에서 무작위로 3대를 추출한다면, 각 엔진에 불량교류발전기가 장착되어 있을 확률은 얼마인가? 추출된 3대 엔진 모두가 양품의 교류발전기를 갖고 있을 확률은? 3대 중 2대 이상이 불량교류발전기를 갖고 있을 확률은?

6.12 한국주식회사의 종업원은 회사채에 1백만원을 투자할 수 있는 선택권이 부여된다. 1년 뒤에, 그 종업원은 회사의 이윤에 따라 결정되는 가격으로 구입한 회사채를 회사에 다시 팔 수 있는 선택권을 가진다고 한다. 과거의 경험에 비추어, 한국주식회사는 다음과 같은 가격 및 관련된 확률로 회사채를 되살 수 있으리라고 예측한다 (X = 회사채에 지불한 가격).

X (단위: 천원)	$P(X)$
0	0.01
500	0.22
1,000	0.30
1,500	0.22
2,000	0.25

a. 1백만원을 투자한 종업원이 1년 뒤에 백만원 이하를 받게 될 확률은 얼마인가?
b. 1년 뒤에 회사채의 기대값은 얼마일까?
c. 종업원의 기대수익은 얼마가 될까?

6.13 경부고속도로 순찰대는 고속도로변의 경찰서 연락용 비상전화로부터 도움을 청하는 6건 중에 한 건은 장난전화라고 단정하고 있다. 도움을 청하기 위하여 걸려온 5건의 전화에 응하여 5대의 견인트럭이 급파되었다. 5건 중에 한 건도 장난전화가 아닐 확률은 얼마인가? 전화를 건 사람들 중에 단지 세 사람만 도움이 필요할 확률은? 이 문제를 풀기 위하여 필요한 가정은?

6.14 문제 6.13을 참조하라. 고속도로 순찰대가 다음 해에 도움을 청하는 비상전화를 10,000건 받게 된다면, 장난전화로 인하여 약 얼마 정도의 재정적인 낭비가 발생하겠는가?(단, 비상전화에 응하여 견인트럭을 급파하는 데 드는 제반비용은 건당 20,000원이라고 추산됨)

6.15 문제 6.16을 참조하라. 고속도로 순찰대는 도움을 청하는 비상전화의 시간당 평균 호출건수가 1.1건이라고 판단내린다. 다음 1시간 내에 3건 이상의 호출건수가 발생할 확률은 얼마인가? 정확하게 3건의 비상전화가 접수될 확률은?

6.16 사무용품 도매상은 하루에 평균 2.5대의 타이프라이터가 판매된다고 예측한다. 만약 어느 날 영업시간이 끝날 즈음에 재고로 오로지 5대의 타이프라이터가 남아 있으며 그리고 발주해놓은 새로운 타이프라이터는 적어도 그 다음날이 지나야 도착될 것으로 예상된다면, 이 도매상의 현재 보유재고가 그 다음날의 수요를 만족시키지 못할 확률은 얼마일까?

제 7 장

연속확률분포

연속확률변수는 특정 선분상의 하나 이상의 구간에서 어떤 값이든 취할 수 있는 것이라는 것을 상기하기 바란다. 예컨대, 특정 고객의 신차종 구매시점간에 시간간격, 공장에서 생산된 철판의 두께 그리고 휴대용 전화기의 재충전시점간의 기간들은 모두 연속확률변수들이다. 이러한 연속확률변수들을 묘사하는 데 사용되는 방법론은 필연적으로 이산확률변수들을 묘사하는 데 사용된 방법과 어느 정도 다를 것이다. 우선 연속확률분포들의 일반적인 형태를 논의한 후, 경영의사결정들에 사용되는 세 가지 특정한 형태들을 제시하고자 한다. 정규분포(normal probability distribution)는 통계학의 이론이나 응용면에서 모두 기본적이고 중요한 역할을 하며, 다음 장들의 연구에서 필수적으로 사용될 것이다. 다른 두 가지 분포들 — 균일(uniform) 분포 및 지수(exponential)분포 — 도 경영문제들을 해결하는데 많이 사용하고 있다. 이 장에서는 이러한 연속확률변수의 평균, 표준편차 그리고 확률분포에 대한 식을 설명하고자 한다.

7.1 정규분포

가장 흔하게 관찰되는 연속확률변수들 중의 하나는 [그림 7.1]에 나타나 있듯이, 종모양(bell-shaped)의 확률분포를 가지고 있다. 그것은 정규확률변수(normal random variable)로 알려져 있으며, 그리고 그 확률분포는 정규분포라고 불린다. 앞으로 정규분포는 통계적 추론에서 대단히 중요한 역할을 담당한다는 것을 알게 될 것이다.

많은 경제·경영현상들은 정규분포에 의하여 대단히 잘 접근될 수 있는 확률분포를 가진 확률변수들을 이룬다. 예를 들어, 어떤 주가의 월별 수익(또는 손실)의 퍼센트는 정규확률변수이며, 그리고 어떤 회사의 연간 판매액에 대한 확률분포는 정규확률분포에 의하여 접근될 수 있다. 정규분포는 또한 어떤 특정 슈퍼마켓에 입하된 농산물의 무게에 대한 확률분포의 정확한 모형을 마련한다. 현존하는 모집단을 정규확률변수로 접근하는 것에 대한 적합성 여부는 표본(200개 혹은 300개의 관찰값들 또는 그 이상)의 상대도수분포를 정규확률분포와

그림 7.1 정규확률분포

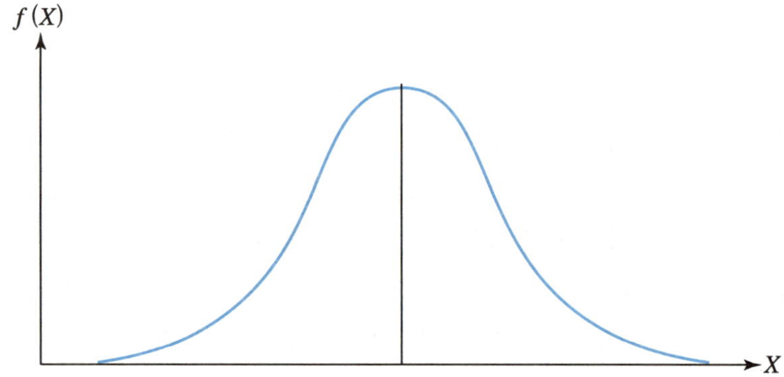

그림 7.2 서로 다른 평균과 표준편차를 가진 몇 가지 정규분포들

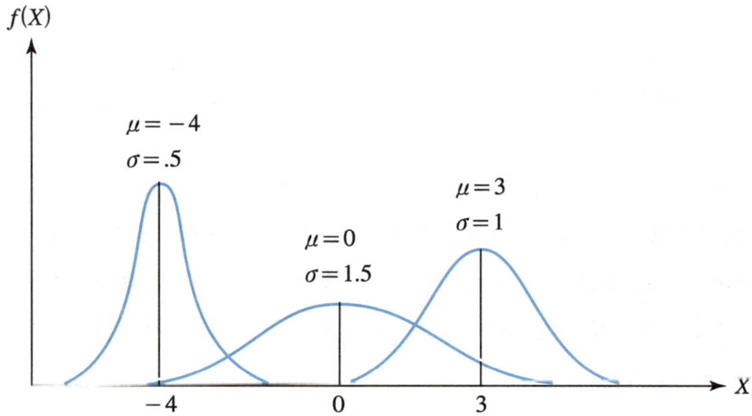

비교해 봄으로써 결정된다.

정규분포는 [그림 7.2]의 예들에서 볼 수 있듯이 평균 μ를 중심으로 완전 좌우대칭이다. 분포의 산포는 표준편차 σ의 값에 따라 결정된다. 정규확률분포에 대한 식은 아래와 같다.

정규확률변수 X에 대한 확률분포

$$f(X)=\frac{1}{\sigma\sqrt{2\pi}}e^{-(1/2)[(x-\mu)/\sigma]^2},\quad -\infty < x < \infty$$

여기서, μ = 정규확률변수 X의 평균

σ^2 = 정규확률변수 X의 분산

$\pi = 3.1416 \cdots$

$e = 2.71828 \cdots$

정규곡선을 그리려면 μ와 σ^2의 값을 알기만 하면 된다.

정규확률분포의 구간에 대한 면적을 계산하는 것은 어려운 작업이다. 부록의 표 V에 열거된 계산된 값들을 사용하게 되는데, 이것은 Z값의 함수로서 면적들에 대한 값을 작성한 표이다. Z값은 관찰값과 평균 사이의 거리를 표준편차에 해당되는 단위로서 묘사한다. 관찰값 X에 대한 Z값을 기호형태로 표시하면

$$Z=\frac{X-\mu}{\sigma}$$

이다.

부록의 표 V의 사용을 예시하기 위하여, 휴대용 전화기의 재충전시점간의 기간이 평균 50시간이며 15시간의 표준편차를 가진 정규분포를 이룬다고 가정하자. 만약 다음 번 재충전시점까지 경과된 기간을 관찰하는 것이라면, 이 관찰값이 50에서 70시간 사이의 값을 취할 확률은 얼마인가? 이 확률은 [그림 7.3]의 정규분포에 표시한 그늘진 면적 A, 즉 50에서 70 사이에 해당하는 정규분포의 면적이다.

면적 A를 구하는 데 있어서 첫 번째 단계는 관찰값 70에 해당하는 Z값을 계산하는 것이다. Z값은

그림 7.3 μ=50, σ=15인 정규분포

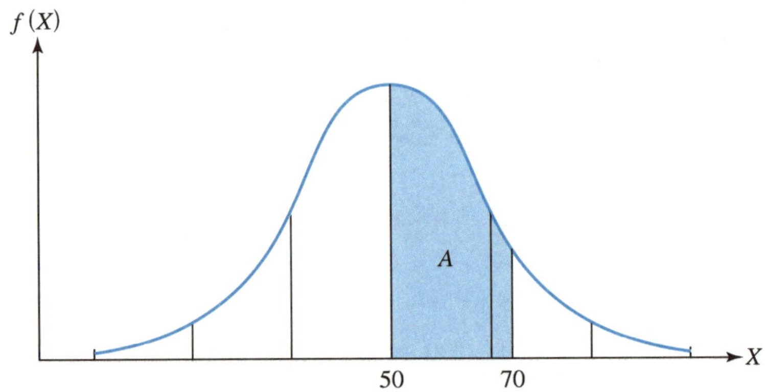

$$Z=\frac{X-\mu}{\sigma}=\frac{70-50}{15}=\frac{20}{15}=1.33$$

이다. 따라서 관찰값 70은 평균 50보다 1.33배의 표준편차만큼 위쪽에 있다. 두 번째 단계는 부록의 표 V를 조회하는 일이다. Z값들은 표의 왼쪽 열에 열거되어 있음을 주시하기 바란다.

1.33의 Z값에 해당하는 면적을 구하기 위하여, 우선 왼쪽 열에서 1.3의 값을 찾아낸다. 이 열은 Z값들을 소수점 첫째자리까지만 나열하기 때문에 소수점 둘째자리인 0.03을 찾기 위하여 표의 첫 번째 행을 참조한다. 끝으로, $Z=1.3$인 행과 0.03의 열이 만나는 곳에서 숫자를 밝혀낸다. 이 숫자는 평균 μ와 Z값이 1.33인 관찰값 사이의 면적을 나타낸다.

$$A=0.4082$$

이다.

따라서 그 전화기가 재충전을 필요로 하기 전에 50에서 70시간 사이를 작동할 수 있는 확률은 0.4082이다.

표 7.1 부록 표 V의 일부

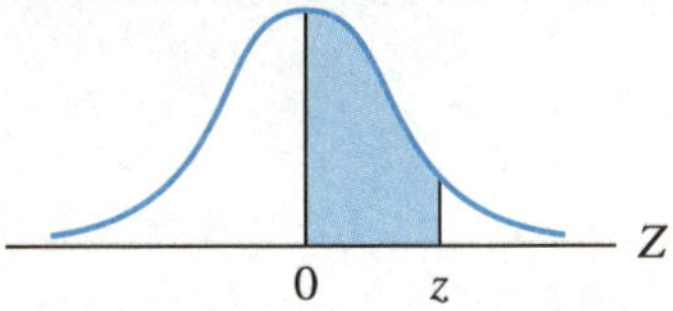

Z	.00	.01	.02	.03	.04	.05	.06	.07	.08	.09
0.0	.0000	.0040	.0080	.2120	.0160	.0199	.0239	.0279	.0319	.0359
0.1	.0398	.0438	.0478	.0517	.0557	.0596	.0636	.0675	.0714	.0753
0.2	.0793	.0832	.0871	.0910	.0948	.0987	.1026	.1064	.1103	.1141
0.3	.1179	.1217	.1255	.1293	.1331	.1368	.1406	.1443	.1480	.1517
0.4	.1554	.1591	.1628	.1664	.1700	.1736	.1772	.1808	.1844	.1879
0.5	.1915	.1950	.1985	.2019	.2054	.2088	.2123	.2157	.2190	.2224
0.6	.2257	.2291	.2324	.2357	.2389	.2422	.2454	.2486	.2517	.2549
0.7	.2580	.2611	.2642	.2673	.2704	.2734	.2764	.2794	.2823	.2852
0.8	.2881	.2910	.2939	.2967	.2995	.3023	.3051	.3078	.3106	.3133
0.9	.3159	.3186	.3212	.3238	.3264	.3289	.3315	.3340	.3365	.3389
1.0	.3413	.3438	.3461	.3485	.3508	.3531	.3554	.3577	.3599	.3621
1.1	.3643	.3665	.3686	.3708	.3729	.3749	.3770	.3790	.3810	.3830
1.2	.3849	.3869	.3888	.3907	.3925	.3944	.3962	.3980	.3997	.4015
1.3	.4032	.4049	.4066	.4082	.4099	.4155	.4131	.4147	.4162	.4177
1.4	.4192	.4207	.4222	.4236	.4251	.4265	.4279	.4292	.4306	.4319
1.5	.4332	.4345	.4357	.4370	.4382	.4394	.4406	.4418	.4429	.4441

예제 7.1

가령 $\mu=50$이고 $\sigma=15$인 정규확률변수(X)가 있다고 하자. X가 구간 $30<X<70$ 내에 해당될 확률을 구하라.

해답

이 예제에 대한 풀이는 [그림 7.4]로부터 알 수 있다. $X=30$과 $X=70$은 모두 다 평균($\mu=50$)으로부터 같은 거리에 위치하고 있음을 주시하라. 그리고, 정규곡선은 평균을 중심으로 대칭이기 때문에 X가 $X=30$과 $\mu=50$ 사이에 들게 되는 확률을 나타내는 면적은 $\mu=50$과 $X=70$ 사이에 X가 들게 되는 확률을 나타내는 면적과 같다. 그 확률(부록의 표 V로부터)은 0.4082(바로 위에서 얻어진 결과)이다.

그림 7.4 μ=50, σ=15인 정규분포

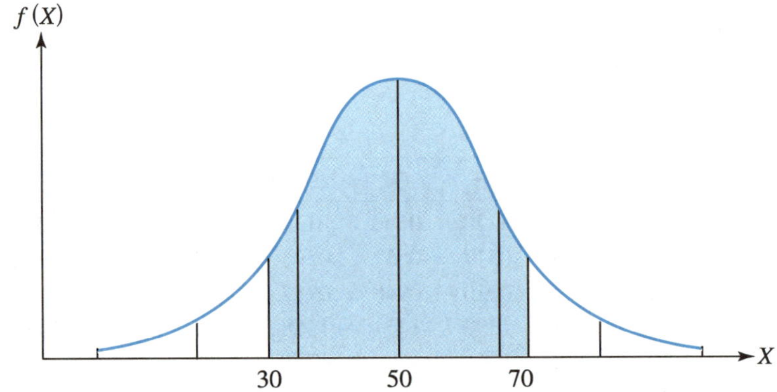

$X=30$은 평균으로부터 왼쪽에 위치하기 때문에, 해당되는 Z값은 음수이어야 하며, $X=70$에 해당하는 Z값과 같은 절대값을 갖게 된다. 즉 Z값은 다음과 같다.

$$Z=\frac{X-\mu}{\sigma}=\frac{30-50}{15}=-1.33$$

이다.

정규곡선하의 면적(확률)을 구하는 데 있어서, 해당되는 X의 값들보다는 오히려 Z값들의 위치를 나타내는 것이 더 쉽다. 예컨대, $X=30$ 및 $X=70$에 해당하는 Z값들은 [그림

그림 7.5 Z값들의 분포(표준정규분포)

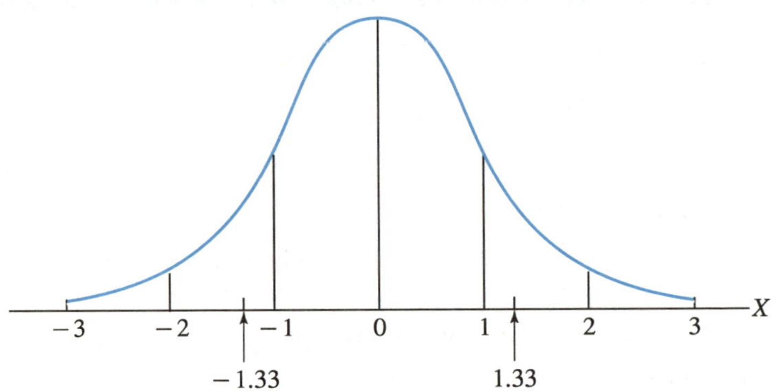

7.5]에 나타난 Z값들의 분포상에서 그 위치가 밝혀진다. Z값들의 분포, 즉 표준정규분포 (standard normal distribution)는 항상 평균값이 0이며, 그리고 표준편차는 1과 같다.

예제 7.2

부록의 표 V를 사용하여, 표준정규분포에서 Z값 1.64의 오른쪽에 있는 면적, 즉 $P(Z>1.64)$인 확률을 구하라.

해답

정규확률변수가 그 평균으로부터 오른쪽으로 1.64배의 표준편차 이상에 들게 될 확률은 [그림 7.6]에 나타나 있다. 정규분포는 좌우가 대칭이기 때문에, 전체확률의 절반(0.5)은 평균의 오른쪽에 위치하고 있으며 절반은 왼쪽에 입지하고 있다. 그러므로, 원하는 확률은

$$P(Z>1.64)=0.5-A$$

이다. 여기서 A는 $Z=0$과 $Z=1.64$ 사이의 면적이다([그림 7.6] 참조). 부록의 표 V를 참조하면 $Z=1.64$에 해당되는 면적 A는 0.4495임을 알 수 있다. 따라서

$$P(Z>1.64)=0.5-A=0.5-0.4495=0.0505$$

이다.

그림 7.6 μ=1, σ=1인 표준정규분포

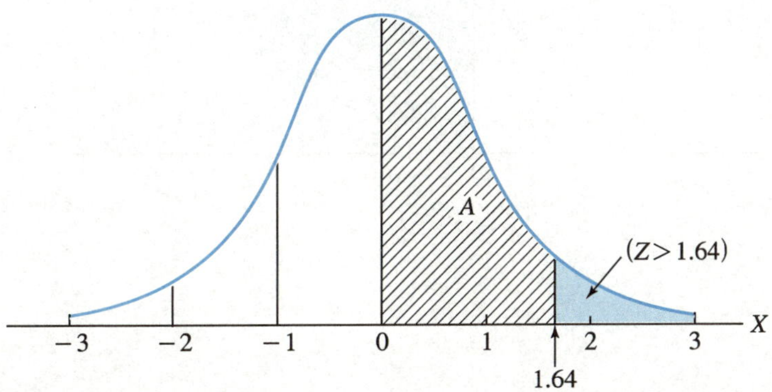

예제 7.3

표준정규분포에서 $Z=-0.74$의 오른쪽에 있는 총면적을 구하라. 이 면적은 $P(Z>-0.74)$이다.

해답

표준정규분포는 [그림 7.7]에 나타나 있는데, 여기서 -0.74의 오른쪽의 면적은 $P(Z>-0.74)$로 그늘져 있다. $P(Z>-0.74)$에 해당하는 그늘진 면적은 두 개의 부분으로 나누어져 있음(즉 $Z=0$의 왼쪽 부분의 면적인 A_1과 $Z=0$의 오른쪽 면적인 A_2)을 주시하기 바란다. 원하는 면적이 평균과 일부분이 겹칠 때는 언제나 이러한 분할을 시도하여 부록의 표 V로부터 면적들을 분리하여 구할 필요가 있다.

A_2는 평균의 오른쪽으로 총면적을 의미하기 때문에, $A_2=0.5$이다. 면적 A_1은 $Z=0$과 $Z=-0.74$ 사이의 면적이므로, 직접 부록의 표 V로부터 $A_1=0.2704$를 구한다. 그러면 $Z=-0.74$의 오른쪽으로 총면적은 A_1과 A_2의 합이다.

$$P(Z>-0.74)=A_1+A_2=0.2704+0.5=0.7704$$

그림 7.7 표준정규분포: μ=0, σ=1

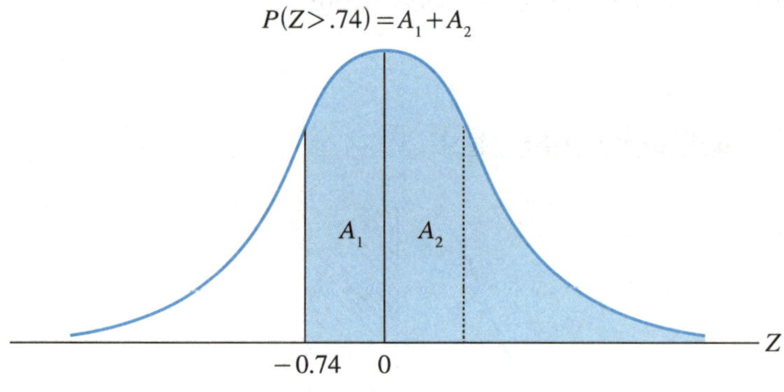

예제 7.4

$Z=1.96$의 오른쪽 및 $Z=-1.96$의 왼쪽으로의 총면적을 구하라. 이것을 확률적 용어로 바꾸어 표현하면 정규확률변수가 평균으로부터 1.96배의 표준편차 바깥으로 위치하게 되는 확률을 구하는 것이다.

해답

구하려는 확률 $P(Z>1.96$ 또는 $Z<-1.96)$는 [그림 7.8]에 나타나 있듯이 두 개의 면적 A_1과 A_2의 합이다. 정규분포는 대칭이기 때문에 $Z=1.96$의 오른쪽에 위치한 면적과 $Z=-1.96$ 왼쪽의 면적은 같아야 한다. 그러므로 $A_1=A_2$이다.

부록의 표 V를 점검하여 보면 $Z=1.96$에 해당하는 면적이 0.4750이 됨을 알 수 있다. 이것은 $Z=0$과 $Z=1.96$ 사이의 면적이다. 그러므로

$$A_2=0.5-0.4750=0.0250$$

이다.

그리고 정규분포는 좌우대칭이기 때문에,

$$\begin{aligned}P(Z>1.96 \text{ 또는 } Z<-1.96)&=A_1+A_2\\&=0.0250+0.0250=0.0500\end{aligned}$$

이 된다.

그림 7.8 $\mu=0$, $\sigma=1$인 표준정규분포

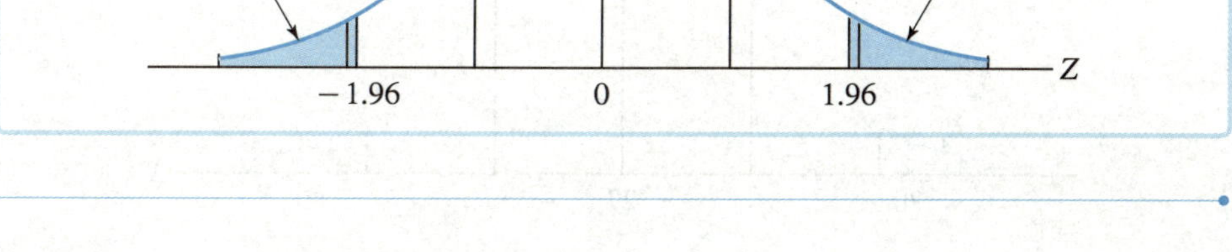

예제 7.5

어떤 자동차 제조업자가 시내에서 주행거리는 리터당 평균 27km이라고 광고된 신차종을 소개한다고 가정하자. 그러한 광고들은 생산된 차에 따라 천차만별인 주행거리의 변동에 대하여는 결코 공표하는 일이 없다. 가령 제조업자에게 주행실험 결과를 상세히 알아보니 주행거리의 표준편차는 리터당 3km라고 가정하자.

이러한 자료들로부터 도심지에서 이 차종의 주행거리(X)에 대한 확률변수의 모형을 공식으로 나타낼 수 있다. X에 대한 확률분포는 평균이 27이며 표준편차가 3인 정규분포에 의하여 접근될 수 있다고 판단된다.

a. 이 신차종을 구매한다면, 도심지 운행에서 주행거리가 리터당 평균 20km 미만인 차를 구입하게 될 확률은 얼마인가?

b. 신차종 중 한 대를 구매하였는데, 그 차의 도심지 운행에서 주행거리가 리터당 20km 미만이라고 가정하자. 그러면 여기 사용된 확률모형이 적당치 않다고 결론지을 수 있겠는가?

해답

a. 도심지 운행에서의 주행거리 X에 대한 확률모형은 [그림 7.9]에 나타나 있다. 관심의 대상이 되는 면적(A)은 20의 왼쪽 부분인데, 그 이유는 이것이 이 분포로부터 선정된 관찰값가 20 미만이 될 확률에 해당되기 때문이다. 다시 말해서, 이 모형이 옳다면 면적 A는 도심지 운행에서 리터당 20km 미만으로 예상되는 승용차의 비율을 나타낸다. A를 구하기 위하여, 우선 $X=20$에 해당되는 Z값을 계산한다. 즉,

그림 7.9 예제 7.5의 X에 대한 정규분포: μ=27km/ℓ, σ=2km/ℓ

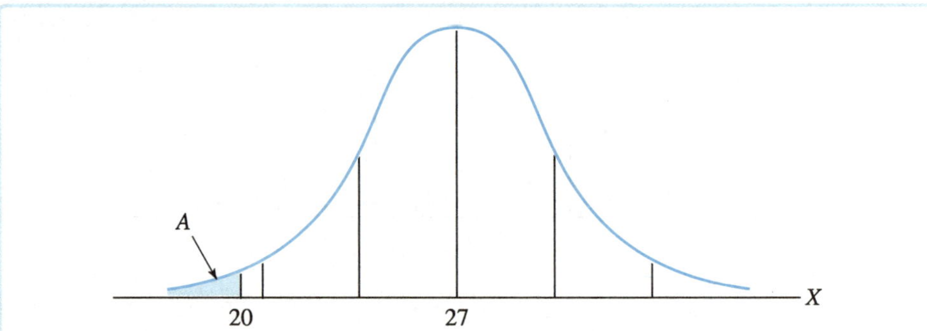

$$Z = \frac{X-\mu}{\sigma} = -\frac{7}{3} = -2.33$$

이다.

정규분포가 평균을 중심으로 대칭이기 때문에, 그리고 부록의 표 V는 평균으로부터 오른쪽의 면적들만 제공하기 때문에, 부록의 표 V에서 2.33을 찾으면 해당되는 면적은 0.4901이라는 것을 알 수 있다. 이것은 $Z=0$에서 $Z=-2.33$ 사이의 면적이므로, 면적 A는

$$A = 0.5 - 0.4901 = 0.0099 \fallingdotseq 0.01$$

이 된다.

이러한 확률모형에 따르면, 리터당 20km 미만의 도심주행거리를 가진 차를 구매하게 될 확률은 약 1% 정도이다.

b. 이제 구매된 차(표본)를 기초로 하여 추론을 내려야 한다. 도심지 운행에서 리터당 20km 미만의 주행거리를 나타내고 있는데, 어떻게 해석하여야 할까? 다음 두 가지 가능성 중에서 하나는 옳다고 생각할 것이다.

(i) 확률모형은 옳다. 그러나 불행히도 도시에서 리터당 20km 미만의 주행거리를 가진 1% 내의 승용차들 중에서 한 대를 구입하였다.

(ii) 확률모형이 부적합하다. 즉, 제조업자가 의미하는 것이 자동차의 도심주행거리(리터당)가 평균 27km 및 표준편차가 3km인 정규분포를 이룬다는 내용이라면 그 주장은 잘못된 것이다.

두 가지 중에 어느 것이 옳은지를 알 길이 없지만은 증거는 확실히 두 번째 가능성을 시사하고 있는 것 같다. 표본(이 경우에서는 하나의 관찰값)이 제안된 확률분포로부터 추출되었다는 것은 거의 있음직하지 않은 일이어서 모형에 의심을 품게 된다는 것이 기본적인 견해이다. 모형이 좌우간 잘못되었다는 것을 믿게 되는 경향이다.

아마도 정규분포라는 가정이 부당하거나 또는 평균 27이라는 것이 과대평가이거나 또는 표준편차 3이 과소평가라든가 또는 이러한 실책들이 겹쳐진 것일지도 모른다. 하여튼, 실제 확률모형의 형태는 확실하게 좀 더 연구되어야 한다.

7.2 균일분포

균일분포(uniform distribution)는 [그림 7.10]에서와 같이 직사각형의 모양을 이루고 있다. X의 가능한 값들은 점 c와 점 d 사이의 실선 위 모든 점들로 구성되어 있다. 확률밀도함수 $f(X)$의 높이는 그 구간 내에서 $1/(d-c)$로 일정하다. 그러므로 $f(X)$ 아래의 총면적은 다음과 같다.

$$\text{직사각형의 총면적} = (\text{밑변})(\text{높이}) = (d-c)\left(\frac{1}{d-c}\right) = 1$$

균일분포는 특정 구간 내에 균등하게 분포되어 있는 연속확률변수에 대한 모형을 제공한다. 즉, 균일확률변수는 어느 한 구간에서 값을 취할 수 있는 가능성이 같은 크기의 다른 구간에서 값을 취할 수 있는 가능성과 같은 것을 말한다. 어떤 값을 중심으로 떼를 이루고 있지 않으며, 대신에 가능한 값들의 전 지역에 걸쳐서 균등하게 산포되어 있다.

균일분포는 때로 무작위분포(randomness distribution)라고도 불리는데, 왜냐하면 균일확률변수를 야기시키는 한 가지 방법은 c와 d점간의 수평축 위에서 무

그림 7.10 균일분포

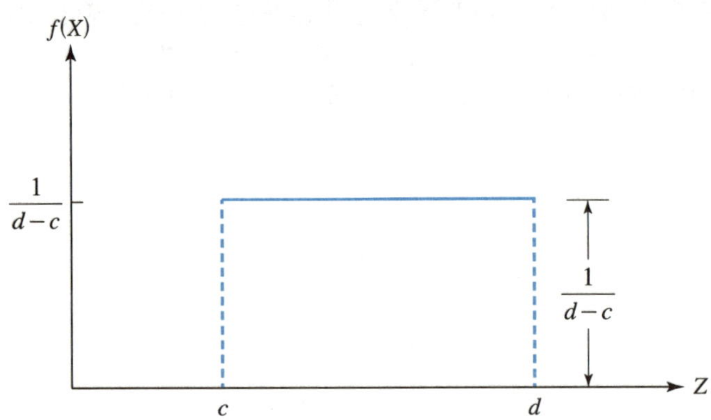

작위로 어떤 점이 추출되는 실험을 수행하는 것이기 때문이다. 이러한 실험을 무한히 반복하게 되면, [그림 7.10]에 나타난 것과 같은 균일한 확률분포를 만들어낼 수 있다. 어떤 선분상에서 점들의 무작위 추출은 부록의 표 V에서와 같은 난수들을 산출하는 데 사용될 수 있다. 난수들은 모든 숫자가 똑같이 선택될 수 있는 확률을 갖도록 선정된다는 것을 명심하기 바란다. 그러므로, 난수들은 균일확률변수의 결과로 얻어진다.

균일분포에 관한 식, 평균 및 표준편차는 다음과 같다.

균일확률변수 X에 대한 확률분포, 평균 및 표준편차

$$f(X) = \frac{1}{d-c}, \quad c \leq x \leq d$$

$$\mu = \frac{c+d}{2}$$

$$\sigma = \frac{d-c}{\sqrt{12}}$$

예제 7.6

어떤 강철제조업체의 연구부서는 자사의 기계들 중의 하나가 불안정한 두께의 철판을 생산하고 있다고 믿고 있다. 그 두께는 150~200mm 사이의 값을 가진 균일확률변수이다. 160mm 미만의 철판들은 바이어들이 받아들이기 어렵기 때문에 폐기처분되어야 한다.

a. 이 기계에 의하여 생산된 철판의 두께 X의 평균과 표준편차를 계산하여라. 그리고, 확률분포를 그래프로 나타내고 가로축상에 평균을 표시하라. 또한 평균을 중심으로 1배 및 2배의 표준편차를 나타내어라.
b. 이 기계에 의하여 생산된 철판 중에 폐기처분되어야 할 비율을 계산하여라.

해답

a. X에 대한 평균 및 표준편차를 계산하기 위하여, c와 d 대신에 150 및 200mm를 각각 식에 대입한다. 따라서

$$\mu = \frac{c+d}{2} = \frac{150+200}{2} = 175\text{mm}$$

그리고

$$\sigma = \frac{d-c}{\sqrt{12}} = \frac{50}{3.464} = 14.43$$

이다.

균일분포는

$$f(X) = \frac{1}{d-c} = \frac{1}{200-150} = \frac{1}{50}$$

이다.

이 함수의 그래프는 [그림 7.11]에 나타나 있다. 평균과 이를 중심으로 1배 및 2배의 표준편차들은 X축에 표시되어 있다.

b. 기계에 의하여 생산된 철판 중 폐기되어야 할 비율을 구하기 위하여, 두께 X가 160mm 미만인 확률을 찾는다. [그림 7.12]에서 지적되었듯이, $X=150$과 $X=160$인 두 점 사이의 확률밀도함수 $f(X)$하의 면적을 계산할 필요가 있다.

이것은 밑변이 $160-150=10$이며 그리고 높이가 1/50인 직사각형의 면적이다. 폐기되어야 할 비율은

$$P(X<160) = (\text{밑변})(\text{높이}) = (10)\left(\frac{1}{50}\right) = \frac{1}{5}$$

이다.

그림 7.11 예제 7.6에서 X에 대한 확률밀도함수

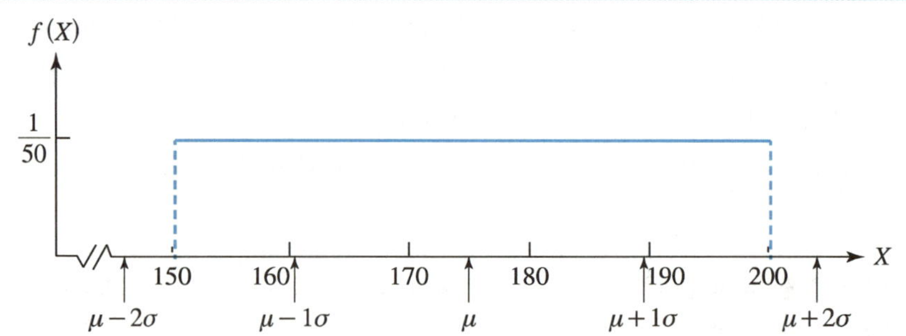

그림 7.12 철판 두께 X가 150~160mm 사이인 확률

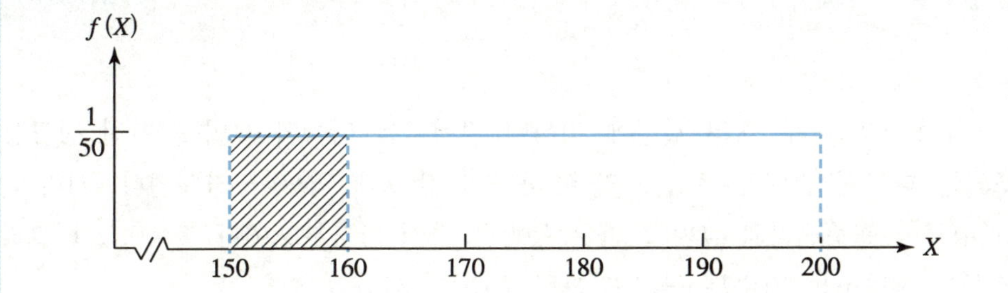

즉, 이 기계에 의하여 생산된 모든 철판의 20%는 폐기처분되어야 한다.

7.3 지수분포

경제·경영자료를 묘사하는 데 유용한 또 다른 중요한 확률분포는 지수분포(Exponential probability distribution)이다. 지수분포에 의하여 잘 접근될 수 있는 확률밀도함수를 가진 두 가지 경영현상은 병원의 응급실을 찾는 환자들의 도착시간간격, 그리고 어느 소규모 보험회사의 영업소에 청구된 보험금 지불청구시점간의 간격이다. 이 예제들에서 관찰값들은 어떤 사건들간의 기간이라는 것을 주목하기 바란다. 이러한 이유 때문에 지수분포는 때로 대기시간분포(waiting time distribution)라고 불린다.

지수분포에 관한 식, 평균 및 표준편차는 다음과 같다.

지수확률변수 X에 대한 확률분포, 평균 및 표준편차

$$f(X) = \lambda e^{-\lambda x}, \quad x > 0$$

$$\mu = \frac{1}{\lambda}$$

$$\sigma = \frac{1}{\lambda}$$

μ와 σ라는 두 개의 값들에 의하여 결정되는 위치와 모양을 가진 정규분포와는 다르게, 지수분포의 모양은 하나의 값 λ에 의하여 지배된다. 게다가, 그 평균이 표준편차와 같다고 하는 특징을 가진 확률분포이다. $\lambda = 0.5$, 1 그리고 2에 해당하는 지수분포들은 [그림 7.13]에 나타나 있다.

그림 7.13 지수확률밀도함수

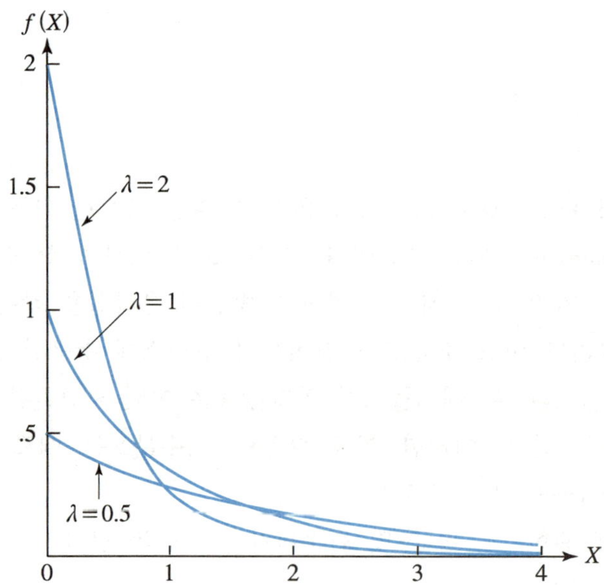

지수확률변수에 대한 확률을 계산하기 위하여 지수분포의 면적들을 구할 수 있어야 한다. [그림 7.14]에서와 같이 어떤 숫자 a의 오른쪽 면적 A를 구하기를 원한다고 하자. 이 면적은 다음 식을 사용하여 계산될 수 있다.

그림 7.14 지수확률밀도함수에서 어떤 수 a의 오른쪽으로 면적 A

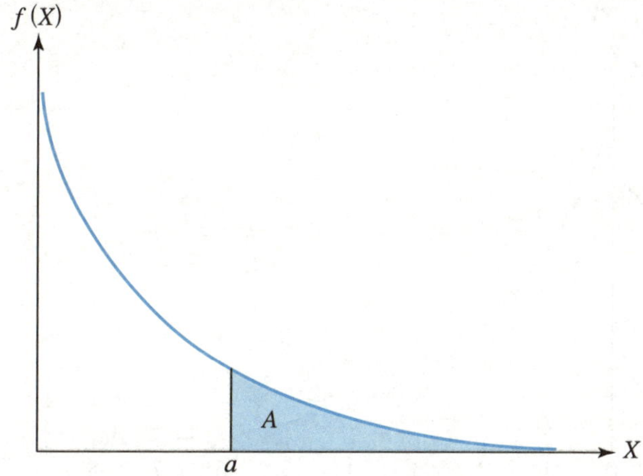

지수확률밀도함수에서 어떤 숫자 a의 오른쪽으로 면적 A를 찾기

$$A = P(X \geq a)$$
$$= e^{-\lambda a}$$

λ와 a에 해당하는 수치를 대입한 후 $e^{-\lambda a}$의 값을 구하기 위하여 부록의 표 Ⅳ을 사용하여라.

예제 7.7

어떤 자동차 판매원의 판매시점간의 기간(일)이 $\lambda = 0.5$인 지수확률변수로서 모형이 만들어진다고 가정하자. 이 판매원이 자동차를 한 대도 팔지 못하고 5일 이상 지낼 확률은 얼마인가?

해답

원하는 확률은 [그림 7.15]에서 $a = 5$의 오른쪽으로 면적 A이다. 이 확률을 구하기 위하여

그림 7.15 예제 7.7에 대한 지수분포

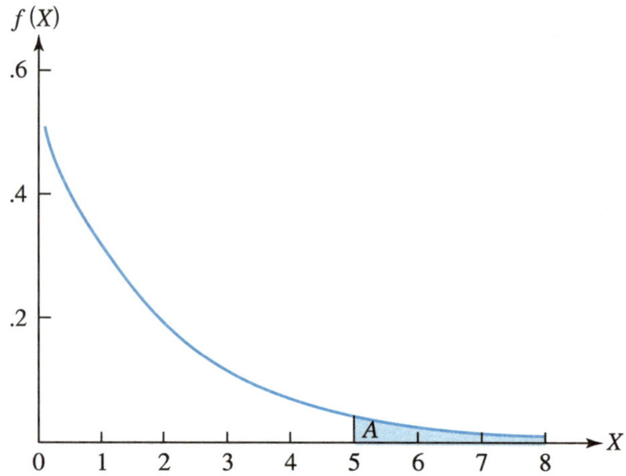

면적에 관한 식을 사용한다.

$$A = e^{-\lambda a} = e^{-(0.5)(5)} = e^{-2.5}$$

부록의 표 IV을 참조하여, $A = e^{-2.5} = 0.082085$가 됨을 알 수 있다.

즉, 이 모형에 의하면 자동차 판매원이 한 대의 차량도 판매하지 못하고 5일 이상 지내게 될 확률은 약 0.08이다.

예제 7.8

마이크로웨이브 오븐 제조업자가 오븐에서 가장 중요한 부품인 마그네트론(magnetron; 자전관)의 보증기간을 결정하려고 한다. 예비검사에 의하면 자전관의 수명(년) X는 $\lambda = 0.16$인 지수분포를 이룬다는 것이다.

a. X에 대한 평균 및 표준편차를 구하라.

b. 만약 자전관에 5년간의 보증기간을 설정한다면, 제조업자가 교환하여야 될 자전관의 비율은 얼마인가?

c. 자전관의 수명이 $\mu - 2\sigma$에서 $\mu + 2\sigma$의 구간 내에 해당될 확률을 구하여라.

그림 7.16 예제 7.8의 확률밀도함수: λ=0.16인 지수분포

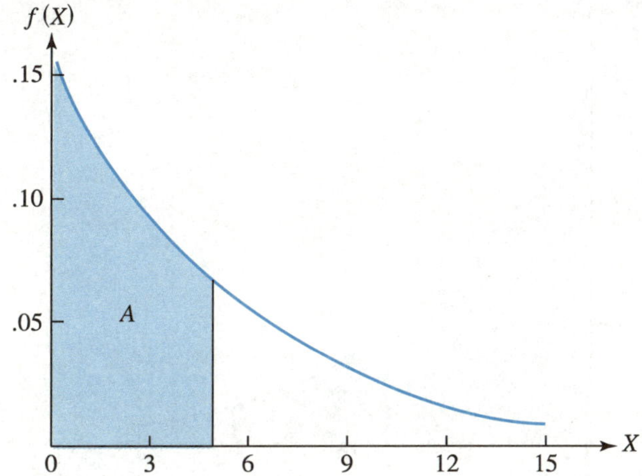

해답

a. 지수확률변수에 대한 평균 및 표준편차의 식을 이용하여 $\mu=1/\lambda=1/0.16=6.25$년을 구한다. 또한 $\mu=\sigma$이므로, $\sigma=6.25$년이 된다.

b. 5년의 보증기간이 끝나기 전에 교환되어야 할 자전관의 비율을 구하기 위하여, 확률밀도함수하의 0과 5 사이의 면적을 찾아야 할 필요가 있다. 이 면적, A는 [그림 7.16]에 나타나 있다. 면적 A를 구하기 위하여, 여사상의 관계를 이용한다.

$$
\begin{aligned}
P(X\leq 5) &= 1-P(X>5)=1-e^{-\lambda(5)} \\
&= 1-e^{-(0.16)(5)}=1-e^{-0.80} \\
&= 1-0.440329=0.550671
\end{aligned}
$$

이 된다.

따라서 자전관의 약 55%는 5년의 품질보증기간 내에 교환되어야 한다.

c. 자전관의 수명, X가 구간 $\mu-2\sigma$에서 $\mu+2\sigma$ 내에 해당될 확률은 대단히 크다(〈표 3.3〉의 경험에 의한 규칙이 적용된다면, 거의 0.95)라고 기대할 수 있다. $\mu-2\sigma$에서 $\mu+2\sigma$의 구간을 나타내는 지수분포의 그래프는 [그림 7.17]에 나타나 있다.

$\mu-2\sigma$에 해당되는 점은 $X=0$ 아래에 위치하기 때문에, $X=0$에서 $a=\mu+2\sigma=6.25+2(6.25)=18.75$ 사이의 면적을 구하면 된다. [그림 7.17]에 표시된 면적 A는

그림 7.17 예제 7.8의 지수분포: λ=0.16

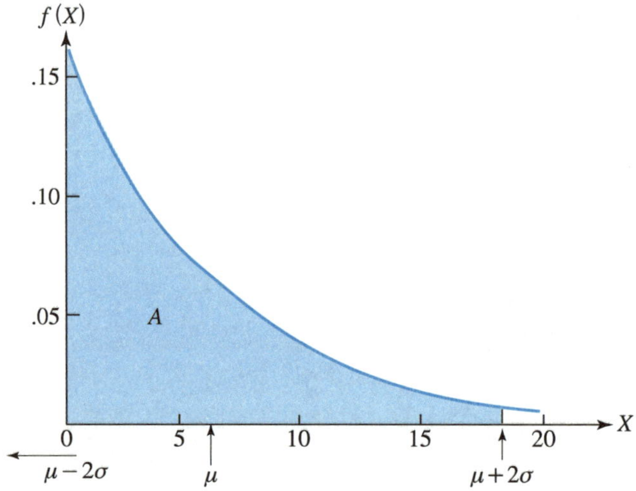

$$\begin{aligned} A &= 1 - P(X > 18.75) \\ &= 1 - e^{-\lambda(18.75)} \\ &= 1 - e^{-(0.16)(18.75)} = 1 - e^{-3} \end{aligned}$$

부록의 표 Ⅳ로부터 $e^{-3}=0.049787$이 됨을 알 수 있다.

그러므로 자전관의 수명 X가 $\mu-2\sigma$에서 $\mu+2\sigma$의 구간 내에 해당될 확률은

$$\begin{aligned} A &= 1 - e^{-3} \\ &= 1 - 0.049787 \\ &= 0.950213 \end{aligned}$$

이다.

이 확률은 비록 확률분포가 작은 산모양이 아니더라도(즉, 오른쪽으로 강하게 편향(偏向)되어 있음) 경험적인 규칙과 잘 일치되고 있음을 알 수 있다.

7.4 이항분포를 정규분포로 접근하기

이항확률변수가 다수의 값들을 취할 때, 그 확률을 계산하기 위해 여러 가지 n 및 p값들에 대한 확률을 부록의 표 Ⅱ에 수록하였지만, 이항표(부록의 표 Ⅱ)는 오로지 n의 값이 5, 6, 7, 8, 9, 10, 15, 20 또는 25일 경우에만 사용될 수 있다. 이러한 제한점을 극복하기 위하여 이항확률변수와 관련된 확률을 계산하는데 근사값에 의한 절차를 추구한다.

n의 값이 클 때, 정규분포는 이항확률변수의 히스토그램에 훌륭한 근사값을 제공한다. 이러한 어림셈이 어떻게 적용되는지를 예시하기 위하여, 예제 6.4를 참조하자. 회사 전체의 종업원 중 60%가 노동조합으로의 조직화를 찬성

그림 7.18 **n=20 및 p=0.6인 이항분포와 μ=12, σ=2.19인 정규분포**

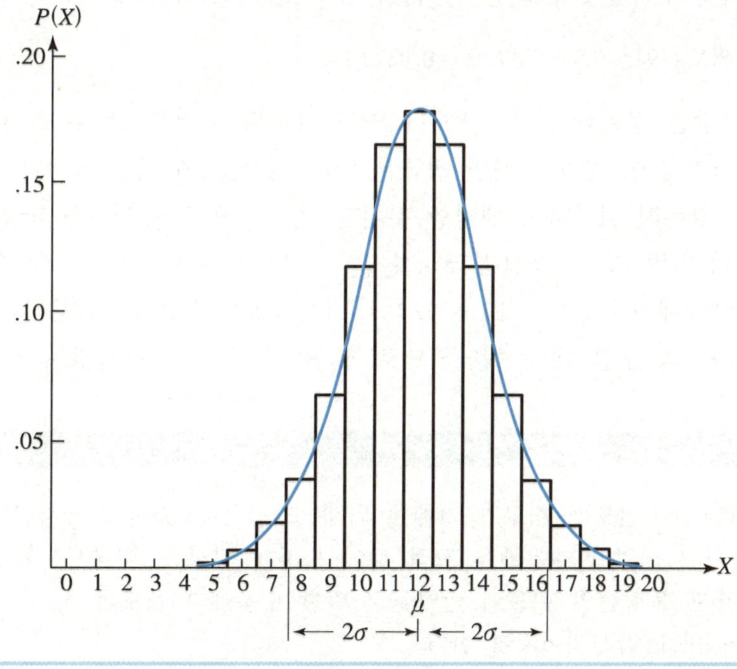

한다고 가정하였다. X의 평균 및 표준편차는 각각 $\mu=12$ 그리고 $\sigma=2.19$임이 밝혀졌다. n은 20 그리고 p는 0.60에 대한 이항분포가 [그림 7.18]에 나타나 있으며, 그리고 평균값 12와 표준편차 2.19를 가진 정규분포로 접근하는 과정이 겹쳐서 위에 놓여 있다.

예제 6.4에서, $P(X<10)$은 0.128이다. 정규분포로 접근하기 위하여, 우선 $P(0\leq X<10)$은 그림에서의 $X=9.5$의 왼쪽으로의 정규곡선 면적에 해당된다. $X=9$ 또는 $X=10$ 대신에 X를 9.5로 사용하는데, 그 이유는 $X=9$에 해당하는 모든 이항확률은 정규곡선에 의한 어림셈과정에 포함되지만, $X=10$에 대응하는 것은 아무것도 포함되지 않도록 하기 위한 것 때문이다. 따라서

$$Z=\frac{X-\mu}{\sigma}=\frac{9.5-12}{2.19}=-1.14$$

가 된다.

부록의 표 V로부터, $Z=0$과 $Z=-1.14$ 사이의 면적은 0.3729임을 알 수 있다. 따라서 정규분포에 의한 근사값은 $X=9.5$의 왼쪽으로의 면적이다. 또는

$$P(X\leq 9)\approx 0.5-0.3729=0.1271$$

이다. 근사값은 정확한 값 0.128보다 약간 다르다는 것을 알 수 있다.

과연 n의 값이 얼마나 되면 정규분포가 이항분포에 대한 적합한 근사값을 제공할 수 있는지 의아하게 생각할 것이다. 경험적으로, 구간 $\mu\pm3\sigma$가 완전히 X의 값들의 범위 내 — 즉, 0부터 n까지의 구간 내 — 에 있어야 할 필요가 있다. 위의 예제에서 $\mu\pm3\sigma=12\pm3(2.19)=12\pm6.57=[5.43,\ 18.57]$이다. 이것은 0부터 20까지의 구간 내에 해당하므로 정규분포에 의한 근사값이 적합하다.

예제 7.9

휴대용 계산기는 반도체 회로가 기계에 의해 그 압형(押型)이 찍혀지면서 대량생산이 가능하게 되었기 때문에 비교적 값이 싸지게 되었다. 대량생산의 문제점은 품질관리이다. 불량품의 비율이 받아들일 만한 수준에 머물도록 하기 위하여 그 공정은 확실하게 감시되어져야 한다.

이러한 문제를 다루는 한 가지 방법은 로트허용샘플링(lot acceptance sampling)이다. 이 방법에서 생산된 품목들의 표본이 발췌되며, 그리고 표본 내의 각 품목이 주의 깊게 검사된다. 그러면, 표본 내의 불량개수에 따라 그 품목들의 로트가 합격되거나 또는 불합격된다.

예를 들어, 계산기 제조업자가 하루의 생산량 중에서 압형이 찍힌 회로들을 200개 발췌하여, 그 표본 속에서 발견된 불량회로의 수 X를 결정한다고 가정하자. 불량률 6%까지는 받아들일 만한 공정이라고 한다.

a. 6%의 불량률이라고 가정하고, X의 평균 및 표준편차를 구하라.

b. 회로 200개의 표본 내에서 20개 이상의 불량회로 — 즉, $X \geq 20$인 — 가 발견될 확률을 결정하기 위하여 정규분포에 의한 근사값을 사용하라.

해답

a. 확률변수 X는 $n=200$ 그리고 불량률 $p=0.06$인 이항확률변수이다. 따라서

$$\mu = np = 200(0.06) = 12$$
$$\sigma = \sqrt{npq} = \sqrt{200(0.06)(0.94)} = \sqrt{11.28} = 3.36$$

이 된다.

$$\mu \pm 3\sigma = 12 \pm 3(3.36) = 12 \pm 10.08 = [1.92, \quad 22.08]$$

즉, 구간 $\mu \pm 3\sigma$는 완전히 0부터 200의 범위 내에 존재하므로, 정규분포는 이러한 이항분포의 근사값을 적절하게 제공한다.

b. $X \geq 20$에 해당하는 면적을 구하기 위하여 [그림 7.19]를 참조하라.

20부터 200까지 일체를 포함한 이항확률 히스토그램을 고려하여야 함을 명심하기 바란다. 그러나, $X=20$에 해당하는 직사각형을 포함시키기 위하여 $X=19.5$에서부터 시작하여야 한다. 따라서 Z값은

$$Z = \frac{X-\mu}{\sigma} = \frac{19.5-12}{3.36} = \frac{7.5}{3.36} = 2.23$$

이다.

부록의 표 V를 참조하면, $Z=0$부터 $Z=2.23$에 해당되는 면적 0.4871임을 알 수 있다([그림 7.20]을 참조). 그러므로, 면적 A는

$$A = 0.5 - 0.4871 = 0.0129$$

그림 7.19 $n=200,\ p=0.06$인 이항분포를 정규분포로 접근하기

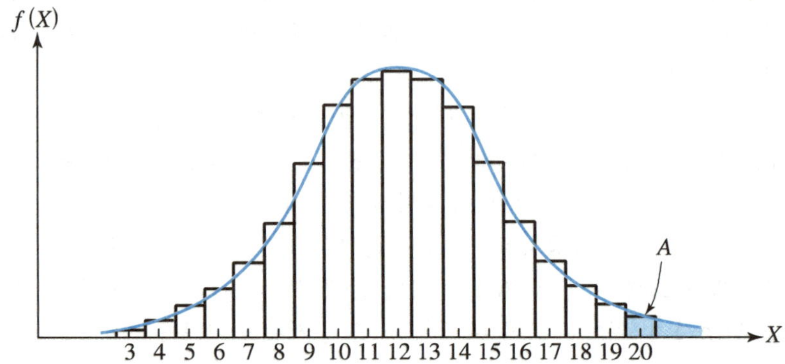

그림 7.20 표준정규분포

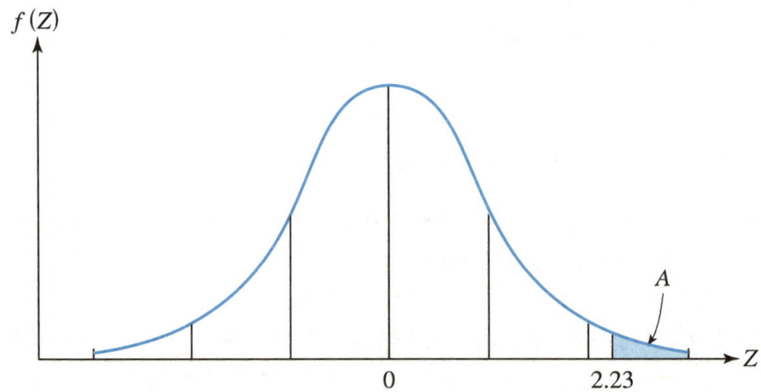

이다. 따라서, 이항분포에 대한 정규분포의 근사값은 $P(X \geq 20) \approx 0.0129$가 된다.

다시 말해서, 실제 불량률이 6%라면, 회로 200개의 표본 내의 20개 이상의 불량회로가 관찰될 확률은 매우 적다. 제조업자가 $X \geq 20$을 관찰하게 된다면, 아마도 제조공정에서 6% 이상의 불량품이 생산되고 있는 것으로 판단된다.

요약

경제 · 경영문제의 적용에 있어서 많은 연속확률변수들은 정규, 균일 또는 지수분포에 의하여 잘 접근될 수 있는 확률분포들을 가지고 있다. 이 장에서는 이러한 확률분포들의 그래프 모양을 나타내었고, 그들의 평균 및 표준편차들을 설명하였으며, 그리고 이러한 확률모형들의 각 실제적인 응용분야를 지적하였다. 게다가, 이항분포에서 n의 값이 충분히 클 때, 정규분포는 이항분포의 훌륭한 근사값을 제공한다는 것을 설명하였다.

연습문제

EXERCISES

7.1 동전에 의하여 작동하는 제트분무 자동차세척장비의 제조업자는 다음과 같이 주장하고 있다. 즉, 자사의 제트분무기계는 500원짜리 동전으로 평균적으로 5분 그리고 표준편차 10초의 정규분포를 이루는 시간 동안 물을 퍼붓는다고 한다.

a. 제조업자의 주장이 옳다는 가정하에, 그 제트분무기계가 물을 5분 30초 이상 퍼붓게 될 확률은 얼마나 될까?

b. 만약 김말동 씨가 그의 차를 세척하는 데 4분 55초 걸린다면, 김씨가 미처 차 세척을 끝마치기 전에 제트분무기계가 꺼질 확률은 얼마인가?

c. 김말동 씨가 그의 차를 세척하는 동안, 제트분무기계가 4분 25초만에 꺼진다면, 제조업자의 주장에 대하여 어떠한 결론을 내릴 수 있겠는가?

7.2 부록의 표 V를 사용하여 다음 값을 구하여라.

a. $P(-1 \le Z \le 1)$

b. $P(-1.96 \le Z \le 1.96)$

c. $P(Z \le -0.5)$

d. $P(Z \le -1.645)$

7.3 아래와 같이 되도록 Z의 값(즉, z_0라 부름)을 구하여라.

a. $P(Z \le z_0) = 0.0013$

b. $P(-z_0 \le Z \le z_0) = 0.95$

c. $P(-z_0 \le Z \le z_0) = 0.90$

d. $P(-z_0 \le Z \le z_0) = 0.6826$

e. $P(-z_0 \le Z \le z_0) = 0.596$

f. $P(-1.24 \le Z \le z_0) = 0.4912$

7.4 새로 개발된 세탁기수명을 실험해 본 결과, 그 평균수명이 3.1년이며 그리고 표준편차가 0.54년인 것이 판명되었다. 이 세탁기들은 2년 동안 품질보증된다면, 과연 몇 %가 품질보증기간이 끝나기 전에 고장이 나겠는가?

7.5 어떤 제품에 대한 수요(단위시간당 품목수로 측정됨)의 분포는 종종 정규확률분포에 의하여 접근될 수 있다. 예컨대, 어떤 빵 제조업자는 식빵에 대한 수요가 하루 평균 7,200개이며, 표준편차가 300개라는 것을 확인하였다. 비용을 고려하여, 이 제조업자는 매일매일의 수요를 94%만큼 공급할 수 있는 양의 식빵을 생산하는 것이 최선책이라고 결정하였다.

a. 빵 제조업자는 식빵을 하루에 얼마나 생산하여야 할까?
b. a의 생산량을 토대로, 이 제조업자가 매일매일 생산한 식빵 중에서 500개 이상 팔리지 않고 남게 되는 날은 몇 %나 되겠는가?

7.6 조립라인의 김복동 반장은 그의 생산조립반에서 매일매일 잘못 조립되는 발전기들의 비율, X는 $c=0.01$ 그리고 $d=0.05$인 균일한 분포로 가장 잘 묘사될 수 있다고 판단한다.

a. X에 대한 확률분포를 그래프로 그려라.
b. X에 대한 평균과 분산을 계산하여라.
c. 그래프상에 구간 $\mu \pm 2\sigma$를 나타내어라.
d. 김반장이 판단 내린 X에 대한 분포를 따르면, 항상 25%는 X가 어떤 값(비율)보다 더 크게 될까?

7.7 확률변수 X는 $\lambda=3$인 지수분포를 이룬다고 할 때 다음 확률을 구하라.

a. $P(X>2)$
b. $P(X>1.5)$
c. $P(X>3)$
d. $P(X>0.45)$

7.8 체루가스 제조법 A에 인간이 반응하는 데 소요되는 시간은 평균 4분의 지수분포를 이룬다. 체루가스 제조법 B의 분포도 또한 지수분포를 이루고 있으나 평균은 2분이다.

a. 각 체루가스 종류별로, 4분 이내에 반응을 보이는 사람의 퍼센트를 측정하여라.
b. 만약 많은 사람들이 체루가스 A를 쏘이게 된다면, 99%의 사람이 반응을 보이게 되는 데 얼마나 걸리겠는가?

7.9 김포공항관리공단은 공단주변의 소음공해를 어느 정도 제한하려고 계획중이다. 현재 제트여객기가 이륙할 때마다 공항주변의 소음 정도는 평균이 100데시벨이며 그리고 표준편차가 6데시벨인 정규분포를 개략적으로 이루고 있다.

a. 무작위로 추출된 제트여객기가 공항주변에 끼치는 소음이 108데시벨 이상이 될 확률은 얼마인가?

b. 무작위로 추출된 제트여객기가 정확하게 100데시벨의 소음을 내게 될 확률은 얼마인가 ?

c. 제트여객기의 소음이 항시 95%는 105데시벨 미만이어야 한다는 규정이 제정되었다고 하자. 소음분포에 대한 표준편차는 여전히 같다고 가정하면, 위와 같이 제정된 규정을 따르기 위하여 소음의 평균수준이 얼마나 낮추어져야 할까?

7.10 어떤 위험한 투자안에 대한 현가는 평균이 1천만원 그리고 표준편차가 4백만원인 정규분포를 이루고 있다고 가정하자. 투자안의 현가가 1백만원 미만일 확률은? 2천만원 이상일 확률은?

7.11 민한주식회사는 제안된 투자에 대한 내부수익률(IRR)은 평균 15%이며 표준편차가 3%인 정규분포에 의하여 가장 잘 묘사될 수 있다고 믿는다. 투자에 대한 내부수익률이 다음과 같이 될 확률은 얼마인가?

a. 20% 이상이거나 혹은 10% 미만인 경우

b. 적어도 6%는 넘는 경우

c. 16.5% 이상인 경우

7.12 서울제강에서 발생되는 중대한 사고의 수는 매달 두 건의 중대사고를 평균으로 하는 포아송분포를 이루고 있다 한다. 만약 사고가 오늘 발생한다면, 다음번 중대한 사고가 다음 달 이내에 발생하지 않게 될 확률은?

7.13 한국기업은 영업사원들의 판매실적에 따라 일시불로 지급하는 장려금제도를 운영하고 있다. 영업사원들이 연간 판매실적이 1억원 미만이면, 백만원의 보너스를 받게 되며, 판매실적이 1억에서 2억원까지는 5백만원을 받게 되며, 그리고 그 실적이 2억원을 넘게 되면 천만원을 받게 된다고 한다. 영업사원의 연간 판매실적은 평균

(μ)이 1억 8천만원이며 표준편차(σ)가 5천만원인 정규분포를 이룬다면,

a. 백만원의 보너스를 받게 되는 영업사원의 비율 p_1을 구하여라.

b. 5백만원의 보너스를 받게 되는 영업사원의 비율 p_2을 구하여라.

c. 천만원의 보너스를 받게 되는 영업사원의 비율 p_3을 구하여라.

d. 회사가 지출한 평균보너스는 얼마나 되는가?

7.14 어느 외국은행에서 예금구좌를 개설하는 고객들의 수에 대한 확률분포는 평균(μ)이 1.280이며 표준편차(σ)가 265인 정규분포를 이룬다고 한다.

a. 만약 은행에서 새로이 구좌를 개설하는 예금주에게 만원짜리 선물을 준다면, 선물로 인한 은행의 지출이 월 1천 5백만원을 초과하게 될 확률은 얼마인가?

b. 이 은행에서 선물때문에 지출된 평균액수는 얼마나 될까?

제 8 장

표본분포

제 6 장과 제 7 장에서, 어떤 확률변수의 확률분포는 알려져 있다고 가정하였으며 그리고 이러한 지식을 바탕으로 평균, 분산 그리고 확률변수가 특정한 값들을 취하는 확률을 계산할 수 있었다. 그러나 대부분의 실제 경제·경영문제들에서 이러한 정보는 이용할 수 없게 마련이다. 예를 들어 설명하면, 예제 6.4에서 이항확률변수 X(여론조사에 응한 20명의 종업원 중에서 노동조합을 선호하는 종업원의 수)가 특정한 값을 취할 확률을 계산하였다. 이것을 수행하기 위하여 모집단에서 노동조합을 선호하는 종업원들의 비율 p의 값을 추정할 필요가 있었다. 따라서 실례를 위하여, p의 값을 0.6으로 가정하였으나, 정확한 p의 값은 알 수 없을 것이다. 사실, 여론을 조사하는 목적은 p를 추정하는 데 있었다.

이와 비슷하게, 예제 7.5에서도 어떤 특정 자동차 모델의 도심지에서 주행거리에 대한 모형을 설계할 때, 가정된 평균과 표준편차로서 각각 리터당 27km, 3km인 정규확률분포를 사용하였다. 이 또한 정확한 평균과 표준편차는 알려지지 않은 값들로서 추정되어야만 한다.

확률분포를 묘사하는 수치적 양(量)은 모수(parameter)라고 불린다. p 그리고 μ와 σ는 모수의 예들이다. 확률분포는 모집단의 특성을 묘사하는 데 사용되기 때문에 모수는 모집단의 수치적 기술척도가 된다.

정의 8.1

모수(parameter)는 모집단에 대한 수치적 기술(記述)척도이며, θ[theta]로 표기한다.

표본 내에 담겨진 정보를 사용하여 모집단의 모수들에 대하여 추론한다. 그와 같은 추론을 내리기 위하여, 통계량(statistics)이 계산되어야 한다.

정의 8.2

통계량(statistics)은 표본에 대한 수치적 기술(記述)척도이며, $\hat{\theta}$[theta hat]으로 표기한다.

통계량의 예들은 표본평균($\bar{x}$), 표본의 중위수(m), 표본의 분산(s^2) 그리고 표본의 표준편차(s) 등이다.

이와 같은 통계량들을 사용하여 모집단의 모수들을 추론하기 전에, 그들의 특성을 평가할 필요가 있다. 과연 어떤 통계량이 모집단의 모수에 대하여 가장 많은 정보를 포함하고 있는지 어떻게 판단내릴 수 있을까? 이 장의 한 가지 목적은 이러한 질문에 답하는 데 있다.

8.1 표본분포에 대한 개론

어떤 모집단의 모수 — 말하자면, 모집단의 평균 μ — 를 추정하고자 한다면, 그 추정에 사용될 수 있는 통계량을 몇 가지 들 수 있다. 두 가지 가능성은 표본평균 $\bar{x}$와 표본의 중위수 m이다. 이들 중에 어느 것이 μ에 대한 더 나은 추정이 될 수 있다고 생각하는가?

이 질문에 대답하기 전에 다음 예제를 고려하자. 공정하게 주사위를 던지며 그리고 윗면에 나타난 수를 X라 하자. 주사위가 세 번 던져 2, 2, 6이 산출된다고 가정하자. 표본평균 $\bar{x}$는 3.33이며 그리고 표본의 중위수 m은 2가 된다. X에 대한 모집단의 평균 μ는 3.5(=21/6)이므로, 세 개의 관찰값의 표본평균 $\bar{x}$가 표본의 중위수보다 훨씬 더 μ에 가까운 추정을 제공함을 알 수 있다([그림 8.1] (a)를 참조).

자, 이제 주사위를 세 번 더 던져서 3, 4, 6을 얻게 된다고 하자. 이 표본의 평균 및 중위수는 각각 $\bar{x}=4.33$ 그리고 $m=4$가 된다. 이번에는 m이 μ에 더 가깝다([그림 8.1] (b) 참조).

이 간단한 예는 중요한 점을 예시한다. 표본평균 또는 표본중위수 중 어느 것도 항상 모집단의 평균에 더 가까이 접근한다고 말할 수 없다. 결과적으로, 이러한 두 가지 통계량들, 또는 일반적으로 한 개의 표본에 의한 그들의 성과를 바탕으로 어떤 두 가지 통계량들은 서로 비교될 수 없다. 대신에, 서로 다른

그림 8.1 모집단의 평균(μ)의 추정값으로서 표본평균($\bar{x}$)과 표본 중위수(m)을 비교하기: 두 개의 표본(각각 주사위를 세 번 던진 결과로 이루어짐)

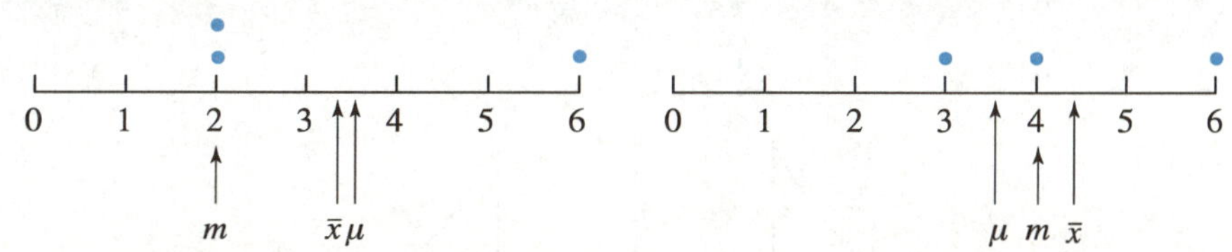

(a) 표본 1: 표본평균($\bar{x}$)이 표본의 중위수(m)보다 훨씬 더 μ에 가깝다.

(b) 표본 2: 표본의 중위수(m)가 표본평균($\bar{x}$)보다 μ에 더 가깝다.

표본들은 사용된 통계량에 따라 서로 다른 값들이 되기 때문에, 통계량들은 그 자체가 확률변수임이 인식되어야 한다. 확률변수와 마찬가지로, 통계량들도 그들의 확률분포 — 즉, 표본실험이 수없이 많이 반복적으로 수행된다면 얻어지게 될 값들 그리고 각 통계량과 관련된 확률의 집합 — 를 토대로 비교되며 그리고 판단되어야 한다. 이러한 개념을 예제로 설명하여 보자.

중국 연변에서 과거 1월달에 기록된 낮 최고온도가 평균 μ가 10°F이며 표준편차 σ가 5°F로 알려져 있다고 가정하자. 과거 1월달의 기록으로 부터 25개의 낮 최고온도들을 무작위로 추출하며 그리고 표본평균 $\bar{X}$를 계산하는 실험을 고려하자. 만약 이 실험이 수없이 많이 반복된다면 $\bar{X}$의 값은 표본마다 달라질 것이다. 예컨대, 25개의 온도측정값들의 첫 번째 표본은 표본평균 $\bar{X}$가 9.8 (즉, $\bar{X}=9.8$)이며, 두 번째 표본은 $\bar{X}=11.4$이고, 세 번째 표본은 $\bar{X}=10.5$ 등이다. 표본실험이 수없이 계속되며 그리고 결과적인 $\bar{X}$의 값들을 히스토그램으로 나타낸다면, 그 히스토그램은 개략적으로 $\bar{X}$의 확률분포가 될 것이다. 만약 $\bar{X}$가 μ에 대한 훌륭한 추정값이라면, $\bar{X}$의 값들이 [그림 8.2]에 나타나 있듯이 μ를 중심으로 집단을 이룰 것으로 예상된다. 이러한 확률분포는 반복된 표본추출에서 $\bar{X}$의 가능한 결과들을 묘사하기 때문에, 표본분포(sampling distribution)라고 불린다.

실제로는, 어떤 통계량의 표본분포는 수학적으로나 또는 위에 언급된 절차

그림 8.2 n=25의 측정값들로 구성된 표본으로부터 구해진 $\bar{X}$에 대한 표본분포

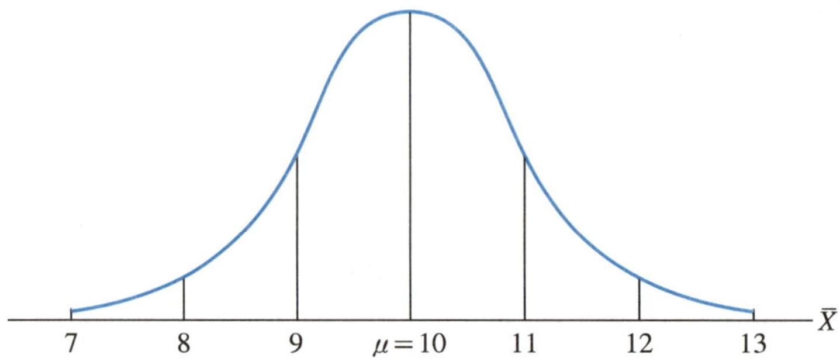

를 사용하여 컴퓨터에서 모의실험을 통한 표본에 의하여 개략적으로 구해진다.

정의 8.3

표본분포(sampling distribution)는 n개의 관찰값들로 구성된 표본으로부터 계산된 통계량의 확률분포이다

만약 $\bar{X}$가 평균 $\mu=10$이며 표준편차 $\sigma=5$인 어떤 모집단으로부터 추출된 $n=25$개의 관찰값들로 구성된 표본에 의하여 계산되었다면, 그 표본분포 [그림 8.2]는 그것의 행태에 관하여 알고자 하는 모든 정보를 제공한다. 예를 들어, 25개 관찰값들의 표본을 발췌하여 $\bar{X}$의 값이 구간 $9 \le \bar{X} \le 10$ 내에 있게 될 확률은 그 구간의 표본분포하의 면적이 될 것이다. $\bar{X}$와 μ 사이의 차이에 대하여 확률적인 설명을 하려면 μ의 값을 알 필요가 없다는 것을 명심하기 바란다. 필요한 것은 오로지 μ와 관련지어 표본분포의 위치이다.

어떤 통계량의 특징들은 그것의 표본분포에 의하여 상징되기 때문에, 두 개의 통계량을 비교하기 위하여 당연히 그들의 표본분포들을 비교하게 된다. 예를 들어, 같은 모수(예로서, 분산 σ^2이라고 가정하자)를 추정하는 데 두 가지의

그림 8.3 모집단의 분산 σ^2를 추정하기 위한 두 가지의 표본분포들

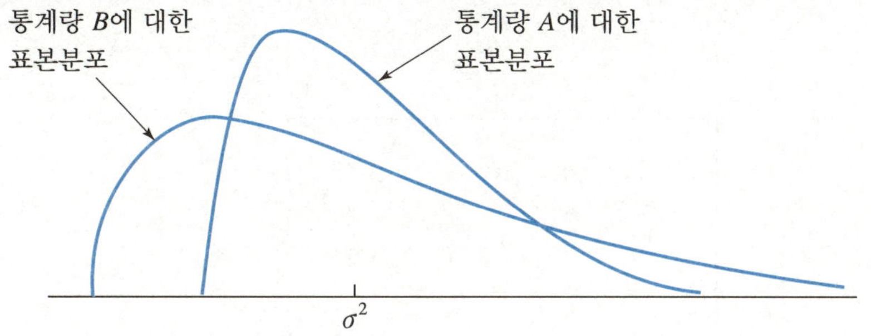

통계량 A와 B가 있으며, 그리고 그들의 표본분포들은 [그림 8.3]에 나타난 대로라면 아마도 통계량 B보다는 통계량 A를 선택하게 될 것이다.

이러한 선택을 하게 되는 이유는 통계량 A에 대한 표본분포는 σ^2 주위에 집중되고 있으며 통계량 B의 표본분포보다 덜 산포되어 있기 때문이다. 하나의 표본을 추출할 때 통계량 A가 σ^2에 더 가까이 접근할 확률이 더 많다.

사실 알려지지 않은 모수 σ^2에 대한 수치적 값은 모르기 때문에, 특정 표본들에 대하여 통계량 A 또는 통계량 B 어느 쪽이 더 σ^2에 가까운지를 알 수가 없음을 기억하기 바란다. 더 나은 통계량을 선택하기 위하여 표본분포에 대한 이론적 지식에 의존하며 그리고 그것을 표본마다 사용할 수밖에 없다.

두 가지 통계량이 어떻게 비교될 수 있는지를 설명하기 위하여, 다음 예제에서 두 가지 통계량에 관한 표본분포들의 근사값을 산출하기로 하자.

예제 8.1

다음 실험을 수행한다고 가정하자. [그림 8.4]에 나타난 균일분포(uniform distribution)로부터 11개의 관찰값들로 이루어진 표본을 취한다. 그리고 다음 두 통계량들을 계산한다.

그림 8.4 0부터 1까지의 균일확률밀도함수

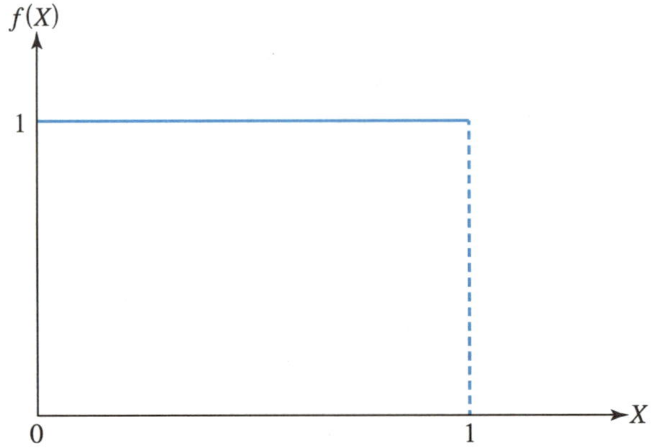

표 8.1 균일분포로부터 추출된 11개의 관찰값들로 구성된 처음 10개의 표본들

표본	관찰값들										
1	.217	.786	.757	.125	.139	.919	.506	.771	.138	.516	.419
2	.303	.703	.812	.650	.848	.392	.988	.469	.632	.012	.065
3	.383	.547	.383	.584	.098	.676	.091	.535	.256	.163	.390
4	.218	.376	.248	.606	.610	.055	.095	.311	.086	.165	.665
5	.144	.069	.485	.739	.491	.054	.953	.179	.865	.429	.648
6	.426	.563	.186	.896	.628	.075	.283	.549	.295	.522	.674
7	.643	.828	.465	.672	.074	.300	.319	.254	.708	.384	.534
8	.616	.049	.324	.700	.803	.399	.557	.975	.569	.023	.072
9	.093	.835	.534	.212	.201	.041	.889	.728	.466	.142	.574
10	.957	.253	.983	.904	.696	.766	.880	.485	.035	.881	.732

표본평균: $\bar{X} = \dfrac{\sum_{i=1}^{11} x_i}{11}$

중위수: m = 11개의 측정값들을 오름차순으로 나열할 때
6번째 표본측정값

이 특별한 예제에서 모집단 평균 μ는 0.5라는 것을 알고 있다. 과연 어느 통계

그림 8.5 예제 8.1의 $\bar{X}$와 m에 대한 개략적인 표본분포

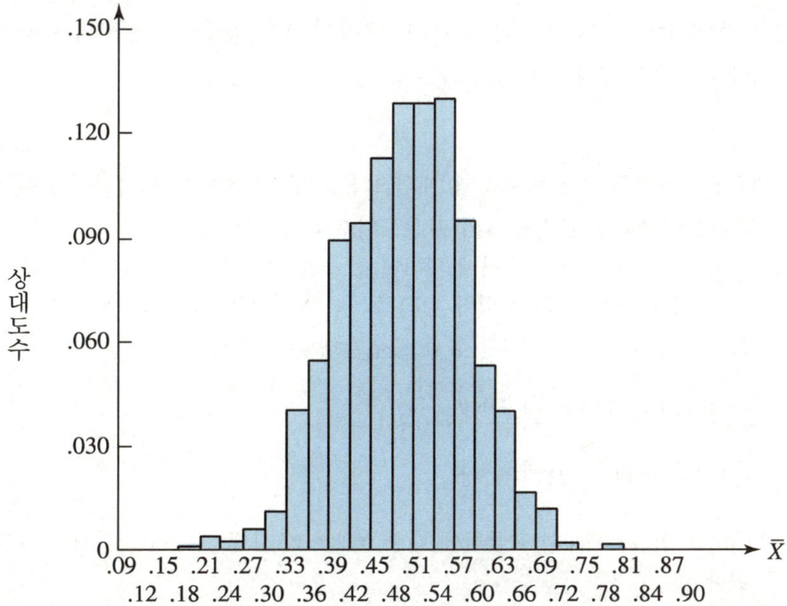

(a) $\bar{X}$의 표본분포(표본크기 $n=11$인 1,000개의 표본들의 기초로)

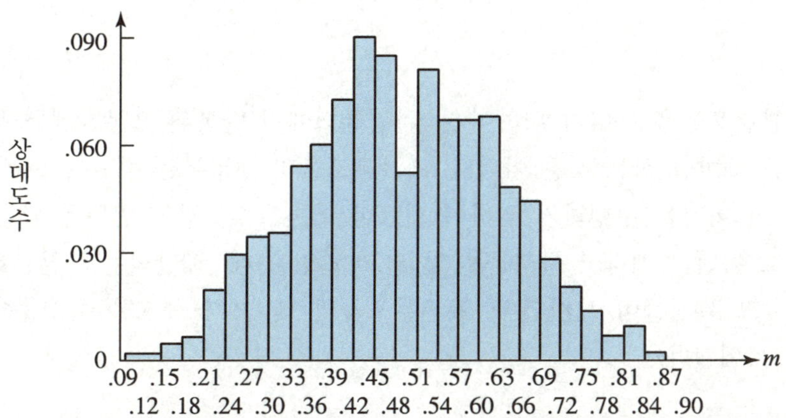

(b) m의 표본분포(표본크기 $n=11$인 1,000개의 표본들의 기초로)

량이 μ에 대한 정보를 더 많이 내포하고 있는가를 밝혀내는 데에 목적이 있다. 컴퓨터를 사용하여 1,000개의 표본(각 표본은 11개의 관찰값들로 구성되어 있음. 즉, $n=11$)들을 산출한다. 그리고, 각 표본에 대하여 $\bar{X}$와 m을 계산한다. 우리의 목표는 $\bar{X}$와 m에 대하여 개략적인 표본분포를 구하는 것이다.

해답

산출된 1,000개의 표본들 중에서 처음 10개의 표본들이 〈표 8.1〉에 제시되어 있다. 1,000개 표본들의 각각에 대하여 표본평균 $\bar{X}$와 표본중위수 m을 계산한다.

예컨대, 균일한 분포로부터 컴퓨터에 의하여 산출된 첫 번째 표본(오름차순으로 정리됨)은 다음과 같은 관찰값들을 포함하였다. [0.125, 0.138, 0.139, 0.217, 0.419, 0.506, 0.516, 0.757, 0.771, 0.786, 0.919] 표본평균 $\bar{X}$와 중위수 m은 다음과 같다.

$$\bar{X}=\frac{0.125+0.138+\cdots+0.919}{11}=0.481$$

$$m=\text{여섯 번째 관찰값}=0.506$$

표본크기 $n=11$인 1,000개의 표본들에 대한 $\bar{X}$와 m의 상대도수 히스토그램은 [그림 8.5]에 나타나 있다.

$\bar{X}$의 값들은 중위수(m)의 값들보다도 더 많이 μ 주위에 집중하는 경향을 발견하게 된다. 따라서, 관찰된 표본분포들을 토대로 $\bar{X}$는 m보다 μ에 대한 더 많은 정보를 포함한다 — 적어도 균일한 분포로부터의 표본들(표본의 크기 $n=11$)에 대하여 — 는 결론을 내린다.

표본분포들을 구하기 위하여 항상 컴퓨터에서 반복된 표본발췌를 통한 모형실험을 해야만 하는 것은 아니다. 표본분포들의 대부분은 수학적으로 유도될 수 있지만 이것을 수행하기 위하여 필요한 이론은 이 책의 범위를 넘는다. 결과적으로 어떤 통계량의 특성들을 알 필요가 있을 때, 해당되는 표본분포가 제시되고, 그 특징들이 묘사된다. 표본분포들의 몇 가지 중요한 특성들이 다음 절에서 토의된다.

8.2 표본분포의 특성: 불편성(不偏性)과 최소분산(最小分散)

표본이나 모집단에 대한 귀중한 정보는 두 가지 기술적(記述的) 척도들(즉, 평균과 표준편차)에 포함되어 있다고 이미 강조된 바 있다. 마찬가지로, 표본분포들의 평균과 표준편차(또는 분산)는 어느 통계량이 모집단의 모수에 대한 정보를 가장 많이 포함하는지를 결정하는 데 도움을 준다.

첫 번째 고려사항으로, 표본분포가 추정하고자 하는 모수(母數)의 주위에 집결되기를 바란다. 중심임을 나타내는 한 가지 방법은 표본분포의 평균에 의한 것이다. 결과적으로 어떤 통계량의 표본분포가 그것이 추정하려는 모수와 같은 평균값을 갖는다면, 그 통계량의 표본분포는 [그림 8.6] (a)에서와 같이 모수의 위에 집중되고, 그 통계량을 불편추정량(unbiased estimator)이라 한다. 만약 어떤 표분분포의 평균이 추정하려고 의도하는 모수와 같지 않다면 그 통계량은 바이어스(biased; 偏倚)되어 있다고 말한다. 바이어스의 양(量), 즉 편의(偏倚)의 양은 표본분포의 평균과 추정하려는 모수의 값과의 차이(差異)이다. 편의추정량에 대한 표본분포는 [그림 8.6](b)에 나타나 있다.

그림 8.6 불편추정량과 편의추정량에 대한 표본분포

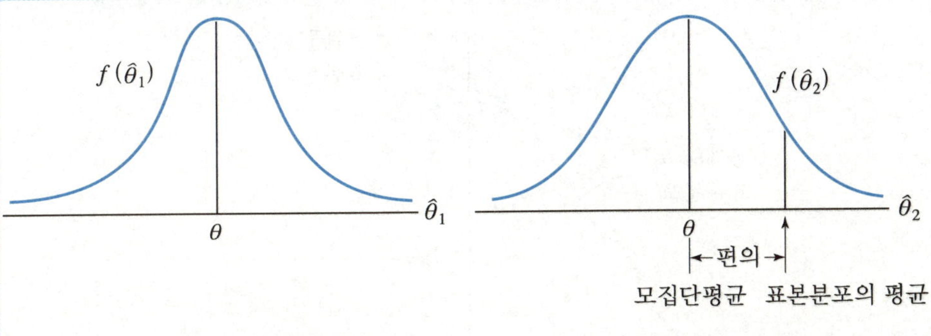

(a) 모수 θ에 대한 불편추정량 (b) 모수 θ에 대한 편의추정량

정의 8.4

통계량이 추정하려는 모집단의 모수와 같은 평균을 갖는 표본분포를 이룬다면, 그 통계량을 그 모수의 **불편추정량(unbiased estimator)**이라고 한다. 만약 표본분포의 평균이 모수와 같지 않다면, 그 통계량은 그 모수의 **편의추정량(biased estimator)**이라고 할 수 있다.

표본분포의 표준편차는 통계량의 또 다른 중요한 특성 — 반복된 표본조사에 의하여 산출된 추정값들의 산포 — 을 평가한다. 두 개의 통계량들, $\hat{\theta}_1$와 $\hat{\theta}_2$가 모두 모집단 모수 θ의 불편추정량(不偏推定量)들이라고 가정하자. θ는 μ, σ^2 또는 σ와 같은 어떠한 모수도 될 수가 있음을 주시하기 바란다. 두 가지 표본분포는 평균이 같기 때문에, 어느 표본분포가 알려지지 않은 모집단의 모수에 더 근접하는 추정값들을 제공하는가는 이들의 표준편차에 달려 있다. 당연히, 표준편차가 더 작은 통계량을 선택할 것이다. [그림 8.7]은 $\hat{\theta}_1$와 $\hat{\theta}_2$에 대한 표본분포들을 묘사하고 있다.

$\hat{\theta}_1$의 표본분포의 표준편차는 $\hat{\theta}_2$의 표본분포의 표준편차보다 더 작다. 그

그림 8.7 두 가지 불편추정량에 대한 표본분포들

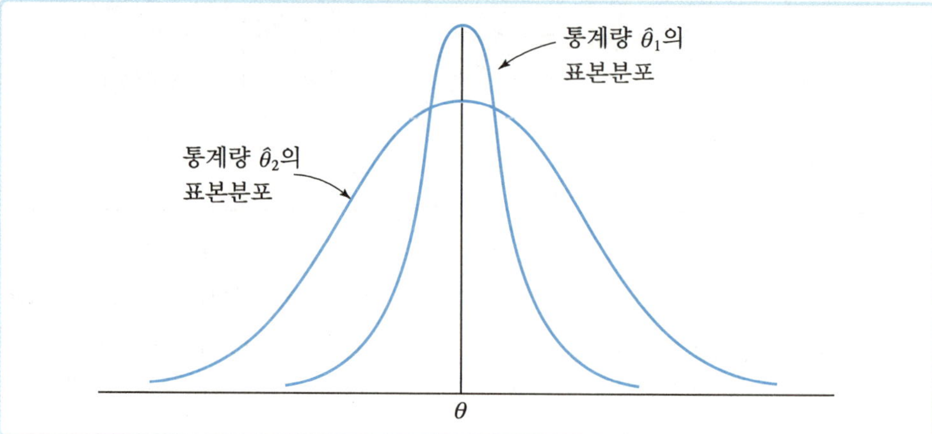

의미는 많은 수의 표본들에 걸쳐, $\hat{\theta}_1$의 값들이 $\hat{\theta}_2$의 값보다 알려지지 않은 모집단의 모수 주위에 더 가깝게 집중한다는 뜻이다. 그러므로, θ에 대한 추정량으로 $\hat{\theta}_2$ 대신에 통계량 $\hat{\theta}_1$를 선택한다.

요약하면, 어떤 모집단의 모수에 대한 추론을 위하여, 무편향(無偏向)이며 작은 표준편차를 가진 표본분포의 통계량을 사용하는 것이 바람직하다.

8.3 표본평균의 표본분포

자동차의 평균수명, 어느 대도시에서 특정 자동차의 월평균 판매대수 그리고 어떤 새로운 플라스틱의 평균절단 내구력을 추정하는 것은 공통적인 어떤 면을 가지는 실질적인 문제들이다. 각각에서, 관심의 대상은 모집단의 평균 μ에 대한 추정이다. 실제 많은 경제·경영문제들이 μ를 추정하는 것과 관련되기 때문에, μ에 대한 효과적인 추정값인 통계량을 찾는 것은 특히 중요하다. 제 3 장에서 언급되었듯이 표본평균 $\bar{X}$는, 일반적으로 μ에 대한 추정값으로서 훌륭한 선택이다. 표본분포의 평균 및 표준편차는 그 표본이 추출된 모집단의 평균 μ 및 표준편차 σ와 다음과 같이 관련되어 있다.

$\bar{X}$의 표본분포에 대한 평균 및 표준편차

모집단의 상대도수분포의 모양에 관계없이,

1. $\bar{X}$의 표본분포에 대한 평균 $\mu_{\bar{X}}$은 그 표본이 추출된 모집단의 평균 μ와 같게 된다. 즉,

$$\mu_{\bar{X}} = \mu$$

2. $\bar{X}$의 표본분포에 대한 표준편차($\sigma_{\bar{X}}$)는 그 표본이 추출된 모집단의 표준편차 σ를 표본크기 n의 평방근으로 나누어 준 것과 같게 된다. 즉,

$$\sigma_{\bar{X}} = \frac{\sigma}{\sqrt{n}}$$

예를 들어, 표본이 추출된 모집단은 [그림 8.8] (a)와 같이 균일한 확률분포를 갖는다고 가정하자.

이 확률분포의 평균 및 표준편차는 각각 $\mu=0.5$ 그리고 $\sigma=0.29$(제 7 장 제 2 절의 μ와 σ에 대한 식을 참조)이다. 이제 이 모집단으로부터 11개의 관찰값들로 구성된 표본이 추출된다고 가정하자. 표본크기 $n=11$인 표본들에 대한 표본평균의 표본분포(sampling distribution)는 평균이 0.5이고 표준편차는 다음과 같다.

$$\sigma_{\overline{X}}=\frac{\sigma}{\sqrt{n}}=\frac{0.29}{\sqrt{11}}=0.09$$

$\overline{X}$의 표본분포의 모양에 관하여 어떻게 이야기할 수 있을까? 다음 두 가지 중요한 정리들이 이러한 정보를 제공한다.

정리 8.1

어떤 모집단으로부터 n개의 관찰값들로 구성된 무작위표본이 추출된다면, $\overline{X}$의 표본분포는 정규분포가 될 것이다.

정리 8.2(중심극한정리)

n개의 관찰값들로 구성된 무작위표본이 어떤 모집단(어느 모집단이든 관계없이)에서 추출된다면, 그리고 n의 값이 충분히 클 때, $\overline{X}$의 표본분포는 개략적으로 정규분포를 이룰 것이다. 표본크기 n이 크면 클수록, $\overline{X}$의 표본분포는 더욱 정규분포에 가깝게 될 것이다.

위의 정리들이 의미하는 것은 다음과 같다. $\overline{X}$는 모집단의 평균 μ에 대한 불편추정량(즉, $E(\overline{X})=\mu$)이며, 그리고 충분히 많은 표본들에 대해서 $\overline{X}$의 표본분포는 개략적으로 정규분포를 이룬다.

그렇다면, $\overline{X}$가 정규분포를 이루려면 표본크기 n이 얼마나 커야만 하는가?

그림 8.8 표본이 추출된 모집단과 표본분포에 관한 분포들

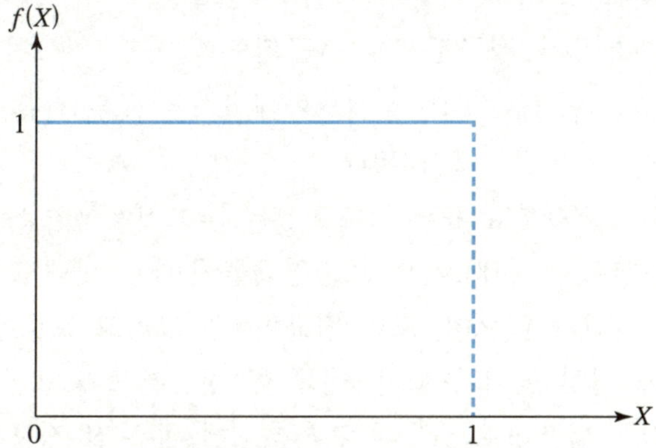

(a) 표본이 추출된 모집단의 상대도수분포

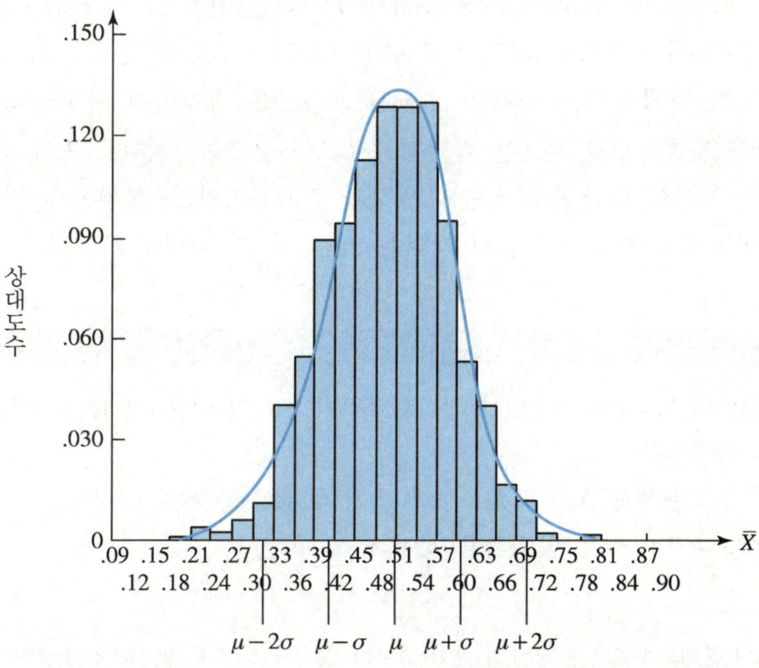

(b) 균일한 분포로부터 추출된 1,000개의 표본들의 표본평균 $\bar{X}$에 대한 상대도수 히스토그램

이것은 표본이 추출된 모집단의 상대도수분포 모양에 따라 좌우된다. 일반적으로 말하면, 표본이 추출된 모집단의 비대칭도(非對稱度; skewness)가 크면 클수록, $\bar{X}$의 표본분포가 정규분포에 접근되도록 하기 위하여 표본크기가 더 커져야만 한다. 그러나, 대부분의 실제상황에서 n은 매우 작은 편이며, $\bar{X}$의 표본분포는 개략적으로 정규분포가 된다.

예제 8.1에서 1,000개의 표본들(각 표본은 $n=11$개의 관찰값들로 구성됨)이 산출되었음을 상기하라. 그 1,000개의 표본평균들에 대한 상대도수 히스토그램이 [그림 8.8] (b)에 나타나 있으며, 또한 평균이 0.5 그리고 표준편차가 0.09인 정규분포가 그 위에 겹쳐 놓여져 있다. 비록 이 정규분포의 표본크기는 단지 11개(즉, $n=11$)이지만, 컴퓨터로 산출된 표본분포에 매우 잘 접근하는 것을 알 수 있다.

중심극한정리(Central Limit Theorem)가 암시하는 바는 [그림 8.8] (b)에서 $\bar{X}$의 표본분포와 [그림 8.8] (a)에서 표본이 추출된 모집단의 분포를 비교하여 봄으로써 또한 명백해진다. 표본이 추출된 모집단은 명확하게 비정규(nonnormal) 분포일지라도 $\bar{X}$의 표본분포는 개략적으로 정규분포를 이룬다. 또한 표본분포의 평균은 표본이 추출된 모집단의 평균과 일치하지만, 표본분포의 변동은 모집단의 변동의 크기보다 상당히 작다는 것을 알 수 있다.

예제 8.2

평균이 80이며 표준편차가 5인 모집단으로부터 무작위표본(표본크기 $n=25$)을 추출하였다고 가정하자.

a. 모집단과 표본평균 $\bar{X}$의 표본분포에 대한 상대도수분포를 그려라.

b. $\bar{X}$가 82보다 더 크게 될 확률을 찾아라.

해답

a. 모집단의 상대도수분포의 모양에 관한 정보가 없으나, 그것은 $\mu=80$에 집중하여야 하며 그 분포의 산포는 $\sigma=5$에 의하여 측정된다는 것을 안다. 한 가지 가능성은 [그림 8.9] (a)에 나타나 있다. $\bar{X}$의 표본분포는 만약 표본이 추출된 모집단분포가 극도로 비대칭이

그림 8.9 모집단의 상대도수분포와 $\bar{X}$의 표본분포

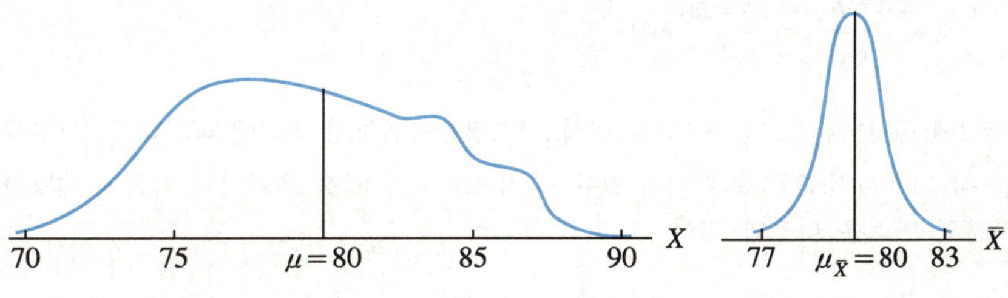

(a) 모집단의 상대도수분포 (b) $\bar{X}$의 표본분포

그림 8.10 $\bar{X}$의 표본분포

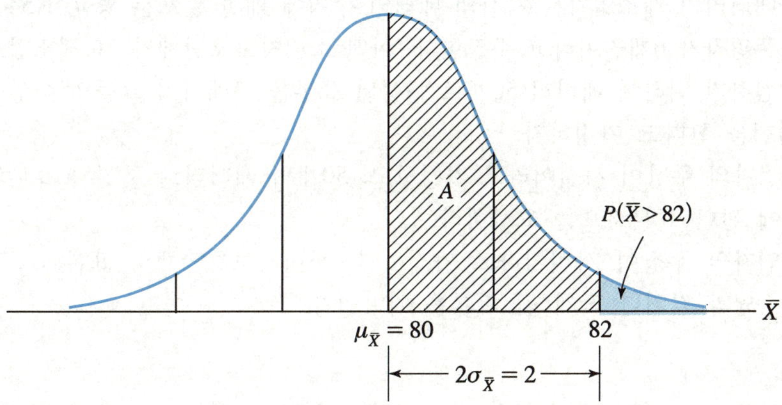

아니라면(중심극한정리 때문에) 개략적으로 정규분포를 이루게 되며, 그것은 다음과 같은 평균과 표준편차를 갖게 될 것이다.

$$\mu_{\bar{X}} = \mu = 80 \quad \text{그리고} \quad \sigma_{\bar{X}} = \frac{\sigma}{\sqrt{n}} = \frac{5}{\sqrt{25}} = 1$$

$\bar{X}$의 표본분포는 [그림 8.9] (b)에 나타나 있다.

b. $\bar{X}$가 82를 초과하게 될 확률은 [그림 8.10]에서 푸른 색으로 그늘진 면적과 같다. 점 $\bar{X}=82$는 $\mu_X(=80)$의 오른쪽으로 $2\sigma_{\bar{X}}$만큼 떨어진 곳에 있다. 즉, $\bar{X}=82$에 해당하는 Z값

은 다음과 같다.

$$Z = \frac{\bar{X} - \mu_{\bar{X}}}{\sigma_{\bar{X}}} = \frac{82 - 80}{1} = 2$$

$Z=2$에 해당하는 [그림 8.10]의 면적 A는 정규곡선하의 면적에 해당하는 표(부록의 표 V를 참조)에서 0.4772로 주어져 있다. 그러므로 $\bar{X}$가 82를 초과하는 확률에 해당하는 꼬리부분의 면적은 다음과 같다.

$$P(\bar{X} > 82) = P(Z > 2) = 0.5 - 04772 = 0.0228$$

예제 8.3

자동차 배터리의 제조업자는 자사의 배터리 수명에 대한 분포는 평균이 54개월 그리고 표준편차가 6개월이라고 주장한다. 어떤 소비자보호단체가 그 제조업자의 주장을 점검하기 위하여 배터리 50개로 구성된 표본을 구매하여 그들의 수명을 결정하는 시험을 한다고 가정하자.

a. 제조업자의 주장이 사실이라고 가정하고, 50개의 배터리로 구성된 표본의 평균수명에 관한 표본분포를 묘사하라.

b. 제조업자의 주장이 사실이라고 가정하면, 소비자보호단체의 표본이 52개월의 평균수명과 같거나 작게 될 확률은 얼마인가?

해답

a. 비록 배터리 수명에 대한 확률분포의 모양에 관한 정보는 없지만, 중심극한정리를 사용하여 50개 배터리들의 표본평균수명에 관한 표본분포는 개략적으로 정규분포를 이룬다. 그 위에 더, 이 표본분포의 평균은 표본이 추출된 모집단의 평균(제조업자의 주장에 따라, $\mu=54$개월)과 같다. 끝으로, 표본분포의 표준편차는 다음과 같다.

$$\sigma_{\bar{X}} = \frac{\sigma}{\sqrt{n}} = \frac{\sigma}{\sqrt{50}} = \frac{6}{\sqrt{50}} = 0.85\text{개월}$$

따라서 제조업자의 주장이 옳다고 가정하면, 50개 배터리들의 평균수명에 대한 표본분포는 평균이 54개월 그리고 표준편차가 0.85개월인 개략적인 정규분포이다. 그 표본분포는 [그림 8.11]에 나타나 있다.

그림 8.11 예제 8.3의 $\overline{X}$에 대한 표본분포(**n**=50인 경우)

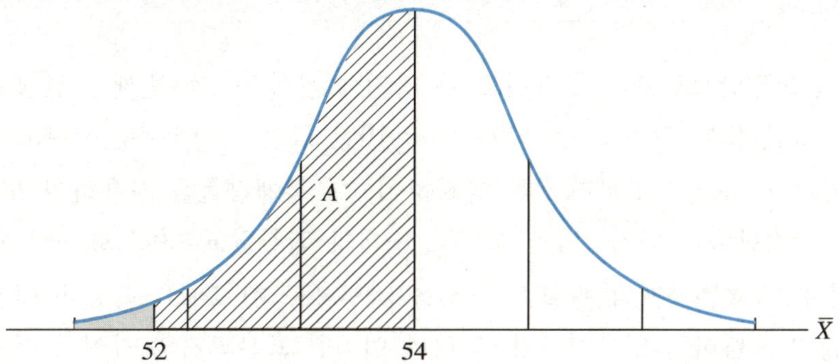

b. 만약 제조업자의 주장이 옳다면, 소비자보호단체가 관찰한 50개 배터리들로 구성된 표본에 대하여 평균수명이 52개월 또는 그보다 적게 될 확률(즉, $P(\overline{X} \le 52)$)은 [그림 8.11]에서 그늘진 면적과 같다. 표본분포는 개략적으로 정규분포를 이루기 때문에, 이 면적은 다음과 같이 Z값을 계산함으로써 구해질 수 있다.

$$Z = \frac{\overline{X} - \mu_{\overline{X}}}{\sigma_{\overline{X}}} = \frac{\overline{X} - \mu}{\sigma_{\overline{X}}} = \frac{52 - 54}{0.85} \fallingdotseq -2.35$$

여기서, $\overline{X}$의 표본분포에 관한 평균(즉, $\mu_{\overline{X}}$)은 표본이 추출된 모집단의 평균(μ)과 같다.

[그림 8.11]에 나타난 $\overline{X} = 52$와 $\overline{X} = 54$ 사이의 면적 A는 부록의 표 V에서 0.4906으로 구해진다. 그러므로 $\overline{X} = 52$의 왼쪽으로 면적은

$$P(\overline{X} \le 52) = 0.5 - A = 0.5 - 0.4906 = 0.0094$$

이다. 따라서, 제조업자의 주장이 옳다면, 소비자보호단체가 평균수명이 52개월 또는 이보다 적은 표본을 관찰하게 될 확률은 단지 0.0094이다. 만약 50개의 배터리들이 시험된 결과, 52개월 또는 그보다 적은 수명으로 판명된다면, 소비자보호단체는 제조업자의 주장이 거짓이라는 유력한 증거를 확보하게 되는 셈이다. 왜냐하면 만약 그 주장이 옳다면 그와 같은 사건은 거의 일어날 것 같지 않기 때문이다.

8.4 표본크기와 표본분포의 관계

어떤 모집단으로부터 무작위로 두 가지 표본들 — 첫 번째는 관찰값의 개수가 $n=5$인 표본 그리고 두 번째는 $n=10$인 표본 — 이 추출된다고 가정하자. 그리고 각 표본으로부터 $\bar{X}$를 계산하여, 이 통계량들을 사용하여 모집단평균 μ를 추정한다고 하자. 직관적으로, 10개의 관찰값($n=10$)으로 구성된 표본을 토대로 한 $\bar{X}$는 5개의 관찰값($n=5$)을 바탕으로 한 $\bar{X}$보다도 μ에 대한 정보를 더 많이 포함하고 있음직하다. 그러나 이러한 표본크기의 차이가 어떤 통계량의 표본분포에 어떻게 영향을 미치겠는가?

이 책에 나오는 통계량에 대하여, 어떤 통계량의 표본분포에 대한 분산은 표본크기에 반비례할 것이다. 또는 표본분포의 표준편차는 $1/\sqrt{n}$에 비례한다고 말할 수 있다(이러한 관계는 어떤 표본평균 $\bar{X}$의 표준편차가 $\sigma/\sqrt{n}$인 것에서 엿볼 수 있다).

그림 8.12 $\bar{X}$에 대한 세 가지 표본분포들

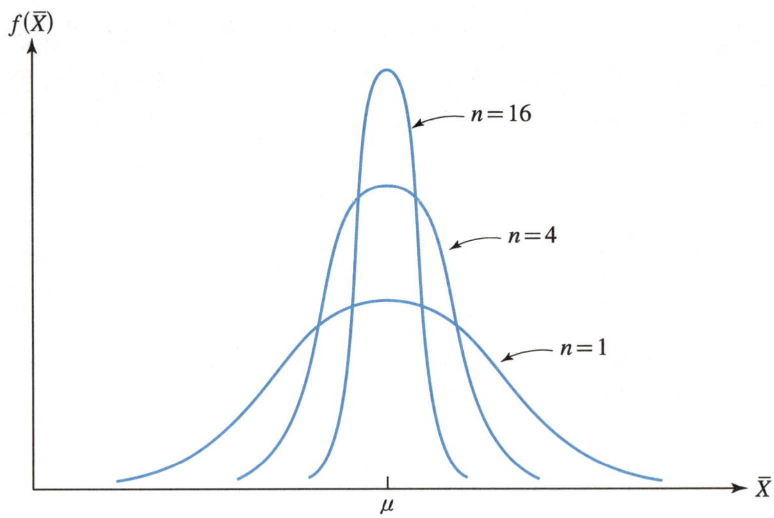

그래서 어떤 통계량에 대한 표본분포의 표준편차를 절반으로 줄이기 위하여, 표본 내에($1/\sqrt{n}=1/\sqrt{4}=1/2$) 관찰값들이 4배만큼 필요하다. 또는 표준편차를 원래 값의 1/3로 줄이기 위하여, 9배만큼의 관찰값들이 필요할 것이다.

정규분포를 이루는 모집단으로부터의 무작위표본들을 기초로 하여, 표본평균 $\bar{X}$에 대한 표본분포들($n=1$, 4 그리고 16개의 관찰값들에 대하여)은 [그림 8.12]에 나타나 있다.

$n=16$의 관찰값들을 토대로 한 $\bar{X}$의 표준편차는 $n=4$인 관찰값들을 토대로 한 분포에 해당되는 표준편차의 1/2이다.

8.5 두 모집단의 차이에 대한 표본분포

종종 하나의 모집단 내에서 어떤 특정한 속성을 지닌 사람이나 물체들의 비율을 다른 모집단 내의 비율과 비교해야 할 때가 있다. 예컨대, 유리를 불어서 만드는 두 가지 공정들로부터 발생하는 불량유리병들의 비율을 비교한다거나 또는 제품 1을 선호하는 고객들 대 제품 2를 선호하는 고객들의 비율을 비교할 필요가 있다. 혹은, 두 모집단들의 평균들, 즉 한 종류의 투자로부터의 평균수익과 다른 종류의 투자로부터의 평균수익을 비교할 필요가 발생한다. 이러한 세 가지 문제들의 공통점은 해당되는 통계량들의 비교를 활용하는 것이다.

예를 들어, 두 모집단의 평균의 차이를 추정하기 위하여, 두 모집단들로부터 추출된 독립적인 무작위표본들의 평균들, $\bar{X}_1$과 $\bar{X}_2$ 간의 차이(difference)를 사용한다. 표본평균들의 차이, $(\bar{X}_1-\bar{X}_2)$가 실제 모집단평균들의 차이와 얼마나 가까울까? 이 질문에 답하기 위하여, $(\bar{X}_1-\bar{X}_2)$의 표본분포에 대해 알고 있을 필요가 있다.

두 가지 통계량들 간의 차이에 대한 표본분포의 형태는 특별한 경우를 고려하지 않고서는 완전하게 명시될 수 없으나, 표본분포의 평균, 분산, 그리고 표준편차에 대한 것은 어느 정도 이야기할 수 있다. 제 5 절에서는 이러한 양

(量)들에 대하여 항상 적용될 수 있는 식들을 살펴보고, 또한 예제를 가지고 그들의 사용을 설명하고자 한다.

가령 두 모집단의 모수 θ_1과 θ_2 간의 차이를 추정한다고 하자. θ_1을 추정하는 데에 대해 불편통계량(이것을 $\hat{\theta}_1$라 하자) 그리고 θ_2를 추정하는 또 다른 불편통계량(이것을 $\hat{\theta}_2$라 하자)이 있다고 하자. 그러면, 이 추정값들은 무편향이기 때문에 $E(\hat{\theta}_1)=\theta_1$ 그리고 $E(\hat{\theta}_2)=\theta_2$(즉, $\hat{\theta}_1$의 표본분포에 관한 평균은 θ_1이며 그리고 $\hat{\theta}_2$의 표본분포에 관한 평균은 θ_2이다)로 되기 마련이다. 게다가, $\hat{\theta}_1$에 대한 표본분포의 분산은 $\sigma^2_{\hat{\theta}_1}$이며 그리고 $\hat{\theta}_2$에 대한 분산은 $\sigma^2_{\hat{\theta}_2}$이라고 가정한다. 그러면 $\hat{\theta}_1-\hat{\theta}_2$)에 대한 표본분포의 평균 및 분산은 $\hat{\theta}_1$와 $\hat{\theta}_2$가 독립적이라고 가정할 때,

$$\mu_{(\hat{\theta}_1-\hat{\theta}_2)}=E(\hat{\theta}_1-\hat{\theta}_2)=E(\hat{\theta}_1)-E(\hat{\theta}_2)=\theta_1-\theta_2$$

$$\sigma^2_{(\hat{\theta}_1-\hat{\theta}_2)}=\sigma^2_{\hat{\theta}_1}+\sigma^2_{\hat{\theta}_2}$$

이 됨을(여기서 증명은 생략하기로 함) 알 수 있다. 이 식들의 사용을 아래의 예제를 가지고 설명하고자 한다.

예제 8.4

평균이 각각 μ_1과 μ_2 그리고 분산이 각각 σ_1^2과 σ_2^2인 두 개의 모집단을 고려하자. 두 개의 모집단들로부터 n_1과 n_2개의 관찰값들로 구성된 독립적인 무작위표본들이 추출된다(n_1은 모집단 1로부터이며 n_2는 모집단 2로부터임).

표본평균 $\bar{X}_1$과 $\bar{X}_2$는 표본들로부터 계산된다. 두 표본평균들간의 차이, $(\bar{X}_1-\bar{X}_2)$에 대한 표본분포의 기대값과 표준편차를 구하여라.

해답

제 8 장 제 3 절로부터 $E(\bar{X}_1)=\mu_1$ 그리고 $E(\bar{X}_2)=\mu_2$가 됨을 알기 때문에, $(\bar{X}_1-\bar{X}_2)$에 대한 표본분포의 평균은

$$E(\bar{X}_1-\bar{X}_2)=E(\bar{X}_1)-E(\bar{X}_2)=\mu_1-\mu_2$$

가 된다.

그림 8.13 $(X_1 - X_2)$의 표본분포

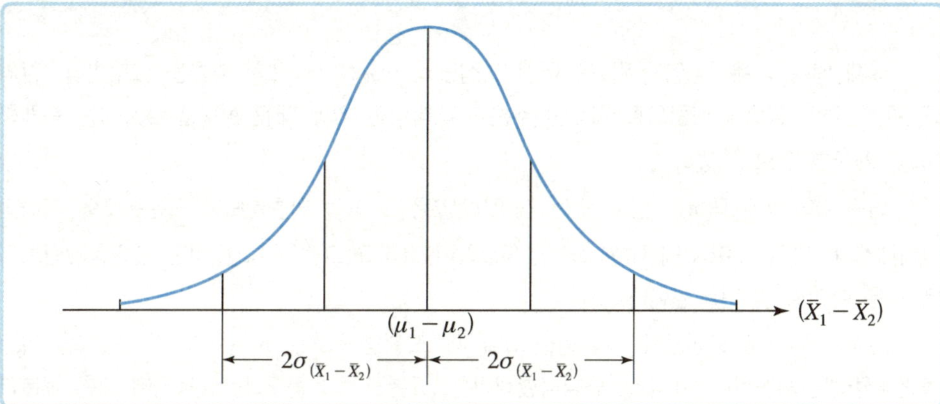

n개의 관찰값들로 구성된 무작위표본의 평균, $\bar{X}$의 분산은 그 표준편차의 제곱과 같다. 즉, $(\sigma/\sqrt{n})^2 = \sigma^2/n$이다(여기서 σ^2은 표본이 추출된 모집단의 분산이다).

표본평균 $\bar{X}_1$와 $\bar{X}_2$의 분산들은 다음과 같이 된다.

$$\sigma^2_{\bar{X}_1} = \frac{\sigma_1^2}{n_1} \quad \text{그리고} \quad \sigma^2_{\bar{X}_2} = \frac{\sigma_2^2}{n_2}$$

그리고 두 개의 독립적인 통계량의 차이(difference)에 대한 분산의 공식을 사용하면,

$$\sigma^2_{(\bar{X}_1 - \bar{X}_2)} = \sigma^2_{\bar{X}_1} + \sigma^2_{\bar{X}_2} = \frac{\sigma_1^2}{n_1} + \frac{\sigma_2^2}{n_2}$$

가 되며, 그리고 $(\bar{X}_1 - \bar{X}_2)$에 대한 표본분포의 표준편차는

$$\sqrt{\sigma^2_{(\bar{X}_1 - \bar{X}_2)}} = \sqrt{\frac{\sigma_1^2}{n_1} + \frac{\sigma_2^2}{n_2}} \quad \text{또는} \quad \sigma^2_{(\bar{X}_1 - \bar{X}_2)} = \sqrt{\frac{\sigma_1^2}{n_1} + \frac{\sigma_2^2}{n_2}}$$

이 된다.

$(\bar{X}_1 - \bar{X}_2)$에 대한 표본분포는 n_1과 n_2의 충분히 큰 값들에 대하여 개략적으로 정규분포를 이루게 된다는 것을 알 수 있다. 그러므로, 충분히 큰 표본들에 대하여, $(\bar{X}_1 - \bar{X}_2)$의 표본분포는 [그림 8.13]과 같이 나타날 것이다.

요약

실제 많은 경제 · 경영문제들은 어떤 모집단의 모수(θ)에 대한 추론을 요구한다. 만약 표본에 담겨진 정보를 바탕으로 이러한 추론을 내리려면, θ에 대한 정보를 내포하는 통계량($\hat{\theta}$)을 계산할 필요가 있다.

어떤 $\hat{\theta}$이 θ에 대하여 담고 있는 정보의 양은 그 $\hat{\theta}$의 확률분포인 표본분포에 의하여 나타내진다. 특히, $\hat{\theta}$이 θ에 대한 불편추정값이며 그리고 그것이 다른 어떤 불편통계량보다 더 작은 분산을 갖기를 원한다.

관심의 대상인 모집단의 θ가 평균 μ일 때, 표본평균 $\bar{X}$는 $\sigma/\sqrt{n}$의 표준편차를 가진 불편추정값을 제공한다. 게다가, 중심극한정리는, 표본크기가 큰 표본의 평균에 대한 표본분포는 표본이 추출된 모집단의 상대도수분포 모양에 관계없이, 개략적으로 정규분포를 이루게 된다는 것을 보증한다.

어떤 표본 내에 담겨진 그리고 모집단의 모수에 적절한 정보의 양은 표본크기와 관련되어 있다. 예컨대, 표본평균 $\bar{X}$에 대한 표본분포의 표준편차는 표본크기의 평방근에 반비례할 것이다.

표본자료로부터 계산될 수 있는 많은 $\hat{\theta}$에 대한 표본분포들이 자세히 논의될 수도 있겠지만, 그것은 이 과정의 실질적인 목적 — 경영의사결정에서 통계적 추론의 역할 — 에 대한 논의를 지연시킬 뿐이다. 따라서 특정한 $\hat{\theta}$에 관한 표본분포들은 그들이 추정값으로 또는 의사결정의 보조로서 뒤에 전개될 때마다 다시 언급될 것이다.

연습문제

EXERCISES

8.1 다음 각 경우에, 모집단 평균이 μ이며 표준편차가 σ인 모집단으로부터 표본크기 n인 표본이 무작위로 추출되었을 때, 표본평균 $\bar{X}$의 표본분포에 대한 평균 및 표준편차를 구하여라.

a. $n=15,\ \mu=25,\ \sigma=3$

b. $n=30,\ \mu=100,\ \sigma=10$

c. $n=8,\ \mu=36,\ \sigma=2$

d. $n=100,\ \mu=500,\ \sigma=8$

8.2 평균이 20이며 표준편차가 3인 모집단으로부터 $n=25$인 관찰값들로 이루어진 표본이 추출된다고 하자.

a. 표본평균 $\bar{X}$의 표본분포에 대한 평균 및 표준편차는 얼마인가?

b. $\bar{X}$의 값이 21일 때, 이에 해당되는 Z값을 구하여라.

c. $\bar{X}=19$에 해당되는 Z값을 구하여라.

8.3 문제 8.2를 참조하라. 다음의 해당되는 확률을 구하여라.

a. $\bar{X}$가 21보다 크다.

b. $\bar{X}$가 21보다 작다.

c. $\bar{X}$가 19보다 크다.

d. $\bar{X}$가 19보다 작다.

e. $\bar{X}$가 19와 21 사이에 있다.

8.4 제조된 생산품들의 모집단으로부터 $n=50$인 표본이 추출되어 각 품목의 무게(X)가 기록된다고 가정하자. 지금까지 경험에 의하면, 그 무게는 $\mu=6$kg이며 그리고

$\sigma = 2.5$kg인 확률분포를 이룬다고 판단된다. 그러면 표본평균 $\bar{X}$은 개략적으로 정규분포를 이룬다(중심극한정리를 참조).

a. $\mu_{\bar{X}}$와 $\sigma_{\bar{X}}$를 계산하여라.

b. 제조업자의 표본이 5.75kg과 6.25kg 사이의 무게를 갖게 될 확률은 얼마인가?

c. 표본의 평균무게가 5.5kg 미만이 될 확률은 얼마나 될까?

d. 만약 표본크기(n)가 50에서부터 100으로 증가된다면, $\bar{X}$의 표본분포는 어떻게 변화하겠는가?

8.5 다음과 같은 평균과 표준편차를 가진 두 가지의 정규모집단들로부터 25개의 관찰값들로 구성되는 무작위표본들이 독립적으로 추출된다고 하자.

모집단 1	모집단 2
$\mu_1 = 12$	$\mu_2 = 10$
$\sigma_1 = 4$	$\sigma_2 = 3$

$\bar{X}_1$과 $\bar{X}_2$는 두 표본평균들을 나타낸다고 하자.

a. $\bar{X}_1$의 표본분포에 대한 평균 및 표준편차를 구하여라.

b. $\bar{X}_2$의 표본분포에 대한 평균 및 표준편차를 구하여라.

c. 가령 표본평균들의 차이 $(\bar{X}_1 - \bar{X}_2)$를 알아보고자 한다고 가정하자. $(\bar{X}_1 - \bar{X}_2)$의 표본분포에 대한 평균 및 표준편차를 구하여라.

d. $(\bar{X}_1 - \bar{X}_2)$의 표본분포는 정규분포를 이루게 되겠는가? 설명하여라.

8.6 문제 8.5를 참조하라.

a. $(\bar{X}_1 - \bar{X}_2) = 1.5$에 해당되는 Z값을 구하여라.

b. 두 표본평균들의 차 $(\bar{X}_1 - \bar{X}_2)$가 1.5보다 크게 될 확률을 구하여라.

c. $(\bar{X}_1 - \bar{X}_2)$가 1.5보다 작게 될 확률은 얼마인가?

d. $(\bar{X}_1 - \bar{X}_2)$가 1보다 크거나 또는 -1 보다 작게 될 확률은 얼마인가?

8.7 마이크로컴퓨터용 플로피디스크를 생산하는 제조공정이 아래와 같은 확률분포에 의하여 특정지어질 수 있다고 가정하자(X는 디스크당 결점들의 수).

X	$P(X)$
0	0.75
1	0.15
2	0.10

a. 디스크당 결점들의 수에 대한 평균 및 표준편차를 계산하여라.

b. 생산공정에서 추출된 400장의 디스크로 구성되는 무작위표본에서 디스크당 평균결점수에 대한 표본분포를 묘사하여라.

c. $\bar{X}$에 대한 평균과 표준편차를 계산하여라.

d. 400장의 디스크로 구성되는 무작위표본 내에 디스크당 평균결점수가 0.30 미만이 될 확률을 구하여라.

8.8 지난 3년 동안 어떤 특정 유전에서 매일매일 생산되는 석유량(단위: 배럴)에 대한 분포는 평균 400배럴이며 표준편차는 75배럴이었다.

a. 지난 3년간의 자료로부터 추출된 40일간의 생산일수로 구성된 표본들에 대하여 하루에 생산된 평균생산량(배럴 수)의 표본분포를 묘사하여라.

b. 표본평균이 425배럴보다 크게 될 확률은 얼마일까? 400배럴 미만일 확률은?

8.9 문제 8.8을 참조하라. 일일 평균생산량(배럴)이 400배럴이라는 것을 모른다면, 모집단평균(μ)을 추정하기 위하여 표본평균을 어떻게 이용할 수 있는지 설명하여라.

8.10 지난해에 대학원을 졸업하고 취업을 한 신입남자사원의 연간 초임(初賃)에 대한 분포는 평균이 1천 4백만원 그리고 표본편차가 1백 2십만원이었다. 지난해와 마찬가지로 대학원을 졸업하고 취업을 한 신입 여자사원들로부터 추출된 36명의 무작위표본은 연간 초임에 대한 표본평균이 1천 4백 6십만원이었다고 하자.

a. 지난해에 대학원을 졸업한 남자 신입사원들의 연간 초임으로부터 추출된 36개로 구성된 무작위표본이 적어도 1천 4백 6십만원의 표본평균을 갖게 될 확률은 얼마인가?

b. a에서의 결과를 토대로, 대학원졸 신입여사원의 초임은 대학원졸 신입남자사원의 초임을 나타내는 것과 동일한 확률분포로 그 특성이 묘사될 수 있다고 생각하는가?

8.11 어떤 특정한 라인프린터에 의해 1초당 인쇄되는 글자의 수에 대한 분포는 다음과 같다. $\mu=45$글자/초, $\sigma=2$글자/초

a. 1분간의 무작위표본들에 대하여 1초당 인쇄된 평균글자수의 표분분포를 묘사하여라.

b. 60초간에 해당하는 무작위표본의 표본평균이 44.5글자/초와 45.3글자/초 사이에 있게 될 확률은 개략적으로 얼마인가?

c. 60초간의 무작위표본에 대한 표본평균이 44글자/초 미만이 될 확률은 개략적으로 얼마인가?

8.12 김한국 씨는 값비싼 포도주를 상자로 구매하려고 한다. 김 씨는 즉시 사용을 위하여 포도주 두 병을 따며 그리고 그 두 병이 마음에 들면, 상자 내의 나머지 포도주병들도 받아들일 계획이다. 상자 내에는 10병의 포도주들이 들어 있으며 그리고 김 씨는 모르고 있지만 각 병 속에 담겨져 있는 포도주의 상태는 아래와 같다고 하자(1은 양질을 나타내며, 0은 불량을 뜻한다).

포도주병	1	2	3	4	5	6	7	8	9	10
포도주의 상태	1	0	0	1	1	1	1	1	0	1

김한국 씨는 오로지 상자 내의 포도주 10병에 관심이 있기 때문에, 0 또는 1로 구성된 10개의 반응들에 대한 집합은 김 씨에게 흥미있는 모집단이 된다.

a. 김한국 씨가 상자로부터 포도주 2병을 무작위표본으로 추출하면, 과연 몇 가지의 서로 다른 표본들을 발췌하게 되겠는가? 이들을 나열하여라.

b. 김 씨는 표본 내의 포도주 2병이 모두 양품이어야만 그 포도주 상자를 받아들인다고 가정하자. 두 병 모두 양질의 포도주를 포함하게 되는 표본들을 모두 나열하여라. 이 포도주상자를 받아들이게 될 확률은 얼마인가?

c. $n=2$인 표본 내에 양질의 포도주병 수를 X라고 놓자. X에 대한 표본분포를 작성하여라.

8.13 콘덴서를 냉각시키는 데 물을 사용하는 전력발전소들은 때때로 뜨거워진 물을 강이나 바다로 방출하곤 한다. 어떤 온도 이상으로 가열된 물은 수생(水生) 동·식물에 유해한 영향을 끼친다고 알려져 있다. 가령 어떤 특정 발전소에서 특정한 날에 방출한 물의 온도가 평균은 30℃이며 표준편차가 8℃인 확률분포를 이룬다고 하자. 무작위로 30일이 추출되며, 방출된 물의 온도가 매일매일 기록된다.

a. 표본 내의 30일에 대한 일일 평균온도가 33℃를 넘어서게 될 확률은 얼마인가? 28℃에서 32℃ 사이에 있게 될 확률은?

b. a에 해당되는 답을 구하는 데 있어서, 어떠한 가정들이 필요한가?

제 9 장

추정과 가설검정 : 한 개의 모집단인 경우

9.1 모평균에 대한 추정: 표본크기가 클 때

9.2 모평균에 대한 가설검정: 표본크기가 클 때

9.3 유의수준(α)과 유의확률(p-값)

9.4 모평균에 대한 추론: 표본크기가 작을 때

9.5 모비율에 대한 추론: 표본크기가 클 때

9.6 표본크기의 결정

신차종의 평균주행거리에 대한 추정이나 어떤 특정 상표의 디지털 손목시계의 평균수명이 5년이라고 하는 주장에 대한 검정 그리고 철강산업에 종사하는 기업들의 연간 평균판매액에 대한 추정은 공통적인 요소를 가지고 있는 경영문제들이다. 각각의 경우에 있어서, 관심의 대상은 모집단의 평균에 대하여 추론하는 것이다. 이러한 중요한 문제가 이 장의 근본 논제를 이룬다.

어떤 모집단의 모수에 대한 두 가지 형태의 추론 — 모수에 대한 추정과 모수에 대한 가설검정 — 에 관하여 집중하기로 하자. 어떤 표본이 많은 수의 혹은 적은 수의 관찰값들을 포함하느냐에 따라서 추론하는 데 서로 다른 기법들이 사용되는 것을 알게 될 것이다. 여러 기법들이 사용되지만, 목적은 항상 같다. 추론을 내리고 그 신뢰성을 평가하기 위하여, 표본에 담겨진 정보를 최대한으로 이용하여야 한다.

제 1 절과 제 2 절에서는 모집단평균의 추정과 가설검정에 대하여 표본크기가 클 때, 즉 표본의 크기가 30 이상인 때의 방법들을 다룬다. 제 4 절과 제 5 절에서는 표본크기가 작을 때의 방법들을 다룬다. 끝으로, 제 6 절에서는 표본크기를 결정하는 방법을 다룬다.

9.1 모평균에 대한 추정: 표본크기가 클 때

어떤 대규모의 신용회사가 돈을 빌린 사람들에 의하여 체납되어 있는(즉, 2개월 이상 상환이 늦어진) 평균금액을 추정하고자 한다. 이러한 목적을 달성하기 위하여, 그 회사는 체납되어 있는 계정들 중에서 100개를 추출하여 이로부터 지불기한이 지난 액수들의 표본평균을 체납되어 있는 모든 계정들의 평균(μ)을 추정한다. 게다가, 표본평균의 표본분포를 사용하여 추정의 정확도를 평가한다. 어떻게 이것이 완수될 수 있을까?

충분히 표본크기가 클 경우에는 표본평균의 표본분포가 [그림 9.1]에서와 같이 개략적으로 정규분포를 이루게 됨을 상기하기 바란다. 만일 표본크기 $n=100$개의 관찰값들로 구성된 표본을 취하여 다음과 같은 구간을 계산한다고

그림 9.1 $\bar{X}$의 표본분포

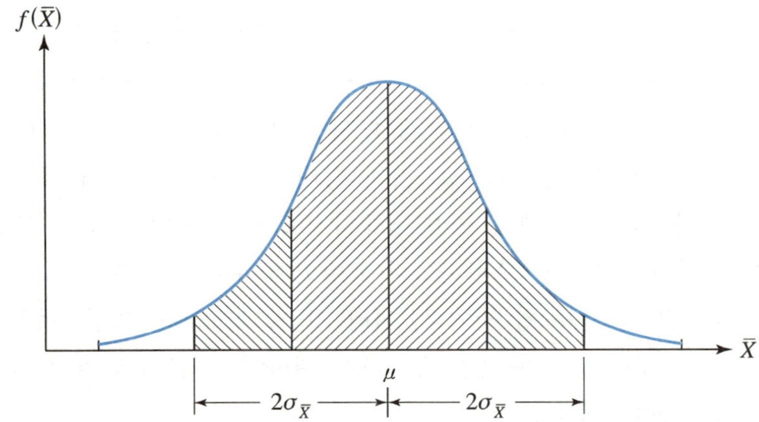

가정하자.

$$\bar{X} \pm 2\sigma_{\bar{X}} = \bar{X} \pm \frac{2\sigma}{\sqrt{n}}$$

즉, 표본평균을 중심으로 2배의 표준편차에 해당되는 구간을 형성한다. 표본을 추출하기 전에, 이 구간이 모집단의 평균(μ)을 포함하게 될 확률은 얼마인가?

이 질문에 답하기 위하여, [그림 9.1]을 참조하라. 만약 100개의 관찰값들에서 구해진 $\bar{X}$의 값이 빗금친 두 개의 선분들 사이(즉, μ로부터 2배의 표준편차 내)에 해당된다면, 그 구간 $[\bar{X} \pm 2\sigma_{\bar{X}}]$은 μ를 포함하게 될 것이다. 만약 $\bar{X}$가 이러한 구간경계들의 바깥(어느 한쪽이라도)에 있게 된다면, 구간 $[\bar{X} \pm 2\sigma_{\bar{X}}]$은 μ를 포함하지 않게 된다. 이들 경계들 사이의 정규곡선($\bar{X}$의 표본분포)하의 면적은 개략적으로 0.95(좀 더 정확하게, 부록의 V로부터, 면적은 0.9544)이기 때문에, 구간 $[\bar{X} \pm 2\sigma_{\bar{X}}]$이 μ를 포함하게 될 확률은 약 0.95라는 것을 알 수 있다.

예를 들어, 100개의 체납되어 있는 계정들의 표본에 대한 합과 편차 자승의 합은 다음과 같다고 하자.

$$\sum_{i=1}^{n} x_i = 23{,}300\text{(단위: 천원)}$$

$$\sum_{i=1}^{n} (x_i - \bar{x})^2 = 801{,}900\text{(단위: 천원)}$$

우선 통계량을 계산한다.

$$\bar{x} = \frac{\sum_{i=1}^{100} x_i}{n}$$

$$= \frac{23{,}300}{100} = 233$$

$$s = \sqrt{\frac{\sum_{i=1}^{100} (x_i - \bar{x})^2}{n-1}}$$

$$= \sqrt{\frac{801{,}900}{99}} = 90$$

$\bar{x}$를 중심으로 2배의 표준편차에 해당하는 구간을 만들면,

$$\bar{x} \pm 2\sigma_{\bar{x}} = 233 \pm 2\left(\frac{\sigma}{\sqrt{100}}\right)$$

이 된다.

그러나, 이제 문제에 봉착한다. 원래 모집단의 표준편차 σ — 즉, 체납되어 있는 모든 계정들의 금액에 대한 표준편차 — 를 알지 않고서는 이 구간을 계산할 수 없음이 분명하다. 그러나 표본크기가 크기 때문에($n = 100$개의 관찰값) σ에 가깝게 하기 위하여 표본표준편차 s를 사용함으로써 그 구간에 접근할 수 있다. 따라서

$$\bar{x} \pm 2\left(\frac{\sigma}{\sqrt{100}}\right) \approx \bar{x} \pm 2\left(\frac{s}{\sqrt{100}}\right) = 233 \pm 2\left(\frac{90}{10}\right) = 233 \pm 18 \text{(단위: 천원)}$$

즉, 모든 계정들의 체납된 평균액수는 구간 [215, 251]에 해당한다고 추정된다.

참값 μ가 구간 [215, 251] 내에 존재하리라고 기대할 수 있겠는가? 반드시 그렇지는 않지만, 합리적으로 그 구간 내에 존재하리라고 확신한다. 만약, 이러한 체납된 계정들의 그룹으로부터 100개의 계정들로 구성된 표본들을 반복해서 발췌하여 매번 $\bar{X}$를 중심으로 2배의 표준편차를 형성한다면, 약 95%의 구간들은 μ를 포함할 것이라는 지식으로부터 위와 같은 확신이 유래되었다.

어느 특정 표본의 구간이 μ를 포함하는 95% 중의 하나인지 또는 그렇지 않은 5% 중의 하나인지를(모든 체납된 계정들을 고찰해 보지 않고서는) 알 수 없기 때문에, 단지 95%의 확신을 가지고 구간 [215, 251]이 μ를 포함한다고 말한다. 따라서 계정당 평균체납액에 대한 구간추정과 추정에 대한 신뢰성 척도가 설명되었다.

표본자료를 기초로 구간추정을 계산하는 방법을 가르쳐 주는 식은 구간추정량(interval estimator)이라 불린다. 구간추정에 부여되는 신뢰도를 측정하는 확률(예를 들면, 0.95)은 신뢰계수(confidence coefficient)라고 불린다. 퍼센트(예를 들어, 95%)는 구간추정에 대한 신뢰수준(confidence level)이라고 불린다.

정의 9.1

구간추정량(interval estimator)은 표본자료를 사용하여 어떤 보집난의 모수(母數)를 추정할 수 있는 구간을 계산하는 방법을 설명해 주는 식이다.

정의 9.2

신뢰계수(confidence coefficient)는 어떤 구간추정량이 수없이 많이 반복되어 사용된다면 그 구간추정량이 모집단의 모수를 포함하게 될 확률이다. **신뢰수준(confidence**

level)은 신뢰계수를 퍼센트로 나타낸 것이다.

전술한 것은 모집단의 모수를 추정하는 데 어떻게 구간이 사용될 수 있는지에 대한 예이다. 그리고 통계적인 관례인데 구간 추정량을 사용할 때 그 구간이 실제로 모수의 참값을 포함하게 되는 신뢰수준이 평가된다. [그림 9.2]는 어떤 모집단으로부터 많은 표본들이 추출되어 각각으로부터 모집단의 모수(θ)에 대한 신뢰구간이 계산될 때 무슨 일이 일어나는지를 보여준다. θ의 위치는 그림에서 수직선으로 표시되어 있다. 10개의 표본들을 기초로 각각 구해진 10개의 신뢰구간들은 수평선분들로 나타나 있다. 신뢰구간들은 표본에 따라 움직이는 것 — 어떤 때는 θ를 포함하고 어떤 때는 θ를 포함하지 않음 — 을 주시하라. 신뢰수준이 95%라면 표본신뢰구간들의 95%는 θ를 포함할 것이다.

그림 9.2 **$\boldsymbol{\theta}$에 대한 구간추정량들: 10개의 표본들**

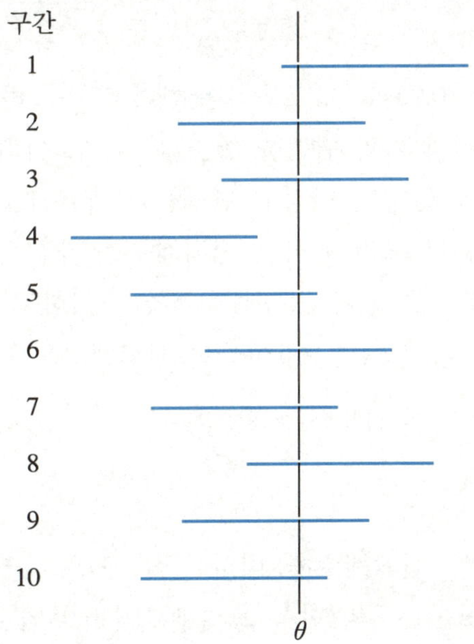

표 9.1 흔히 사용되는 $Z_{\alpha/2}$의 값들

신뢰수준 100(1−α)	α	$\alpha/2$	$Z_{\alpha/2}$
90%	.10	.05	1.65
95%	.05	.025	1.96
99%	.01	.005	2.57

그림 9.3 표준정규곡선에서 $Z_{\alpha/2}$의 위치를 정하기

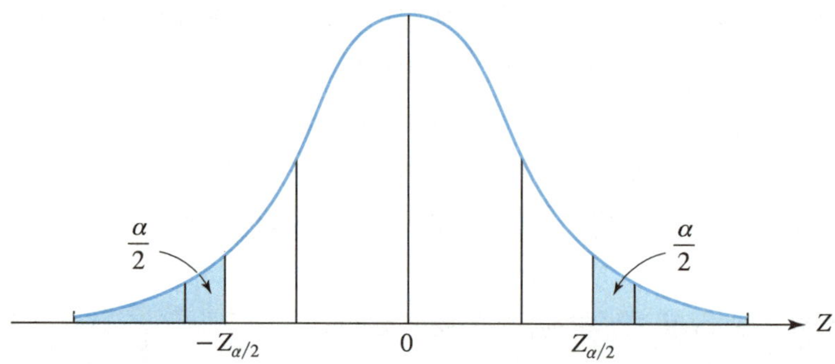

가령, 신뢰계수를 0.95와 다르게 선택한다고 가정하자. 신뢰계수 0.95는 표본분포의 총면적에서 0.05의 면적을 뺀 것과 같다. 이러한 개념을 사용하여, 표본분포의 꼬리부분에 할당된 면적(그 면적을 α라 부름. [그림 9.3]을 참조)을 증가시키든가 또는 감소시킴으로써 원하는 신뢰계수를 가진 신뢰구간을 작성할 수 있다. 예를 들어, 만약 각 꼬리부분에 $\alpha/2$를 배치하고 그리고 $Z_{\alpha/2}$는 면적 $\alpha/2$가 그 오른쪽으로 있게 되는 Z값이라면 신뢰계수 $(1-\alpha)$를 가진 신뢰구간은 다음과 같다.

$$\bar{X} \pm Z_{\alpha/2}\sigma_{\bar{X}}$$

예를 들면, 0.90인 신뢰계수에 대하여, $(1-\alpha)=0.90$, $\alpha=0.10$, $\alpha/2=0.05$ 그리고 $Z_{0.05}$는 표본분포의 한쪽 꼬리부분에 0.05의 위치를 정하는 Z값이

다. 부록의 표 V에는 평균과 어떤 특정한 Z값 사이의 면적들이 수록되어 있다는 것을 상기하기 바란다. 평균의 오른쪽으로 총면적은 0.50이기 때문에 $Z_{0.05}$는 평균의 오른쪽으로 표에 만들어진 면적이 0.45에 해당하는 Z값이 될 것이다. 이러한 Z값은 $Z_{0.05}=1.65$이다.

주로 학술논문 등에 사용되는 신뢰계수들은 보통 0.90에서부터 0.99까지의 범위에 걸친다. 가장 흔한 신뢰계수들에 해당되는 α와 $Z_{\alpha/2}$값은 〈표 9.1〉에 나타나 있다.

표본크기가 클 때 μ에 대한 100(1−α)% 신뢰구간

$$\bar{X} \pm Z_{\alpha/2}\,\sigma_{\bar{X}}$$

여기서, $Z_{\alpha/2}$는 오른쪽 $\sigma_{\bar{X}}$의 면적을 가진 Z값([그림 9.3] 참조)이다.

$$\sigma_{\bar{X}} = \sigma/\sqrt{n}$$

여기서, σ는 표본이 추출된 모집단의 표준편차이며, n은 표본크기이다.

예제 9.1

항공편에서 빈 자리들은 항공사가 수입원을 놓치는 원인이 된다. 어떤 대형항공사가 지난 한 해 동안 매 항공편당 빈 자리들의 평균값을 추정하고자 한다. 이것을 완수하기 위하여, 무작위로 225기 항공편들의 기록을 추출하여 각 표본항공편의 빈 자리수에 대한 표본평균과 편차를 계산하였다.

$$\bar{X} = 11.6\text{자리} \qquad S = 4.1\text{자리}$$

90% 신뢰구간을 사용하여, 지난 한 해 동안 항공편당 평균 빈 자리의 수(μ)를 추정하라.

해답

모집단평균에 대한 90% 신뢰구간(표본크기가 클 때)의 일반식은 다음과 같다.

$$\bar{X} \pm Z_{\alpha/2}\sigma_{\bar{X}} = \bar{X} \pm Z_{0.05}\sigma_{\bar{X}}$$
$$= \bar{X} \pm 1.645\left(\frac{\sigma}{\sqrt{n}}\right)$$

표본으로 추출된 225기의 기록들에 대하여 90% 신뢰구간은 $11.6 \pm 1.645(\sigma/\sqrt{225})$이 된다.

σ(일년 동안의 모든 항공편들에 대하여 항공편당 빈 자리수의 표준편차)의 값은 알 수 없기 때문에, 최상의 근사치인 표본표준편차(S)를 사용한다. 그리고 90% 신뢰구간은 개략적으로 $11.6 \pm 1.645(4.1/\sqrt{225}) = 11.6 \pm 0.45$이거나 또는 11.15에서 12.05까지이다. 즉, 항공사는 표본이 취해진 한 해 동안 항공편당 평균 빈 자리수가 11.15에서 12.05 사이였다고 90% 확신할 수 있다.

9.2 모평균에 대한 가설검정: 표본크기가 클 때

어떤 도시에서의 건축물 설계명세에 의하면 주택용 하수도 파이프의 절단력은 2,400lb/ft 이상되어야 한다고 가정하자. 이 도시에 파이프를 판매하려는 각 제조업자들은 그 제품이 설계명세를 충족시킨다는 것을 증명하여야 한다. 다시 한번 모집단의 평균(μ)에 대하여 추론하는 것에 관심을 갖게 됨을 주시하라. 그러나 이 예제에서는 μ에 대한 값을 추정하는 것보다는 오히려 그 값에 대한 가설검정에 더 관심이 있다. 즉, 파이프의 평균절단력이 2,400lb/ft를 초과하는지 여부를 결정하고자 한다.

두 가지 가설들이 정의되는데, 한 가지 가설은 다른 하나의 정반대이다. 그리고 표본자료가 지지하고자 하는 가설의 정반대되는 가설과 다르다는 것을 보여줌으로써 가설들 중의 하나, 즉 지지하려는 가설이 사실임을 나타내고자 한다. 제조업자가 입증하려는 연구가설($\mu > 2{,}400$lb)은 통계학에서 대립가설(alternative hypothesis) 또는 연구가설이라고 불리며 그리고 기호 H_a로 표시된다. 대립가설의 정반대(즉, $\mu \leq 2{,}400$lb)는 귀무가설(歸無假說: null hypothesis)이라고 불리며 그리고 기호 H_0로 나타낸다. 결과적으로, 목표는 표본자료가 귀무가설과 다르다는 것을 보임으로써 대립가설에 대한 지지를 얻는 데 있다. 제조업자에 의하여 선택된 귀무가설 및 대립가설은 다음과 같이 요약된다.

귀무가설(H_0): $\mu = 2,400$
(즉, 제조업자의 파이프는 명세를 만족시키지 못한다)

대립가설(H_a): $\mu > 2,400$
(즉, 제조업자의 파이프는 명세를 만족시킨다)

다음으로, 어느 가설이 사실인지를 결정하기 위하여 표본 내에 담겨진 정보를 사용하는 데 대한 절차가 필요하다. 모집단의 평균(μ)에 대한 가설을 검증하고 있기 때문에, 두 개의 가설들 중에 하나를 결정하기 위하여 표본평균($\bar{X}$)을 사용하는 것이 합리적이다. 구체적으로, 표본평균 $\bar{X}$가 강력히 암시하기를 μ는 2,400lb를 초과한다고 할 때, 대립가설(H_a)을 지지하여 귀무가설(H_0)을 거부하게 된다.

사실 $\bar{X}$가 매우 큰 값을 갖는다면(즉 2,400보다 매우 크다면), $\mu = 2,400$lb라고 믿기는 힘들 것이다. 그러므로 귀무가설, H_0: $\mu =$ 2,400을 거부하고 대립가설, H_a: $\mu > 2,400$이 옳다고 결론짓게 한다. $\bar{X}$와 2,400간의 거리에 관한 편리한 척도는 Z값인데,

$$Z = \frac{\bar{X} - 2,400}{\sigma_{\bar{X}}} = \frac{\bar{X} - 2,400}{\dfrac{\sigma}{\sqrt{n}}}$$

이는 $\bar{X}$의 표준편차 $\sigma_{\bar{X}}$의 단위로 거리를 나타낸다. 따라서 만약 Z의 값이 2라면, 그것은 $\bar{X}$가 μ보다 $2\sigma_{\bar{X}}$만큼 위쪽에 있다는 것을 의미하게 된다. 만약 $Z = -1.5$라면, 그것은 $\bar{X}$가 μ의 아래쪽으로 $1.5\sigma_{\bar{X}}$인 곳에 위치한다는 뜻이다.

귀무가설을 거부하게 되는 결정을 내리려면 Z값이 얼마나 커야 하겠는가? [그림 9.4]를 검토하여 보면, 다음과 같은 사실을 알게 된다. 만약 평균 μ가 2,400이라면, $\bar{X}$의 값이 2,400보다 위쪽으로 1.645배의 표준편차 이상인 곳에서 관찰하게 될 확률은 단지 0.05이다. 따라서 표본평균이 2,400보다 1.645배

그림 9.4 $\overline{X}$에 대한 표본분포(μ=2,400이라고 가정함)

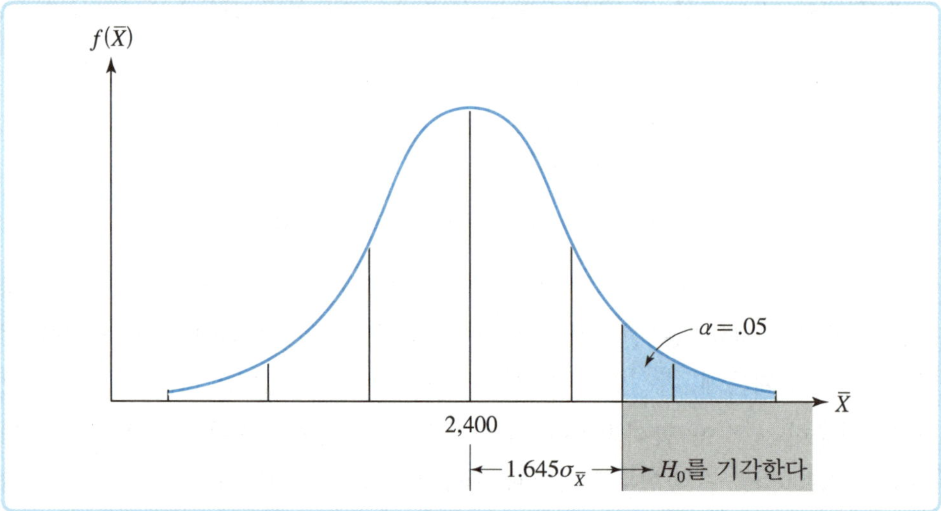

의 표준편차 이상으로 크다면, 다음 두 가지 중의 하나이다. 즉, H_0가 사실이며 그리고 비교적 희귀한 사건이 발생(그러한 확률은 0.05와 같거나 또는 작음)했거나 또는 H_a가 사실이며 그리고 모집단의 평균은 2,400을 초과한다. 대개는 어떤 희귀한 사건이 발생했다라는 개념을 거절하는 쪽이기 때문에, 통계학자들은 귀무가설(H_0: $\mu = 2{,}400$)을 거부하게 되며 그리고 대립가설(H_a: $\mu > 2{,}400$)이 사실이라고 결론내린다. 이러한 절차가 잘못된 의사결정에 도달하게 될 확률은 얼마나 될까?

대립가설이 서짓인네도 그 대립가설이 옳다고 결정하는 것은 제 1 종 오류 (Type error)라고 불린다. [그림 9.4]에 나타나 있듯이, 제 1 종 오류를 범하게 될 확률 — 즉, 사실 귀무가설이 옳은데도 대립가설을 지지하는 결정을 내리는 것 — 은 단지 $\alpha = 0.05$이다. 즉,

$$\alpha = P(\text{Type error})$$

$$= P(\text{귀무가설이 사실인데도 귀무가설을 거부하게 되는})$$

위의 예제에서, $\alpha = P(Z > 1.645$, 사실 $\mu = 2{,}400$이며$) = 0.05$이다.

위에 언급된 검정의 요소들을 요약하면 다음과 같다.

가설검정에 대한 요약

H_0: $\mu = 2{,}400$ H_a: $\mu > 2{,}400$

검정통계량: $Z = \dfrac{\bar{X} - 2{,}400}{\sigma_{\bar{X}}}$

기각영역(rejection region): $Z > 1.645$ (유의수준 $\alpha = 0.05$일 때)

가설검정의 사용을 예시하기 위하여, 50개의 하수도 파이프에 대한 절단력을 검사해 보니 이들의 평균과 표준편차는 다음과 같다고 하자.

$$\bar{X} = 2{,}460\text{lb} \qquad S = 200\text{lb}$$

추정의 경우와 마찬가지로, 표본의 크기가 클 때 σ에 대한 근사치로서 S를 사용할 수 있다. 검정통계량은

$$Z = \frac{\bar{X} - 2{,}400}{\sigma_{\bar{X}}} = \frac{\bar{X} - 2{,}400}{\dfrac{\sigma}{\sqrt{n}}} = \frac{\bar{X} - 2{,}400}{\dfrac{S}{\sqrt{n}}}$$

이 된다. $\bar{X} = 2{,}460$, $n = 50$, 그리고 $S = 200$을 대입하면,

$$Z \approx \frac{2{,}460 - 2{,}400}{200/\sqrt{50}} = \frac{60}{28.28} = 2.12$$

가 된다.

그러므로, 표본평균은 [그림 9.5]에서와 같이, 가설로 설정된 μ의 값 2,400보다 $2.12\sigma_{\bar{X}}$ 만큼 위쪽에 있다. 이러한 Z값은 1.645를 초과하기 때문에, 그것은 기각영역에 해당된다. 즉, 귀무가설인 $\mu = 2{,}400$을 기각하며 그리고 대

그림 9.5 귀무가설(H_0: μ=2,400)의 검정에 대한 검정통계량의 위치

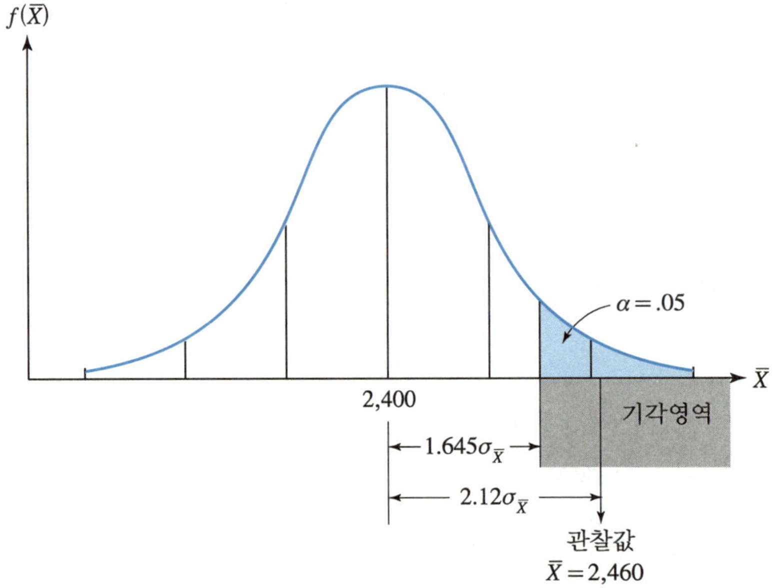

립가설 $\mu > 2{,}400$을 받아들인다. 따라서 그 회사의 파이프는 2,400lb가 넘는 평균절단력을 가지고 있는 것 같다.

이와 같은 결론을 얼마만큼 신뢰할 수 있을까? 귀무가설이 사실인데도, 통계적 검정을 통하여 귀무가설을 거부하며 그리고 그 회사의 파이프가 도시의 설계명세를 충족시킨다고 결론을 내리게 될 확률은 얼마인가? 해답은 '$\alpha = 0.05$'이다. 즉, 가설검정을 구성할 때 제 1 종 오류를 범하게 되는 위험수준(α)를 선택하였다. 따라서 이러한 검정이 제조업자의 파이프가 도시의 설계명세를 만족시켰다고 결론(사실은 이러한 결론이 틀렸는데도) 내리게 되는 확률은 오로지 0.05이다.

가령 표본자료가 '하수도 파이프는 도시의 설계명세를 충족시켰다고 암시하지 않는다'라고 가정하자. 즉, $Z \leq 1.645$라면 어떻게 결론을 내릴 수 있겠는가? 이 경우 '귀무가설이 사실이다'라고 주장하는 대신에 표본에 담겨진 증거

그림 9.6 μ가 실제로 2,475lb일 때, H_0(귀무가설)을 기각하지 못하게 될 확률 β

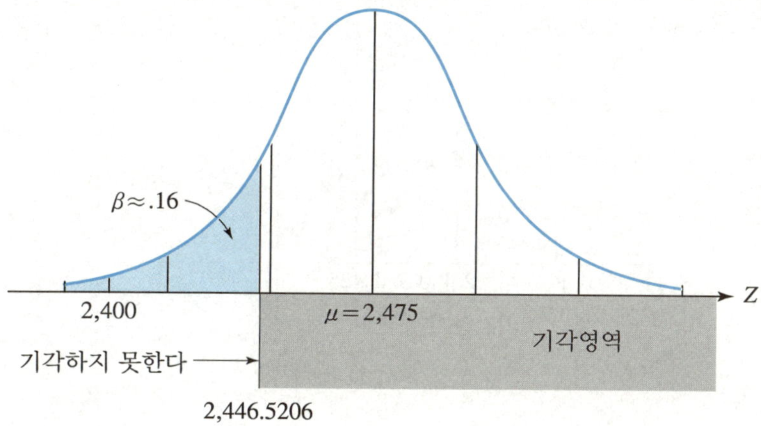

는 유의수준(level of significance) $\alpha = 0.05$에서 대립가설을 지지할 만큼 충분치 못하다고 결론을 내린다. 그렇게 되면, 실제로 대립가설이 사실(파이프가 명세를 만족시킨다)인데도 귀무가설(파이프는 명세를 충족시키지 못한다)이 옳다라고 결론짓게 되는 — 두 번째 형태의 실수를 범하게 된다. 이를 제 2 종 오류(Type II error)라고 한다. 제 2 종 오류를 범하게 되는 확률은 보통 기호 β(beta: 베타)로 나타낸다.

예를 들어, μ가 가설로 설정된 2,400lb 대신에 2,475lb와 같다면, 표본평균 $\bar{X}$의 약 16%는 비기각영역(nonrejection region)에 해당될 것이다([그림 9.6] 참조). 그러므로, 사실 귀무가설(H_0)이 틀렸는데도, 귀무가설을 기각하지 못하게 되는 확률인 β는 0.16이다. 사실은 파이프의 절단력이 최소 2,400lb보다도 75lb만큼 더 강한데도 파이프가 명세를 충족시키지 못한다고 결론짓게 되는 위험률은 오히려 크다($\beta = 0.16$). 이러한 위험률은 실제 μ의 값이 가설로 설정된 값 $\mu = 2,400$에 가까울수록 증가된다([그림 9.7] 참조). [그림 9.7]에서 실제 μ값 2,425, 2,450 그리고 2,475에 대한 β의 값들(그늘진 부분)이 나타나 있다.

〈표 9.2〉는 어떤 가설이 검정될 때 일어날 수 있는 네 가지 가능한 상황들

그림 9.7 **μ값의 변동에 따른 H_0(귀무가설)을 기각하지 못하게 될 확률 β**

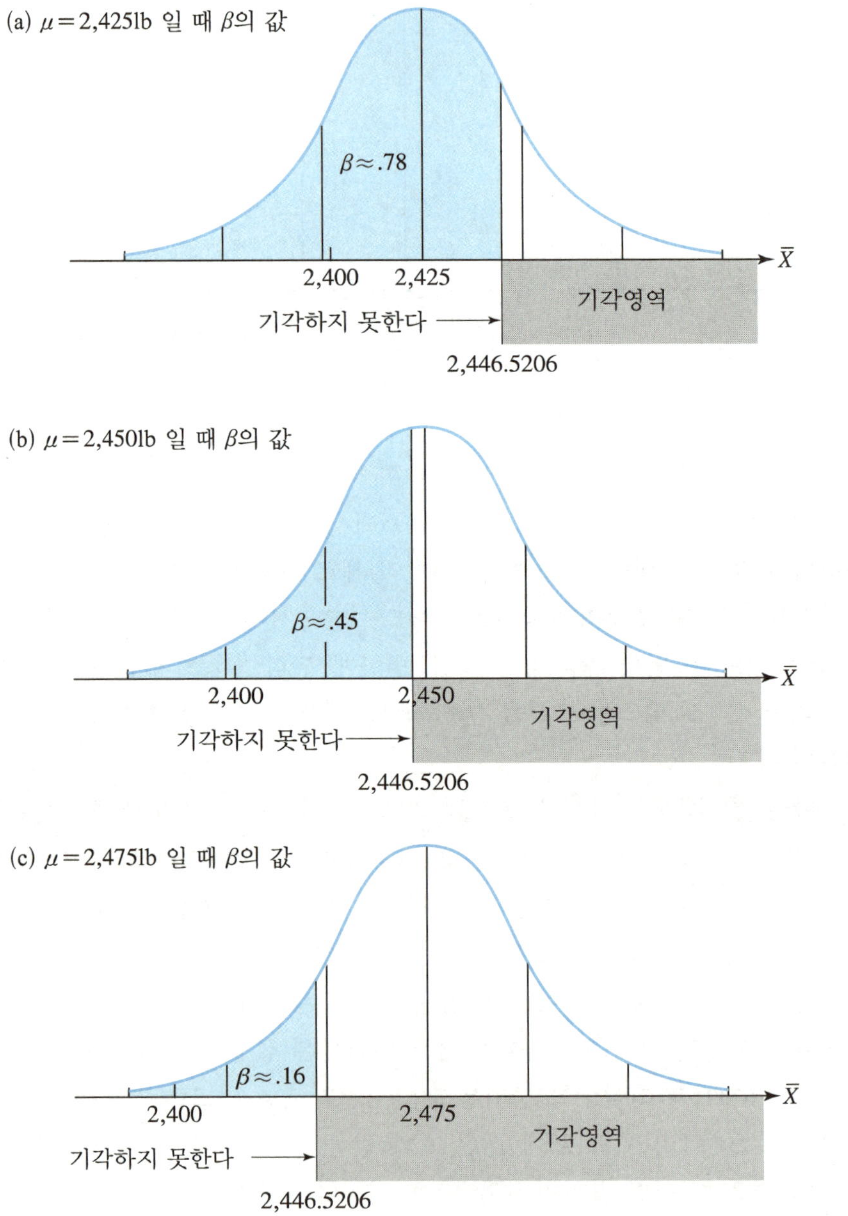

표 9.2 가설검정에 대한 의사결정과 결과들

		실제상태	
		H_0가 사실이다	H_a가 사실이다
의사결정	H_0가 사실이다	올바른 의사결정	제 2 종 오류(확률 β)
	H_a가 사실이다	제 1 종 오류(확률 α)	올바른 의사결정

을 요약하고 있다. 두 가지 가능한 실제상태(true state of nature)들은 표에서 두 열(列)들에 해당되는데, 다음과 같다. 즉, H_0가 사실이거나 또는 H_a가 사실이다. 표에서 두 행(行)들은 도달할 수 있는 두 가지 가능한 의사결정들을 의미한다. 즉, H_0가 사실이거나 또는 H_a가 사실이다. 그 의사결정들의 네 가지 결과들은 〈표 9.2〉의 그늘진 부분에 나타나 있다.

받아들이게 되는 가설에 관계없이, 항상 두 가지 형태의 위험성들 중 한 가지 형태를 감수하지 않으면 안 된다. 즉, α에 의하여 측정되는 제 1 종 오류(Type I error)를 범하는 위험성 또는 β에 의하여 측정되는 제 2 종 오류(Type II error)를 범하는 위험성이다. 제 1 종 오류는 대립가설이 받아들여질 때(즉, 귀무가설이 기각될 때 발생함) 발생되며 그리고 제 2 종 오류는 귀무가설이 받아들여질 때만이 발생될 수 있다. 이러한 두 가지 위험성의 척도들 α와 β는 서로 관련되어 있다.

[그림 9.8]에서 보듯이, 표본분포는 꼬리부분으로 기각영역을 더 물러나게 함으로써 α값은 감소된다. 그렇게 함으로써, 기각영역은 더 좁아지며 그리고 채택영역(採擇領域: acceptance region)은 더 넓어진다. 채택영역이 더 넓어짐에 따라 β는 어떻게 되겠는가?

사실 모수에 대한 다른 값이 옳은데도, H_0를 받아들이게 되는 확률이 β이기 때문에, β는 검정통계량이 채택영역에 있게 되는 확률이다. 그리고, 채택영역이 넓으면 넓을수록 β의 값은 더 커지게 된다. 그래서, α와 β의 관계는 직관적으로 기대되는 것이다. 한 가지 위험성(이를테면, 잘못하여 H_a를 받아들이게 되는 α위험도)을 줄이게 되면 다른 위험성(잘못하여 H_0를 받아들이게 되는 β위험도)을

그림 9.8 **α를 감소시킴으로써 기각영역을 줄이며 그리고 채택영역을 늘린다**

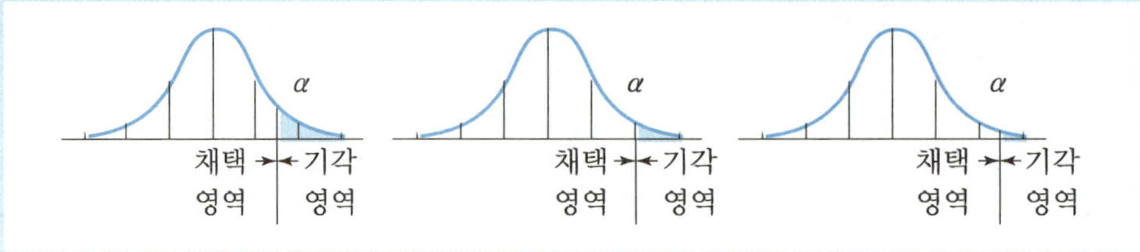

증가시키게 된다. 다행히도, 표본의 크기를 늘림으로써 두 가지 형태의 위험성을 동시에 감소시킬 수 있다. 표본에 담겨진 더 많은 정보를 획득할수록, 옳은 의사결정에 도달하게 될 검정통계량의 판별력은 더 커진다.

이론적으로, 두 가지 형태의 위험도, α와 β에 대한 확률과 제 1 종 및 2종 오류에 따른 잠재적인 재정손실을 고려하여야 하며 그리고 예상되는 손실을 최소화하도록 기각영역을 선택할 수 있다.

실제로, 대부분의 가설검정에서 β를 계산하기 힘들며, 그리고 귀무가설에 관한 의미있는 대안을 명시하는 것은 불가능하다. 그래서, 가설검정의 입문으로서 다음 절차를 제시한다. 대립가설(지지하고자 하는 가설)의 반대로서 귀무가설을 선정한다. 그 다음에, 귀무가설을 기각하며 그리고 대립가설을 받아들인다면, 잘못된 의사결정에 도달했을 확률도 알게 된다. 그 확률은 α가 되며, 그리고 이 값은 표본을 추출하기 전에 원하는 대로 크게 또는 작게 선택할 수 있다. 검정통계량이 기각영역에 해당되지 않더라도, β값을 모른다면 귀무가설을 받아들이지 마라. 판단을 보류하며 그리고 의사결정에 기초를 둘 수 있는 더 많은 정보를 얻기 위하여 표본크기를 더 늘리도록 한다. 또는 신뢰구간을 사용하여 모수를 추정하라. 이것은 모수에 대한 구간추정과 추론에 관한 신뢰척도를 제공한다.

가설검정의 원리는 다음과 같이 요약된다.

가설검정의 원리

1. 귀무가설(H_0): 하나 또는 그 이상의 모수들의 값들에 의해서 말로 표현된 이론이며, 보통 믿지 않으려는 이론이다.
2. 대립가설(H_a): 귀무가설에 반대되는 이론이며, 사실로 입증되기를 원하는 이론이다.
3. 검정통계량: 귀무가설을 기각할 것인지를 결정하는 데 사용되는 통계량이다.
4. 기각영역: 귀무가설이 기각되는 검정통계량의 수치적인 값이며, 귀무가설이 진실일 때 기각영역이 검정통계량을 포함하게 되는 (그 때문에 틀린 결론에 도달하게 되는) 확률이 α가 되도록, 기각영역이 선택된다. 여기서 α는 보통 작게 (즉, 0.01, 0.05 또는 0.10) 선택된다.
5. 실험 및 검정통계량 계산: 표본실험이 수행되며 그리고 검정통계량에 대한 수치적인 값이 결정된다.
6. 결 론:
   a. 만약 검정통계량의 수치적인 값이 기각영역에 해당한다면, 대립가설이 진실(즉, 귀무가설을 기각한다)이라고 결론을 짓게 되며 그리고 검정절차에 의하여 이러한 결론에 잘못 도달하게 되는 경우는 오로지 100α%이다.
   b. 만약 검정통계량이 기각영역에 해당하지 않는다면, 어느 가설이 옳은지에 대한 판단을 유보한다. 귀무가설을 일단 받아들이지 않는다. 왜냐하면 일반적으로 검정절차가 잘못하여 H_0(귀무가설)을 받아들이게 되는 확률 β를 모르기 때문이다.

예제 9.2

다른 제조업자에 의하여 생산된 하수도 파이프들이 검사를 받기 위하여 도시에 제출되었다. 건축물 명세서에 의하면 주택용 하수도 파이프의 절단력은 2,4001b/ft 이상되어야 한다. 파이프 70개로부터의 절단력은 다음과 같다.

$$\bar{X}=2{,}430 \qquad S=190$$

이 표본으로부터 계산된 통계량들은 제조업자의 파이프가 도시의 설계명세를 충족시킨다고 암시하는 충분한 증거를 제시하고 있는가? $\alpha=0.05$를 사용하라.

그림 9.9 예제 9.2에 대한 검정통계량의 위치

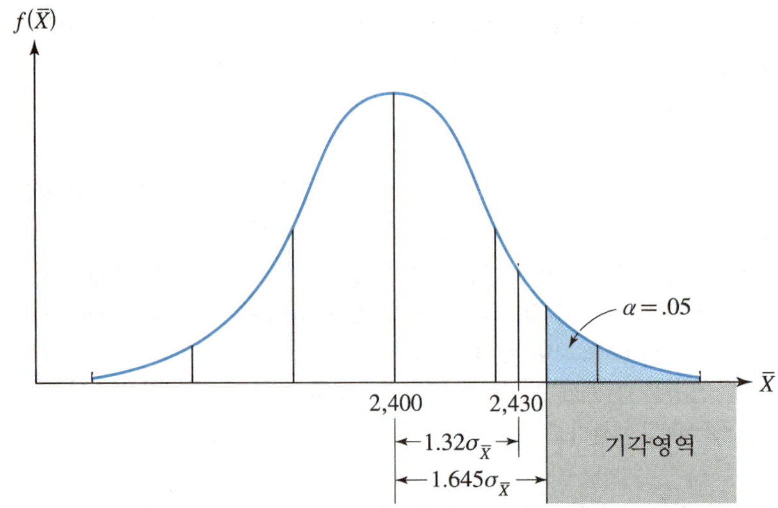

해답

검정의 절차는 다음과 같다.

H_0: $\mu = 2,400$ H_a: $\mu > 2,400$

검정통계량:

$$Z = \frac{\bar{X} - 2,400}{\sigma_{\bar{X}}} = \frac{\bar{X} - 2,400}{\frac{\sigma}{\sqrt{n}}} = \frac{\bar{X} - 2,400}{\frac{S}{\sqrt{n}}}$$

기각영역:

$Z > 1.645$($\alpha = 0.05$일 때)

$\bar{X}$와 S값을 검정통계량의 식에 대입하면,

$$Z \approx \frac{\bar{X} - 2,400}{\frac{S}{\sqrt{n}}} = \frac{2,430 - 2,400}{\frac{190}{\sqrt{70}}} = 1.32$$

가 된다.

즉, 표본평균 2,430이 2,400보다 크다 할지라도, 2,400 위쪽으로 1.32배의 표준편차만큼 떨어져 있다([그림 9.9] 참조). 그러므로 표본은 하수도 파이프가 도시에서 요구하는 절단력 명세를 만족시킨다고 결론지을 만한 충분한 증거를 제시하지 못한다.

표본평균 $\bar{X}$의 값이 모평균 μ에 대한 가설을 검정하는 검정통계량으로 사용될 수 있지만, Z통계량을 사용하는 것이 쉽다. 사실, 위의 예제에서, 귀무가설을 기각할 것인가 또는 기각하지 않을 것인가 하는 결정은 계산된 Z값에 근거를 두었다. 즉, 예제 9.2에서 $\bar{X}$가 $\mu = 2{,}400$보다 위쪽으로 $1.645\sigma_{\bar{X}}$ 이상으로 떨어져 있으면 H_0를 기각한다는 의미는 만약 $Z > 1.645$이면 H_0를 기각한다는 의미와 같다.

예제 9.2에 대한 대립가설 $\mu > 2{,}400$은 단측검정(one-sided test or one-tailed test)이다. Z값이 큰 경우(Z분포의 오른쪽 꼬리부분에서의 값들)에만 귀무가설이 기각되었기 때문이다. 그러나 어떤 통계적 연구에서는 μ가 어떤 특정한 값보다 더 큰지 또는 작은지를 조사하려고 노력한다. 그러한 형태의 대립가설 H_a: $\mu > 2{,}400$ 또는 $\mu < 2{,}400$은 Z의 매우 큰 양(positive)이나 음(negative)의 값에서 지지될 것이다. 따라서 기각영역은 두 꼬리부분의 사이에서 α를 2분하며 Z분포의 양쪽 꼬리부분에 위치하게 된다([그림 9.10] 참조). 이와 같은 통계적 검정은 양측검정(two-sided or two-tailed test)이라고 말한다. Z분포의 오른쪽 꼬리부분에 α의 1/2을 두는 Z의 값(기호 $Z_{\alpha/2}$로 나타냄)은 정규곡선의 면적으로부터 구해진다.

대립가설들은 항상 엄격한 부등식으로 표시됨을 주시하라. 즉, μ가 어떤 값보다 더 크다(오른쪽 단측검정)거나, 어떤 값보다 작다(왼쪽 단측검정)거나, 혹은 어떤 값과 같지 않다(양측검정)는 것을 설명하려고 시도한다. 이와 대조적으로 귀무가설은 항상 등식으로 나타낸다. 즉, $\mu = 2{,}400$으로(비록 $\mu > 2{,}400$의 반대는 $\mu \leq 2{,}400$일지라도) 말이다. 그 이유는 $\bar{X}$의 표본분포로부터 귀무가설과 모순되며 그리고 대립가설(H_a: $\mu > 2{,}400$)을 지지하는 값들을 결정할 필요가 있기 때문이

그림 9.10 평균의 양측검정에 대한 기각영역

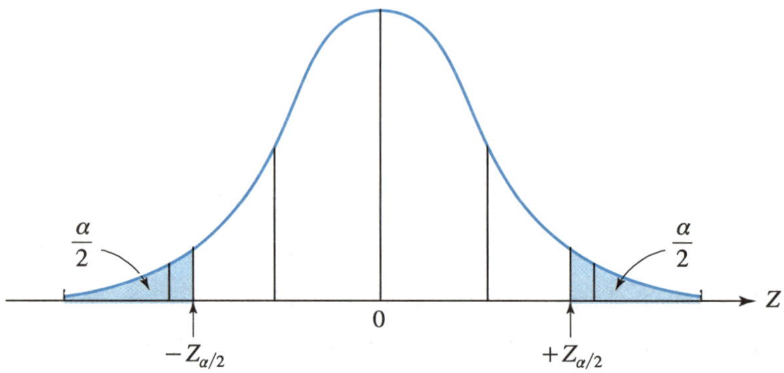

다. H_a: $\mu > 2{,}400$을 찬성하고 H_0: $\mu = 2{,}400$을 기각하게 되는 $\bar{X}$의 값은 당연히 $\mu < 2{,}400$으로 설정된 가설도 거부하게 마련이다. 이러한 이유 때문에, 귀무가설은 $\mu \leq 2{,}400$의 부등식보다는 H_0: $\mu = 2{,}400$인 등식으로 묘사된다.

귀무가설과 대립가설을 선정하는 데 있어서 따라야 할 단계들

1. 지지하려는 가설을 결정하라. 이것은 검정의 대상이 되는 모수의 가능한 값들에 대한 범위로 주어지며 그리고 대립가설 H_a에서 부등식으로 표현된다. 즉,

   H_a: $\mu > 2{,}400$

2. 대립가설의 반대의 것을 정의한다. 이것은 H_a에 포함되지 않은 모수의 모든 가능한 값들에 대한 집합이다. 즉,

   $\mu \leq 2{,}400$

3. 귀무가설 H_0에 대하여, H_a에 명시된 값에 가장 가까운 모수의 값을 선정하라. 즉,

   $\mu \leq 2{,}400$

   인 값들 중에서 H_a: $\mu > 2{,}400$에 포함된 값에 가장 가까운 것은 $\mu = 2{,}400$이다. 따라서 귀무가설은 H_0: $\mu = 2{,}400$이다.

예제 9.3

어느 건포도 제조업자가 한 상자당 $\mu=12$온스의 평균무게로 채워지도록 자동포장 기계를 조정하였다라는 가설을 검정하고자 한다. 만약 평균무게가 상자당 12온스를 초과하거나 또는 이 무게보다 적으면, 제조업자는 그 상황을 탐지하고자 한다. 건포도 100상자가 채워지면 무게를 재어, 이로부터 계산된 $\bar{X}$와 S는 다음과 같다고 하자.

$$\bar{X}=11.85\text{온스} \qquad S=0.5\text{온스}$$

평균무게 μ가 12온스와 다르다고 나타내는지를 알아보기 위하여 검정하라. $\alpha=0.05$를 사용하라.

해답

평균무게가 12온스와 다른지를 확정하고자 하는 것이기 때문에, $\mu>12$ 또는 $\mu<12$의 어느 한 가지 상황이 존재하는지를 알아내고자 한다. 그러므로 양측검정을 수행하는 것이 바람직하다. 검정의 절차는 다음과 같다.

H_0: $\mu=12$

H_a: $\mu\neq12$(즉 $\mu>12$ 또는 $\mu<12$)

검정통계량: $Z=\dfrac{\bar{X}-12}{\sigma_{\bar{X}}}$

기각영역: $Z>1.96$ 그리고 $Z<-1.96$([그림 9.11] 참조)

$Z=1.96$은 오른쪽 기각영역의 경계값으로 선택되었는데, 그 이유는 $P(Z>1.96)=\alpha/2=0.025$이기 때문이다(이 값은 부록의 표 V로부터 구해진다). 이제 검정통계량을 계산하면,

$$Z=\frac{\bar{X}-12}{\sigma_{\bar{X}}}=\frac{\bar{X}-12}{\frac{\sigma}{\sqrt{n}}}=\frac{11.85-12}{\frac{\sigma}{\sqrt{100}}}$$

$$\approx\frac{11.85-12}{\frac{S}{10}}=\frac{-0.15}{\frac{0.5}{10}}=-3.0$$

이 된다.

[그림 9.11]에서 계산된 Z값 -3.0은 왼쪽 기각영역 내에 있으며 그리고 평균무게(μ)가 12온스와 다르다는 것을 암시하는 충분한 증거임을 알 수 있다. 평균적으로, 그 기계는 12

그림 9.11 α=0.05일 때, 양측검정의 기각영역

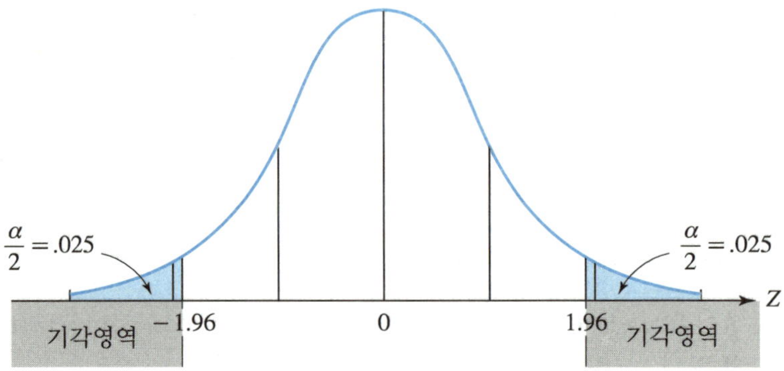

온스를 못 미치게 채우는 것과 같다.

이러한 결론은 얼마나 신빙성이 있을까? 그 검정통계량이 잘못하여 귀무가설을 기각하게 되는 것은 단지 5%(왜냐하면 $\alpha=0.05$이기 때문에)라는 것을 알고 있다. 그러므로 이 통계적 검정이 올바른 결론에 도달했다는 것을 꽤 신뢰할 수 있다.

μ에 대한 가설검정: 표본크기가 클 때

단측검정	양측검정
$H_0: \mu=\mu_0$	$H_0: \mu=\mu_0$
$H_a: \mu<\mu_0$	$H_a: \mu\neq\mu_0$
(또는 $H_a: \mu>\mu_0$)	
검정통계량:	검정통계량:
$Z=\frac{\bar{X}-\mu_0}{\sigma_{\bar{X}}}$	$Z=\frac{\bar{X}-\mu_0}{\sigma_{\bar{X}}}$
기각영역:	기각영역:
($Z<-Z\alpha$ 또는 $Z>Z\alpha$)	($Z<-Z\alpha_{/2}$ 그리고 $Z>Z\alpha_{/2}$)

앞의 예제에서 지적되었듯이, 표본크기가 클 때 모집단평균에 관한 가설검정은 지지하고자 하는 대립가설의 성격에 따라 단측검정 또는 양측검정이 될 수 있다. 표본으부터의 가능한 두 가지 결론들은 다음과 같다.

가설검정에 대하여 가능한 결론들

1. 계산된 Z값이 기각영역 내에 해당된다면, 대립가설이 옳다고 결론을 내린다. 틀린 의사결정(귀무가설이 옳은데도 기각하게 되는)을 하게 되는 확률은 α이다.
2. 계산된 Z값이 기각영역에 해당되지 않는다면, 자료는 대립가설을 지지하기에 충분한 증거를 제공하지 못한다고 주장하라(제 2 종 오류에 대한 확률 β가 계산되어 있지 않는 한, 이 귀무가설은 받아들일 수 없다. 대부분의 표본분포에 대해서 이것은 쉬운 일이 아니다).

9.3 유의수준(α)과 유의확률(p-값)

제 2 절에서 묘사된 통계적 검정절차에 따르면, α의 값과 이에 대응하는 기각영역은 검정을 수행하기 전에 선택되며, 그리고 결론은 귀무가설을 기각하거나 또는 기각하지 않는 관점에서 보아 언급된다. 통계적 검정결과를 제시하는 두 번째 방법은 검정통계량이 귀무가설과 일치하지 않는 정도를 보고하고 귀무가설을 기각할 것인가를 결정하는 방법이다. 이러한 불일치(不一致)의 정도는 검정에 대한 관찰된 유의확률(significant probability 또는 p값)이라고 불린다.

정의 9.3

어떤 특정 통계적 검정에 대한 관찰된 **유의확률(significant probability)** 또는 p값 — 귀무가설이 사실이라는 가정하에 — 은 적어도 귀무가설과 상반되는, 그리고 대립가설을 지지하는 검정통계량의 값을 관찰하게 되는 확률이다.

그림 9.12 Z=2.12일 때 오른쪽 꼬리검정에 대한 **p**값 구하기

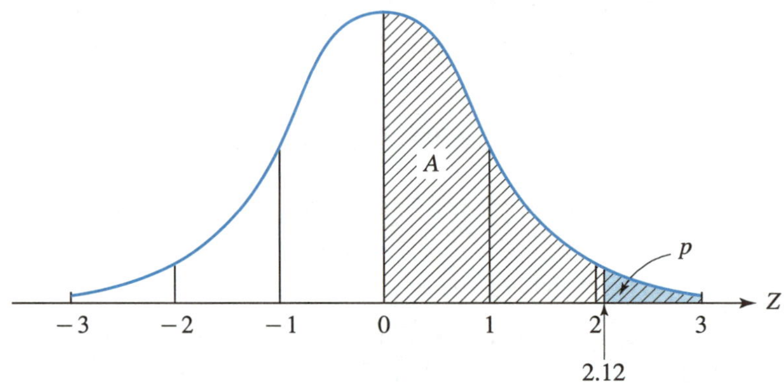

예를 들어, 하수도 파이프 50개로 구성된 표본으로부터 계산된 검정통계량의 값은 $Z=2.12$였다. 그 가설검정은 단측검정(즉, H_a: $\mu>2,400$)이었기 때문에, 관찰된 값보다도 더욱 귀무가설과 모순되는 검정통계량의 값들은 $Z=2.12$보다 더 큰 값들이 될 것이다. 그러므로 이 가설검정에 대한 관찰된 유의확률(p값)은

$$p=P(Z>2.12)$$

또는 $Z=2.12$의 오른쪽 꼬리부분으로 표준정규곡선의 면적에 해당한다([그림 9.12] 참조).

[그림 9.12]의 면적 A는 부록의 표 V에서 0.4830으로 주어진다. 그러므로, $Z=2.12$에 해당되는 오른쪽 꼬리부분의 면적은

$$p\text{값}=0.5-0.4830=0.0170$$

이 된다.

이는 사실 H_0(귀무가설)이 옳다면, 적어도 2.12 정도의 Z값을 관찰하게 되는 확률은 오로지 0.017밖에 안 된다는 것을 뜻한다.

이 결과는 귀무가설(H_0: $\mu=2,400$)과 다소 강경하게 일치하지 않으며 그리

고 대립가설(H_a: $\mu > 2,400$)을 지지한다. 결과적으로, 이러한 검정결과는 '유의(significant)하다'라고 할 수 있다.

만약 이 가설검정에 선택된 α값이 0.05라면, 이 검정에서 관찰된 p값(0.017)은 0.05보다 작기 때문에 귀무가설을 기각하게 된다. 이와 대조적으로, $\alpha = 0.01$로 선택되면, 관찰된 p값이 0.01보다 더 크기 때문에 귀무가설을 기각하지 않게 된다.

9.4 모평균에 대한 추론: 표본크기가 작을 때

증권시장에서 어떤 투자가에게 관심이 되는 항목들 중의 하나는 특정 회사의 연간 주당 순이익이 다음 해에 증가할 것인가 또는 감소할 것인가에 대한 것이다. 주당 순이익은 그 회사의 연간 순이익을 평균발행주식의 숫자로 나누어 계산된다. 주당 순이익의 변화를 예측할 수 있는 한 가지 방법은 몇몇 전문가들의 의견을 물어서, 특정 회사에 대한 예측들에 관한 표본을 구하는 것이다. 그러면 이러한 의견들로 구성된 표본을 사용하여 모든 주식분석가들에 의하여 예측된 평균주가순이익(μ)에 대한 추론을 내릴 수 있다. 그러나, 시간과 비용의 제약은 아마도 전문가들의 의견들로 구성된 표본의 크기를 작게 제한하기 십상이기 때문에, 앞의 제 1 절과 제 2 절에서 다루어진 추론의 기법들(표본크기가 클 때 $n > 30$)은 적용될 수 없다.

경제·경영문제에서 대부분의 추론들은 대단히 제한된 정보(즉, 표본크기가 작은 경우)를 바탕으로 이루어져야 한다. 모집단평균 μ에 대한 추론을 내릴 때, 표본크기가 작게($n \leq 30$) 되면 다음과 같은 두 가지 당면문제들이 발생한다.

문제 1

표본평균($\bar{X}$)의 표본분포 모양은 이제 표본이 추출된 모집단의 모양에 따라 좌우된다. 중심극한정리는 오로지 표본크기가 클 때만 적용되기 때문에, $\bar{X}$의 표본분포는 더 이상 정규분포를 이룬다고 가정할 수 없다.

문제 2

비록 $\sigma_{\bar{X}} = \sigma / \sqrt{n}$ 인 관계는 계속 유지될지라도, 표본표준편차 S는 표본크기가 작을 때 모집단의 표준편차 σ에 대하여 불충분한 근사값을 제공한다.

문제 1에 대한 해결책

표본크기가 작더라도 표본이 추출된 모집단이 정규(또는 개략적으로 정규)분포를 이룬다면, $\bar{X}$의 표본분포는 정규(또는 개략적인 정규)분포가 된다.

문제 2에 대한 해결책

통계량, 즉

$$Z = \frac{\bar{X} - \mu}{\sigma_{\bar{X}}} = \frac{\bar{X} - \mu}{\dfrac{\sigma}{\sqrt{n}}}$$

(여기서는 σ에 대한 효과적인 근사값을 구할 수 있어야 함)

를 사용하는 대신에, 다음과 같은 통계량을 사용한다.

$$T = \frac{\bar{X} - \mu}{\dfrac{S}{\sqrt{n}}}$$

(여기서 모집단의 표준편차 σ는 표본의 표준편차 S에 의하여 대체된다)

반복된 표본추출에서의 T 통계량에 대한 분포는 Guinness양조장의 과학자인 W. S. Gosset에 의하여 발견되었다. Gosset는 그의 발견을 1908년에 Student라는 필명으로 발표하였다. Gosset의 업적에서 주요 결과는 어떤 정규분포로부터 표본이 추출된다면, T 통계량은 Z 통계량과 아주 흡사한 표본분포를 갖게 된다는 것이다. 즉, 평균 0을 중심으로 좌우가 대칭이며 작은 산모양의 분포가 된다는 것이다.

T와 Z에 대한 표본분포들간에 주요 차이점은 T 분포는 Z 분포보다 변동이 더 크다는 것이다. 실제로 T의 표본분포에서 변동률의 증가는 표본크기 n에 따라 좌우된다. 특히, n의 값이 작으면 작을수록 T의 표본분포는 더욱 변동폭

그림 9.13 표본정규분포(z 분포)와 $df = 4$를 가진 T 분포

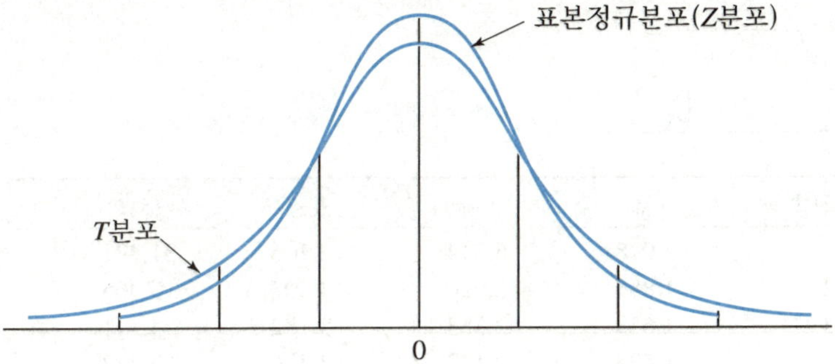

이 커질 것이다. 이러한 상호의존관계를 나타내는 편리한 방법은 T 통계량이 $(n-1)$의 자유도를 가지고 있다고 말하는 것이다. $(n-1)$은 S^2을 계산하는 식에서 분모에 나타나는 제수(除數: divisor)임을 상기하기 바란다. 이 숫자는 S^2의 표본분포에서 중요한 역할을 하며 그리고 뒤에서 다른 통계량의 토론에서 나타나게 된다.

[그림 9.13]은 Z에 대한 표본분포와 4의 자유도(degrees of freedom: df)를 가진 T 통계량에 대한 표본분포를 동시에 보여주고 있다. T 통계량의 증가된 변동폭이라는 것은 T 분포의 오른쪽 꼬리부분에서 면적 α의 위치를 정하는 t_α 값이 상응하는 z_α값보다 더 크다는 의미라는 것을 알 수 있다. μ에 대한 신뢰구간(표본크기가 작은 경우)을 구할 때 사용되는 t의 값들 그리고 μ에 대한 가설검정(표본크기가 작을 때)에 대한 기각영역들은 부록의 표 VI에서 주어진다.

부록의 표 VI의 일부분이 [그림 9.14]에 나타나 있다.

t_α값들은 자유도 1부터 29까지에 대하여 나열되어 있으며, 여기서 α는 t_α의 오른쪽으로 꼬리부분의 면적을 말한다는 것을 주시하여라. 예를 들어, $df = 4$와 어떤 t값의 오른쪽으로 0.025의 면적을 가진 t_α값을 찾으려면, $df = 4$에 해당하는 행과 $t_{0.025}$의 열이 교차하는 값을 표에서 구한다. 이 값은 [그림 9.15]에 보여주듯이 $t_{0.025} = 2.776$이다. 그에 상응하는 표준정규 z값은 $z_{0.025} =$

그림 9.14 부록 표 VI의 일부

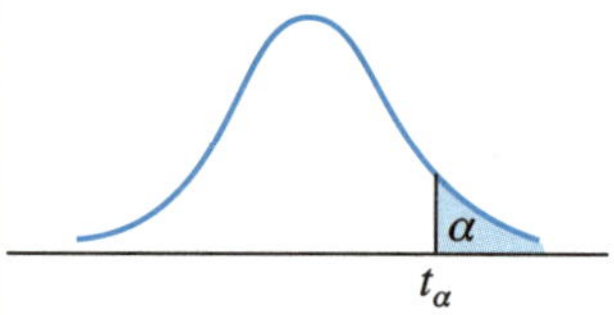

자유도(df)	$t_{.100}$	$t_{.050}$	$t_{.025}$	$t_{.0.10}$	$t_{.00.5}$
1	3.078	6.314	12.706	31.821	63.657
2	1.886	2.920	4.303	6.965	9.925
3	1.638	2.353	3.182	4.541	5.841
4	1.533	2.132	2.776	3.747	4.604
5	1.476	2.015	2.571	3.365	4.032
6	1.440	1.943	2.447	3.143	3.707
7	1.415	1.895	2.365	2.998	3.499
8	1.397	1.860	2.306	2.896	3.355
9	1.383	1.833	2.262	2.821	3.250
10	1.372	1.812	2.228	2.764	3.169
11	1.363	1.796	2.201	2.718	3.106
12	1.356	1.782	2.179	2.681	3.055
13	1.350	1.771	2.160	2.650	3.012
14	1.345	1.761	2.145	2.624	2.977
15	1.341	1.753	2.131	2.602	2.947

그림 9.15 ***df* = 4**를 가진 *T*분포에서 $t_{0.025}$의 값과 그에 상응하는 $z_{0.025}$값

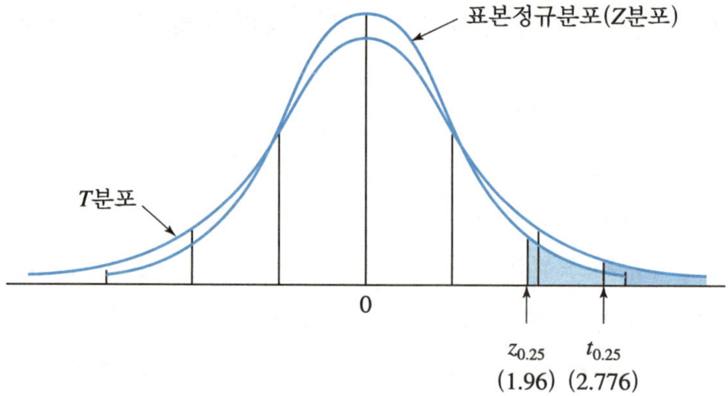

1.96이다.

부록의 표 VI의 마지막 행(여기서, $df=$무한대임)은 표준정규 z값들을 포함한다. 표본크기 n이 대단히 커질수록, S는 σ에 더 가까워지며, 따라서 T분포는 Z분포에 더 가까워지기 때문에 당연히 그렇게 된다. 사실, $df=29$일 때 해당되는 표의 z값과 t값 사이에 별 차이가 없다. 따라서 표본크기 $n=30$(자유도 $df=29$)을 임의적인 차단점으로 선택하여 표본크기가 클 때와 작을 때의 추론 방법들을 구별하기로 한다.

주당 순이익 예측에 관한 예제로 돌아가서, 가령 다음 해의 어떤 주식의 주당 순이익에 대하여 5명의 전문가들로부터 의견들이 수집된다고 가정하자. 이러한 5개의 예측값으로부터 계산된 평균 및 표준편차는 다음과 같다.

$\bar{X}=2{,}630$원　　　　$S=720$원

지난 해의 수익이 주당 2,010원이었다는 것을 알고 있다면, 전문가들의 평균예측(μ)은 지난 해의 수익을 초과한다고 암시할 만한 충분한 증거가 있는가?

바람직한 추론의 형태는 가설검정이다. 금년도에 대한 전문가들의 평균예측은 작년도의 주당 수익을 초과한다는 것을 알리기를 원하기 때문에, $\mu=2{,}010$원이라는 귀무가설과 대조하여 $\mu>2{,}010$원인 대립가설을 검정하고자 한다. 따라서 검정절차는 다음과 같다.

귀무가설 H_0: $\mu=2{,}010$원
대립가설 H_a : $\mu>2{,}010$원

σ는 알 수 없으며, 표본크기는 작기($n=5$) 때문에 T통계량을 사용한다.

$$\text{검정통계량: } T=\frac{\bar{X}-\mu}{\frac{S}{\sqrt{n}}}=\frac{\bar{X}-2{,}010}{\frac{S}{\sqrt{n}}}$$

가　　정: 예측된 주당 수익에 관한 모집단의 상대도수분포는 개략적으로 정규분포를 이룬다.

그림 9.16 주당 수익예측검정에 대한 기각영역

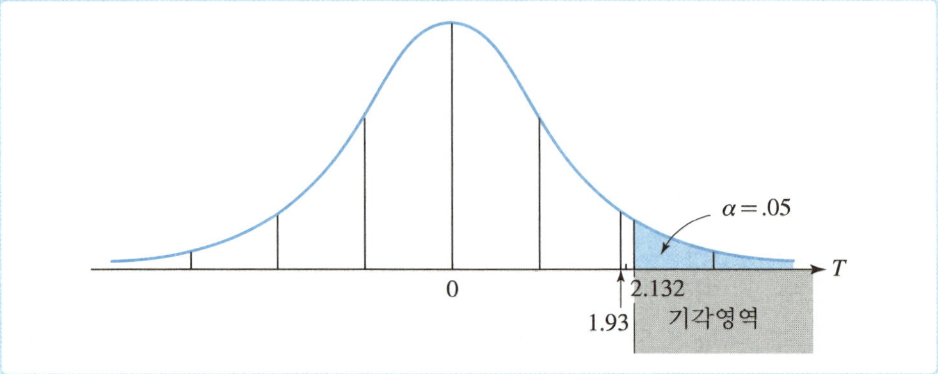

T 통계량을 사용하려면 모집단이 정규분포임을 가정해야 한다는 것을 명심하기 바란다. $\alpha = 0.05$ 수준에서 검정하기를 원한다면, 기각영역은 [기각영역: $t > t_{0.05} = 2.132$]로서 여기서 자유도(df)는 $n-1=4$가 된다. 이러한 기각영역은 [그림 9.16]에 나타나 있다.

이제 T 통계량을 계산하면

$$T = \frac{\bar{X} - 2{,}010}{\frac{S}{\sqrt{n}}} = \frac{2{,}630 - 2{,}010}{\frac{720}{\sqrt{5}}} = \frac{620}{\frac{720}{\sqrt{5}}} = 1.93$$

표본자료로부터 계산된 t값(1.93)은 표의 값 2.132를 초과하지 못하기 때문에, 모든 전문가들의 평균예측이 지난 해의 수익(2,010원)을 초과한다고 결론내릴 수가 없다.

모집단평균에 대한 가설검정(표본크기가 작을 때)을 수행하는 절차를 요약하면 다음과 같다.

μ에 대한 가설검정: 표본크기가 작을 때

단측검정	양측검정
H_0 : $\mu=\mu_0$	H_0 : $\mu=\mu_0$
H_a : $\mu<\mu_0$ [또는 H_a : $\mu>\mu_0$]	H_a : $\mu\neq\mu_0$
검정통계량: $T=\dfrac{\bar{X}-\mu_0}{\dfrac{S}{\sqrt{n}}}$	검정통계량: $T=\dfrac{\bar{X}-\mu_0}{\dfrac{S}{\sqrt{n}}}$
기각영역: $t<-t_\alpha$ [또는 $t>t_\alpha$ 대립가설 H_a : $\mu>\mu_0$일 때]	기각영역: $t<-t_{\alpha/2}$ [그리고 $t>t_{\alpha/2}$]

여기서, t_α와 $t_{\alpha/2}$는 $(n-1)$ 자유도에 기초를 두고 있다.

가　　정: 무작위표본은 개략적으로 정규분포를 이루는 상대도수분포를 가진 모집단으로부터 추출된다.

T 통계량의 사용을 위하여 필요한 기본적인 가정은 표본이 추출된 모집단은 개략적으로 정규분포를 이루는 상대도수분포를 가지고 있어야 한다는 것을 기억하기 바란다. 모집단의 상대도수분포가 결정적으로 비정규분포(즉, 대단히 비대칭을 이룬다든가)를 이룬다는 것을 알고 있다면 어떻게 대처하여야 하겠는가?

모집단의 상대도수분포가 정규분포로부터 크게 벗어난다면 어떻게 할 것인가?

해결책: 비모수통계적(nonparametric) 방법들을 사용한다.

예제 9.4

어느 주요 자동차 제조업자는 새로운 엔진이 대기오염기준을 충족시키는지를 알아보기 위하여 엔진 시험을 하려고 한다. 이러한 형태의 모든 엔진들의 평균배출

(μ)은 탄소량이 20ppm(parts per million) 미만이어야만 한다. 10대의 엔진들이 시험용으로 생산되었으며, 그리고 이 엔진들의 표본으로부터 배출(탄소량)의 평균 및 표준편차는 다음과 같이 결정되었다.

$$\bar{X}=17.1\text{ppm} \qquad S=3.0\text{ppm}$$

이 데이터는 제조업자가 이런 종류의 엔진은 오염기준을 충족시킨다고 결론지을 수 있는 충분한 증거를 제시하는가? $\alpha=0.01$로 하자.

해답

제조업자는 이런 형태의 모든 엔진들에 대한 평균배출(탄소량)수준 μ는 20ppm 미만이라는 대립가설을 입증하려고 한다. 표본크기가 작을 때 단측검정의 절차는 다음과 같다.

H_0: $\mu=20$ $\qquad$ H_a: $\mu<20$

검정통계량: $T=\dfrac{\bar{X}-20}{\dfrac{S}{\sqrt{n}}}$

가　　정: 이런 종류의 모든 엔진들에 대한 배출(탄소량)수준의 모집단 상대도수분포는 개략적으로 정규분포를 이룬다.

기각영역: $\alpha=0.01$ 그리고 $df=n-1=9$에 대해서, 단측검정의 기각영역([그림 9.17]을 참조)은 $t<-t_{0.01}=-2.821$이다.

검정통계량을 계산하면,

$$T=\frac{\bar{X}-20}{\dfrac{S}{\sqrt{n}}}=\frac{17.1-20}{\dfrac{3.0}{\sqrt{10}}}=-3.06$$

이 된다.

계산된 t값은 기각영역([그림 9.17] 참조)에 해당하기 때문에, 제조업자는 $\mu<20$ppm과 새로운 엔진은 오염기준을 만족시킨다고 결론을 내릴 수 있다. 이와 같은 추론과 관련된 신뢰성에 만족하는가? 사실 대립가설이 틀렸는데도, 검정결과가 대립가설을 지지하게 될 확률은 단지 0.01($\alpha=0.01$)에 지나지 않는다.

그림 9.17 예제 9.4에 대한 기각영역

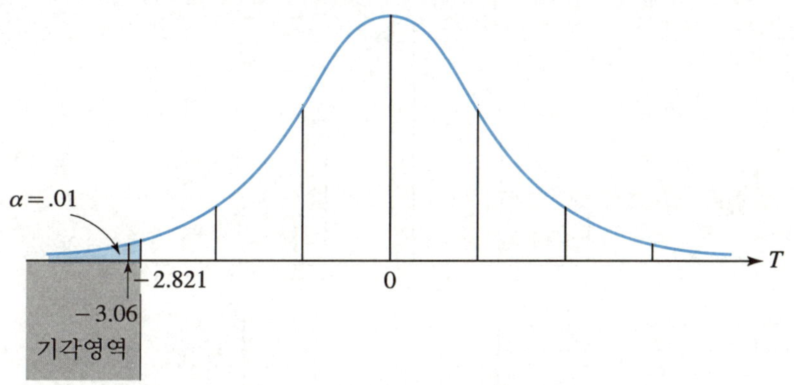

예제 9.5

예제 9.4에서 검정에 대한 관찰된 유의확률(p값)을 구하라.

해답

예제 9.4에서 수행된 검정은 단측검정이었는데, 여기서 귀무가설(H_0: $\mu = 20$)은 T 분포의 왼쪽 꼬리부분에서의 t값에 대해서 대립가설(H_a: $\mu < 20$)을 지지하며 기각되었다. 표본으로부터 계산된 t값은 $t = -3.06$이었기 때문에, 이 검정에 대한 관찰된 유의수준 α는 귀무가설(H_0)이 옳다면 t가 -3.06과 같거나 적은 값을 취하게 될 확률과 같다. 이것은 T 분포의 왼쪽 꼬리부분([그림 9.18]의 그늘진 부분)의 면적과 같다.

이 면적 — 즉, 검정에 대한 p값 — 을 구하기 위하여, 부록의 표 VI에 있는 T 분포표를 찾는다. 정규곡선의 면적에 대한 표와는 다르게, 표 VI는 면적 0.1, 0.05, 0.025, 0.01 그리고 0.005에 상응하는 t값들만 제공한다. 그러므로, 검정에 대한 p값의 근사값을 구할 수밖에 없다. 관찰된 t값은 $df = 9$에 기초를 두고 있기 때문에, 부록의 표 VI에서 $df = 9$에 해당하는 행을 사용하며 그리고 그 행을 가로 건너 t값이 관찰된 $t = -3.06$(여기서 음수부호는 무시한다)에 가장 가까운 곳에 멈춘다. p값 0.01과 0.005에 해당되는 t값들은 각각 2.821과 3.250이다. 관찰된 t값은 $t_{0.010}$과 $t_{0.005}$ 사이에 해당되므로, 검정에 대한 p값은 0.010과 0.005 사이에 위치한다.

검정에 대한 p값을 좀 더 정확하게 알기 위하여 보간법(補間法)을 사용할 수도 있겠으

그림 9.18 예제 9.4에서 검정에 대한 관찰된 **p**값

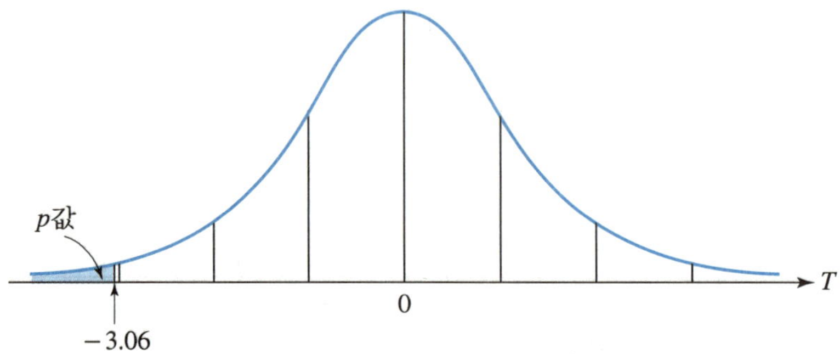

나 p값으로 더 넓은 면적을 선택하여 그것을 0.010으로 보고하는 것이 더 쉽고 또한 이 문제의 성격상 적합하다.

또한 T 분포를 사용하여 — 만약 모집단이 개략적으로 정규분포를 이루고 있다면 — 모집단평균 μ에 대한 신뢰구간(표본크기가 작을 때)을 구할 수 있다.

표본크기가 클 때 μ에 대한 신뢰구간은 다음과 같이 됨을 상기하라.

$$\bar{X} \pm Z_{\alpha/2}\sigma_{\bar{X}} = \bar{X} \pm Z_{\alpha/2}\left(\frac{\sigma}{\sqrt{n}}\right)$$

표본크기가 작을 때의 신뢰구간을 구하기 위하여, σ 대신에 S를 그리고 $z_{\alpha/2}$ 대신에 $t_{\alpha/2}$로 교체하여라.

μ에 대한 신뢰구간: 표본크기가 작을 때

$$\bar{X} \pm t_{\alpha/2}\left(\frac{S}{\sqrt{n}}\right)$$

여기서, $t_{\alpha/2}$는 $(n-1)$ 자유도에 기초를 두고 있다.

가　　정: 표본이 추출된 모집단의 상대도수분포는 개략적으로 정규분포를 이룬다.

예제 9.6

우리나라의 어떤 특정 지역에서 식품에 대한 평균가격을 추정하려고 한다. 그 지역에 있는 20군데의 슈퍼마켓으로 구성된 무작위표본에서 특정 식품들이 구매되었다. 20군데 슈퍼마켓에서의 구매비용에 대한 평균과 표준편차는 다음과 같다.

$$\bar{X}=26{,}840\text{원} \qquad S=2{,}630\text{원}$$

이 지역에서 특정 식품에 대한 평균가격 μ에 대한 95% 신뢰구간을 구하라.

해답

그 지역에 있는 모든 슈퍼마켓들에서 특정 식품에 대한 구매비용의 분포가 개략적으로 정규분포를 이루고 있다고 가정하면, t값을 사용하여 신뢰구간을 구할 수 있다.

95% 신뢰수준에 대하여, $df=n-1=19$인 $t_{0.025}$값이 필요하다.

$$t_{\alpha/2}=t_{0.025}=2.093$$

이다.

그러면 신뢰구간은

$$\begin{aligned}\bar{X}\pm t_{0.025}\left(\frac{S}{\sqrt{n}}\right)&=26{,}840\pm 2.093\left(\frac{2{,}630}{\sqrt{20}}\right)\\&=26{,}840\pm 1{,}230\\&=[25{,}610,\ 28{,}070]\end{aligned}$$

이다.

따라서 25,610원부터 28,070까지의 구간은 특정 식품의 평균구매비용(μ)을 포함한다고 합리적으로 확신할 수 있다. 그 이유는, 반복하여 이러한 구간추정값을 사용하게 된다면, 작성된 신뢰구간들의 95%는 μ를 포함할 것이기 때문이다.

이 절에서는 μ에 대한 추론(표본크기가 작은 경우)을 내리기 위하여 T 통계량을 사용할 때 모집단이 정규분포를 이룬다는 가정이 필요하다는 것을 강조하였다. 많은 경영현상들이 개략적으로 정규분포를 이루고 있으나, 많은 경영현상들이 정규 또는 작은 산모양이 아닌 분포들을 가지고 있는 것도 사실이다. 오랜 동안 경험적으로 판단해 보건대, T 분포는 정규성으로부터 웬만큼 이탈하여도 오히려 덜 민감하다는 것이 밝혀졌다. 즉, 작은 산모양의 모집단으로부터 표본을 추출할 때 T 통계량의 사용은 일반적으로 신뢰할 수 있는 결과를 산출한다. 그러나 분포가 현저하게 비정규적(nononormal)인 경우에 대해서는 비모수 방법들이 사용되어야 한다. 비모수통계들은 고급통계학에서 다루어진다.

9.5 모비율에 대한 추론: 표본크기가 클 때

대부분의 시장조사들이 어떤 특정 제품에 대하여 그 회사의 상표를 선택하는 구매자들의 비율을 결정하려는 목적을 가지고 많은 회사들에 의하여 실시된다. 예를 들어, 어떤 치약제조회사는 1,000명을 무작위로 선발한 후 그들의 상표선호도를 측정하기 위하여 그들을 면접함으로써 시장조사를 수행한다. 그 조사의 목적은 모든 치약사용자들 중에서 그 회사의 상표를 선호하는 사용자의 비율을 추정하는 데 있다.

표본으로 추출된 1,000명 중에서 그 회사의 상표를 사용하는 사용자수 X는 이항확률변수이다. 어떤 치약사용자가 그 회사의 상표를 선호하는 확률 p는 추정되어야 할 모수이다.

이항실험에서 어떻게 성공확률 p를 추정할 수 있겠는가? 한 가지 논리적인 해답은 표본 내에서 성공의 비율을 사용하는 것이다. 즉, 다음을 계산함으로써 p를 추정할 수 있다.

$$\hat{p}\text{('P hat'이라고 읽음)} = \frac{\text{표본 내에 성공횟수}}{\text{총 시행수}}$$

$$= \frac{X}{n}$$

따라서 1,000명 중에서 313명이 그 회사상표의 치약을 사용한다고 판명된다면, 모든 치약사용자들 중에서 그 상표를 선호하는 비율은 다음과 같이 추정된다.

그림 9.19 $\hat{p}$에 대한 표본분포

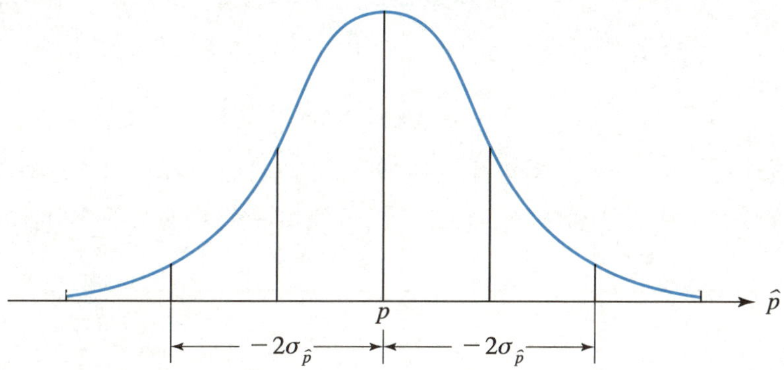

$$\hat{p} = \frac{X}{n} = \frac{313}{1{,}000} = 0.313$$

추정값 $\hat{p}$에 대한 신뢰도를 측정하기 위하여, 해당되는 표본분포를 알아야 한다. 즉, 1,000명의 사용자들로 구성된 표본들을 계속해서 추출하여, 매번 새로운 추정값 $\hat{p}$를 계산한다면, 모든 $\hat{p}$값들에 대한 도수분포는 어떻게 될까? 그 해답은 $\hat{p}$를 n번 시행에서의 매 시행마다 평균성공률로 간주하는 데 있다. 따라서 표본 내에서 각 성공에는 1이라는 값을 그리고 각 실패에는 0이라는 값을 할당하게 되면, 표본 내에 있는 n개의 관찰값들에 대한 합은 X(성공의 총숫자)이며, 그리고 $\hat{p} = X/n$은 n번 시행에서 매 시행당 평균성공률이다. 중심극한정리로부터 어떤 모집단에 대한 표본평균의 상대도수분포는, 표본크기가 충분히 클 때, 개략적으로 정규분포를 이루게 된다. 그러므로, $\hat{p}$에 대한 표본분포는 [그림 9.19]에 제시된 특징들을 가지고 있으며 그 특징들은 다음에 열거되어 있다.

$\hat{p}$에 대한 표본분포

1. $\hat{p}$에 대한 표본분포의 평균은 p이다. 즉, $\hat{p}$은 p의 불편추정량이다.

2. $\hat{p}$에 대한 표본분포의 표준편차는 $\sqrt{pq/n}$ 이다. 즉,

$$\sigma_{\hat{p}} = \sqrt{pq/n},$$

여기서, $q=1-p$

3. 표본크기가 클 때, $\hat{p}$에 대한 표본분포는 개략적으로 정규분포를 이룬다. 구간 $\hat{p}\pm 3\sigma_{\hat{p}}$이 0 또는 1을 포함하지 않는다면 표본크기는 크다고 간주된다(주의: p는 보통 알려져 있지 않다. 이 기준을 적용하기 위하여 p값을 추측하거나 또는 근사값을 구해야 한다).

$\hat{p}$의 표본분포(표본크기가 충분히 클 때)가 개략적으로 정규분포를 이룬다는 사실은, μ에 대한 추론(표본크기가 클 때)에서 사용된 것과 거의 유사한 방법으로, p에 대한 신뢰구간과 가설검정을 구할 수 있도록 뒷받침한다.

p에 대한 신뢰구간: 표본크기가 클 때

$$\hat{p}\pm Z_{\alpha/2}\cdot\sigma_{\hat{p}} = \hat{p}\pm Z_{\alpha/2}\sqrt{pq/n}$$

여기서, $q=1-p$

따라서 1,000명의 치약사용자들 중에서 313명이 그 회사의 상표를 사용한다면, 모든 치약사용자들 중에서 그 회사의 상표를 선호하는 비율에 대한 95% 신뢰구간은

$$\hat{p}\pm Z_{\alpha/2}\cdot\sigma_{\hat{p}} = 0.313\pm 1.96\sqrt{pq/1{,}000}$$

여기서, $q=1-p$

μ에 대한 신뢰구간(표본크기가 클 때)을 계산하는 데 있어서 σ에 대한 근사치가 필요했듯이, 여기서도 p에 대한 근사값이 필요하다. 〈표 9.3〉에 나타나 있듯이, p에 대한 근사값은 정확할 필요가 없다. 왜냐하면, 신뢰구간에 필요한

표 9.3 몇 가지 p값에 대한 pq의 값

p	pq
0.5	0.25
0.6 또는 0.4	0.24
0.7 또는 0.3	0.21
0.8 또는 0.2	0.16
0.9 또는 0.1	0.09

pq의 값은 비교적 p의 변화에 덜 민감하기 때문이다.

그러므로 p의 근사값은 $\hat{p}$를 사용할 수 있고 $\hat{q}=1-\hat{p}$이다. 신뢰구간에 대한 식에 이들 값들을 대입하면 다음과 같다.

$$\begin{aligned}
&\hat{p}\pm 1.96\sqrt{pq/1{,}000} \approx \hat{p}\pm 1.96\sqrt{\hat{p}\hat{q}/1{,}000}\\
&=0.313\pm 1.96\sqrt{(0.313)(0.687)/1{,}000}\\
&=0.313\pm 0.029\\
&=[0.284,\ 0.342]
\end{aligned}$$

회사는 28.4%에서 34.2%까지의 신뢰구간으로 모든 사용자들 중에서 자사의 상표를 선호하는 사실과 틀리지 않는 비율을 포함한다고 95% 확신할 수 있다. 즉, 신뢰구간을 반복하여 작성하게 되면, 모든 표본들 중에서 약 95%는 p를 포함하는 신뢰구간을 산출하게 될 것이다.

p에 관한 가설검정은 또한 모집단평균(표본크기가 클 때)에 대한 절차와 비슷하다.

p에 대한 가설검정: 표본크기가 클 때

단측검정	양측검정
H_0: $p=p_0$(여기서, p_0는 가설로 세운 p값)	H_0: $p=p_0$
H_a: $p<p_0$	H_a: $p\neq p_0$
[또는 H_a: $p>p_0$]	

검정통계량: $Z=\dfrac{\hat{p}-p_0}{\sigma_{\hat{p}}}$	검정통계량: $Z=\dfrac{\hat{p}-p_0}{\sigma_{\hat{p}}}$
여기서, $\sigma_{\hat{p}}=\sqrt{[p_0(1-p_0)]/n}$, ($H_0$가 옳다는 가정하에)	
기각영역: $Z<-Z_\alpha$ [또는 $Z>Z_\alpha$ 대립가설 H_a: $p<p_0$일 때]	기각영역: $Z<-Z_{\alpha/2}$ [그리고 $Z>Z_{\alpha/2}$]

예제 9.7

많은 기업들의 명성(결과적으로 매출액)은 평소와는 달리 많은 비율의 불량품을 포함하는 제품들을 출하함으로써 심하게 손상을 입기 쉽다. 예를 들어, 어떤 카메라의 섬광전구(flashbulb) 제조업자는 제조된 섬광전구들의 5% 미만이 불량이기를 합리적으로 신뢰할 수 있기 바란다.

가령 대단히 많은 출하량으로부터 무작위로 300개의 전구들이 추출되어, 각각 검사되며 그리고 10개의 불량전구들이 발견된다고 하자. 이것은 제조업자가 전체 출하량의 불량률이 0.05 미만이라고 결론을 내리기에 충분한 증거를 제공하겠는가? $\alpha=0.01$을 사용하라.

해답

표본추출의 목적은 p가 0.05보다 작다는 것을 암시하는 충분한 증거가 있는지 여부를 결정하는 데 있다. 결과적으로, 귀무가설($p=0.05$)과 대조하여 대립가설($p<0.05$)을 검정하게 된다. 가설검정의 절차는 다음과 같다.

H_0: $p=0.05$ $\qquad$ H_a: $p<0.05$

검정통계량: $Z=\dfrac{\hat{p}-0.05}{\sigma_{\hat{p}}}$

기각영역: $Z<-Z_{0.01}=-2.33$([그림 9.20]을 참조)

이제 검정통계량을 계산한다.

$$Z=\frac{\hat{p}-0.05}{\sigma_{\hat{p}}}=\frac{(10/300)-0.05}{\sqrt{p_0q_0/n}}=\frac{0.033-0.05}{\sqrt{p_0q_0/300}}$$

그림 9.20 예제 9.7의 기각영역

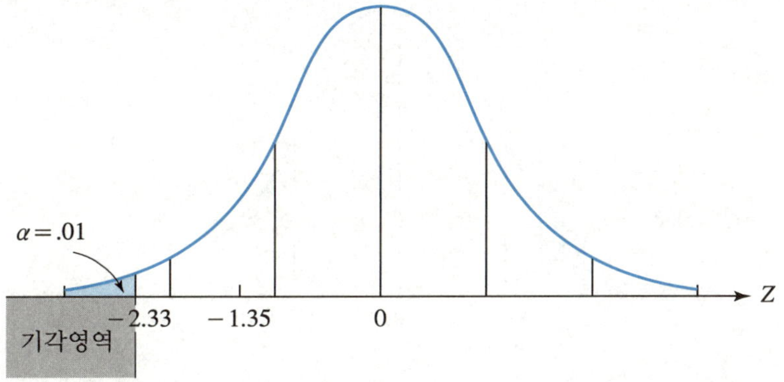

검정통계량은 귀무가설이 옳다고(즉, $p=p_0$) 하는 가정하에 계산되기 때문에, $\sigma_{\hat{p}}$를 계산하기 위하여 p_0를 사용하게 됨을 주시하라. 그러므로 Z통계량에 p_0와 q_0의 값들을 대체하게 되면 다음과 같다.

$$Z \approx \frac{-0.017}{\sqrt{(0.05)(0.95)/300}} = \frac{-0.017}{0.0126} = -1.35$$

[그림 9.20]에 나타나 있듯이, 계산된 검정통계량 Z는 기각영역에 해당되지 않는다. 그러므로 이러한 검정결과를 토대로, 출하량은 5% 미만의 불량전구들을 포함한다는 것을 나타낼 만한 증거가 불충분하다.

예제 9.8

예제 9.7에서 $\alpha=0.01$일 때, 섬광전구들의 불량률(p)은 $p=0.05$보다 작다라고 암시할 만큼 충분한 증거를 발견할 수 없었다. 대립가설(H_a: $p<0.05$)을 지지하는 증거의 영향력은 얼마나 되었을까? 그 검정에 대한 유의확률을 구하라.

해답

검정통계량 Z의 계산된 값은 $Z=-1.35$이었다. 그러므로 이와 같은 단측검정의 경우,

$$\text{유의확률} = P(Z \le -1.35)$$

그림 9.21 예제 9.8에 대한 관찰된 유의수준

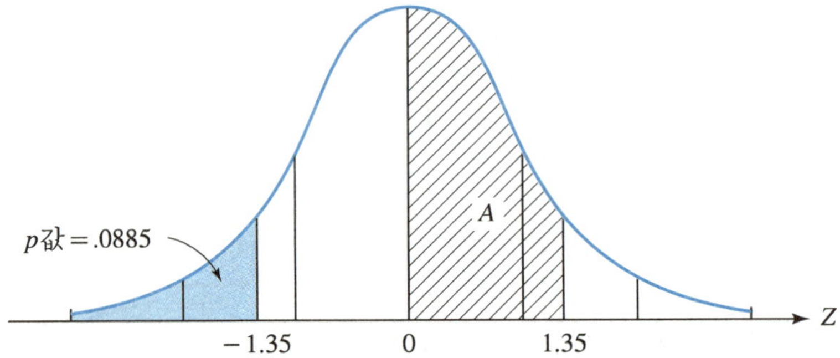

이다.

왼쪽 꼬리부분의 면적은 [그림 9.21]에 나타나 있다.

$Z=0$와 $Z=1.35$ 사이의 면적 A는 부록의 표 V에서 0.4115로 주어진다. 그러므로 유의확률은 $0.5-0.4115=0.0885$이다. 이 확률은 꽤 작다는 것을 주시하기 바란다. $\alpha=0.01$일 때, 귀무가설(H_0: $p=0.05$)은 기각되지 않았지만, Z값이 -1.35 또는 -1.35보다 작게 되는 확률은 단지 0.0885밖에 되지 않는다. 그러므로, $\alpha=0.10$으로 선택하면 귀무가설(H_0)을 기각하게 되며, 또는 만약 $\alpha=0.05$로 선택되면 귀무가설(H_0)을 기각하지 않게 된다.

앞의 예제들에서 p에 대한 신뢰구간과 가설검정은 표본크기(n)가 크다라는 가정에 기초를 두고 있다. 따라서 p는 개략적으로 정규표본분포를 이루게 된다. 경험적으로, 구간 $\hat{p}\pm 3\sigma_{\hat{p}}$이 0 또는 1을 포함하지 않는다면, 위의 조건은 충족될 것이다.

표본크기가 작을 때, p에 대한 추정값와 검정절차들이 이용가능하나, 본 교재에서는 더 이상 다루어지지 않았는데, 그 이유는 경제 · 경영문제에서 수행되는 대부분의 조사들이 표본크기가 큰 표본들을 사용하기 때문이다.

9.6 표본크기의 결정

모집단의 모수(예컨대, 평균 μ 또는 이항확률 p)를 추정할 목적으로 어떤 실험이 계획될 때, 추정에 대한 신뢰도 및 표본에 포함되어야 할 관찰값들의 수가 결정되어야 한다. 이러한 표본의 크기가 어떻게 선택될 수 있을까?

이 질문에 답하기 위하여, 어떤 통계량의 표본분포에 대한 분산과 표본크기간의 관계를 사용한다. 분산은 표본크기에 반비례하기 때문에, 표본크기를 충분히 크게 선택함으로써 통계량이 어떤 구체적인 확률을 가지고 모집단의 모수에 근접하도록 원하는 대로 할 수 있다.

예를 들어, $\bar{X}$에 대한 표본분포의 표준편차는 $\sigma_{\bar{X}} = \sigma / \sqrt{n}$이기 때문에, 표본크기($n$)를 충분히 큰 값으로 선택함으로써, $\sigma_{\bar{X}}$를 원하는 만큼 작게 만들 수 있다.

본 장 제 1 절에서, 어떤 대규모의 신용회사에서 체납된 모든 계정들에 대한 평균체납액을 추정하였다. 100개의 체납된 계정들로 구성된 표본은 약 0.95의 확률로 체납된 모든 계정들에 대한 참된 평균체납액(μ)을 중심으로 18,000원 이내에 있는 추정값 $\bar{X}$를 산출하였다. 그 회사는 95%의 신뢰도를 가지고 μ가 5,000원 이내로 추정되기를 바란다고 하자. 표본은 그 크기가 얼마 정도야 하겠는가?

표본크기 $n = 100$에 대해서, 95% 신뢰구간은

$$\bar{X} \pm 2\sigma_{\bar{X}} \approx 233{,}000 \pm 18{,}000$$

이었다.

이제 추정량 $\bar{X}$가 μ를 중심으로 5,000원 이내에 있기를 원한다면, 다음과 같이 되어야 한다.

$$2\sigma_{\bar{X}} = 5{,}000 \quad \text{또는} \quad \frac{2\sigma}{\sqrt{n}} = 5{,}000$$

필요한 표본크기는 위의 식을 n에 관하여 풀면 된다. 이를 수행하기 위하여 σ에 대한 근사값이 필요하다. 위의 예제에 대해서, 적합한 근사값은 100개의 계정에 대한 표준편차 $S=90{,}000$이다. 따라서

$$\frac{2\sigma}{\sqrt{n}} \approx \frac{2S}{\sqrt{n}} = 5{,}000$$

$$\sqrt{n} = \frac{2(90{,}000)}{5{,}000} = 36$$

$$n = (36)^2 = 1{,}296$$

이다.

회사는 95%의 신뢰도를 가지고 5,000원 이내로 평균체납액(μ)을 추정하기 위하여 약 1,300개의 체납되어 있는 계정들을 표본으로 추출하여야 한다.

어떤 특정한 신뢰수준으로 이항확률을 주어진 범위(B) 내로 추정하는데 필요한 표본크기를 결정하려면, 위와 비슷한 절차를 따른다. μ와 p를 다같이 추정하기 위하여 표본크기를 결정하는 데 필요한 일반 식들은 다음과 같다.

100(1−α)% 신뢰도를 가지고 표본크기를 결정하기

1. $(1-\alpha)$의 확률로 어떤 범위(B) 내로 μ를 추정하기 위하여, 필요한 표본크기는 n에 대한 다음 식을 풀면 구해진다.

$$Z_{\alpha/2}\left(\frac{\sigma}{\sqrt{n}}\right) = B$$

이로부터

$$n = \frac{(Z_{\alpha/2})^2 \cdot \sigma^2}{B^2}$$

이다.

σ의 값은 준비조사와 같은 사전표본(a prior sample)으로부터 구해진 표준편차 S에 의하여 추정된다. 그 대신으로, 모집단 내의 관찰값들로부터 범위(R)를 구하며 그리고 $\sigma \approx R/4$를 사용하여 근사값을 찾는다.

2. $(1-\alpha)$의 확률로 어떤 범위(B) 내로 p를 측정하기 위하여, 필요한 표본크기는 n에 관한 다음 식을 풀면 구해진다.

$$Z_{\alpha/2}\sqrt{pq/n}=B$$

이로부터

$$n=\frac{(Z_{\alpha/2})^2\cdot pq}{B^2}$$

이다.

이 식에 대입될 p의 값은 사전표본(사전정보로부터 얻어진)을 기초로 한 추정으로부터 구해지거나, 또는 가장 보수적으로 0.5와 같도록 선택된다.

예제 9.9

어떤 섬광전구 제조업자가 출하량에 포함된 불량률에 대하여 추론을 내리는 예제 9.7을 참조하자. 가령, 그 제조업자가 90%의 신뢰도를 가지고 실제 불량률을 1% 이내(즉, $B=0.01$)로 추정하려고 한다 하자. 표본은 그 크기가 얼마나 되어야 할까(실제 p값은 0.05에 가깝다고 가정하자)?

해답

0.9의 확률로 추정에 대한 오차가 1% 이내(즉, $B=0.01$)에 있기를 원하기 때문에, α값은 $\alpha=1-0.90=0.10$이 되어야 한다. 그러면 $Z_{\alpha/2}$값은 $Z_{\alpha/2}=Z_{0.05}=1.645$이다. 이러한 값들을 n에 대한 식에 대입하면,

$$n\approx\frac{(Z_{(\alpha}/2)^2\cdot pq}{B^2}=\frac{(1.645)^2(0.05)(0.95)}{(0.01)^2}\fallingdotseq 1{,}285.4\fallingdotseq 1{,}286$$

이 된다. 따라서 제조업자가 90%의 신뢰를 가지고 불량률에 대한 추정값이 실제 불량률 p의 1% 이내에 해당되기를 원한다면, 표본크기는 약 1,286개 정도되어야 한다(그와 같은 정확도를 유지하기 위하여 표본을 추출하는 데 비용을 지출할 만한 가치가 있는지에 대한 비용 — 수익분석이 필요하다).

요약

통계학의 목적은 표본에 담겨진 정보를 바탕으로 모집단에 대한 추론을 내리는 데 있다. 이 장에서는 이러한 목적을 수행하기 위한 몇 가지 방법들이 제시되었다.

여기에서 다루어진 추론의 방법들은 추정(estimation)과 가설검정(hypothesis testing)이다. 어떤 모집단의 모수에 대한 추정은 실험자에 의하여 높은 수준(보통은 0.90, 0.95 또는 0.99)으로 고정된 신뢰계수를 가지고 구간추정을 함으로써 수행된다. 다른 한편으로는, 모수에 대한 구체적인 대립가설이 검정될 때, 잘못하여 귀무가설(H_0)을 기각하며, 그리고 대립가설(H_a)을 받아들이게 되는 확률 α가 작도록 선택된다. 따라서 이러한 양자의 추론절차들에서 오류의 확률이 최소화되도록 노력한다.

추론을 하게 되는 가장 중요한 모수들 중의 하나는 모평균 μ이다. 표본평균($\bar{X}$)이 추론을 내리는 데 사용되지만, 그 추론절차는 표본크기에 따라 좌우된다. 표본크기가 클 때는(즉, $n > 30$인 경우) Z통계량이 사용된다. σ는 알 수 없으며, 표본(표본크기가 작을 때, $n \leq 30$)이 정규분포를 이루는 모집단으로부터 추출될 때는 t통계량이 사용된다.

연습문제

EXERCISES

9.1 어떤 모집단으로부터 100개의 관찰값들로 구성된 무작위표본이 추출되어 다음과 같은 통계량을 산출하였다.

$$\sum X = 500 \quad \sum X^2 = 6{,}066$$

a. μ에 대한 95% 신뢰구간을 구하여라.
b. a에서 구해진 신뢰구간을 해석하여라.

9.2 정규분포를 이루는 모집단으로부터 64개의 관찰값들로 구성된 무작위표본이 추출되어 계산된 표본평균은 15.5이며 그 표준편차가 2.3이었다.

a. μ에 대한 95% 신뢰구간을 구하여라.
b. μ에 대한 99% 신뢰구간을 구하여라.
c. 표본크기는 일정하게 유지되며 그리고 신뢰계수의 값은 증가될 때 신뢰구간의 너비는 어떻게 되겠는가?

9.3 소요인력을 세우기 위한 보조자료로서, 한국대학부속 병원장은 24시간 동안 응급실에 입원하는 환자의 평균숫자를 추정하려고 한다. 병원사무국에서는 무작위로 24시간을 64회에 걸쳐 선정하여 각 입원환자 수를 확인하였다. 이러한 무작위표본으로부터 계산된 값은, $\bar{X} = 19.8$이며, $S = 5$이다. 24시간 동안 응급실에 입원된 평균 환자수를 95% 신뢰구간으로 추정하여라.

9.4 어떤 사회학자가 1주일에 1가구당 평균 TV시청시간수를 추정하고자 한다. 400가구들로 구성된 무작위표본으로부터 계산된 평균은 32.6시간이며 표준편차는 9.9시간이다. 90% 신뢰구간으로 평균시청시간을 추정하여라.

9.5 다음과 같은 가설검정을 수행한다고 하자.

$$H_0: \mu = 200 \qquad H_a: \mu > 200$$

그리고 아래와 같은 의사결정규칙을 사용하기로 하였다.
의사결정규칙: "100개의 품목들로 구성된 무작위표본의 표본평균이 212보다 크다면 H_0(즉, 귀무가설)을 기각한다." 단, 모집단의 표준편차는 80이라고 가정하자.

a. 의사결정 규칙을 Z에 의하여 표시하여라.
b. 이러한 의사결정규칙을 사용할 때, 제 1 종 오류를 범하게 될 유의수준 α를 구하여라.

9.6 60개의 관찰값들로 구성된 무작위표본으로부터 다음과 같은 계산 결과를 얻었다.

$$\sum X = 27.4 \qquad \sum X^2 = 14.3$$

a. $\mu = 0.40$이라는 귀무가설(H_0)에 대해서 $\mu > 0.40$의 대립가설을 검정하여라. $\alpha = 0.05$를 사용하라. 결과를 해석하여라.
b. $\mu = 0.40$이라는 귀무가설(H_0)에 대해서 $\mu \neq 0.40$의 대립가설(H_a)을 검정하여라. $\alpha = 0.05$를 사용하라. 그 결과를 해석하여라.

9.7 월간 스마트폰에 대한 평균요금을 조금만 증가시키더라도, 통신회사로 돌아가는 수익금은 상당히 증가된다. 통신회사의 기록들을 검토하여 보니, 스마트폰가입자들이 전화통화로 인하여 매월 평균 17,100원을 지불한다는 것이 밝혀졌다(이때 표준편차는 9,800원이었다).

a. 50명의 스마트폰가입자들에 대한 청구서들이 무작위표본으로 추출된다면, 그 표본평균이 20,000원보다 많게될 확률은 얼마인가?
b. 100명의 스마트폰가입자들에 대한 청구서들이 무작위표본으로 추출된다면, 표본평균이 20,000보다 많게 될 확률은 얼마인가?
c. 어떤 특정한 달에 100명의 스마트폰가입자들에 대한 청구서들로 구성된 무작위표본이 전화통화로 지불된 표본평균통화료 21,250원을 산출하였다고 가정하자. 이 데이터는 전화통화로 매월 청구된 통화료의 평균수준이 17,100원으로부터 증가했다는 것을 암시하고 있는가?

9.8 어떤 대규모 자동차제조회사는 새로이 개발된 모형이 1ℓ 에 평균 22km 주행한다고 공언한다. 이 제조회사의 주장을 시험하기 위하여, 한국소비자보호원은 신모형의 차종 36대를 시운전하여 각각에 대한 주행거리를 확인하였다. 아래와 같은 통계자료가 구해졌다.

$\bar{X}=21.2\text{km}/\ell \qquad S=1.8\text{km}/\ell$

이러한 통계자료는 신차종에 의한 실제 주행거리가 제조업자가 공언한 것에 미달한다는 충분한 증거를 제공하고 있는가? $\alpha=0.05$를 사용하라.

9.9 한국대학 부속병원에서 현재 사용되고 있는 진통제는 환자들에게 고통을 덜어주는 데 평균 3.5분이 걸린다고 한다. 현재 사용되는 진통제와 새로운 진통제를 비교하기 위하여, 50명의 환자들로 구성된 무작위표본이 추출되어 새로운 약이 처방되었다. 환자들의 표본으로부터, 아픔을 덜어주는 평균시간이 2.8분 그리고 표준편차는 1.1분이었다. 이 데이터는 새로운 진통제가 환자의 고통을 덜어주기까지의 평균시간을 감소시키는 데 효과적이라고 결론지을 만큼 충분한 증거를 제공하는가? $\alpha=0.05$를 사용하라.

9.10 t 의 어떤 특정한 값을 t_0라 놓자. 부록의 표 6을 사용하여 다음 관계가 성립하도록 t_0값을 구하여라.

a. $P(t \geq t_0)=0.025$ (df=7)
b. $P(t \geq t_0)=0.01$ (df=9)
c. $P(t \leq t_0)=0.005$ (df=18)
d. $P(t \leq t_0)=0.05$ (df=12)

9.11 정규분포를 이루는 모집단으로부터 다음과 같이 5개의 관찰값들로 구성된 무작위표본이 추출되었다.

5, 7, 4, 3, 5

a. 모집단평균이 6이라는 귀무가설(H_0: $\mu=6$)에 대해서 $\mu<6$라는 대립가설(H_a: $\mu<6$)을 검정하여라. $\alpha=0.05$를 사용하라.

b. 모집단 평균이 6이라는 귀무가설(H_0: $\mu=6$)에 대해서 $\mu \neq 6$라는 대립가설(H_a: $\mu \neq 6$)을 검정하여라. $\alpha=0.05$를 사용하라.

9.12 한국화학주식회사는 많은 양의 나프타를 50갤론짜리 드럼통으로 구매한다. 이러한 구매활동은 계속되고 있기 때문에, 드럼통에 조그마한 부족량도 회사에 상당한 손실을 끼칠 수 있다. 드럼통의 무게는 드럼통마다 조금씩 다르기 때문에, 나프타를 드럼통에서 꺼낸 후 그 나프타의 무게를 측정한다. 회사는 20개의 드럼통들을 추출하여, 각각 나프타의 무게를 측정한 결과, $\bar{X}$는 49.70갤론이며, $S=0.32$갤론이라고 하자.

a. 통계량은 50갤론짜리 드럼통에 채워진 나프타의 평균량이 50갤론보다 적다고 암시할 만한 충분한 증거를 제시하고 있는가?
b. 관찰된 p값을 구하고, 그 의미를 해석하여라.
c. 드럼통당 나프타의 평균량(갤론)에 대한 90% 신뢰구간을 구하여라.

9.13 어떤 특정한 채광에서 발생되는 문제는 일부 부산물들이 가볍게 방사능을 띠는 경향이며 그리고 때로는 식수원에도 스며든다는 것이다. 환경부는 식수의 공급에 있어서 방사능의 양을 제한하는 법규를 제정 · 공포하였다. 자연적으로 발생되는 방사물에 대하여 허용되는 최고수준은 물 1리터당 5피코퀴리(picocuri: 방사능의 단위)이다. 어떤 도시의 급수로부터 채취된 24개의 수돗물 견본들로 구성된 무작위표본은 다음과 같은 통계량을 산출하였다.

$\bar{X}=3.9$피코퀴리(1리터당), $s=4.0$피코퀴리(1리터당)

a. 이러한 데이터는 방사물의 평균수준이 환경부에 의하여 제정된 최고 수준보다 적다고 할만한 충분한 증거를 제공하고 있는가? $\alpha=0.01$을 사용하여라.
b. a의 가설검정에서 작은 α값을 사용하기를 원하는 이유는 무엇인가?
c. 가설검정에서 관찰된 P값을 구하고, 이 값의 의미를 설명하여라.
d. 주어진 $\hat{p}$값은 0.35이며, $n=49$일 때, p에 대한 95% 신뢰구간을 구하여라.

9.14 김말동 씨는 소매점을 운영하고 있는데, 고객들 중에 들치기(물건을 훔치는 사람)의 비율이 얼마나 되는지 추정하려고 한다. 김 씨는 고객들이 상점 내에 있는 동

안에 과연 상품을 훔치는지 여부를 확인하기 위하여 물건 사는 손님들을 무작위로 선정하여 면밀하게 조사하기로 방침을 세웠다. 경험적으로 판단하건대, 들치기의 비율은 5% 가까이 된다고 가정하자. 만약 김 씨가 0.90의 확률을 가지고 상점 내의 들치기의 비율을 0.02 이내로 정확하게 추정하려면, 무작위표본으로 몇 명의 고객들을 포함시켜야 하겠는가?

제 10 장

추정과 가설검정 : 두 개의 모집단

10.1 두 모평균의 차이에 대한 추론: 표본크기가 클 때

어느 대형백화점은 특정 대도시의 변두리 주택지역 두 군데를 새로운 백화점 체인점의 후보지역으로 고려하고 있다. 어느 지역을 선택할 것인가에 관한 최종의사결정은 두 군데 변두리 주택지역에 살고 있는 가구당 평균소득의 비교를 토대로 하기로 한다. 백화점 체인점은 세대당 평균소득이 더 많은 변두리 주택지역에 개설되어야 한다.

μ_1은 변두리 주택지역 1의 가구당 평균소득을 나타내며, 그리고 μ_2는 변두리 주택지역 2의 가구당 평균소득을 나타낸다고 하자. 그러면 통계분석의 목적은 $(\mu_1 - \mu_2)$, 즉 두 군데 변두리 주택지역의 평균소득의 차이에 대하여 추론하는 데 있다.

가령 각각의 변두리 주택지역으로부터 100가구로 구성된 독립적인 무작위 표본들이 추출되었으며 그리고 두 표본들로부터 평균소득 $\bar{X}_1$과 $\bar{X}_2$가 계산되었다고 하자.

$(\mu_1 - \mu_2)$에 대하여 직관적으로 호소력 있는 추정값은 표본평균들의 차이,

그림 10.1 $(\bar{X}_1 - \bar{X}_2)$의 표본분포의 표본분포

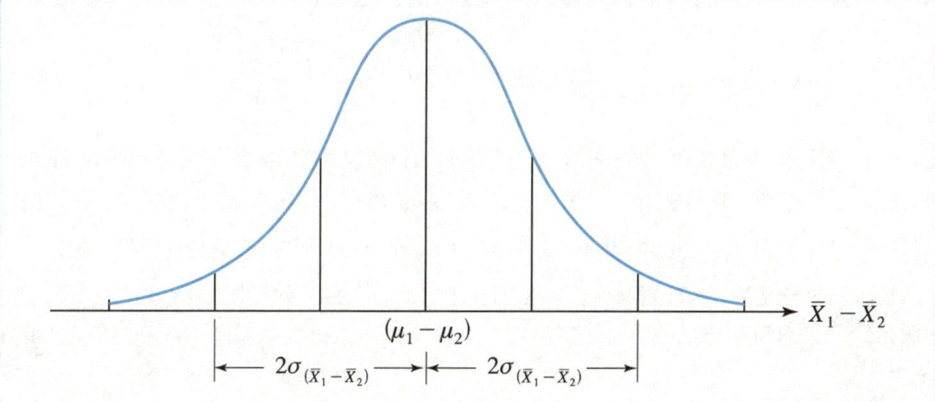

즉 $(\bar{X}_1-\bar{X}_2)$이다. 반복적인 표본추출에서 이러한 추정량의 성과는 해당되는 표본분포의 특성에 의하여 요약된다([그림 10.1] 참조).

표본분포의 모양은 표본크기가 클 때 개략적으로 정규분포이기 때문에, 단일평균의 경우와 마찬가지로 $(\mu_1-\mu_2)$에 대한 추론을 위하여 Z통계량을 사용할 수 있다. 신뢰구간을 형성하고 가설을 검정하는 절차들은 다음과 같이 요약된다.

$(\bar{X}_1-\bar{X}_2)$의 표본분포에 대한 특성

1. $(\bar{X}_1-\bar{X}_2)$의 표본분포는 표본크기가 큰 경우에 개략적으로 정규분포를 이룬다.
2. $(\bar{X}_1-\bar{X}_2)$에 대한 표본분포의 평균은 $(\mu_1-\mu_2)$이다.
3. 두 표본들이 독립적이라면, 표본분포의 표준편차는 다음과 같다.

$$\sigma_{(\bar{X}_1-\bar{X}_2)}=\sqrt{\frac{\sigma_1^2}{n_1}+\frac{\sigma_2^2}{n_2}}$$

여기서 σ_1^2과 σ_2^2은 표본이 추출된 두 모집단의 분산이며, n_1과 n_2는 각각의 표본크기들이다.

$(\mu_1-\mu_2)$에 대한 신뢰구간: 표본크기가 클 때

$$(\bar{X}_1-\bar{X}_2)\pm Z_{\alpha/2}\sigma_{(\bar{X}_1-\bar{X}_2)}=(\bar{X}_1-X_2)\pm Z_{\alpha/2}=\sqrt{\frac{\sigma_1^2}{n_1}+\frac{\sigma_2^2}{n_2}}$$

가　정: 두 표본들이 무작위로 두 개의 모집단들로부터 독립적인 방법으로 추출된다. 표본크기 n_1 및 n_2들은 충분히 커서 $\bar{X}_1$과 $\bar{X}_2$들은 정규분포를 이루고 있으며, 따라서 S_1^2과 S_2^2은 σ_1^2과 σ_2^2에 대한 훌륭한 근사값들을 제공한다. $n_1\geq 30$ 그리고 $n_2\geq 30$인 표본크기에 대하여, 위와 같은 것은 사실이다.

$(\mu_1 - \mu_2)$에 대한 가설검정: 표본크기가 클 때

단측검정	양측검정
$H_0: (\mu_1 - \mu_2) = D_0$	$H_0: (\mu_1 - \mu_2) = D_0$
$H_a: (\mu_1 - \mu_2) < D_0$	$H_a: (\mu_1 - \mu_2) \neq D_0$
[또는 $H_a: (\mu_1 - \mu_2) > D_0$]	

여기서, D_0은 가설로 설정된 평균들 간의 차이(이것은 종종 0이다)

검정통계량:

$$Z = \frac{(\bar{X}_1 - \bar{X}_2) - D_0}{\sigma_{(\bar{X}_1 - \bar{X}_2)}}$$

검정통계량:

$$Z = \frac{(\bar{X}_1 - \bar{X}_2) - D_0}{\sigma_{(\bar{X}_1 - \bar{X}_2)}}$$

여기서

$$\sigma_{(\bar{X}_1 - \bar{X}_2)} = \sqrt{\frac{\sigma_1^2}{n_1} + \frac{\sigma_2^2}{n_2}}$$

기각영역: $Z < -Z_\alpha$
[또는 $H_a: (\mu_1 - \mu_2) > D_0$인 경우 $Z > Z_\alpha$]

기각영역: $Z < -Z_{\alpha/2}$
[그리고 $Z > Z_{\alpha/2}$]

가 정: 위에 언급한 신뢰구간(표본크기가 클 때)에 대한 가정과 같음

예컨대, 두 군데 변두리 주택지역들로부터 추출된 가구들의 평균소득 및 표준편차가 다음과 같다고 가정하자.

(* : 단위 천원)

변두리 주택지역 1	변두리 주택지역 2
$\bar{X}_1 = 18{,}750$*	$\bar{X}_2 = 15{,}150$*
$S_1 = 3{,}200$*	$S_2 = 2{,}700$*
$n_1 = 100$	$n_2 = 100$

두 지역간의 평균소득의 차이 $(\mu_1 - \mu_2)$에 대한 95% 신뢰구간을 형성하기 위하여 공식을 사용하면

$$(\bar{X}_1 - \bar{X}_2) \pm 1.96\sqrt{\frac{\sigma_1^2}{n_1} + \frac{\sigma_2^2}{n_2}}$$

$$= (18{,}750 - 15{,}150) \pm 1.96\sqrt{\frac{\sigma_1^2}{100} + \frac{\sigma_2^2}{100}}$$

이 된다.

이러한 신뢰구간에 대한 계산을 완성하기 위하여 σ_1^2과 σ_2^2을 추정하여야 한다. 표본크기가 모두 비교적 크기 때문에 표본분산 S_1^2과 S_2^2은 합리적인 근사값을 제공할 것이다.

따라서 신뢰구간은 개략적으로

$$3{,}600 \pm 1.96\sqrt{\frac{(3{,}200)^2}{100} + \frac{(2{,}700)^2}{100}}$$

$$= 3{,}600 \pm 821$$

$$\Rightarrow [2{,}779,\ 4{,}421] \text{ (단위: 천원)}$$

이다.

이 추정절차를 사용하게 되면 신뢰구간들이 95%는 모집단평균들의 차이 $(\mu_1 - \mu_2)$를 포함할 것이다. 그러므로, 변두리 주택지역 1에서 가구당 평균소득이 변두리 주택지역 2보다 2,779,000원에서 4,421,000원 사이만큼 더 높다고 합리적으로 확신할 수 있다. 이러한 정보를 기초로 새로운 백화점 체인점은 변두리 주택지역 1에 세워져야 한다.

예제 10.1

어떤 음식점의 주인은 새로운 광고 캠페인이 그 음식점의 일일 평균 수입을 증가시켰는지 여부를 결정하고자 한다. 광고가 시작되기 전 50일간의 일일 수입들이 기록되었다. 새로운 광고 캠페인을 전개하고 나서 그 광고가 효력을 발생하도록

20일을 허용한 후, 음식점 주인은 30일 동안 수입을 기록하였다. 이들 두 가지 표본들은 광고 캠페인이 음식점의 일일 수입에 미친 영향을 추론할 수 있도록 한다. 두 표본들의 결과에 대한 요약은 다음과 같다.

(* : 단위 천원)

광고 캠페인 전	광고 캠페인 후
$n_1=50$	$n_2=30$
$\bar{X}_1=1,255^*$	$\bar{X}_2=1,330^*$
$S_1=215^*$	$S_2=238^*$

이 표본들은 음식점 주인의 평균수입이 광고 캠페인에 의하여 증가되었다고 결론 내릴 만큼 충분한 증거를 제공하는가? $\alpha=0.05$를 사용하여 검정하라.

해답

가설검정을 수행함으로써 이 질문에 잘 대답할 수 있다. μ_1을 광고 캠페인 전의 일일 평균 수입으로, 그리고 μ_2를 광고 캠페인 후의 일일 평균 수입이라 정의하면, $\mu_2>\mu_1$ [즉, H_a: $(\mu_1-\mu_2)<0$]인 대립가설을 지지하고자 시도한다. 따라서 다음 귀무가설 [즉, $(\mu_1-\mu_2)=0$]을 검정하게 되는데, 만약 $(\bar{X}_1-\bar{X}_2)$가 대단히 큰 음수값을 갖게 되면 귀무가설을 기각한다. 검정절차들은 다음과 같다.

H_0 : $(\mu_1-\mu_2)=0$
H_a : $(\mu_1-\mu_2)<0$

검정통계량: $Z=\dfrac{(\bar{X}_1-\bar{X}_2)-D_0}{\sigma_{(\bar{X}_1-\bar{X}_2)}}=\dfrac{(\bar{X}_1-\bar{X}_2)-0}{\sigma_{(\bar{X}_1-\bar{X}_2)}}$

기각영역: $Z<-Z_\alpha=-1.645$([그림 10.2] 참조)

구체적 계산결과는

$$
\begin{aligned}
Z&=\frac{(\bar{X}_1-\bar{X}_2)-D_0}{\sigma_{(\bar{X}_1-\bar{X}_2)}}\\
&=\frac{(1,255-1,330)}{\sqrt{\dfrac{\sigma_1^2}{n_1}+\dfrac{\sigma_2^2}{n_2}}}\approx\frac{-75}{\sqrt{\dfrac{S_1^2}{n_1}+\dfrac{S_2^2}{n_2}}}
\end{aligned}
$$

그림 10.2 광고 캠페인 예제에 대한 기각영역

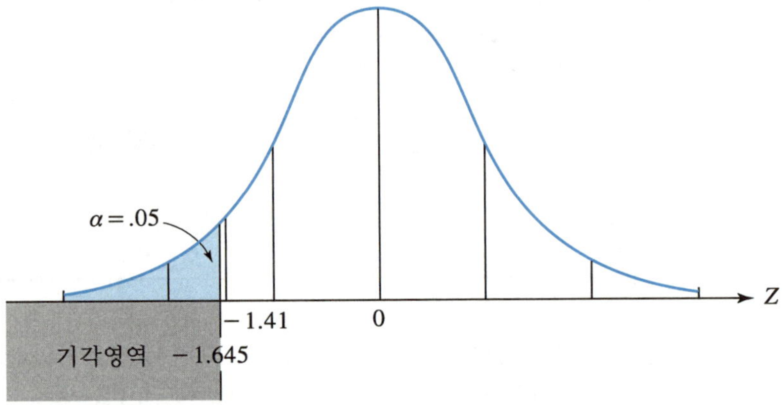

$$= \frac{-75}{\sqrt{\frac{(215)^2}{50} + \frac{(238)^2}{30}}}$$

$$= \frac{-75}{53.03}$$

$$= -1.41$$

이다.

[그림 10.2]에서 알 수 있듯이, 계산된 Z값은 기각영역에 해당되지 않는다. $\alpha = 0.05$인 수준에서, 표본들은 광고가 일일평균수입을 증가시켰다고 음식점 주인이 결론내릴 만큼 충분한 증거를 제공하지 못한다.

예제 10.2

예제 10.1로부터 검정에 대한 관찰된 유의확률을 구하라.

해답

예제 10.1에서 대립가설, H_a : $(\mu_1 - \mu_2) < 0$은 아래의 검정통계량으로서 왼쪽 꼬리부분 단측검정을 요구한다.

그림 10.3 예제 10.1에 대한 관찰된 유의수준

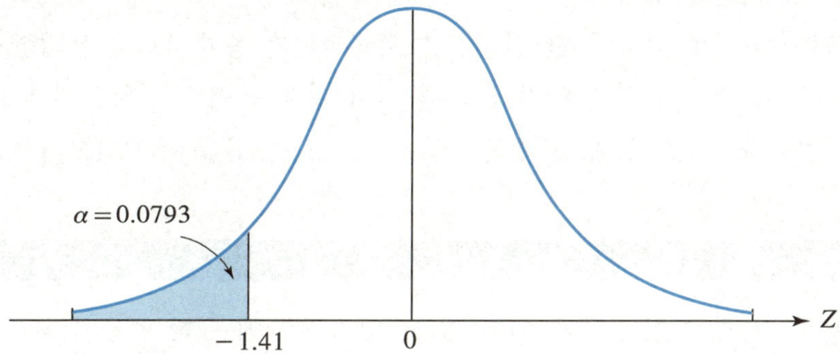

$$Z=\frac{(\bar{X}_1-\bar{X}_2)-D_0}{\sigma_{(\bar{X}_1-\bar{X}_2)}}$$

표본자료로부터 계산된 Z값은 -1.41이기 때문에, 검정에 대한 관찰된 유의수준 α는 귀무가설과 적어도 $Z=-1.41$만큼 모순된 Z값을 관찰하게 되는 확률이다. 즉, $\alpha=P(Z\leq -1.41)$이다. 이 확률은 귀무가설(H_0)이 옳다고 가정하여 계산되며 그리고 [그림 10.3]에서 그늘진 면적에 해당한다.

부록의 표 V에서 $Z=1.41$에 해당하는 면적은 0.4207이다. 그러므로, 검정에 대한 관찰된 유의확률 p값$=0.5-0.4207=0.0793$이 된다.

예제 10.1에서 $\alpha=0.05$를 제 1 종 오류의 확률로 선택하였으며, 결과적으로 귀무가설(H_0)을 기각하지 않았음을 상기하기 바란다. 즉, $(\mu_1-\mu_2)<0$인 것을 암시한 만큼 충분한 증거를 찾아내지 못하였다. 만약 검정의 결과가 관찰된 유의수준에 의해서 제시되며 그리고 자유로이 그 결과를 해석하도록 두었더라면, 그와 같은 불변의 결론에 도달하지는 않았을 것이다.

$Z=-1.41$인 만큼 작은 Z값을 관찰하는 것은, 만약 실제로 $\mu_1=\mu_2$이라면, 있을 법하지 않은 사건(희귀한 사건)이다. 그 확률(0.0793)은 상당히 작기 때문에, $\mu_1<\mu_2$라고 제안할 만한 증거가 없다고 결론내린다. 만약 관찰된 유의수준이

더 작았더라면(즉, 0.05, 0.01 또는 0.001이면 더 좋았겠지만), 이러한 결론에 더욱 확신할 수 있었을 것이다.

그러나 실제로 답해야 할 질문점은 검정결과가 통계적으로 유의한지 여부가 아니라, μ_1과 μ_2간의 차이가 충분히 커서 실제로 어떤 경영상의 의미를 갖느냐는 것이다. 이를 위해, 모평균들의 차이 $(\mu_1 - \mu_2)$를 추정하고자 한다.

예제 10.3

예제 10.1에서 광고 전과 후의 일일 평균수입의 차이에 대한 95% 신뢰구간을 구하고, 그 신뢰구간의 의미를 설명하라.

해답

$(\mu_1 - \mu_2)$에 대한 95% 신뢰구간은

$$(\bar{X}_1 - \bar{X}_2) \pm Z_{\alpha/2}\sqrt{\frac{\sigma_1^2}{n_1} + \frac{\sigma_2^2}{n_2}}$$

이다.

다시 한번, σ_1^2과 σ_2^2 대신에 S_1^2과 S_2^2을 대입하게 된다. 왜냐하면 이러한 값들은 표본크기가 $n_1 = 50$ 그리고 $n_2 = 30$인 표본들에 대하여 σ_1^2 및과 σ_2^2 의 매우 훌륭한 근사값들을 제공하기 때문이다. 그러면 $(\mu_1 - \mu_2)$에 대한 95% 신뢰구간은

$$(1{,}255 - 1{,}330) \pm 1.96\sqrt{\frac{(215)^2}{50} + \frac{(238)^2}{30}} = -75 \pm 103.94$$

이다.

따라서 일일 평균수입의 차는 −178,940원에서 28,940원의 구간에 해당한다고 추정된다. 바꾸어 말하면, 광고 캠페인 후의 일일 평균수입(μ_2)이 광고 전의 일일 평균수입(μ_1)보다 하루 178,940원이 많기도 하고, μ_1보다 28,940원이 적기도 한 것으로 추정된다.

이제 음식점 주인은 어떻게 해야 하겠는가? 이 실험에서 수집된 표본크기들은 μ_1과 μ_2간의 차이를 발견할 만큼 크지 못하다는 것을 알 수 있다. 어떤 차이(만약 그러한 차이가 존재한다면)를 발견하기 위하여 음식점 주인은 실험을 되풀이하여 표본크기를 증가시켜야만 할 것이다. 이것은 $(\mu_1 - \mu_2)$에 대한 신뢰구간의 폭을 줄일 것이다. $(\mu_1 - \mu_2)$에 대한 음

식점 주인의 최선의 판단은 점추정(點推定) $(\bar{X}_1 - \bar{X}_2) = -75$이다.

따라서 음식점 주인은 광고 캠페인을 하는 비용이 일일 평균수입의 증가(부가적인 평균 수입은 75,000원)를 초과하는지 여부를 결정하여야 한다. 이러한 분석을 바탕으로, 음식점 주인은 실험을 계속할 것인지 또는 새로운 광고 프로그램을 보잘것없는 투자로서 기각할 것인지를 결정할 것이다.

10.2 두 모평균의 차이에 대한 추론: 표본크기가 작을 때

어떤 텔레비전 방송국은 골든 아워에 주요 스포츠 경기중계 또는 개봉영화 방영 중 어느 것이 더 텔레비전 시청자들을 끄는지 여부를 결정하기를 원한다고 가정하자.

방송국은 28번의 골든 아워를 추출하였는데, 이 중 13번은 주요 스포츠 경기 프로그램을 그리고 나머지 15번은 개봉영화를 다루었다. 텔레비전 시청자들의 수가 각 프로그램마다 기록되었다.

만약 μ_1은 골든 아워에 스포츠 경기가 방영된 때의 평균시청자수이며, μ_2는 개봉영화가 방영된 때의 평균시청자수라고 하자. 이때 μ_1과 μ_2의 차이를 발견하고자 한다. 그러므로, 다음과 같은 가설검정을 수행하게 된다.

귀무가설, $H_0 : (\mu_1 - \mu_2) = D_0$

대립가설, $H_a : (\mu_1 - \mu_2) \neq D_0$ (즉, $\mu_1 > \mu_2$ 또는 $\mu_1 < \mu_2$)

표본크기가 작기 때문에, S_1^2과 S_2^2은 σ_1^2과 σ_2^2에 대한 신뢰할 수 없는 추정값들이 되므로, 이 경우에 Z검정통계량은 부적합하다. 그러나 T 통계량을 사용할 수 있다. T 통계량을 사용하기 위하여 표본이 추출된 모집단들은 같은 모집단 분산값을 가지며, 개략적으로 정규분포를 이루어야 하며, 동시에 무작위표본들은 서로 독립적으로 추출되어야만 한다. 정규분포상태 및 동일분산에 대한 가정들은 [그림 10.4]에 나타난 것 같은 모집단들에 대한 상대도수분포를 암시

그림 10.4 두 표본 T에 대한 가정들: (1) 정규 모집단 (2) 동일한 분산

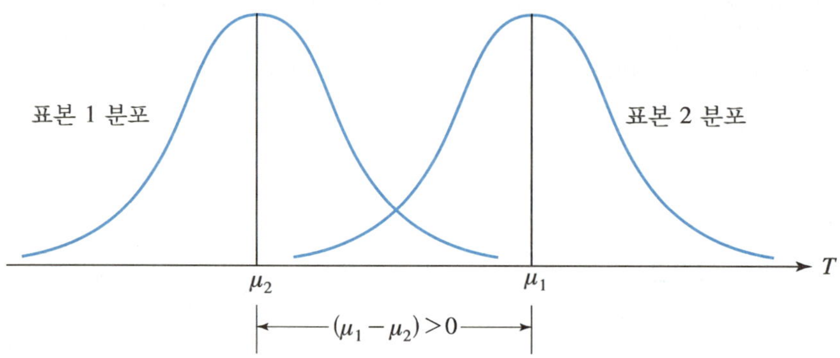

하게 된다. 텔레비전 시청자들 수에 대한 두 가지 모집단들의 분포는 개략적으로 이러한 가정들을 만족시킨다고 가정한다.

두 모집단들이 같은 분산($\sigma_1^2 = \sigma_1^2 = \sigma^2$)을 가지고 있다고 가정하기 때문에, T 통계량에 사용되는 σ^2에 관한 공동계산된 표본추정량(a pooled sample estimator)을 구하기 위하여 두 표본들로부터 오차자승들의 합(Sum of squares of deviations)을 결합시키는 것이 합리적이다. 따라서 만약 S_1^2과 S_2^2, 이 두 개의 표본분산들(양쪽 다 두 모집단들에 공통인 분산, σ^2에 대한 추정임)이라면, σ^2에 대한 합동추정량(S_p^2으로 나타냄)은 다음과 같다.

$$S_p^2 = \frac{\overbrace{\sum_{i=1}^{n_1}(X_i - \bar{X}_1)^2}^{\text{표본 1로부터}} + \overbrace{\sum_{i=1}^{n_2}(X_i - \bar{X}_2)^2}^{\text{표본 2로부터}}}{n_1 + n_2 - 2} \quad \text{또는}$$

$$S_p^2 = \frac{(n_1 - 1)S_1^2 + (n_1 - 1)S_2^2}{(n_1 - 1) + (n_2 - 1)}$$

$$= \frac{(n_1 - 1)S_1^2 + (n_1 - 1)S_2^2}{n_1 + n_2 - 2}$$

여기서 $\bar{X}_1$은 표본 1로부터의 관찰값을 나타내고 $\bar{X}_2$는 표본 2로부터의 관찰값을 나타낸다.

자유도(degrees of freedom)는 각 표본에 대하여 표본크기보다 하나 작은 것으로 정의되었음을 상기하라. 즉, 표본 1에 대해서는 (n_1-1), 그리고 표본 2에 대해서는 (n_2-1)이다. 두 표본들로부터 구해진 σ^2에 대한 자료를 합동으로 계산하고 있으므로, 합동분산 S_p^2와 관련된 자유도는 두 표본들에 대한 자유도의 합과 같게 되며, 즉 S_p^2의 분모는 $(n_1-1)+(n_2-1)=(n_1+n_2-2)$이다.

귀무가설 $H_0: (\mu_1-\mu_2)=D_0$을 검정하는 데 필요한 검정통계량(표본크기가 작을 때)을 구하기 위하여, 두 표본의 Z통계량(제 9 장 제 1 절)을 위한 식에 σ^2에 대한 합동추정값을 대입하여 다음을 얻게 된다.

$$T=\frac{(\bar{X}_1-\bar{X}_2)-D_0}{\sqrt{S_p^2\left(\frac{1}{n_1}+\frac{1}{n_2}\right)}}$$

이 통계량은 (n_1+n_2-2)의 자유도를 가진 T분포를 이룬다는 것을 알 수 있다.

텔레비전 시청자 예제를 사용하여 이러한 t검정의 마지막 단계들을 약술하여 보자.

가설로 설정된 평균시청자 수의 차이는 $D_0=0$이다. 기각영역은 양측검정이며, $df=n_1+n_2-2$를 가진 T분포에 기초를 두고 있다. 이 검정에 대한 기각영역은

$$t<-t_{\alpha/2} \quad \text{또는} \quad t>t_{\alpha/2}$$

가 된다. 이러한 기각영역은 [그림 10.5]에 나타나 있다.

이제, 텔레비전 방송국의 표본들로부터 다음과 같은 결과를 얻었다고 가정하자.

그림 10.5 양측 t검정에 대한 기각영역(α=0.05, df=26일 때)

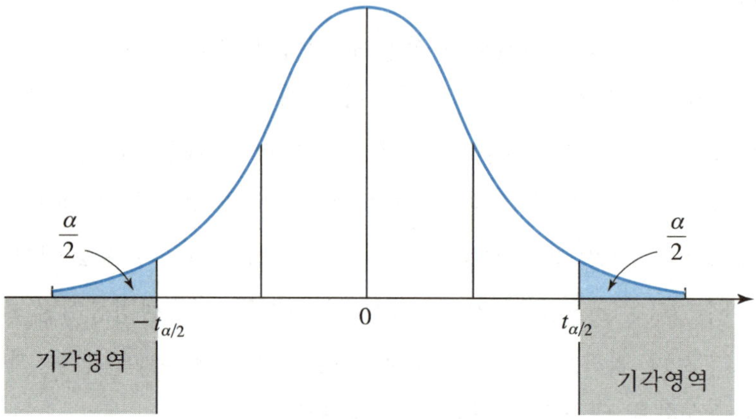

(* : 단위 백만 명)

스 포 츠	영 화
$n_1 = 13$	$n_2 = 15$
$\bar{X}_1 = 6.8$*	$\bar{X}_2 = 5.3$*
$S_1 = 1.8$*	$S_2 = 1.6$*

[주의: 분산에 대한 표본추정량은 같지 않더라도, 모집단분산들이 같다고 하는 가정은 계속 유효하다. 이러한 가정을 통계적으로 점검하는 방법은 제10장 3절에서 다루어진다]

우선 합동분산을 계산하면

$$S_p^2 = \frac{(n_1-1)S_1^2 + (n_1-1)S_2^2}{(n_1-1)+(n_2-1)}$$

$$= \frac{(13-1)(1.8)^2 + (15-1)(1.6)^2}{13+15-2}$$

$$= \frac{74.72}{26} = 2.87$$

이다. 그러면,

$$t = \frac{(\bar{X}_1 - \bar{X}_2) - D_0}{\sqrt{S_p^2\left(\frac{1}{n_1} + \frac{1}{n_2}\right)}} = \frac{(6.8 - 5.3) - 0}{\sqrt{2.87\left(\frac{1}{13} + \frac{1}{15}\right)}}$$

$$= \frac{1.5}{0.64} = 2.34$$

이다.

$t = 2.34$는 기각영역 내에 해당되므로 표본들은 골든 아워에 주요 스포츠 경기와 개봉영화 방영에 대한 평균시청자 수가 다르다고 암시할 만한 충분한 증거를 제공하고 있다. 또한 검정결과는 $\alpha = 0.05$인 유의수준에서 통계적으로 유의(有意)하다(significant)라고 말한다. 기각은 T 분포의 오른쪽 꼬리부분에서 일어나기 때문에, 스포츠 경기의 평균시청자 수가 개봉영화 방영의 평균시청자 수를 초과한다는 의미이다.

T 통계량은 또한 모집단평균간의 차이에 대한 신뢰구간을 형성하는 데 사용될 수 있다. 신뢰구간과 가설검정에 대한 절차들이 아래와 같이 요약되어 있다.

$(\mu_1 - \mu_2)$에 대한 신뢰구간: 표본크기가 작을 때

$$(\bar{X}_1 - \bar{X}_2) \pm t_{\alpha/2}\sqrt{S_p^2\left(\frac{1}{n_1} + \frac{1}{n_2}\right)}$$

여기서

$$S_p^2 = \frac{(n_1 - 1)S_1^2 + (n_1 - 1)S_2^2}{n_1 + n_2 - 2}$$

그리고 $t_{\alpha/2}$는 $df = (n_1 + n_2 - 2)$를 기초로 한다.

가 정: 1. 양쪽 표본이 추출된 모집단들은 대체로 정규분포를 이루는 상대도수 분포를 가지고 있다.
2. 두 모집단의 분산들은 같다.
3. 표본들은 모집단들로부터 무작위로 그리고 독립적으로 추출된다.

$(\mu_1-\mu_2)$에 대한 가설검정: 표본크기가 작을 때(독립적인 분포들)

단측검정

$H_0: (\mu_1-\mu_2)=D_0$

$H_a: (\mu_1-\mu_2)<D_0$

[또는 $H_a: (\mu_1-\mu_2)>D_0$]

검정통계량:

$$t=\frac{(\bar{X}_1-\bar{X}_2)-D_0}{\sqrt{S_p^2\left(\frac{1}{n_1}+\frac{1}{n_2}\right)}}$$

기각영역:

$t<-t_\alpha$

[또는 $H_a: (\mu_1-\mu_2)>D_0$일 때 $t>t_\alpha$]

여기서, t_α는 $df=(n_1+n_2-2)$를 기초로 함

양측검정

$H_0: (\mu_1-\mu_2)=D_0$

$H_a: (\mu_1-\mu_2)\neq D_0$

검정통계량:

$$t=\frac{(\bar{X}_1-\bar{X}_2)-D_0}{\sqrt{S_p^2\left(\frac{1}{n_1}+\frac{1}{n_2}\right)}}$$

기각영역:

$t<-t_{\alpha/2}$

[그리고 $t>t_{\alpha/2}$]

여기서, $t_{\alpha/2}$는 $df=(n_1+n_2-2)$를 기초로 함

가 정: 위에 언급된 $(\mu_1-\mu_2)$에 대한 신뢰구간(표본크기가 작은 때)을 구할 때와 같음

예제 10.4

자동변속기어를 갖춘 자동차의 연간 운영비와 수동변속기어를 갖춘 자동차의 연간 운영비간에 차이를 추정하고자 한다. 지난 2년 동안에 승용차를 구입하였으며 그리고 실험에 기꺼이 참여하려는 자동차의 소유자로서 자동변속기어를 갖춘 자동차의 소유자를 8명 그리고 수동변속기어를 갖춘 자동차 소유자를 12명 선정하였다. 20명의 차량 소유자들은 각각 12개월 동안 자동차의 운영비(휘발유, 엔진오일, 기타 수리비 등)를 정확하게 기록 보관한다. 모든 비용들은 1,000km 기준으로 기록되었는데, 그 이유는 12개월 동안 주행한 거리의 차이를 조정하기 위해서이다. 그 결과는 아래와 같이 요약되었다.

자동변속기어	수동변속기어
$n_1=8$	$n_2=12$
$\bar{X}_1=56,960$	$\bar{X}_2=52,730$
$S_1=4,850$	$S_2=6,350$

자동변속기어 자동차와 수동변속기어 자동차간에 1,000km당 평균운영비의 정확한 차이$(\mu_1-\mu_2)$를 추정하라. 90% 신뢰구간을 사용하라.

해답

이 실험의 목적은 $(\mu_1-\mu_2)$에 관하여 90% 신뢰구간을 구하는 데 있다. $(\mu_1-\mu_2)$에 대한 신뢰구간(표본크기가 작을 때)을 사용하기 위하여 다음과 같은 가정들이 충족되어야 한다.

(1) 1,000km당 운영비는 자동변속기어와 수동변속기어 자동차들 경우에 정규분포를 이루고 있다. 이러한 비용들은 실제로는 평균들(왜냐하면 1,000km 기준당 관찰된 비용이기 때문에)이기 때문에, 중심극한정리가 적용된다.

(2) 비용에 대한 분산은 두 가지 형태(자동변속 및 수동변속)의 자동차들에 대하여 마찬가지이다. 이러한 상황하에서, 자동차마다 비용의 변동은 두 가지 형태(변속기어)에 대하여 거의 같을 것이라고 기대된다.

(3) 표본들은 두 집단들로부터 무작위로 그리고 독립적으로 추출된다. 두 표본에 대한 20명의 서로 다른 자동차 소유자들은 어느 한 차량 소유자에 대한 비용측정이 다른 차량 소유자에 대한 비용측정에 의존되지 않도록 무작위로 추출된다. 그러므로 이러한 가정이 유효하다.

첫 번째 단계는 합동분산에 대한 추정값을 계산하는 것이다.

$$\begin{aligned} S_p^2 &= \frac{(n_1-1)S_1^2+(n_2-1)S_2^2}{n_1+n_2-2} \\ &= \frac{(8-1)(4.850)^2+(12-1)(6,350)^2}{8+12-2} \\ &= 33,789,200 \end{aligned}$$

여기서 S_p^2은 자유도 $(n_1+n_2-2)=(8+12-2)=18$을 가지고 있다. 그러면, 두 가지 형태의 기아변속을 갖춘 자동차들에 대한 평균운영비 차이 $(\mu_1-\mu_2)$의 90% 신뢰구간은

$$
\begin{aligned}
(\bar{X}_1 - \bar{X}_2) \pm t_{\alpha/2}\sqrt{S_p^2\left(\frac{1}{n_1}+\frac{1}{n_2}\right)} \\
&= (56{,}960 - 52{,}730) \pm t_{0.05}\sqrt{33{,}789{,}200\left(\frac{1}{8}+\frac{1}{12}\right)} \\
&= 4{,}230 \pm 1.734(2{,}653) \\
&= 4{,}230 \pm 4{,}600 \\
&= (-370,\ 8830)
\end{aligned}
$$

이다.

이 신뢰구간이 의미하는 것은 90%의 신뢰를 가지고 자동변속기어 자동차와 수동변속기어 자동차간에 1,000km당 평균운영비의 차이는 구간 −370원에서 8,830원에 해당된다는 것이다. 바꾸어 말하면, 자동변속기어 자동차에 대한 평균운영비는 수동변속기어 자동차보다 1,000km당 8,830원만큼 더 들거나 또는 370원 정도 덜 든다고 추정된다. 비록 표본평균들은 자동변속기어 자동차를 유지하기에 비용이 더 든다고 암시하고 있는 듯 하지만, $(\mu_1 - \mu_2)$가 0과 다르다고 할 만큼 충분한 증거는 없다. 왜냐하면 신뢰구간이 $(\mu_1 - \mu_2)$에 대한 가능한 값으로서 0을 포함하고 있기 때문이다. 평균운영비의 차이(만약 존재한다면)를 나타내기 위하여, 표본크기를 늘리며 그리고 그것에 의해서 $(\mu_1 - \mu_2)$에 대한 신뢰구간의 폭을 좁게 할 필요가 있다.

두 개의 표본에 대한 T 통계량은 위에 언급된 가정들이 충족될 때, 모집단 평균들을 비교하는 데 강력한 도구가 된다. 또한 표본이 추출된 모집단들이 개략적으로 정규분포를 이룰 때라도, T 통계량의 유용성은 유지되는 것으로 나타났다. 그리고 표본크기가 같을 때는 모집단의 분산들이 같아야 한다는 가정이 완화될 수 있다. 즉, $n_1 = n_2$일 때, σ_1^2과 σ_2^2은 서로 다를 수 있으며 그리고 검정통계량은 여전히 Student T 분포(개략적인)를 갖게 된다. 실험상황이 위의 가정들을 충족시키지 못할 때 다른 통계적 검정도 가능하다. 이러한 경우에는 비모수통계적 검정방법에 의해서 검증이 이루어진다.

위의 가정들이 충족되지 않는다면 어떠한 처방이 가능한가?

처 방: 가정들이 충족되지 않는다고 염려된다면, 모집단분포의 변화를 검정하기 위하여 독립표본들에 대한 Wilcoxon의 rank-sum검정을 사용한다.

10.3 두 모분산의 비교: 독립적 무작위표본들

두 군데 제지공장들의 평균생산성을 비교하기 위하여 두 표본 T 통계량을 사용한다고 가정하자. 그러나 두 공장들의 생산성에 대한 분산이 같다라는 가정이 비현실적이라고 걱정할지 모른다. 따라서 이러한 가정의 타당성을 점검하는 어떤 통계적 절차를 갖는 것이 도움이 된다.

모분산 σ_1^2과 σ_2^2을 비교하는 흔히 있는 통계적 절차는 표본분산의 비율(S_1^2/S_2^2)을 기초로 하여 σ_1^2/σ_2^2 비율에 대한 추론을 내리는 것이다. 따라서 비율이 1과 같다(즉, 분산과 서로 같다)라는 귀무가설을 검정함으로써 비율 σ_1^2/σ_2^2이 1과 다르다라는 대립가설을 지지하려고 꾀한다.

$$H_0: \frac{\sigma_1^2}{\sigma_2^2}=1 \qquad (\sigma_1^2=\sigma_2^2)$$

$$H_a: \frac{\sigma_1^2}{\sigma_2^2}\neq 1 \qquad (\sigma_1^2\neq\sigma_2^2)$$

다음 검정통계량을 사용한다.

$$F=\frac{S_1^2}{S_1^2}$$

검정통계량에 대한 기각영역을 수립하기 위하여, 반복적으로 표본들을 추출할 때 S_1^2/S_2^2이 어떠한 분포를 이루는지 알아둘 필요가 있다. 즉, S_1^2/S_2^2의 표본분포를 이해할 필요가 있다. S_1^2/S_2^2의 표본분포는 이미 t검정에서 요구되었던 가정들 중의 다음 두 가지 가정에 기초를 두고 있다. 즉,

(1) 표본이 추출된 두 가지 모집단들은 정규분포를 이룬다.
(2) 표본들은 각 해당되는 모집단으로부터 무작위로 그리고 독립적으로 추출된다.

이러한 가정들이 만족되고 귀무가설(즉, $\sigma_1^2=\sigma_2^2$)이 사실일 때, S_1^2/S_2^2의 표본분포는 분자의 자유도가 $\nu_1=(n_1-1)$이고 분모의 자유도는 $\nu_2=(n_2-1)$인 F분포를 이루게 된다. F분포의 모양은 S_1^2 및 S_2^2과 연관된 자유도 — 즉, (n_1-1) 그리고 (n_2-1) — 에 따라 달라진다. $\nu_1=7$이며 $\nu_2=9$인 F분포는 [그림 10.6]에 나타나 있으며, 오른쪽으로 비스듬하게 비대칭이다.

이 가설검정에 대한 기각영역을 수립하기 위하여 이러한 분포의 꼬리부분에 해당되는 F값들을 구할 필요가 있다. 왜냐하면 모분산들이 같지 않을 때,

그림 10.6 자유도 7 및 9를 가진 *F*분포

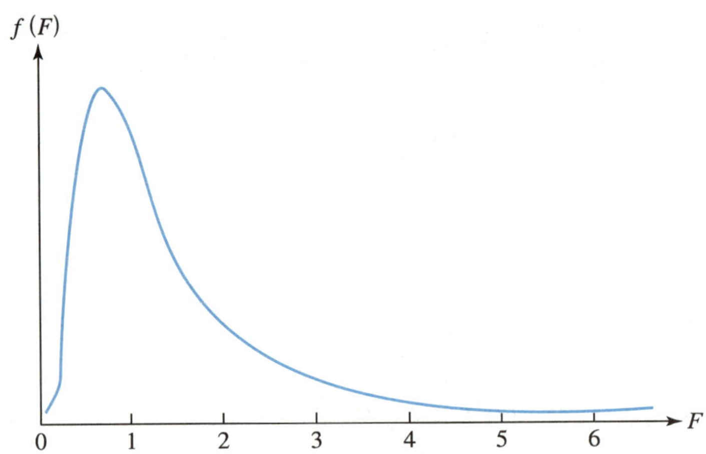

표본분산들에 대한 F비율은 대단히 크거나 또는 대단히 작은 값으로 예상되기 때문이다.

오른쪽 꼬리부분의 F값들은 부록의 표 VII에서 발견된다. 이 표는 서로 다른 자유도에 대하여 오른쪽 꼬리부분의 면적에 해당하는 F값들을 제공한다.

부록의 표 VII의 열(列)들을 분자의 표본분산 S_1^2에 대한 자유도, 행(行)들은 분모의 표본분산 S_2^2에 대한 자유도가 나타나 있다.

따라서 분자의 자유도가 7이며 분모의 자유도가 9라면, 부록의 표 VII의 7

그림 10.7 부록 표 VII의 일부분(α=0.05일 때)

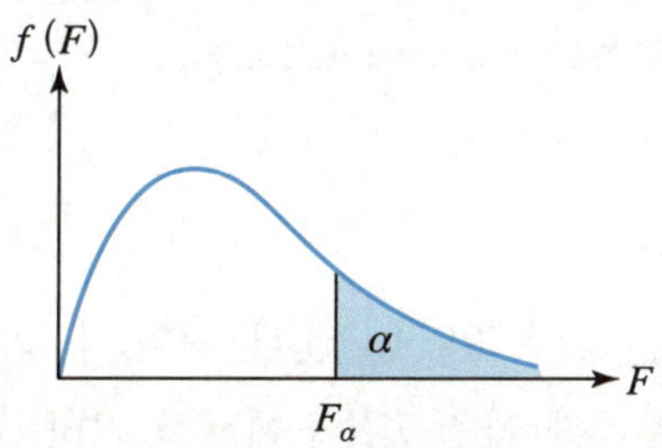

ν_2 \ ν_1	분자의 자유도 1	2	3	4	5	6	7	8	9
1	161.4	199.5	215.7	224.6	230.2	234.0	236.8	238.9	240.0
2	18.51	19.00	19.16	19.25	19.30	19.33	19.35	19.37	19.38
3	10.13	9.55	9.28	9.12	9.01	8.94	8.89	8.85	8.81
4	7.71	6.94	6.59	6.39	6.26	6.16	6.09	6.04	6.00
분모의 자유도 5	6.61	5.79	5.41	5.19	5.05	4.95	4.88	4.82	4.77
6	5.99	5.14	4.76	4.53	4.39	4.28	4.21	4.15	4.10
7	5.59	4.74	4.35	4.12	3.97	3.87	3.79	3.73	3.68
8	5.32	4.46	4.07	3.84	3.69	3.58	3.50	3.44	3.39
9	5.12	4.26	3.86	3.63	3.48	3.37	3.29	3.23	3.18
10	4.96	4.10	3.71	3.48	3.33	3.22	3.14	3.07	3.02
11	4.84	3.98	3.59	3.36	3.20	3.09	3.01	2.95	2.90
12	4.75	3.89	3.49	3.25	3.11	3.00	2.91	2.85	2.80
13	4.67	3.81	3.41	3.18	3.03	2.92	2.83	2.77	2.71
14	4.60	3.74	3.34	3.11	2.96	2.85	2.76	2.70	2.65

그림 10.8 자유도 7 및 9를 가진 F분포(α=0.05일 때)

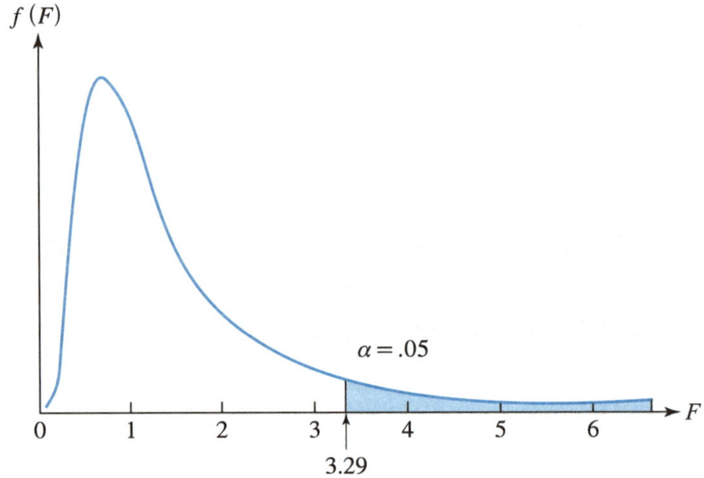

번째 열(列)과 9번째 행(行)을 들여다 보고 $F_{0.05}=3.29$임을 알게 된다. [그림 10.8]에 나타나 있듯이, $\alpha=0.05$는 자유도 7 및 9를 가진 F분포에서 3.29의 오른쪽 꼬리부분 면적이다. 즉, 만약 $\sigma_1^2=\sigma_2^2$이면, F통계량이 3.29를 초과하게 될 확률은 0.05(즉, $\alpha=0.05$)가 된다.

두 제지공장들의 생산에 있어서 변동을 비교하여 다음 결과들을 얻었다고 가정하자.

표본 1	표본 2
$n_1=13$일	$n_2=18$일
$\bar{X}_1=26.3$	$\bar{X}_2=19.7$
$S_1=8.2$	$S_2=4.7$

양측 F검정에 대한 기각영역을 형성하기 위하여, 오른쪽 꼬리부분을 사용한다. F검정통계량의 분자에 항상 더 큰 표본분산값을 두면, α에 대한 표로 만

든 값을 이중으로 하는 효과를 가지게 된다. 왜냐하면 항상 더 큰 값의 표본분산을 분자에 둠으로써 F비율이 오른쪽 꼬리부분에 있게 될 확률을 두 배로 하기 때문이다. 즉, 기각영역을 양쪽 꼬리부분에 수립하는 것보다는 분자에 더 큰 분산값을 둠으로써 양측검정을 시도한다.

따라서 위의 예제의 경우, 분자에 $\nu_1 = n_1 - 1 = 13 - 1 = 12$인 S_1^2과 분모에 $\nu_2 = n_2 - 1 = 18 - 1 = 17$인 S_2^2을 가지고 있다. 그러므로, 검정통계량은

$$F = \frac{\text{더 큰 표본분산}}{\text{상대적으로 작은 표본분산}} = \frac{S_1^2}{S_2^2}$$

이 되며, 계산된 F값이 표에 있는 값 $F_{0.05} = 2.38$을 초과할 때($\alpha = 0.01$일 때) 귀무가설(H_0: $\sigma_1^2 = \sigma_2^2$)을 기각하게 된다([그림 10.9] 참조).

이제, 제지공장의 자료에 적용하여 보자.

그림 10.9 생산성 예제에 대한 기각영역: F분포

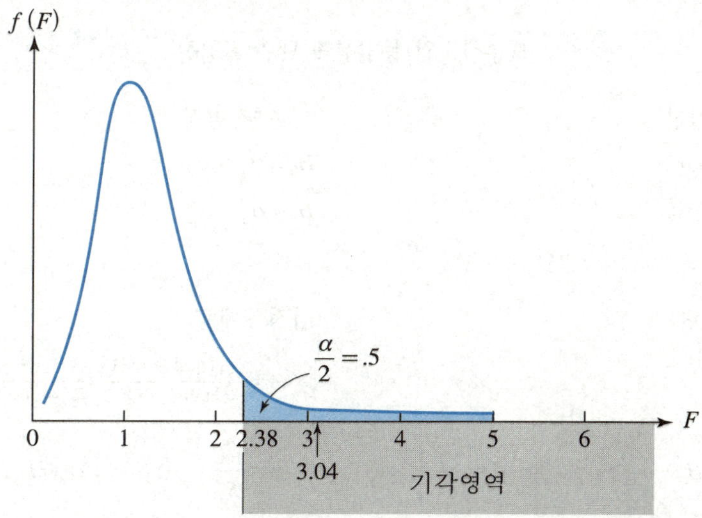

$F = S_1^2/S_2^2 = (8.2)^2/(4.7)^2 = 3.04$를 계산하여 [그림 10.9]에 있는 기각영역과 비교한다. F값 3.04는 기각영역에 해당하는 것을 알 수 있기 때문에, 자료는 모분산이 서로 다르다는 것을 암시할 만큼 충분한 증거를 제공한다. 결과적으로, 모분산이 같다라는 가정이 의심스럽기 때문에, 모집단평균을 비교하는 두 표본에 관한 T 통계량을 사용할 마음이 내키지 않게 될 것이다.

표본들로부터 계산된 F값이 기각영역 내에 있지 않게 된다면, 어떠한 결론을 내리겠는가? 분산들이 서로 같다고 하는 귀무가설이 옳다고 결론지을 수 있겠는가? 아니다. 그렇게 된다면, 귀무가설이 틀렸는데도 귀무가설(H_0 : $\sigma_1^2 = \sigma_2^2$)을 받아들이게 될 확률 β값을 알지도 못하고 제 2 종 오류(H_a가 사실인데도, H_0를 받아들이게 되는 오류)를 범하게 될 가능성이 있기 때문이다. 이 책에서는 구체적인 다른 수단에 대한 β의 계산을 고려하고 있지 않기 때문에, 귀무가설(H_0 : $\sigma_1^2 = \sigma_2^2$)을 반박할 만한 충분한 표본자료가 존재하지 않는다고 결론 내린다.

모분산들이 같은지 여부에 대한 F검정은 다음과 같이 요약된다.

모분산들의 동일성에 대한 F검정

단측검정	양측검정
H_0 : $\sigma_1^2 = \sigma_2^2$	H_0 : $\sigma_1^2 = \sigma_2^2$
H_a : $\sigma_1^2 < \sigma_2^2$	H_a : $\sigma_1^2 \neq \sigma_2^2$
[또는 H_a : $\sigma_1^2 > \sigma_2^2$]	
검정통계량:	검정통계량:
$F = \dfrac{S_2^2}{S_1^2}$	$F = \dfrac{\text{상대적으로 더 큰 표본분산}}{\text{상대적으로 작은 표본분산}}$
$\left[\text{또는 } H_a : \sigma_1^2 > \sigma_2^2\text{일 때, } F = \dfrac{S_1^2}{S_2^2}\right]$	$= \dfrac{S_1^2}{S_2^2} \quad (S_1^2 > S_2^2\text{일 때})$

	$\left[\text{또는 } \dfrac{S_2^2}{S_1^2} \quad (S_1^2 < S_2^2\text{일 때})\right]$
기각영역:	기각영역:
$F > F_\alpha$	$F > F_{\alpha/2} \quad (S_1^2 > S_2^2\text{일 때})$
여기서, F_α값은 자유도 $\nu_1 = (n_2 - 1)$이며 자유도 $\nu_2 = (n_1 - 1)$를 사용한 값이다.	여기서, $F_{\alpha/2}$값은 자유도 $\nu_1 = (n_1 - 1)$이며 자유도 $\nu_2 = (n_2 - 1)$를 사용한 값이다.
[또는 $F > F_\alpha (H_a: \sigma_1^2 > \sigma_2^2$일 때), 여기서 F_α값은 자유도 $\nu_1 = n_1 - 1$이며 자유도 $\nu_2 = n_2 - 1$를 사용한 값이다.]	[또는 $F > F_\alpha (H_a: \sigma_1^2 > \sigma_2^2$일 때), 여기서 $F_{\alpha/2}$값은 자유도 $\nu_1 = n_2 - 1$이며 자유도 $\nu_2 = n_1 - 1$를 사용한 값이다.]

가　　정: 1. 표본이 추출된 두 모집단들은 정규분포를 이룬다.
　　　　　2. 표본들은 무작위에 의한 것이며 그리고 독립적이다.

예제 10.5

예제 10.4를 참조하도록 하자. 이 예제에서 자동변속기어 자동차와 수동변속기어 자동차의 평균운영비를 비교하기 위하여 두 개의 표본에 대한 t 통계량을 사용하였다. 모집단분산들이 같다라는 가정을 점검하기 위하여 F검정을 사용하라. 유의수준 α는 0.10으로 하라.

해답

검정의 절차는 다음과 같다.

$$H_0: \frac{\sigma_1^2}{\sigma_2^2} = 1 \qquad H_a: \frac{\sigma_1^2}{\sigma_2^2} \neq 1$$

검정통계량:

$$F=\frac{\text{더 큰 표본분산}}{\text{상대적으로 작은 표본분산}}=\frac{S_2^2}{S_1^2}$$

기각영역을 찾기 위하여, 아래와 같이 진행한다. 분자의 자유도 ν_1은 $n_2-1=11$이다. 분모의 자유도 ν_2는 $\nu_1-1=7$이다. 따라서 부록의 표 Ⅶ로부터 기각영역을 구하면

$$F>F_{\alpha/2}=F_{0.05}\approx 3.60$$

이다(왜냐하면 $\nu_1=11$에 대하여 표로 주어진 값이 없기 때문에, 자유도 10과 12에서 값들을 평균 내어 $F_{0.05}\approx 3.60$을 구하게 된다).

이제 F값을 계산하면

$$F=\frac{S_2^2}{S_1^2}=\frac{(6.35)^2}{(4.85)^2}=1.71$$

이다. 이 F값은 기각영역 내에 있지 않다. 그러므로 유의수준 $\alpha=0.10$에서 모분산들이 같다라는 가정을 반박하기에는 자료가 불충분하다.

다음 예는 F통계량이 단순히 가정의 타당성을 검사하는 것보다는 모분산들을 비교하는 데 사용되는 과정을 보여준다.

예제 10.6

어떤 투자자가 두 가지 다른 주식들과 관련된 위험률을 비교하려고 한다. 여기서 주어진 주식에 대한 위험률은 일일 주가변화의 변동으로 측정된다.

가령 주식 1과 주식 2에 대하여 무작위로 25일간의 일일 가격변화를 수집했다고 가정하자. 표본결과들이 아래와 같이 요약되어 있다.

주식 1	주식 2
$n_1=25$	$n_2=25$
$\bar{X}_1=0.250$	$\bar{X}_2=0.125$
$S_1=0.76$	$S_2=0.46$

주식들에 대한 주가변화의 변동들은 같다라는 귀무가설을 검정함으로써 두 주식들과 관련된 위험률을 비교하라. 유의수준 α는 0.10을 사용하라.

해답

모분산들에 있어서 어떤 차이를 발견하고자 하기 때문에, $\sigma_1^2 > \sigma_2^2$ 또는 $\sigma_2^2 > \sigma_1^2$인 관계를 탐지하기를 원한다. 그러므로 대립가설, H_a: $\sigma_1^2 \neq \sigma_2^2$을 선정하며 그리고 다음의 양측검정을 수행하게 된다.

$$H_0:\ \frac{\sigma_1^2}{\sigma_2^2} = 1 \qquad\qquad H_a:\ \frac{\sigma_1^2}{\sigma_2^2} \neq 1$$

검정통계량: $F = \dfrac{\text{더 큰 표본분산}}{\text{상대적으로 작은 표본분산}} = \dfrac{S_1^2}{S_2^2}$

가 정: 1. 각 주식에 대한 일일 주가변화는 개략적으로 정규분포를 이루는 상대도수분포를 갖는다.
2. 표본들은 일일 주식보고서들로부터 무작위로 그리고 독립적으로 추출된다.

기각영역: $F > F_{\alpha/2} = F_{0.05} = 1.98$

여기서 $F_{0.05}$는 자유도 $\nu_1 = n_1 - 1 = 24$이며 $\nu_2 = n_2 - 1 = 24$인 자유도를 가지고 있다.

F통계량을 계산하면

$$F = \frac{S_1^2}{S_2^2} = \frac{(0.76)^2}{(0.46)^2} = 2.73$$

이 된다.

계산된 F값은 기각영역의 임계치 1.98을 초과한다. 그러므로 두 주식들에 대한 일일 주가변화의 변동은 다르다고 결론짓게 된다.

일일 주가변화의 변동으로 측정된 위험률은 주식 2보다 주식 1이 더 큰 것 같다. 이와 같은 추론을 얼마만큼 믿을 수 있을까? 이런 통계적 검증은 평균적으로 열 번 중에 한 번 정도(왜냐하면 유의수준은 $\alpha = 0.10$이므로)는 사실 σ_1^2과 σ_2^2은 서로 같은데도 그들이 다르다고 잘못 결론짓게 된다.

예제 10.7

예제 10.6에서 F검정에 대한 관찰된 유의수준을 개략적으로 구하라.

해답

예제 10.6에서 F통계량에 대한 관찰된 값은 2.73이었기 때문에, 그 검정에 대한 관찰된 유의수준은 만약 귀무가설(H_0)이 옳다면, 귀무가설(H_0 : $\sigma_1^2=\sigma_2^2$)과 적어도 $F=2.73$만큼 반대되는 F값을 관찰하게 되는 확률과 같게 된다. 부록의 표 Ⅶ에 있는 α값들은 0.10, 0.05, 0.025 그리고 0.01에 대해서만 주어졌기 때문에, 관찰된 유의수준을 개략적으로 구할 수밖에 없다.

부록의 표 Ⅶ을 점검한 결과, $F_{0.05}=1.98$, $F_{0.025}=2.27$, 그리고 $F_{0.01}=2.66$임을 알 수 있다. 관찰된 $F=2.73$의 값은 $F_{0.01}$을 약간 초과하므로, 검정에 대한 관찰된 유의수준은 다음 p값보다 약간 작은 값이 될 것이다.

$$\begin{aligned} \text{개략적 } p\text{값} &= 2(0.01) \\ &= 0.02 \end{aligned}$$

여기서 주의할 점은 부록의 표 Ⅶ에 있는 α값은 배로 하였다는 것인데, 그 이유는 양측 검정이기 때문이다.

정규 모집단분포의 가정이 만족되지 않는다면 어떻게 하겠는가?

해 답: 두 모분산들을 비교하는 데 비모수방법을 사용한다.

10.4 두 모평균의 차이에 대한 추론: 한 쌍의 짝간의 차이에 대한 실험

같은 도심지에 위치한 두 식료품상들의 일일 평균매출액을 비교한다고 가정하자. 12일 동안(일요일을 제외한 2주간)의 각 식료품상의 총 매출액을 기록한 결과가 〈표 10.1〉에 나타나 있다.

두 식료품상에 대한 일일 평균매출액(μ_1 그리고 μ_2)들이 같다라는 귀무가설

표 10.1 두 식료품상들에 대한 일일 매출액

(단위: 만원)

요 일	식료품상 1	식료품상 2
1(월요일)	253	226
2(화요일)	327	311
3(수요일)	335	306
4(목요일)	483	434
5(금요일)	635	594
6(토요일)	691	657
7(월요일)	231	213
8(화요일)	291	275
9(수요일)	358	333
10(목요일)	446	427
11(금요일)	644	609
12(토요일)	702	683
	$\bar{X}_1 = 449.67$	$\bar{X}_2 = 422.33$
	$S_1 = 176.69$	$S_2 = 172.01$

과 이들이 서로 다르다고 하는 대립가설을 검정하라.

$$H_0 : (\mu_1 - \mu_2) = 0 \qquad H_a : (\mu_1 - \mu_2) \neq 0$$

두 표본에 대한 T 통계량을 사용하면 다음과 같이 계산된다.

$$\begin{aligned} S_p^2 &= \frac{(n_1 - 1)S_1^2 + (n_2 - 1)S_2^2}{n_1 + n_2 - 2} \\ &= \frac{(12-1)(176.69)^2 + (12-1)(172.01)^2}{12+12-2} \\ &= 30{,}403.40 \end{aligned}$$

그리고

$$T = \frac{(\bar{X}_1 - \bar{X}_2) - 0}{\sqrt{S_p^2\left(\frac{1}{n_1} + \frac{1}{n_2}\right)}} = \frac{(449.67 - 422.33) - 0}{\sqrt{30{,}403.40\left(\frac{1}{12} + \frac{1}{12}\right)}} = \frac{27.34}{71.18} = 0.39$$

이다. 이러한 작은 t값은 α값을 $0.20(t_{\alpha/2}=t_{0.10}=1.321)$만큼 크게 선택하더라도, 자유도 $n_1+n_2-2=22$를 가진 T분포와 비교하여 볼 때 귀무가설(H_0)을 기각하게 되지 않는다. 따라서 두 식료품상에 대한 일일 평균매출액의 차이가 있다라고 추론할 만큼 충분한 자료가 없다고 결론짓는다.

그러나 〈표 10.1〉에 있는 자료를 좀 더 세밀하게 검토하면, 이러한 결론을 받아들이기 어렵다는 것을 알 수 있다. 식료품상 1의 매출액은 12일 동안 계속해서 식료품상 2의 매출액을 초과한다. 이것은 μ_1과 μ_2가 다르다는 것을 암시하는 유력한 증거이며, 그리고 결과적으로 이 사실을 확인하게 된다. 그렇다면, 왜 t검증은 이러한 차이를 탐지할 수 없었을까?

검정결과와의 불일치의 원인은 두 표본에 대한 t검정이 부적합하다는 것이다. 왜냐하면 독립표본들에 대한 가정이 유효하지 않기 때문이다. 만약 일일 판매량에 대한 한 쌍의 짝들을 검토하여 보면, 두 식료품상들의 매출액들은 요일별로 함께 증가하며 그리고 감소하기도 하는 것을 알 수 있다. 이러한 양상은 두 표본들간에 요일마다 대단히 강한 의존성을 암시하며 그리고 제10장 제2절의 두 표본에 대한 t검정에서 요구되는 독립성의 가정을 위반하게 됨을 시사한다. 이와 같은 특별한 상황에서, 표본평균들간의 차이는 작은 데 비하여 표본 내에서 큰 변동(즉, S_p^2의 값이 크게 나타나고 있음)을 주시하기 바란다. S_p^2값이 너무 크기 때문에 t검정은 μ_1과 μ_2간의 차이를 발견해 낼 수 없었다.

이제 〈표 10.1〉의 자료를 분석할 수 있는 유효한 방법을 고려하여 보자. 이 표에 식료품상들의 일일 매출액의 차이에 대한 열(列)을 첨가하여 〈표 10.2〉를 만든다. 이러한 일일 매출액의 차이들을 과거와 현재의 모든 일일 매출액 차이들에 대한 무작위표본으로 간주할 수 있다. 그러면 이 표본을 사용하여 모집단의 차이에 대한 평균(μ_D)을 추론할 수 있다. μ_D는 $(\mu_1-\mu_2)$와 같으며, 즉 모집단(표본)의 차이에 대한 평균은 모집단(표본)평균간의 차이와 같다.

따라서 가설검정은 다음과 같다.

$$H_0 : \mu_D = 0 \qquad (\text{즉, } \mu_1-\mu_2=0)$$

$$H_a : \mu_D \neq 0 \qquad (\text{즉, } \mu_1-\mu_2\neq 0)$$

표 10.2 두 식료품상들에 대한 일일 매출액 및 매출액의 차이

(단위: 만원)

일	식료품상 1	식료품상 2	차이(식료품상 1–식료품상 2)
1	253	226	27
2	327	311	16
3	335	306	29
4	483	434	49
5	635	594	41
6	691	657	34
7	231	213	18
8	291	275	16
9	358	333	25
10	446	427	19
11	644	609	35
12	702	683	19
			$\bar{X}_D = 27.33$ $S_D = 10.66$

검정통계량은 단일표본 t 검정이 되는데, 그 이유는 일일매출액 차이들에 대한 단일표본을 분석하고 있기 때문이다.

검정통계량: $T = \dfrac{\bar{X}_D - 0}{S_D/\sqrt{n_D}}$

여기서, $\bar{X}_D$ = 차이들에 대한 표본평균

S_D = 차이들에 대한 표본표준편차

N_D = 차이들의 개수

가정들: 1. 일일매출액 차이들에 대한 모집단은 개략적으로 정규분포를 이루고 있다.

2. 표본차이들은 모집단차이들로부터 무작위로 추출된다.

기각영역을 찾기 위하여 $\alpha = 0.05$를 선정한다. 만약 $t < -t_{0.025}$ 그리고 $t > t_{0.025}$이면 귀무가설(H_0)을 기각하게 된다. 여기서 $t_{0.025}$는 $(n_D - 1)$인 자유도를 기초

로 하고 있다.

부록의 표 VI를 참고하면, 자유도 $(n_D - 1) = 12 - 1 = 11$이며 $\alpha/2 = 0.025$에 해당되는 t값은 $t_{0.025} = 2.201$이 됨을 알 수 있다. 따라서, 만약 $t < -2.201$ 그리고 $t > 2.201$이면 귀무가설은 기각된다. 여기서 명심할 것은 무작위에 의한 두 가지 독립표본들에 대한 설계라기보다는 한 쌍의 짝간의 차이에 대한 실험(paired difference experiment)을 사용하기 때문에 자유도는 $n_1 + n_2 - 2 = 22$에서부터 11로 감소되었다는 것이다.

이제 t통계량을 계산하면

$$t = \frac{\bar{X}_D - 0}{S_D / \sqrt{n_D}} = \frac{27.33}{10.66 / \sqrt{12}} = 8.88$$

이 된다. 이 t값은 기각영역에 해당하기 때문에, 두 식료품상들에 대한 일일 평균매출액의 차이는 0과 다르다고 결론짓는다.

$\bar{X}_1 - \bar{X}_2 = \bar{X}_D = 27.33$(단위: 만원)이라는 사실은 식료품상 1에 대한 일일 평균매출액이 식료품상 2에 대한 일일 평균매출액을 초과한다는 것을 강하게 암시하고 있다.

관찰값들이 한 쌍이 되게 짝지어지며 그리고 차이를 분석하게 되는 이와 같은 종류의 실험은 한 쌍의 짝간의 차이에 대한 실험이라고 불린다. 많은 경우에, 한 쌍의 짝간의 차이에 대한 실험은 독립적인 표본들에 의한 실험보다 모평균들간의 차이에 대한 정보를 더 많이 제공할 수 있다. 차이를 계산함으로써 관찰값들이 한 쌍이 되도록 짝지우는 자원 때문에 발생하는 변동을 세거할 수 있다. 예를 들면, 식료품상 예제에서 일일 매출액의 요일별 변동은 두 식료품상의 일일 매출액간의 차이를 분석함으로써 제거된다.

한 쌍의 짝간의 차이에 대한 실험을 토대로 가설검정과 신뢰구간은 다음과 같이 요약된다.

한쌍의 짝간의 차이(paired difference)에 대한 가설검정

단측검정

$H_0: (\mu_1-\mu_2)=D_0$ (즉, $\mu_D=D_0$)

$H_a: (\mu_1-\mu_2)<D_0$ (즉, $\mu_D<D_0$)

[또는 $H_a: (\mu_1-\mu_2)>D_0$

(즉, $\mu_D>D_0$)]

검정통계량:

$$T=\frac{\bar{X}_D-D_0}{S_D/\sqrt{n_D}}$$

기각영역:

$t<-t_\alpha$

[또는 $t>t_\alpha$

($H_a: (\mu_1-\mu_2)>D_0$일 때)]

여기서, t_α는 (n_D-1)의 자유도를 가지고 있다.

양측검정

$H_0: (\mu_1-\mu_2)=D_0$ (즉, $\mu_D=D_0$)

$H_a: (\mu_1-\mu_2)\neq D_0$ (즉, $\mu_D\neq D_0$)

검정통계량:

$$T=\frac{\bar{X}_D-D_0}{S_D/\sqrt{n_D}}$$

기각영역:

$t<-t_{\alpha/2}$

[그리고 $t>t_{\alpha/2}$]

여기서, $t_{\alpha/2}$는 (n_D-1)의 자유도를 가지고 있다.

가　　정: 1. 모집단 차이들에 대한 상대도수분포는 정규분포를 이룬다.
2. 차이들은 모집단 차이들로부터 무작위로 추출된다.

한쌍의 짝간의 차이(paired difference)에 대한 신뢰구간

$$\bar{X}_D \pm t_{\alpha/2}\frac{S_D}{\sqrt{n_D}}$$

여기서, $t_{\alpha/2}$는 (n_D-1)의 자유도를 가지고 있다.

가　　정: 위에서 언급된 가정과 같음

예제 10.8

취업을 하려는 남자 및 여자 대학졸업생들의 초봉을 비교하기 위하여 한 쌍의 짝간의 차이에 대한 실험이 수행된다.

같은 전공과 비슷한 학업성적 평균점을 가진 남자 및 여자 대학생들을 선발함으로써 한 쌍의 짝들을 지웠다. 가령 무작위로 열 쌍의 표본이 이런 식으로 추출되고 각 사람의 연간 초봉이 기록되었다 하자.

그 결과는 〈표 10.3〉에 나타나 있다. 남자 대학졸업생에 대한 평균초봉(μ_1)이 여자 대학졸업생에 대한 평균초봉(μ_2)을 초과하는지 여부를 검정하라. $\alpha=0.05$를 사용한다.

해답

μ_1이 μ_2를 초과하는가 여부 — 즉 남자에 대한 평균초봉이 여자에 대한 평균초봉보다 나은지 여부 — 를 결정하는 데 관심이 있기 때문에, 단측검정을 위한 대립가설을 선택한다. 그러면 한 쌍의 짝간의 차이에 대한 가설검정은 아래와 같다.

$$H_0: \mu_D = 0 \qquad (\mu_1 - \mu_2 = 0)$$
$$H_a: \mu_D > 0 \qquad (\mu_1 - \mu_2 > 0)$$
$$\text{검정통계량: } T = \frac{\bar{X}_D - 0}{S_D/\sqrt{n_D}}$$

표 10.3 남자 및 여자 대학졸업생들의 평균초봉의 차이

(단위: 천원)

한 짝	남 자	여 자	차이(남자–여자)
1	8,300	7,800	500
2	10,500	10,600	−100
3	9,400	8,800	600
4	7,500	7,500	0
5	12,500	11,600	900
6	6,800	7,000	−200
7	8,500	8,200	300
8	10,200	9,100	1,100
9	7,400	7,200	200
10	8,200	7,500	700

가　　정: 모집단차이들에 대한 상대도수분포는 정규분포를 이룬다.

오른쪽 꼬리부분 가설검정이기 때문에, 만약 계산된 T 통계량이 즉, $t > t_{\alpha} = t_{0.05} = 1.833$ 이면 귀무가설(H_0)을 기각한다. 여기서 t 의 $df = n_D - 1$이다. 기각영역은 [그림 10.10]에 나타나 있다. X_{Di}를 i 번째 차이에 대한 관찰값을 나타내는 데 사용한다면, 계산과정들은 다음과 같다.

$$\sum_{i=1}^{10} X_{Di} = 500 + (-100) + \cdots + 700 = 4{,}000$$

$$\sum_{i=1}^{10} X_{Di}^2 = 3{,}300{,}000$$

그러면

$$\bar{X}_D = \frac{\sum_{i=1}^{10} X_{Di}}{10} = \frac{4{,}000}{10} = 400$$

$$S_D^2 = \frac{\sum_{i=1}^{n_D} (X_{Di} - \bar{X}_{Di})^2}{n_D - 1} = \frac{\sum_{i=1}^{10} X_{Di}^2 - \left[\sum_{i=1}^{10} X_{Di}\right]^2 / 10}{9}$$

그림 10.10 예제 10.8에 대한 기각영역

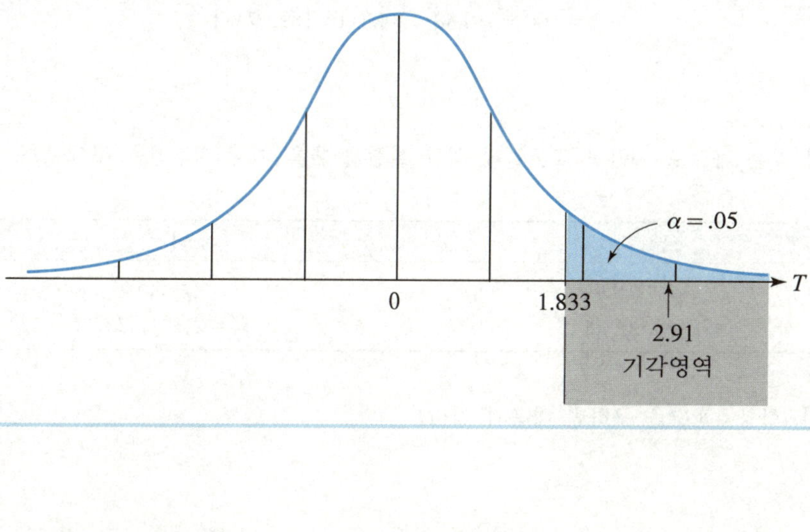

$$= \frac{3,300,000 - (4,000)^2/10}{9} = 188,888.89$$

$$S_D = \sqrt{S_D^2} = 434.61$$

검정통계량의 식에 이 값들을 대입하면

$$T = \frac{\bar{X}_D - 0}{S_D/\sqrt{n_D}} = \frac{400}{434.61/\sqrt{10}} = \frac{400}{137.44} = 2.91$$

이 된다.

[그림 10.10]에서 알 수 있듯이, 계산된 t값은 기각영역에 해당된다. 따라서 유의수준 $\alpha = 0.05$에서 남자에 대한 평균초봉이 여자에 대한 평균초봉을 능가한다고 결론짓는다.

예제 10.8에서 독립적인 표본들에 의한 실험보다 한 쌍의 짝간의 차이에 대한 실험을 수행함으로써 얻어진 정보자료 중의 하나는 신뢰구간에 대한 상대적인 폭(relative widths)이다. 한 쌍의 짝간의 차이에 대한 실험을 사용하여 $(\mu_1 - \mu_2)$에 대한 95% 신뢰구간을 구하면

$$\bar{X}_D \pm t_{\alpha/2}\frac{S_D}{\sqrt{n_D}}$$

이다.

여기서 $t_{\alpha/2}$는 자유도 $df = n_D - 1 = 9$를 갖는다. 이 식에 대입하면

$$400 \pm t_{0.025}\frac{434.61}{\sqrt{10}} = 400 \pm 2.262\frac{434.61}{\sqrt{10}}$$
$$= 400 \pm 310.88 \approx 400311 = [89,\ 711]$$

이 된다.

위와 같은 자료로 독립적 표본들에 의한 실험을 했을 때 신뢰구간을 구해보자.

남 자	여 자
$\bar{X}_1 = 8,930$	$\bar{X}_2 = 8,530$
$S_1^2 = 3,009,000$	$S_2^2 = 2,331,222.22$

우선, 합동추정량을 구하면 다음과 같다.

$$S_p^2 = \frac{(n_1-1)S_1^2 + (n_2-1)S_2^2}{n_1+n_2-2} = \frac{9(3,009,000)+9(2,331,222.22)}{18}$$
$$= 2,670,111.11$$

여기서 S_p^2은 자유도 $(n_1+n_2-2)=(10+10-2)=18$을 기초로 한다. 95% 신뢰구간은

$$(\bar{X}_1-\bar{X}_2) \pm t_{\alpha/2} \cdot \sqrt{S_p^2\left(\frac{1}{n_1}+\frac{1}{n_2}\right)}$$
$$= 400 \pm t_{0.025} \cdot \sqrt{2,670,111.11\left(\frac{1}{10}+\frac{1}{10}\right)}$$
$$= 400 \pm (2.101) \cdot \sqrt{2,670,111.11\left(\frac{1}{10}+\frac{1}{10}\right)}$$
$$= 400 \pm 1,535.35 \approx 400 \pm 1,535 = [-1,135,\ 1,935]$$

이 된다.

독립적인 표본추출에 의한 실험으로부터 구해진 신뢰구간은 한 쌍의 짝간의 차이에 신뢰구간보다 약 5배 정도된다. 전공과 학업성적 평균점의 차이 때문에 발생하는 변동을 저지하는 실험설계를 함으로써, $(\mu_1-\mu_2)$에 대한 더욱 정확한 추정(같은 신뢰계수에 대하여 더 작은 신뢰구간)을 할 수 있으며, 따라서 남자와 여자 간의 평균초봉의 차이에 대한 정보를 상당히 증가시키게 된다.

한 쌍의 짝간의 차이에 대한 실험이 독립적 표본들에 대한 실험보다 항상 우수한 것이 아닐까 생각할지 모른다. 대답은 대부분 그렇지만, 항상 그러한 것은 아니다. 한 쌍의 짝간의 차이에 의한 실험설계가 독립적 표본들에 대한 실험설계 대신에 사용될 때 T 통계량에서 자유도가 절반은 희생된다. 이것은 정보의 손실이며, 그리고 이러한 손실이 한 쌍이 되게 짝지움으로써 얻어지는 변동의 감소에 의하여 더 많은 보상이 실현되지 않는다면, 한 쌍의 짝간의 차이에 대한 실험은 $(\mu_1-\mu_2)$에 대한 순수한 정보손실이 된 것이다. 따라서 한 쌍의 짝간의 차이에 대한 실험을 수행하기 전에, 한 쌍이 되게 짝짓는 것이 변동을 상당히 줄인다는 확신이 있어야만 한다.

모집단의 차이들에 대한 정규분포라는 가정이 충족되지 않을 때 어떻게 하겠는가?

해 답: 한 쌍의 짝간의 차이에 대한 설계를 위한 Wilcoxon의 부호순위검정 (signed rank test)을 사용한다.

10.5 모비율간의 차이에 대한 추론: 독립적인 이항실험

가령 어떤 무선 이동전화기 제조회사가 자사제품의 우리나라 영동지방에서의 잠재적 수요와 영남지방에서의 잠재적 수요를 비교분석하려고 한다고 하자. 그러한 비교연구는 어디에 판매노력을 집중할 것인가를 결정하는 데 도움이 된다. 회사는 무작위로 영동지역에서 1,000가구를 그리고 영남지역에서 1,000가구를 선정하여 각 가구별로 향후 5년 이내에 무선 이동전화기를 구매할 계획이 있는지 여부를 확인한다. 이 실험의 목적은 이러한 표본에 담겨진 정보자료를 사용하여 영동지방의 모든 가구들 중에서 앞으로 5년 이내에 무선 이동전화기를 구매할 계획 있는 가구비율(p_1)과 영남지방의 모든 가구들 중 이와 같은 구매계획이 있는 가구비율(p_2)간의 차이($p_1 - p_2$)에 대하여 추론하는 데 있다.

두 표본들은 독립적인 이항실험(이항실험의 특징에 대하여 제 5 장 제 4 절 참조)을 나타내는데, 여기서 X_1과 X_2는 각 지역에서 추출된 1,000가구 중 향후 5년 이내에 무선 이동전화기를 구매할 의사를 표시한 가구수들이다. 표본조사는 다음과 같이 요약될 수 있다.

영동지방	영남지방
$n_1 = 1{,}000$ $X_1 = 42$	$n_2 = 1{,}000$ $X_2 = 24$

이제 영동지역 및 영남지역에서의 전체 가구들 중에서 앞으로 예상되는 구매자들에 대한 표본비율들 $\hat{p}_1$과 $\hat{p}_2$를 각각 계산할 수 있다.

$$\hat{p}_1 = \frac{X_1}{n_1} = \frac{42}{1{,}000} = 0.042$$

$$\hat{p}_2 = \frac{X_2}{n_2} = \frac{24}{1{,}000} = 0.024$$

표본비율들간의 차이 $(\hat{p}_1 - \hat{p}_2)$는 모수들의 차이, 즉 $(p_1 - p_2)$에 대한 추정값으로 $(\hat{p}_1 - \hat{p}_2) = 0.042 \ - 0.024 = 0.018$이다.

추정값 $(\hat{p}_1 - \hat{p}_2)$에 대한 신뢰도를 판단하기 위하여, 두 모집단들로부터 반복된 표본조사에서 그 성과를 관찰해 보아야 한다. 즉, $(\hat{p}_1 - \hat{p}_2)$에 대한 표본분포를 알 필요가 있다. 표본분포의 특성들은 아래와 같다. $\hat{p}_1$과 $\hat{p}_2$는 각 표본들에서 성공의 개수에 대한 평균으로 생각될 수 있으며, 따라서 표본크기가 클 때 중심극한정리를 적용할 수 있음을 기억하기 바란다.

$(\hat{p}_1 - \hat{p}_2)$의 표본분포에 대한 특성들

1. 표본크기 n_1과 n_2가 크다면, $(\hat{p}_1 - \hat{p}_2)$의 표본분포는 개략적으로 정규분포를 이룬다.
2. $(\hat{p}_1 - \hat{p}_2)$의 표본분포에 대한 평균은 $(p_1 - p_2)$이다. 즉, $E(\hat{p}_1 - \hat{p}_2) = p_1 - p_2$이다. 따라서 $(\hat{p}_1 - \hat{p}_2)$는 $(p_1 - p_2)$에 대한 불편추정량이다.
3. $(\hat{p}_1 - \hat{p}_2)$에 대한 표본분포의 표본편차는

$$\sigma_{(\hat{p}_1 - \hat{p}_2)} = \sqrt{\frac{p_1 q_1}{n_1} + \frac{p_2 q_2}{n_2}}$$

가 된다.

반복된 표본조사에서 $(\hat{p}_1 - \hat{p}_2)$의 분포는 개략적으로 정규분포를 이루기 때문에, Z통계량을 사용하여 $(p_1 - p_2)$에 대한 신뢰구간을 유도하거나 또는 $(p_1 - p_2)$에 대한 가설검정을 수행할 수 있다. 무선 이동전화기 예제에서, 차이 $(p_1 - p_2)$에 대한 95% 신뢰구간은

$$(\hat{p}_1 - \hat{p}_2) \pm 1.96\,\sigma_{(\hat{p}_1 - \hat{p}_2)} = (\hat{p}_1 - \hat{p}_2) \pm 1.96\sqrt{\frac{p_1 q_1}{n_1} + \frac{p_2 q_2}{n_2}}$$

이다.

표준편차 $\sigma_{(\hat{p}_1-\hat{p}_2)}$ 및 신뢰구간에 대한 계산을 완성하기 위하여 p_1q_1과 p_2q_2값들이 평가되어져야만 한다. 제 9 장 제 5 절에서, pq의 값은 p의 근사값으로 선정된 값에 비교적 둔감하다는 것을 설명하였다. 그러므로 $\hat{p}_1\hat{q}_1$과 $\hat{p}_2\hat{q}_2$는 각각 p_1q_1 및 p_2q_2에 대한 만족스러운 추정값을 제공할 것이다. 그러므로

$$(\hat{p}_1-\hat{p}_2)\pm 1.96\sqrt{\frac{p_1q_1}{n_1}+\frac{p_2q_2}{n_2}} \approx (\hat{p}_1-\hat{p}_2)\pm 1.96\sqrt{\frac{\hat{p}_1\hat{q}_1}{n_1}+\frac{\hat{p}_2\hat{q}_2}{n_2}}$$

$$=(0.042-0.024)\pm 1.96\sqrt{\frac{(0.042)(0.958)}{1{,}000}+\frac{(0.024)(0.976)}{1{,}000}}$$

$$=0.018\pm 0.016$$

$$=(0.002,\ 0.034)$$

따라서 차이 (p_1-p_2)는 구간 (0.002, 0.034)에 해당된다고 추정한다. 앞으로 5년 이내에 무선 이동전화기를 구매하려고 계획하는 가구들이 영남지방보다 영동지방에 0.2%에서 3.4% 더 많은 것 같다. 이러한 구간추정과 연관된 신뢰계수는 0.95이다.

p_1-p_2에 대한 $100(1-\alpha)\%$ 신뢰구간: 표본크기가 클 때

$$(\hat{p}_1-\hat{p}_2)\pm Z_{\alpha/2}\sigma_{(\hat{p}_1-\hat{p}_2)}=(\hat{p}_1-\hat{p}_2)\pm Z_{\alpha/2}\sqrt{\frac{p_1q_1}{n_1}+\frac{p_2q_2}{n_2}}$$

$$\approx(\hat{p}_1-\hat{p}_2)\pm Z_{\alpha/2}\sqrt{\frac{\hat{p}_1\hat{q}_1}{n_1}+\frac{\hat{p}_2\hat{q}_2}{n_2}}$$

Z통계량은

$$Z=\frac{(\hat{p}_1-\hat{p}_2)-(p_1-p_2)}{\sigma_{(\hat{p}_1-\hat{p}_2)}}$$

이 사용되어 $(p_1 - p_2)$가 어떤 특정한 차이 — 말하자면 D_0 — 와 같다라는 귀무가설을 검정한다.

$D_0 = 0$인 특별한 경우에, 즉 여기서 $(p_1 - p_2) = 0$(또는, 동등하게, $p_1 = p_2$)인 귀무가설을 검정하려고 할 때, $p_1 = p_2 = p$에 대한 최선의 추정값은 두 표본들에 대한 성공의 총 개수$(\bar{X}_1 - \bar{X}_2)$를 총 관찰값의 개수$(n_1 + n_2)$로 나누어줌으로써 구해진다. 즉,

$$\hat{p} = \frac{X_1 + X_2}{n_1 + n_2}$$

이다.

그러면 $\sigma_{(\hat{p}_1 - \hat{p}_2)}$에 대한 추정값은

$$\sigma_{(\hat{p}_1 - \hat{p}_2)} = \sqrt{\frac{p_1 q_1}{n_1} + \frac{p_2 q_2}{n_2}} \approx \sqrt{\frac{\hat{p}\hat{q}}{n_1} + \frac{\hat{p}\hat{q}}{n_2}} = \sqrt{\hat{p}\hat{q}\left[\frac{1}{n_1} + \frac{1}{n_2}\right]}$$

이다.

그 검정은 다음과 같이 요약된다.

$(p_1 - p_2)$에 대한 가설검정: 표본크기가 클 때

단측검정

H_0: $(p_1 - p_2) = D_0$

H_a: $(p_1 - p_2) < D_0$

[또는 H_a: $(p_1 - p_2) > D_0$]

양측검정

H_0: $(p_1 - p_2) = D_0$

H_a: $(p_1 - p_2) \neq D_0$

여기서, $D_0 = (p_1 - p_2)$에 대하여 가설로 설정된 값

검정통계량:

$$Z = \frac{(\hat{p}_1 - \hat{p}_2) - D_0}{\sigma_{(\hat{p}_1 - \hat{p}_2)}}$$

검정통계량:

$$Z = \frac{(\hat{p}_1 - \hat{p}_2) - D_0}{\sigma_{(\hat{p}_1 - \hat{p}_2)}}$$

기각영역:

$Z < -Z_{\alpha}$

[또는 $H_a: (p_1 - p_2) > D_0$일 때

$Z > Z_{\alpha}$]

기각영역:

$Z < -Z_{\alpha/2}$

[그리고 $Z > Z_{\alpha/2}$]

여기서, $\sigma_{(\hat{p}_1 - \hat{p}_2)} = \sqrt{\dfrac{p_1 q_1}{n_1} + \dfrac{p_2 q_2}{n_2}}$

$\sigma_{(\hat{p}_1 - \hat{p}_2)}$을 계산하기 위하여, p_1과 p_2의 근사치로 각각 $\hat{p}_1$ 및 $\hat{p}_2$를 사용한다. 그러나 $D_0 = p_1 - p_2 = 0$인 특별한 경우에는 다음을 사용한다.

$$\hat{p}_1 = \hat{p}_2 = \hat{p} = \frac{X_1 + X_2}{n_1 + n_2}$$

$$\sigma_{(\hat{p}_1 - \hat{p}_2)} \approx \sqrt{\hat{p}\hat{q}\left(\frac{1}{n_1} + \frac{1}{n_2}\right)}$$

예제 10.9

어떤 소비자 보호단체에서 인기 있는 두 가지 자동차 모형들에 대해서 그들이 구입된 지 2년 이내에 대대적인 수리(30만원 이상의 수리비)를 한 비율간에 차이가 있는지 여부를 결정하고자 한다. 모형 1의 2년간 소유자 400명으로 구성된 표본과 모형 2의 2년간 소유자 500명의 표본이 각각 접촉되었다. 차를 구입한 지 처음 2년 이내에 주요한 수리를 필요로 했다고 보고한 자동차 소유자의 수 X_1과 X_2는 각각 53명과 78명이었다.

모집단 1과 모집단 2의 비율간의 차이가 없다라는 귀무가설에 대해서 두 비율간에 차이가 있다라는 대립가설을 검정하라. 유의수준 $\alpha = 0.01$을 사용한다.

해답

2년 이내에 대대적인 수리를 필요로 한 자동차 소유주의 비율을, 각각 모형 1의 경우 실제비율이 p_1 그리고 모형 2의 경우 실제비율은 p_2라고 정의된다면, 검정절차는 다음과 같다.

그림 10.11 예제 10.9에 대한 기각영역

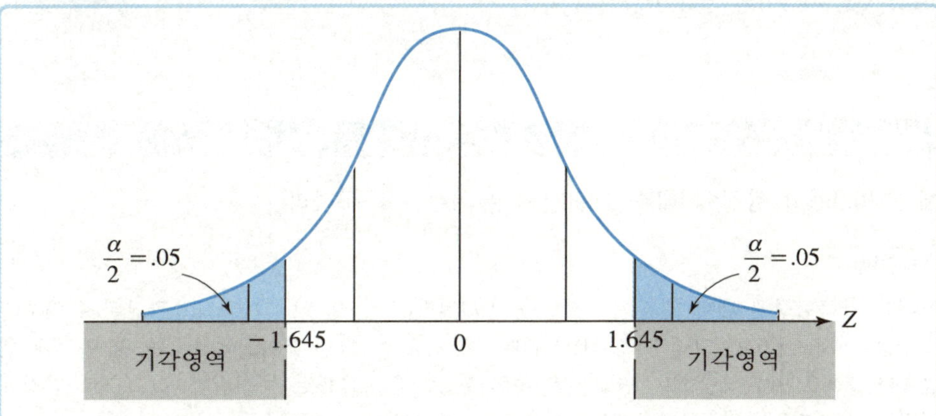

$$H_0:\ (p_1-p_2)=0 \qquad H_a:\ (p_1-p_2)\neq D_0$$

검정통계량: $Z=\dfrac{(\hat{p}_1-\hat{p}_2)-0}{\sigma_{(\hat{p}_1-\hat{p}_2)}}$

기각영역($\alpha=0.10$): $Z>Z_{\alpha/2}=Z_{0.05}=1.645$ 그리고

$Z<-Z_{\alpha/2}=-Z_{0.05}=-1.645$([그림 10.11] 참조)

이제 계산결과를 다음 식에 대입하여 풀어보면

$$Z=\frac{(\hat{p}_1-\hat{p}_2)-0}{\sigma_{(\hat{p}_1-\hat{p}_2)}}=\frac{(\hat{p}_1-\hat{p}_2)}{\sqrt{\dfrac{p_1q_1}{n_1}+\dfrac{p_2q_2}{n_2}}}\approx\frac{(\hat{p}_1-\hat{p}_2)}{\sqrt{\hat{p}\hat{q}\left(\dfrac{1}{n_1}+\dfrac{1}{n_2}\right)}}$$

여기서, $\hat{p}=\dfrac{X_1+X_2}{n_1+n_2}=\dfrac{53+78}{400+500}=0.1456$

$$=\frac{(53/400-78/500)}{\sqrt{(0.1456)(0.8544)\left(\dfrac{1}{400}+\dfrac{1}{500}\right)}}=\frac{-0.0235}{0.0237}=-0.99$$

이다. 유의수준 $\alpha=0.10$에서, 이 표본들은 2년 이내에 주요한 수리를 필요로 하는 두 모형들의 비율간의 차이를 발견할 만큼 충분한 자료를 제공하지 못하고 있다. 비록 모형 2의 자동차 소유주들에 대한 표본 중에서 모형 1의 경우보다 2.35%만큼 더 주요한 수리를 했을지

라도, 이 차이는 실제 모집단비율간에 차이가 없다라는 귀무가설로부터 오로지 0.99 표준절차(즉, $Z=-0.99$)에 지나지 않는다.

예제 10.10

예제 10.9에서 검정에 대하여 관찰된 유의수준을 구하라.

해답

이러한 양측검정에 대한 관찰된 Z값은 -0.99였다($Z=-0.99$). 그러므로 관찰된 유의수준은 p값$=p(Z<-0.99$ 그리고 $Z>0.99)$이다. 이 확률은 [그림 10.12]에서 그늘진 면적에 해당한다. $Z=0.99$에 상당하는 면적은 부록의 표 V에 0.3389로 주어진다. 그러므로 검정에 대한 p값은 표준정규곡선에서 양쪽 꼬리부분 면적의 합이 되며,

$$p\text{값}=2(0.5-0.3389)=0.3222$$

이다.

사실 $p_1=p_2$이라면, 0.99보다 크거나 또는 -0.99보다 작게 될 Z값을 관찰하게 될 확률은 0.3222이다. 이와 같이 큰 p값은 p_1과 p_2간의 차이가 거의 없다거나 또는 전혀 없다는 것을 의미한다.

그림 10.12 예제 10.9에 대한 관찰된 유의수준

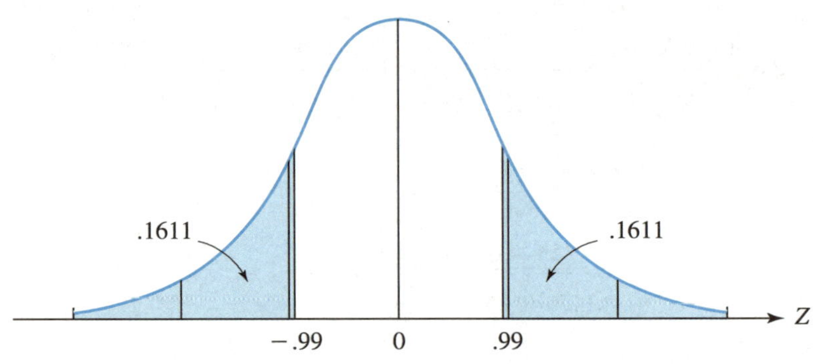

10.6 표본크기의 결정

제 9 장 제 6 절에서 설명된 방법을 사용하여 어떤 특정한 신뢰도를 가지고 두 모수들간의 차이를 추정할 수 있는 적합한 표본크기를 결정할 수 있다.

즉, $(1-\alpha)$의 확률로 B단위 이내로 정확한 두 모수간의 차이를 추정하기 위하여, 추정량에 대한 표본분포의 $Z_{\alpha/2}$ 표준편차를 B와 같도록 두고서 표본크기에 대해서 푼다. 이렇게 하기 위해서는 표본크기 n_1과 n_2를 같게 — 즉, $n_1=n_2=n$으로 — 두어야 한다. 다음 두 예제를 통하여 그 절차를 예시하도록 하자.

예제 10.11

슈퍼마켓 연쇄점의 판매부장은 점포의 위치, 경영관리 그리고 다른 요인들이 두 군데 연쇄점들에서 고객당 평균고기구입의 차이를 나게 하는지 여부를 확인하고자 한다.

고객당 평균고기구입의 차이에 대한 추정은 0.95의 확률을 가지고 2,000원 이내에 있어야 한다. 만약 두 표본크기가 같다면$(n_1=n_2=n)$, 각 연쇄점으로부터 무작위로 추출될 고객(고기를 구입한)의 수를 구하라.

해답

문제를 풀기 위하여, 고객당 고기매상고의 변동에 대하여 무엇인가 알아야만 한다.

고기매상고가 각 연쇄점에서 약 30,000원의 범위로 변동한다고 가정하자. 그러면 범위를 4σ와 같이 둠으로써 $\sigma_1=\sigma_2=\sigma$의 근사치를 구할 수 있다. 즉,

$$4\sigma \approx 30 \text{(단위: 천원)}$$
$$\sigma \approx 7.50 \text{(단위: 천원)}$$

다음 단계는 다음 식을 n에 대하여 푸는 것이다.

$$Z_{\alpha/2}\sqrt{\frac{\sigma_1^2}{n_1}+\frac{\sigma_2^2}{n_2}}=B$$

여기서 $n_1 = n_2 = n$이다.

추정량이 0.95의 확률을 가지고 $B = 2.0$(단위: 천원) 이내에 있도록 하려면, $Z_{\alpha/2} = Z_{0.05} = 1.96$을 사용하여야 한다.

$\sigma_1 = \sigma_2 = 7.5$로 놓고 n에 대하여 풀면,

$$1.96\sqrt{\frac{(7.5)^2}{n} + \frac{(7.5)^2}{n}} = 2.0$$

$$1.96\sqrt{\frac{2(7.5)^2}{n}} = 2.0$$

$$n = 108.05 \approx 108$$

결과적으로, 0.95의 확률을 가지고 고객당 평균고기매상고의 차이를 2,000원 이내로 정확히 추정하려면 각 연쇄점당 무작위로 고기판매건수 108건을 표본으로 추출하여야 한다.

예제 10.12

어떤 생산감독자가 두 가지 서로 다른 기계들에 의하여 발생되는 불량품의 비율간에 차이가 있다고 의심한다. 지금까지 경험으로, 두 기계에 대한 불량품 비율은 대략 0.03이다. 만약 감독자가 0.95의 확률을 가지고 그 비율의 차이를 0.005 이내로 정확하게 추정하려고 한다면, 각 기계의 생산량으로부터 무작위로 몇 개가 추출되어야 하겠는가?

해답

명시된 신뢰수준에 대하여, $Z_{\alpha/2} = Z_{0.05} = 1.96$이 된다.

그리고 $p_1 = p_2 = 0.03$ 그리고 $n_1 = n_2 = n$으로 놓게 되면, 기계당 필요한 표본크기는 다음 식을 n에 대하여 풀면 구해진다.

$$Z_{\alpha/2}\sqrt{\frac{p_1 q_1}{n_1} + \frac{p_2 q_2}{n_2}} = B$$

$$1.96\sqrt{\frac{(0.03)(0.97)}{n} + \frac{(0.03)(0.97)}{n}} = 0.005$$

$$1.96\sqrt{\frac{2(0.03)(0.97)}{n}} = 0.005$$

$$n = 8{,}943.2$$

이것은 성가신 표본추출과정이 됨을 알 수 있다. 만약 감독자가 0.95의 확률로 $(p_1 - p_2)$를 0.005 이내로 정확하게 추정하는 것을 고집한다면, 각 기계마다 약 9,000개 가량 추출되어 검사되어야 한다.

예제 10.12의 계산으로부터 $\sigma_{(\hat{p}_1 - \hat{p}_2)}$(그리고 따라서 $n_1 = n_2 = n$에 대한 해답)은 p_1 및 p_2에 대한 실제(그러나, 알려지지 않은) 값들에 좌우된다는 것을 알 수 있다. 사실, $p_1 = p_2 = 1/2$일 때 $n_1 = n_2 = n$에 대한 해(solution)가 가장 큰 값을 갖는다. 그러므로 p_1과 p_2의 개략적인 값들에 대한 사전정보가 없다면, $\sigma_{(\hat{p}_1 - \hat{p}_2)}$에 대한 식에서 $p_1 = p_2 = 1/2$을 사용한다. 만약 p_1과 p_2가 실제로 1/2에 가깝다면 계산된 n_1과 n_2의 값들은 적합하다. 만약 p_1과 p_2가 1/2과 상당히 다르다면, n_1과 n_2에 대한 해는 필요 이상으로 큰 값이 될 것이다. 결과적으로 n_1과 n_2에 대한 해를 구할 때 $p_1 = p_2 = 1/2$을 사용하는 것은 신중한 절차가 된다. 왜냐하면 이때 구해진 표본크기 n_1 및 n_2는 필요한 만큼보다 아마도 더 크게 되거나 또는 적어도 필요한 크기만큼은 될 것이기 때문이다.

요약

모집단모수들간의 차이에 관한 추론을 내리기 위하여, 두 표본들 내에 담겨진 정보자료를 사용할 수 있는 여러 가지 기법들을 제시하였다. 예상했듯이, 표본크기가 클 때 표본이 추출된 모집단에 대한 상대적으로 작은 가정들을 가지고도 신뢰할 수 있는 추론을 할 수가 있다. 모집단들로부터 많은 표본들을 취할 수 없을 때, 두 개의 표본에 대한 T 통계량은 정규분포 및 모집단분산들이 동일하다라는 가정들이 개략적으로 성립할 때, 평균들간의 차이를 추론하기 위하여 제한된 표본자료를 사용할 수 있도록 허용한다. 한 쌍의 짝간의 차이에 대한 실험은 변동을 통제하기 위하여 비슷한 관찰값들을 한 쌍이 되게 짝지움으로써 $(\mu_1 - \mu_2)$에 대한 정보를 증가시킬 수 있는 가능성을 제공한다. 한 쌍의 짝간의 차이에 대한 실험의 설계에서는 변동의 감소가 자유도의 손실을 보상하고도 남을 정도로 중요하게 판단되어야 한다.

이 장에서는 모집단모수들간의 비교를 위하여 두 가지 다른 추론방법들이 제시되었다. F검정이 사용되어 두 모집단의 분산들 σ_1^2과 σ_2^2이 비교되었다. 이 F검정은 모집단분산들이 동일하다는 가정 — 이것은 두 모집단평균들을 비교하기 위한 t 검정에 필수적인 가정 — 을 점검하는 데 유용하다. 또한 F검정은 두 모집단의 분산들이 위험의 척도, 오차 등과 같은 실질적인 중요성을 지닐 때 이들 분산들을 비교하는 데 사용된다.

이 장은 마지막으로 두 개의 이항모수 p_1과 p_2를 비교하였다. 그와 같은 비교들의 실제적인 사례들은 많다. 그들은 경영조사분석에서 흔히 나타난다. 어떤 회사는 신제품 B보다 신제품 A를 선호하는 고객들의 비율을 비교하려고 할지도 모른다. 또는 어떤 제조업자가 두 생산라인으로부터 일어나는 불량률을 비교하고자 할 때, 이와 같은 생산환경에서 모집단비율간의 비교가 발생한다.

연습문제

EXERCISES

10.1 한국제지회사는 두 가지 서로 다른 하역절차로 통나무를 부리는 데 소요되는 평균시간을 비교하는 실험을 하였다. 각각 50대의 트럭들로 구성된 무작위표본들이 선정되어 새로운 하역방법과 현재 사용되는 하역방법으로 통나무를 부리게 하였다. 이 실험의 목적은 새로운 방법이 평균하역시간을 감소시키는가 여부를 결정하는 데 있다. 표본평균과 표준편차들은 아래와 같다.

새로운 방법	현재방법
$n_1=50$	$n_2=50$
$\bar{X}_1=25.4$분	$\bar{X}_2=27.3$분
$S_1=3.1$분	$S_2=3.7$분

a. 새로운 방법에 의한 평균하역시간이 현재 사용되는 방법에 의한 평균하역시간보다 짧다고 암시할 만한 충분한 증거가 엿보이는가? ($\alpha=0.05$를 사용하여라.)

b. 이 검정에 대하여 관찰된 유의수준을 구하여라.

c. 두 방법들간의 평균하역시간의 차이(差異)에 대한 90% 신뢰구간을 구하여라.

10.2 청량음료 자판기 분배업자는 오랜경험으로부터 하루에 자판기에서 팔리는 평균 음료수의 개수는 자판기의 위치에 따라 다르다는 것을 알고 있다. 한국대학 구내에, 이 업자가 적합한 위치라고 판단하는 서로 다른 두 군데에 기계들이 설치되었다. 그 기계들은 30일 동안 관찰되었으며, 각 자판기마다 매일 판매되는 음료수의 숫자들이 기록되었다. 두 군데에서의 일일 판매량의 평균값 및 표준편차는 아래 표와 같다. 이 데이터를 토대로, 자판기 업자는 둘 중의 한 군데가 다른 위치보다 더 낫다고 결론내릴 수 있겠는가? ($\alpha=0.05$를 사용하여라.)

	위치 1의 자판기	위치 2의 자판기
$\bar{X}$	32.5	28.5
S	6.0	5.5

10.3 어떤 대규모 슈퍼마켓 체인점은 S상표 식빵과 H상표 식빵의 평균보존기간(단위: 일)이 차이가 나는지 여부에 관심이 있다. 각 상표별로 50개의 식빵으로 구성된 무작위표본들이 추출되어, 그들의 보존기간들이 기록되었다. 그 결과는 다음 표에 요약되어 있다. S상표와 H상표의 평균보존기간에 차이가 있는지 결론지을 만한 충분한 증거가 있는가? ($\alpha = 0.05$를 사용하여라.)

상표 S	상표 H
$\bar{X}_1 = 4.1$	$\bar{X}_2 = 5.2$
$S_1 = 1.2$	$S_2 = 1.4$

10.4 두 가지의 정규모집단들로부터 독립적 무작위표본들이 추출되었으며, 그 결과는 다음과 같다.

표본 1	표본 2
$n_1 = 10$	$n_2 = 15$
$\bar{X}_1 = 35$	$\bar{X}_2 = 42$
$S_1 = 4$	$S_2 = 3.5$

a. 이 데이터는 $\mu_1 \neq \mu_2$를 암시할 만한 충분한 증거를 제시하는가? ($\alpha = 0.05$를 사용하여라.)
b. 검정에 대한 개략적인 p값을 구하고, 그 값을 해석하여라.
c. $(\mu_1 - \mu_2)$에 대한 95% 신뢰구간을 구하여라.

10.5 서울제강(주)은 서로 다른 두 명의 기계운영자들이 매일 생산하는 평균 생산량들간에 상당한 차이가 있는지 여부를 확인하고자 한다. 지난해의 일일 생산량 자료로부터 각 기계운영자에 대하여 10개의 일일 생산량들로 구성된 무작위표본이 추출되었다. 그 결과는 아래에 요약되어 있다.

기계운영자 1	기계운영자 2
$n_1 = 10$	$n_2 = 10$
$\bar{X}_1 = 35$	$\bar{X}_2 = 31$
$S_1^2 = 17.2$	$S_2^2 = 19.1$

a. 기계운영자들의 일일 평균생산량들간에 차이가 있다라고 결론지을만큼 충분한 증거가 표본으로부터 발견되는가? ($\alpha=0.05$를 사용하여라.)

b. 이 검정의 근거가 확실하려면 어떠한 가정들이 필요한가?

c. $(\mu_1-\mu_2)$에 대한 90% 신뢰구간을 구하여라.

10.6 부록 B의 표 Ⅶ을 사용하여 다음 각각에 해당되는 F값들을 구하여라.

a. $F_{0.05}$ 여기서 $\nu_1=8$ 그리고 $\nu_2=7$

b. $F_{0.01}$ 여기서 $\nu_1=15$ 그리고 $\nu_2=20$

c. $F_{0.025}$ 여기서 $\nu_1=12$ 그리고 $\nu_2=5$

d. $F_{0.10}$ 여기서 $\nu_1=5$ 그리고 $\nu_2=25$

10.7 정규분포를 이루는 두 모집단들로부터 각각 모집단 1에서 $n_1=15$ 그리고 모집단 2에서 $n_2=25$인, 독립적 무작위표본들이 추출되었다. 두 표본들에 대한 평균과 분산은 다음 표에 나타나 있다.

표본 1	표본 2
$n_1=15$	$n_2=25$
$\bar{X}_1=31.7$	$\bar{X}_2=37.4$
$S_1^2=3.94$	$S_2^2=9.73$

a. 위 데이터는 모집단분산들간의 차이를 암시할 만한 충분한 증거를 제공하고 있는가? ($\alpha=0.10$을 사용하여라.)

b. 검정에 대한 개략적인 p값을 구하고, 그 의미를 해석하여라.

10.8 한국전자주식회사는 연구를 통하여 서로 다른 OJT(on-the-job training) 방법들이 새로이 고용된 조립라인 작업자들의 생산성에 미친 영향들을 비교하였다. 30명의 신입 작업자들이 무작위로 추출되어, 이중 15명씩 각기 다른 훈련방법에 할당되었다. 모든 작업자들이 같은 조립작업에서 훈련을 받고 있었다. 2주 동안의 훈련 후에, 30명의 모든 작업자들이 2시간 동안 관찰되었으며 그리고 각 작업자가 조립한 조립단위수가 기록되었다. 다음 표는 이러한 것을 요약한 통계량이다.

훈련방법 1	훈련방법 2
$\bar{X}_1=31$	$\bar{X}_2=35$
$S_1=4.37$	$S_2=4.15$

a. 두 가지 훈련방법들의 효과를 비교하기 위하여 t검정을 사용할 때 어떠한 가정들이 필요한가?

b. 한국전자(주)는 다음 가설들을 검정하고자 한다.

H_0 : $(\mu_1-\mu_2)=0$

H_a : $(\mu_1-\mu_2)<0$

이 가설검정을 수행하고, 문제의 정황을 참작하여 결과를 해석하여라. ($\alpha=0.05$를 사용하여라.)

10.9 문제 10.5의 가설검정을 수행하기 위하여 이라는 가정하여야만 했다. 데이터가 이러한 가정을 위반하는지 여부를 결정하기 위하여 F검정을 사용하여라. 그리고 검정결과를 설명하여라. ($\alpha=0.10$을 사용하여라.)

10.10 한 쌍의 짝간의 차이에 대한 실험이 다음과 같은 결과를 초래하였다.

종업원	훈련 전 X_1	훈련 후 X_2
1	29	38
2	21	31
3	42	43
4	35	40
5	33	45
6	40	48

a. $\bar{X}_D$ 및 S_D를 계산하여라.

b. $\bar{X}_D=\bar{X}_1-\bar{X}_2$임을 증명하여라.

c. $\mu_1 \neq \mu_2$라고 결론내릴 수 있는 충분한 증거가 발견되는가? ($\alpha=0.05$를 사용하여라.)

d. 한 쌍의 짝간의 차이에 대한 개략적인 p값을 구하고, 그 의미를 해석하여라.

e. 한 쌍의 짝간의 차이에 대한 검정이 유효하려면 어떠한 가정들이 필요할까?

f. μ_D에 대한 95% 신뢰구간을 구하여라.

10.11 한국주식회사는 동일한 제품을 생산하는 공장들을 다섯 군데 가지고 있다. 무작위로 추출된 어떤 날에 특정 공장에서 제조된 생산량이 기록되었다. 이러한 절차가 다섯 군데 모든 공장들에서 수행되었다. 각 공장에서 조립라인의 설비배치가 재조정된 후에, 위와 같은 절차들이 반복되었다. 그 결과는 다음 표와 같다.

공 장	전	후
1	90	93
2	94	96
3	91	92
4	85	88
5	88	90

a. 두 표본들이 서로 독립적인가? 설명하여라.
b. 조립라인의 설비배치가 변경되기 전과 후에 한국(주)의 공장들로부터 일일 평균 생산량에 차이가 있다라고 결론내릴 만한 충분한 증거가 발견되는가?
c. $(\mu_1 - \mu_2)$에 대한 90% 신뢰구간을 구하여라.

10.12 두 이항모집단들, 모집단 1 및 모집단 2로부터 $n_1 = 100$ 그리고 $n_2 = 110$으로 구성된 무작위표본들이 추출되어 $X_1 = 20$ 그리고 $X_2 = 35$의 성공들을 각각 산출하였다고 하자.

a. 표본비율들 $\hat{p}_1$과 $\hat{p}_2$를 계산하여라.
b. 대립가설(H_a: $(p_1 - p_2) \neq 0$)을 지지하면서, 귀무가설(H_0: $(p_1 - p_2) = 0$)이 기각될 Z값을 구하여라.
c. b에서 언급된 가설검정을 수행하여라. 그리고 결과를 해석하여라.
d. 검정에 대한 관찰된 p값을 구하고, 설명하여라.
e. 검정이 유효하려면, 어떠한 가정들이 만족되어야만 하는가?
f. $(p_1 - p_2)$에 대한 98% 신뢰구간을 구하여라.

10.13 한국산과 일본제 소형승용차간에 평균 주행거리(1리터당)의 차이가 있는지를 추정하기 위하여 실험이 계획되고 있다. 과거의 경험으로 보아, 두 가지 형태의 승

용차들에 대한 주행거리의 분산값은 개략적으로 2이다.

a. 만약 실험계획자가 95%의 확신을 가지고 평균 주행거리의 차이에 대한 추정값이 1리터당 0.5km 이내로 정확히 되려면, 각 형태별로(즉 한국산과 일본산) 몇 대의 승용차들을 시험하여야 되겠는가?

b. 위에서 필요한 표본크기가 결정된 후, 실험계획자는 각 형태별로 오로지 50대만이 실험으로 가능하다는 것을 알게 된다. 만약 1리터당 0.5km 이내로 정확한 추정이 계속 요망된다면, 신뢰구간에 부여된 신뢰수준이 증가되겠는가 또는 감소되겠는가?

제 11 장

회귀분석

11.1 선형회귀분석
11.2 회귀식의 추정
11.3 모형의 가정
11.4 오차의 분산의 추정값
11.5 모형의 유용성 평가
11.6 상관계수와 결정계수
11.7 단순회귀분석의 종합사례

경영이나 경제의 문제에서 대부분의 조사(survey)는 관심대상의 모형화(modeling)를 위한 것이라 할 수 있다. 모형(model)이란, 대상이 되는 변수들간의 관계를 말이나 수식으로 표현한 것이다. 예를 들어 어떤 백화점의 교육훈련담당자는 종업원의 교육훈련시간이 고객의 만족도에 미치는 영향을 알고 싶어할 것이다. 이때 변수에 해당되는 것은 교육훈련시간과 고객의 만족도이고, 그 사람이 모형화하고자 하는 것은 교육훈련시간과 고객의 만족도 사이의 관계에 대한 모형이 될 것이다. 또 다른 예로, 어느 기업의 광고담당자가 경험을 통해, 광고비 지출액을 100만원 늘리면 매출액은 1,000만원이 늘어난다는 확신을 갖고 있다고 하면 그 담당자의 광고비－매출액 모형은

매출액 증가＝광고비 증가액×10

과 같이 표시된다고 할 수 있다.

위의 예들에서 광고비 지출액과 교육훈련시간은 다른 변수에 영향을 미치는 변수로서 독립변수(independent variable)라고 하고, 매출액과 고객의 만족도는 다른 변수의 영향을 받는 변수로서 종속변수(dependent variable)라고 한다.

종속변수 Y를 독립변수 X에 관련시키는 가장 단순한 방법은 그래프상에서 두 변수가 선형관계(linear relation)를 갖는다고 가정하는 것이다. 이 장에서도 두 변수의 관계를 선형관계로 가정하고 그 관계를 최소자승법(method of least squares)을 이용하여 추정하는 방법과 추정된 두 변수의 관계를 이용하는 방법을 다룰 것이다.

회귀분석(regression analysis)은 변수들간의 관계를 알아보기 위한 통계적 분석기법을 말한다. 또한 종속변수, 독립변수가 각각 하나인 모형을 분석하는 경우를 단순회귀분석(simple regression analysis)이라 하고 종속변수가 하나이고 독립변수가 2개 이상인 모형을 분석하는 경우를 중회귀분석(multiple regression analysis)이라고 한다.

경영·경제문제에 있어서 대부분의 모형은 선형관계에 의해 설명되지 않는 부분들이 많다. 그러나 선형모형은 여러 가지 면에서 유용하며 보다 복잡한 모형의 기본이 된다고 할 수 있다.

11.1 선형회귀분석

1) 확률모형

제조회사로부터 제품을 구입해서 판매만을 하는 유통회사를 생각해 보자. 이와 같은 기업에서는 광고비를 많이 지출할수록 매출이 늘어날 것이다. 만일 월별 광고비 지출액과 월별 매출액 사이의 관계를 함수식으로 표시하고자 한다면 우선 매출액과 광고비 지출액 사이의 정확한 관계를 알아야 한다. 즉, 광고비 지출이 얼마라고 주어진 경우, 그에 따른 매출액을 정확히 예측할 수 있어야 한다. 그러나 이와 같은 일은 불가능하다. 왜냐하면 매출액은 광고비 지출액뿐만 아니라 계절, 경기변동 등과 같은 다른 변수에 의해서도 영향을 받기 때문이다.

이와 같은 많은 변수들을 모형 안에 포함시킨다고 하더라도(중회귀분석) 월별 매출액을 정확히 예측하기는 어렵다. 월별 매출액은 위의 변수로도 설명할 수 없는 임의요소(random phenomena)에 의해서도 영향을 받기 때문이다. 앞으로는 모형에 포함되지 않은 변수로 인해 생기는 변동이나 설명할 수 없는 임의요소에 의해 생기는 변동을 합쳐서 임의오차(random error)라 부르기로 한다.

두 변수간의 관계는 함수적 관계(functional relation)와 통계적 관계(statistical relation)로 나뉘어진다. 함수적 관계란 어느 한 변수의 값을 알면 다른 변수의 값이 정확히 결정되는 관계를 말한다. 통계적 관계란 한 변수의 값에 대한 다른 변수의 값이 정확하게 하나의 값으로 결정되지 않는 관계를 뜻한다. [그림 11.1]은 함수적 관계와 통계적 관계에 대한 예를 보여주고 있다. 두 변수 사이에 함수적 관계가 있다고 가정하고 모형을 세운다면 이와 같은 모형은 확정적 모형(deterministic model)이 된다. 예를 들어 매출액 Y는 정확히 광고비 지출액 X의 10배라고 생각된다면 두 변수 사이의 관계는

$$Y = 10X$$

그림 11.1 함수적 관계와 통계적 관계

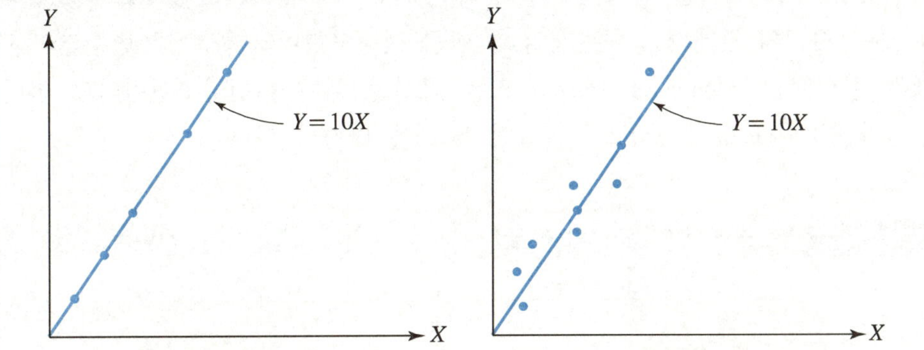

(a) 함수적 관계 (b) 통계적 관계

와 같이 표현할 수 있으며 이 식은 두 변수 사이의 확정적 관계를 표현한 것이다.

반대로, 두 변수가 통계적 관계이므로 임의오차가 있다고 가정하고 모형을 만든다면 이러한 모형은 확률모형(probabilistic model)이 된다. 확률모형은 확정적 부분과 임의오차부분으로 나뉘어진다. 예를 들어 매출액 y와 광고비 지출액 x 사이에

$$Y = 10X + \text{임의오차}$$

와 같은 확률모형을 세운 경우, 이 모형에서 확정적 부분은 $10X$가 된다.

확률모형의 형태

Y = 확정적 부분 + 임의오차

여기서, Y = 예측하고자 하는 변수

임의오차는 가설의 검정이나 신뢰구간측정에서 중요한 역할을 하며, 미래

의 y값을 예측할 때 예측오차를 추정하는 데에도 쓰인다.

단순회귀분석에는 독립변수와 종속변수가 각각 하나씩 있다고 하였는데 두 변수 사이의 관계가 선형관계일 때 이를 선형모형이라 하고 두 변수간의 관계가 비선형관계(non-linear relation) 또는 곡선일 때는 비선형모형이라고 한다. 선형과 비선형모형의 산점도는 [그림 11.2]에 나타나 있다.

그림 11.2 선형과 비선형모형의 산점도

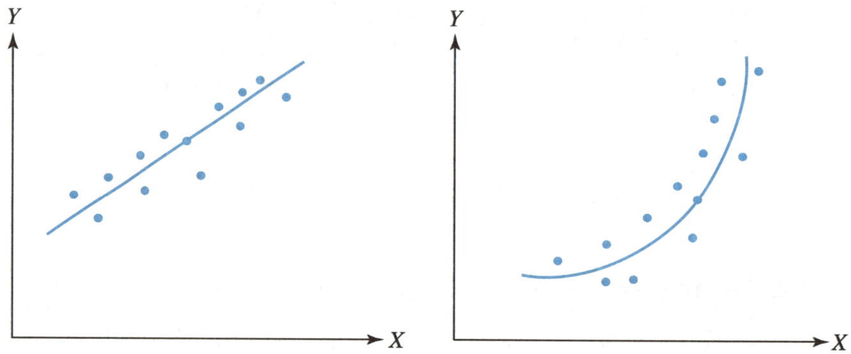

(a) 선형모형 (b) 비선형모형

2) 선형회귀모형

우선 가장 간단한 확률모형인 선형회귀모형을 생각해 보자. 이 경우 변수 간의 관계는 직신으로 나타나게 되는데, 선형모형의 각 요소를 요약해 보면 아래와 같다.

선형회귀모형

$Y = \beta_0 + \beta_1 X + \varepsilon$

여기서, y=종속변수

X=독립변수

ε = 임의오차
β_0 = Y축 절편(Y축과 직선이 만나는 점의 y값)
β_1 = 직선의 기울기(x가 1단위 증가할 때 y의 확정적 부분의 증가치)

y절편과 직선의 기울기를 나타내기 위하여 그리스 문자 β_0과 β_1을 사용한다는 점에서 주의하자. 이 기호는 모수(母數; parameter)를 나타내며, 모수는 모집단 전체에 대한 관찰을 통해서 얻은 모집단에 관한 정보를 뜻한다. 이 경우에는 x와 그에 대응되는 y의 조합, 즉 (x, y) 전체에 대한 관찰을 통해서 β_0과 β_1을 구했다고 가정하고 모형을 구성했기 때문에, β_0과 β_1라는 기호를 쓴 것이다.

회귀분석을 위한 모형구성은 대체로 다섯 가지 정도의 단계를 거친다.

1단계: 확률모형에서 확정적 부분에 대한 가설을 세운다. 즉, 종속변수와 독립변수 사이의 관계가 직선인가 혹은 곡선인가 등을 결정한다. 여기서 두 변수 간의 관계가 선형모형이 적합하다고 판단되면 2단

그림 11.3 선형모형

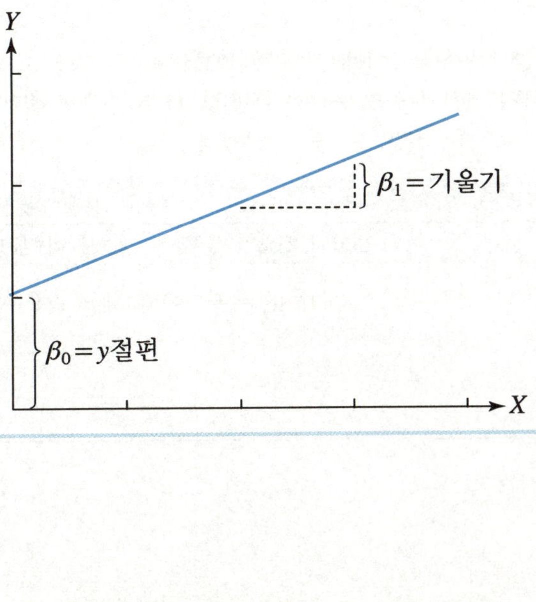

계로 넘어간다.

2단계: 표본의 측정값을 가지고 모형의 모수를 추정한다.

3단계: 임의오차항을 계산하고 오차의 분포를 추정한다.

4단계: 이 모형의 유의도(significance)를 통계적으로 검증한다.

5단계: 모형이 유용하다고 판단되면 예측과 추정에 이용한다.

이 장에서는 독립변수와 종속변수가 선형관계라 가정하고 1단계는 생략한다.

11.2 회귀식의 추정

1) 최소자승법(method of least squares)

제 1 절에서 예로 들었던 유통회사의 경우에서 이 회사가 광고비 지출액이 매출액에 미치는 영향을 알아보기 위해 과거 5개월간의 광고비와 매출액에 대한 자료를 〈표 11.1〉과 같이 구했다고 가정해 보자. 〈표 11.1〉의 자료는 계산의 복잡함을 피하기 위하여 간단한 숫자들로 구성하였다.

선형모형에 따르면 매출액 y와 광고비 x 사이에는 다음 식과 같은 관계가 있을 것이다.

$$y = \beta_0 + \beta_1 x + \varepsilon$$

표 11.1 광고비–매출액 자료

월	광고비 지출액(백만원)	매출액(천만원)
1	2	4
2	3	4
3	4	6
4	5	6
5	6	10

그림 11.4 자료의 산점도

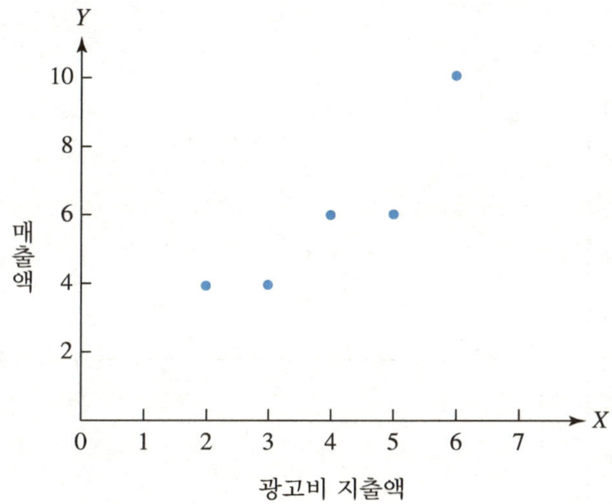

위의 식에서 우리가 구하고자 하는 것은 절편 β_0과 기울기 β_1이다. 그렇다면 주어진 5개의 관측값에서 어떻게 하면 가장 정확한 β_0과 β_1을 구할 수 있을까?

모수 β_0과 β_1의 추정값을 구하기 위해서는 주어진 자료를 가지고 그래프를 그려보는 것이 도움이 된다. 본 예에서는 [그림 11.4]와 같은 모양이 된다.

우리는 그래프에서 x의 값이 변함에 따라 y값이 어떻게 달라지는지, 즉 y의 변화경향을 파악할 수 있다. 그래프를 자세히 관찰해 보면 5개 점 중에서 3개의 점을 하나의 직선상에 포함할 수 있음을 알 수 있다. 또한 이 직선은 [그림 11.5]에서 볼 수 있듯이 5개 점의 경향을 잘 나타내 주고 있다.

3점을 관통하는 이 직선에서 y절편은 -2이며 기울기는 2임을 알 수 있으므로 직선의 식은 아래와 같다.

$$\hat{y} = -2 + 2x$$

여기서 $\hat{y}$는 직선의 식에 의해 계산된 y의 예측값을 의미한다. 직선이 주

그림 11.5 자료에 적합한 직선의 탐색

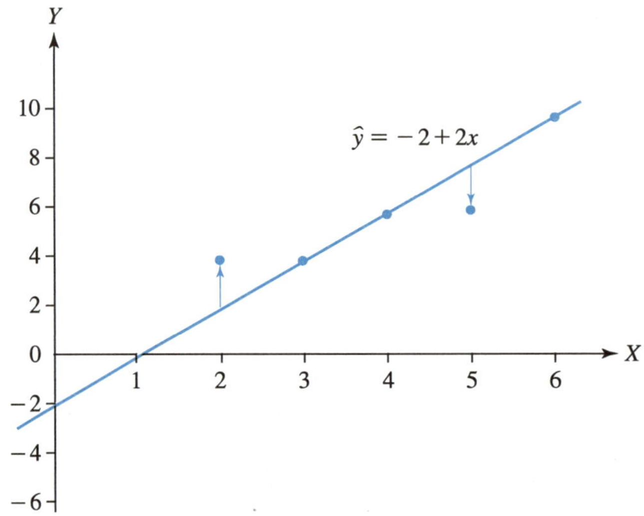

표 11.2 관측값과 예측값의 비교

	X	Y	$\hat{Y}=-2+2X$	$(Y-\hat{Y})$	$(Y-\hat{Y})^2$
	2	4	2	$(4-2)=2$	$2^2=4$
	3	4	4	$(4-4)=0$	$0^2=0$
	4	6	6	$(6-6)=0$	$0^2=0$
	5	6	8	$(6-8)=-2$	$(-2^2)=4$
	6	10	10	$(10-10)=0$	$0^2=0$
합 계	20	30	30	0	8

어진 자료와 얼마나 잘 일치하는가 하는 것을 알아보려면 각 점들이 직선에서 얼마나 떨어져 있는가를 살펴보아야 한다.

[그림 11.5]의 경우에는 직선과 각 점들 사이의 편차, 실제의 관측값과 예측값(직선상의 $\hat{y}$값)와의 차이를 계산하면 된다. 이와 같은 편차(deviation)는 각 관측값과 예측값 사이에 그은 수직선의 길이이다. 〈표 11.2〉에 각 점들의 관측값, 예측값, 관측값과 예측값의 편차 및 편차의 제곱이 계산되어 있다. 〈표

그림 11.6 직선의 적합도

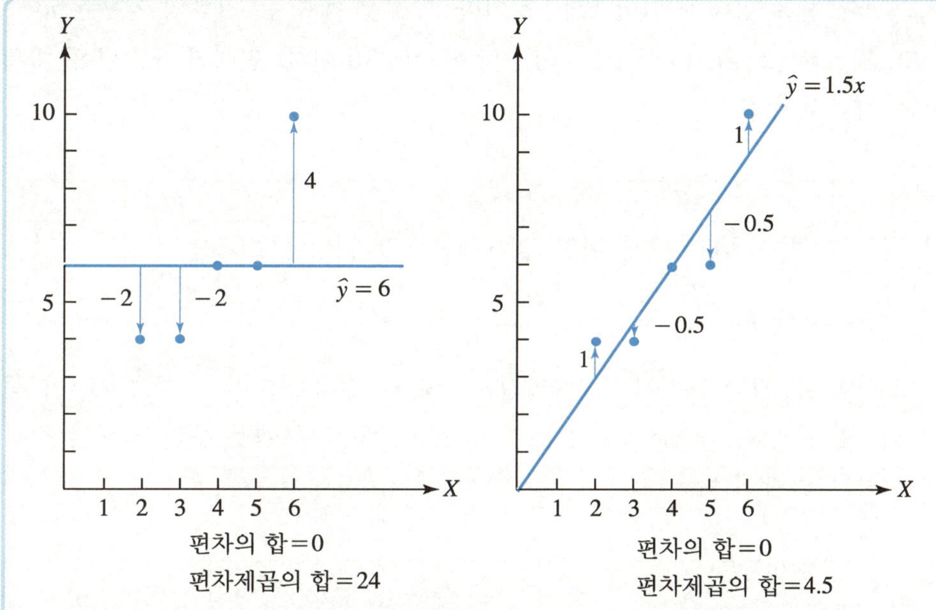

11.2〉에서 알 수 있듯이 편차의 합은 0이고 편차의 제곱합(Sum of Squares of the Error: SSE)은 8이다. 편차의 제곱합(SSE)이 작을수록 예측값과 실제값 사이의 편차가 작은 것이므로 SSE가 가장 작은 직선이 실제의 자료를 가장 잘 나타낸 것이다. 직선의 적합도에 대한 기준으로 편차의 합이 아니라 편차의 제곱합을 사용하는 것은 [그림 11.6]처럼 편차의 합이 0이 되는 직선은 여러 개가 존재할 수 있지만, SSE가 최소로 되는 직선은 1개이다. SSE가 최소로 되는 직선을 최소자승선(least squares line) 또는 회귀선(regression line)이라고 부른다. 편차의 제곱합이 최소가 되는 최소자승선을 구하는 방법을 최소자승법이라 한다.

2) 추정회귀식의 산출

우리가 회귀선을 구하고자 하는 모집단에 대한 표본자료가 n개 있다고 가정해 보자. x와 y의 쌍으로 되어 있는 n개의 자료는 (x_1, y_1), (x_2, y_2), $\cdots$, (x_n, y_n)과 같은 형태로 되어 있을 것이다. 앞에서 예로 든 자료의 경우는 $n=5$이고, 자료는 (2, 4), (3, 4), (4, 6), (5, 6), (6, 10)이다. 원래의 모집단을 대표하는 직선의 식은

$$y = \beta_0 + \beta_1 x + \varepsilon$$

가 됨을 이미 배웠다. 이때 어떤 점 x에서 y값의 평균 $E(y)$는

$$E(y) = \beta_0 + \beta_1 x$$

로 표현할 수 있다(여러 개 자료의 평균을 구하기 때문에 오차항 이 없어진다). 이 식이 회귀함수(regression function)가 된다. 그리고 표본자료에서 우리가 구한 직선의 식은 다음과 같다.

$$\hat{y} = \hat{\beta}_0 + \hat{\beta}_1 x$$

여기서 ^은 '햇'이라고 읽으며 어떤 값의 추정값이라는 의미가 있다. 즉, $\hat{y}$은 y의 평균값 $E(y)$의 추정값을 뜻하며, $\hat{\beta}_0$, $\hat{\beta}_1$은 각각 β_0, β_1의 추정값을 뜻한다. 그러므로 위식을 추정회귀식이라 한다.

어떤 하나의 자료 (x_i, y_i)에서 y의 관측값은 y_i이고, y의 예측값 $\hat{y}_i$는 추정회귀식에 x_i를 대입함으로써 얻을 수 있다.

$$\hat{y} = \hat{\beta}_0 + \hat{\beta}_1 x_i$$

y의 i 번째 자료 y_i와 예측값 $\hat{y}_i$의 편차를 잔차(residual)라 하며

$$e_i = y_i - \hat{y}_i = y_i - (\hat{\beta}_0 + \hat{\beta}_1 x_i)$$

로 표시된다. 따라서 n개의 모든 자료에 대한 잔차의 제곱합 SSE는

$$\text{SSE}=\sum_{i=1}^{n}[y_i-(\hat{\beta}_0+\hat{\beta}_1 x_i)]$$

이다.

SSE를 최소로 하는 $\hat{\beta}_0$과 $\hat{\beta}_1$을 모집단의 β_0과 β_1에 대한 최소자승추정(least squares estimator)이라 하며, 최소자승추정값으로 구성된 추정회귀식 $\hat{y}=\hat{\beta}_0+\hat{\beta}_1 x$를 최소자승선이라 한다.

정의 11.1

최소자승선은 주어진 자료에서 가장 작은 SSE를 갖는 직선이다.

SSE를 최소로 하는 $\hat{\beta}_0$과 $\hat{\beta}_1$은 아래와 같이 구할 수 있다.

SSE를 $\hat{\beta}_0$과 $\hat{\beta}_1$에 대하여 편미분을 하여 0으로 놓으면 다음의 식을 얻게 된다.[1)]

$$\sum y_i = n\hat{\beta}_0+\hat{\beta}_1\sum x_i$$
$$\sum x_i y_i = \hat{\beta}_0\sum x_i+\hat{\beta}_1\sum x_i^2$$

위의 식을 정규방정식(normal equations)이라고 부른다. 정규방정식을 풀어 $\hat{\beta}_0$과 $\hat{\beta}_1$을 구하면 다음의 식으로 표시된다.

---

1) $\dfrac{\partial \text{SSE}}{\partial \hat{\beta}_0}=\sum \dfrac{\partial}{\partial \hat{\beta}_0}(y_i-\hat{\beta}_0-\hat{\beta}_1 x_i)^2=-2\sum(y_i-\hat{\beta}_0-\hat{\beta}_1 x_i)=0$

$\therefore\ \sum(y_i-\hat{\beta}_0-\hat{\beta}_1 x_i)=\sum y_i-n\hat{\beta}_0-\hat{\beta}_1\sum x_i=0$

$\dfrac{\partial \text{SSE}}{\partial \hat{\beta}_1}=\sum \dfrac{\partial}{\partial \hat{\beta}_1}(y_i-\hat{\beta}_0-\hat{\beta}_1 x_i)^2=-2\sum x_i(y_i-\hat{\beta}_0-\hat{\beta}_1 x_i)=0$

$\therefore\ \sum(y_i-\hat{\beta}_0-\hat{\beta}_1 x_i)=\sum x_i y_i-\hat{\beta}_0-\hat{\beta}_0\sum x_i-\hat{\beta}_1\sum x_i^2=0$

최소자승추정값 계산식

$$\text{기울기}(\hat{\beta}_1) = \frac{SS_{xy}}{SS_{xx}}$$

$$y\text{절편}(\hat{\beta}_0) = \bar{y} - \hat{\beta}_1 \bar{x}$$

여기서,

$$SS_{xy} = \sum_{i=1}^{n} x_i y_i - \frac{\left(\sum_{i=1}^{n} x_i\right)\left(\sum_{i=1}^{n} y_i\right)}{n}$$

$$SS_{xx} = \sum_{i=1}^{n} x_i^2 - \frac{\left(\sum_{i=1}^{n} x_i\right)^2}{n}$$

여기서, n = 표본수

$\bar{x}$ = x의 평균

$\bar{y}$ = y의 평균

예제 11.1

앞에서 다루었던 광고비와 매출액의 예에서 $\hat{\beta}_0$과 $\hat{\beta}_1$을 구하라.

해답

$\hat{\beta}_0$과 $\hat{\beta}_1$을 구하기 위해 필요한 계산을 〈표 11.3〉에 정리해 놓았다. (앞으로 $\sum_{i=1}^{n}$ 기호가 많이 나오기 때문에 합이 모든 표본 n개에 해당하는 경우에는 $\sum_{i=1}^{n}$ 대신 $\sum$만 쓰기로 한다)

〈표 11.3〉으로부터,

$$SS_{xy} = \sum_{i=1}^{n} x_i y_i - \frac{(\sum x_i)(\sum y_i)}{n} = 134 - \frac{20 \times 30}{5}$$

$$= 134 - 120 = 14$$

표 11.3 $\hat{\beta}_0$과 $\hat{\beta}_1$을 구하기 위한 사전계산

i	x_i	y_i	x_i^2	$x_i y_i$
1	2	4	4	8
2	3	4	9	12
3	4	6	16	24
4	5	6	25	30
5	6	10	36	60
합 계	$\sum x_i = 20$	$\sum y_i = 30$	$\sum x_i^2 = 90$	$\sum x_i y_i = 134$

$$\begin{aligned} SS_{xx} &= \sum_{i=1}^{n} x_i^2 - \frac{(\sum x_i)^2}{n} = 90 - \frac{20^2}{5} \\ &= 90 - 80 = 10 \end{aligned}$$

그러므로

$$\hat{\beta}_1 = \frac{SS_{xy}}{SS_{xx}} = 1.4$$

그리고 y절편,

$$\begin{aligned} \hat{\beta}_0 &= \bar{y} - \hat{\beta}_1 \bar{x} = \frac{\sum y_i}{5} - \hat{\beta}_1 \frac{\sum x_i}{5} = \frac{30}{5} - (1.4)\frac{20}{5} \\ &= 6 - (1.4)(4) = 0.4 \end{aligned}$$

이므로 최소자승선은 다음과 같다.

$$\hat{y} = \hat{\beta}_0 + \hat{\beta}_1 x = 0.4 + 1.4x$$

이 회귀선의 그래프는 [그림 11.7]과 같다.

y의 관측값과 예측값, 잔차 그리고 잔차의 제곱합이 〈표 11.4〉에 정리되어 있다.

그림 11.7 추정회귀선: $\hat{y}$=0.4+1.4x

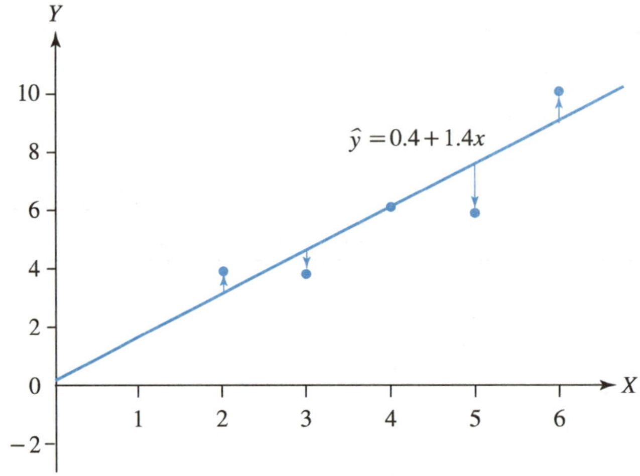

표 10.4 최소자승모형의 예측값과 실제값의 비교

	X	Y	추정회귀식 $\hat{Y}=0.4+1.4$	잔차(e_i) ($Y-\hat{Y}$)	잔차제곱 $(Y-\hat{Y})^2$
	2	4	3.2	$(4-3.2)=\ \ 0.8$	0.64
	3	4	4.6	$(4-4.6)=-0.6$	0.36
	4	6	6.0	$(6-6.0)=\ \ 0.0$	0.00
	5	6	7.4	$(6-7.4)=-1.4$	1.96
	6	10	8.8	$(10-8.8)=\ \ 1.2$	1.44
합 계	20	30		0	SSE=4.4

오차(error term) ε_i와 잔차(residual) e_i를 구별하는 것은 중요하다. 지금까지 다룬 모형을 정리하면

모집단회귀식: $y=\beta_0+\beta_1 x+\varepsilon$

추정회귀식: $\hat{y}=\hat{\beta}_0+\hat{\beta}_1 x$

$$\varepsilon_i = y_i - (\beta_0 + \beta_1 x), \quad e_i = y_i - (\hat{\beta}_0 + \hat{\beta} x_i)$$

오차 ε_i는 관찰값 y_i와 모집단회귀식과의 편차(deviation)를 말하며 잔차 e_i는 관찰값 y_i와 추정회귀식과의 편차를 말한다. 오차 ε이 알려져 있는 경우는 실제로 없기 때문에 잔차 e에 의해 추정된다.

예제 11.2

광고비와 매출액의 예에서 사용한 여러 직선의 적합도를 판정하라.

해답

[그림 11.5], [그림 11.6], [그림 11.7]에서 각 직선에 대한 자료를 정리하면

직선의 식	편차의 합	SSE
$\hat{y}=6$	0	24.0
$\hat{y}=-2+2x$	0	8.0
$\hat{y}=1.5x$	0	4.5
$\hat{y}=0.4+1.4x$	0	4.4

최소자승선이 예측한 대로 SSE가 제일 적음을 알 수 있다.

요약하면 이 절에서 우리는 잔차의 제곱합(SSE)을 최소로 하는 직선을 자료에 가장 적합한 직선으로 정의하였고, 주어진 자료로부터 이 직선의 식을 구하는 방법을 알아보았다.

11.3 모형의 가정

제 2 절에서 우리는 기업의 매출액 y와 광고비 지출액 x 사이의 확률모형을 아래와 같이 가정하였다.

$$y = \beta_0 + \beta_1 x + \varepsilon$$

그리고 모형의 확정적 부분 $\beta_0 + \beta_1 x$에 대한 최소자승추정값은

$$\hat{y} = \hat{\beta}_0 + \hat{\beta}_1 x = 0.4 + 1.4x$$

와 같음을 설명하였다.

이제 임의부분인 ε인 β_0과 β_1의 추정오차와 어떤 관계를 갖는지를 파악하여 보자. 우선 ε의 분포형태에 대한 네 가지의 기본적 가정을 알아보기로 한다.

ε분포의 기본가정

가정 1: ε의 확률분포의 평균은 0이다. 즉, 각각의 x값에 대한 y값을 무수히 관측했을 때, 오차 ε의 평균은 0이다. 이것은 어떤 x값에 대한 y값의 평균 $E(y)$는 $E(y) = \beta_0 + \beta_1 x$임을 뜻한다.

가정 2: ε의 확률분포의 분산은 독립변수 x의 값에 관계없이 일정하다. 선형모형에서 이 가정은 ε의 분산이 모든 x값에 대해 동일하다는 것을 뜻한다.

가정 3: ε는 정규분포의 형태를 이룬다.

가정 4: 서로 다른 두 관측값의 오차는 독립적이다. 즉, 어떤 y값의 오차는 다른 y값의 오차에 영향을 미치지 않는다.

가정 1을 달리 표현하면 $E(\varepsilon_i) = 0$이 된다. 즉 $E(y_i) = \beta_0 + \beta_1 x_i$이다. 이 가정은 실제 관측값들이 회귀선상의 점을 중심으로 분포되어 있다는 뜻이다. 가

그림 11.8 **ε의 확률분포**

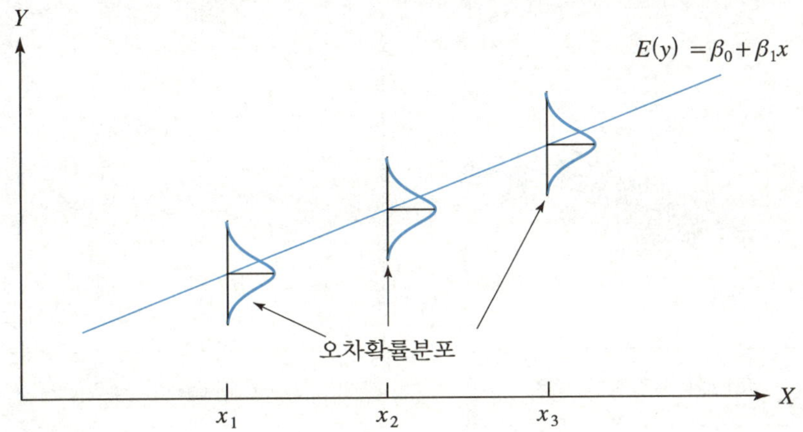

정 2는 $\sigma^2(\varepsilon_i)=\sigma^2$이며 가정 4는 ε_i들은 서로 독립적이다는 뜻이다. 위의 가정을 요약하면 ε_i는 독립적이며, $N(0, \sigma^2)$의 분포를 이룬다.

가정 1, 2, 3이 가지는 의미는 [그림 11.8]에서 살펴볼 수 있다.

이 그림은 x의 세 점 x_1, x_2, x_3에 대한 y값인 y_1, y_2, y_3를 여러 번 관측했을 때, 이 관측값들과 예측값들 사이의 오차를 확률분포로 나타낸 것이다. 그림에서 볼 수 있듯이 각각의 x점에 대해 오차는 평균 0으로 가정 1을 충족시키며, 서로 다른 x점에 대해 동일한 정보로 분산되어 있어 가정 2를 충족시킨다.

그리고 분포의 형태가 정규분포로서 가정 3도 충족시킴을 알 수 있다. 가정 4에 관해서는 [그림 11.9]를 살펴보자.

이 그림은 x값에 해당되는 오차항 값을 그림으로 나타낸 것이다. 왼쪽의 그림은 ε가 임의로 분포되어 가정 4를 충족시키고 있는 반면에 오른쪽 그림은 ε값이 일정한 경향을 가지고 있음을 알 수 있다. 즉, 오른쪽 그림의 경우는 ε값들이 서로 종속이므로 가정 4를 충족시키지 못하는 경우이다.

오차항 ε가 확률변수이므로 를 포함하고 있는 y도 확률변수가 된다. y의 기대값은, $E(\varepsilon)=0$이므로 다음과 같다.

그림 11.9 **ε분포의 사례**

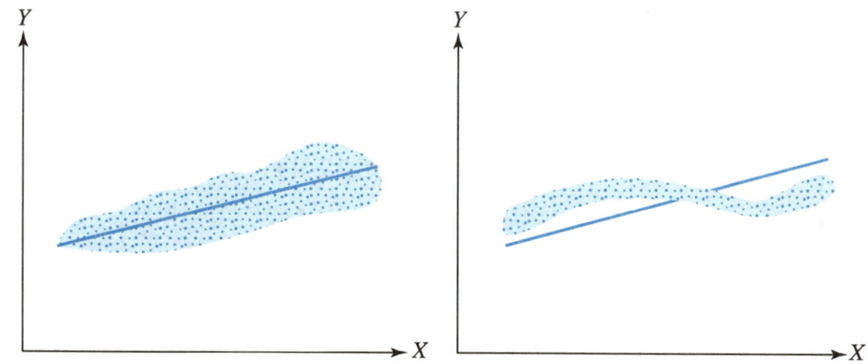

(a) ε가 독립적인 경우 (a) ε가 종속적인 경우

$$
\begin{aligned}
E(y) &= E(\beta_0 + \beta_1 x + \varepsilon) \\
&= E(\beta_0) + E(\beta_1 x) + E(\varepsilon) \\
&= \beta_0 + \beta_1 x
\end{aligned}
$$

y의 기대값을 알았으니 y의 분산을 알아보자. x의 값이 주어지면 $\beta_0 + \beta_1 x$는 상수가 되므로 y의 분산은 ε의 분산과 같아진다. 즉,

$$
\begin{aligned}
\sigma^2(y) &= \sigma^2(\beta_0 + \beta_1 x + \varepsilon) \\
&= \sigma^2(\varepsilon)
\end{aligned}
$$

그런데 $\sigma^2(\varepsilon) = \sigma^2$이었으므로 y의 분산은 σ^2과 같다.

$$\sigma^2(y) = \sigma^2$$

그러므로 y의 분산은 x의 값에 상관없이 항상 일정하다. 또한 ε가 정규분포를 이루고 있으며 y는 ε의 일차함수이므로 y도 정규분포를 이루게 된다. 따라서 x값에 대한 y의 확률분포는 아래와 같이 요약된다.

y의 확률분포

1. y는 정규분포를 형성한다.
2. 평　　균: $E(y)=\beta_0+\beta_1 x$
3. 분　　산: $\sigma^2(y)=\sigma^2$

[그림 11.10]에서 보듯이 y의 확률분포는 평균 $E(y)$를 중심으로 정규분포를 이루고 있다.

그림 11.10 **y의 확률분포**

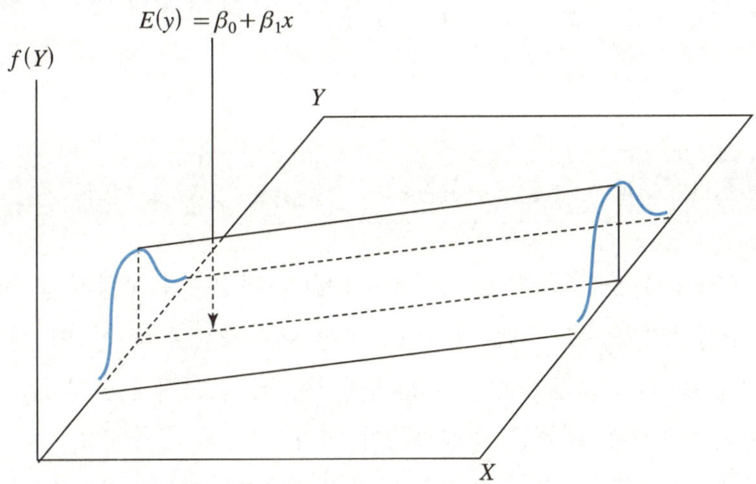

예제 11.3

광고비와 매출액의 예에서 $\hat{\beta}_0$과 $\hat{\beta}_1$이 각각 0.4와 1.4였다. 이때 $x=3$과 $x=5$일 때의 확률분포를 그려보면 [그림 11.11]과 같다.

그림 11.11 $\hat{y}$의 확률분포

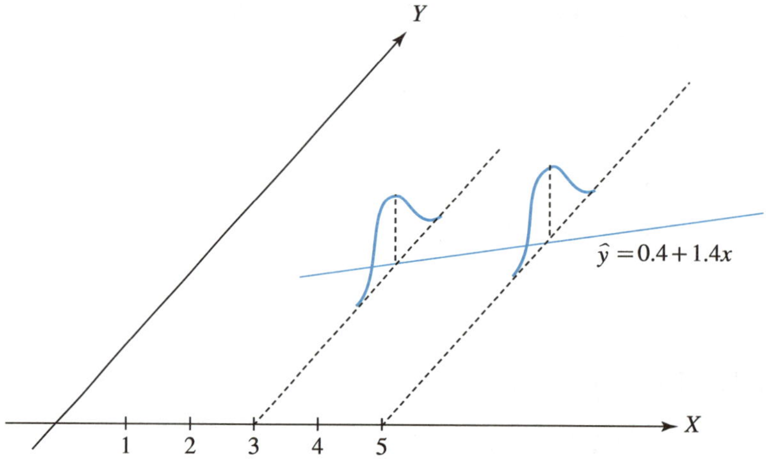

11.4 오차의 분산의 추정값

임의오차 ε의 분산도(ε의 분산 σ^2로 측정됨)가 커질수록 모형의 모수 β_0, β_1에 대한 추정값의 오차도 커질 것이고, 또한 어떤 x값에 대한 y의 예측값 $\hat{y}$의 오차도 커질 것이다. 그런데 현실의 문제에서는 σ^2이 알려져 있지 않기 때문에 우리는 표본자료로부터 σ^2를 추정하여야 한다.

σ^2에 대한 가상 좋은 추정값은 잔차의 제곱합(SSE)을 자유도(df)로 나눈 s^2이다.

$$s^2 = \frac{\text{SSE}}{\text{자유도}} = \frac{\sum (y_i - \hat{y}_i)^2}{n-2}$$

선형모형에서 y절편과 기울기를 추정하는 데 자유도를 둘 사용했으므로 σ^2의 추정에는 자유도가 $n-2$가 된다.

광고비와 매출액의 회귀분석 예에서 $y=0.4+1.4x$의 회귀선에 대한 SSE= 4.4임은 이미 계산하였다. 그리고 표본수 $n=5$이므로 ε의 분산 σ^2에 대한 추정값 s^2은

$$s^2=\frac{\text{SSE}}{n-2}=\frac{4.4}{3}=1.4667$$

이고, ε의 표준편차 σ에 대한 추정값 s는

$$s=\sqrt{1.4667}\fallingdotseq 1.211$$

이 된다. 회귀식에서 회귀선은 어떤 x값에 대한 y값들의 평균을 의미하고, ε는 회귀선에서 실제 y값까지의 거리를 의미하므로 회귀선을 중심으로 $2s\,(=2\times 1.211)$의 범위 내에서 대부분의 y값이 몰려 있을 것임을 알 수 있다.

σ^2의 추정값

$$s^2=\frac{\text{SSE}}{\text{자유도}}$$
$$=\frac{\text{SSE}}{n-2}$$

여기서, $\text{SSE}=\sum(y_i-\hat{y}_i)^2=\text{SS}_{yy}-\hat{\beta}_1\text{SS}_{xy}$

$$\text{SS}_{yy}=\sum(y_i-\bar{y}_i)^2=\sum y_i^2-\frac{(\sum y_i)^2}{n}$$

SS_{xy}는 최소자승추정값 계산식과 동일

예제 11.4

광고비와 매출액의 예에서 σ^2의 추정값 s^2을 SS_{yy}를 사용하여 구하라.

해답

〈표 11.3〉에 y_i^2열을 추가하면 다음과 같다.

표 11.5 s^2을 구하기 위한 사전계산

i	x_i	y_i	x_i^2	x_iy_i	y_i^2
1	2	4	4	8	16
2	3	4	9	12	16
3	4	6	16	24	36
4	5	6	25	30	36
5	6	10	36	60	100
합 계	$\sum x_i=20$	$\sum y_i=30$	$\sum x_i^2=90$	$\sum x_iy_i=134$	$\sum y_i^2=204$

$$\begin{aligned} SS_{yy} &= \sum y_i^2 - \frac{(\sum y_i)^2}{n} \\ &= 204 - \frac{30^2}{5} = 204 - 180 = 24 \end{aligned}$$

$$\begin{aligned} SS_{xy} &= \sum x_iy_i - \frac{(\sum x_i)(\sum y_i)}{n} \\ &= 134 - \frac{20\times 30}{5} = 134 - 120 = 14 \end{aligned}$$

$$\begin{aligned} SSE &= SS_{yy} - \hat{\beta}_1 SS_{xy} \\ &= 24 - 1.4\times 14 = 4.4 \end{aligned}$$

$$\begin{aligned} \therefore\ s^2 &= \frac{4.4}{5-2} \\ &= \frac{4.4}{3} = 1.4667 \end{aligned}$$

11.5 모형의 유용성 평가

1) 기울기 β_1에 대한 가설검정

앞에서 다루었던 광고비－매출액 회귀분석의 예에서 만일 매출액과 광고비가 실제로는 전혀 관계 없다면

그림 11.12 $\hat{\beta}_1$의 표본분포

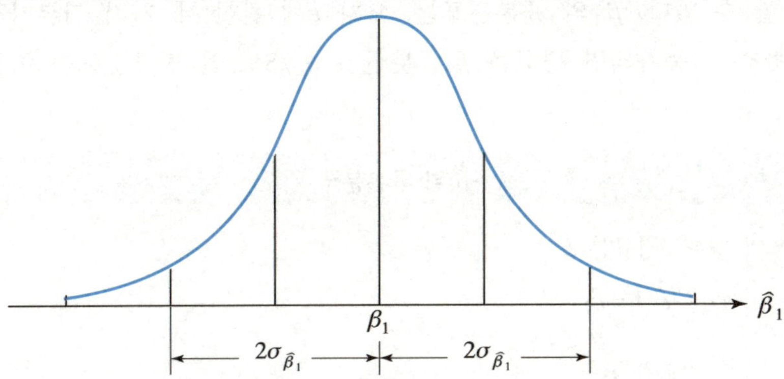

$$y = \beta_0 + \beta_1 x + \varepsilon$$

로 가정한 확률모델에서 β_0과 β_1은 어떤 값을 가지게 될까?

광고비 x와 매출액 y가 전혀 관계가 없다는 것은 x값이 변해도 모형의 확정부분인 $E(y) = \beta_0 + \beta_1 x$의 값은 변하지 않는다는 것을 뜻한다. 즉, x값에 상관없이 매출액은 일정한 하나의 값을 갖게 된다는 것이다. 이것은 회귀선의 기울기인 β_1이 0임을 뜻한다.

그러므로 회귀분석에서 독립변수와 종속변수가 관련이 있다는 것, 즉 독립변수가 종속변수의 변동을 설명해 준다는 것을 검정하기 위한 귀무가설과 대립가설은 아래와 같이 세워진다.

$$H_0: \beta_1 = 0 \qquad H_a: \beta_1 \neq 0$$

주어진 자료에서 귀무가설 H_0가 기각된다면 우리는 x가 y값의 예측에 도움을 준다고 결론지을 수 있다. x와 $E(y)$의 관계가 직선관계가 아니라 더 복잡한 관계일지라도 H_0가 기각된다면 직선모형을 이용해서 y값을 예측하는 데 x가 의미가 있다고 할 수 있다. 따라서 어떤 의미에서 이 검정은 모형의 전체적 유용성에 관한 검정이라 할 수 있다.

β_1의 검정에 관련된 통계량들은 β_1의 최소자승추정값 $\hat{\beta}_1$의 표본분포를 통해 구할 수 있다. $\hat{\beta}_1$의 표본분포는, 오차 ε에 관한 네 가지 기본가정(이 장 제 3 절 참조)이 충족되면 평균은 β_1, 분산은 $\sigma^2/\mathrm{SS}_{xx}$인 정규분포를 이룬다.

$\hat{\beta}$의 표본분포

1. 분포의 형태: 정규분포
2. 평 균: $E(\hat{\beta}_1)=\beta_1$
3. 분 산: $\sigma^2_{\hat{\beta}_1}=\dfrac{\sigma^2}{\mathrm{SS}_{xx}}$

σ는 보통 알려져 있지 않기 때문에 검정을 위해서는 아래의 Student's t 통계량을 이용한다.

$$t=\frac{\hat{\beta}_1-\beta_1}{s_{\hat{\beta}_1}}=\frac{\hat{\beta}_1-0}{s_{\hat{\beta}_1}}=\frac{\hat{\beta}_1}{s/\sqrt{\mathrm{SS}_{xx}}}$$

여기서, $s_{\hat{\beta}_1}=\dfrac{s}{\sqrt{\mathrm{SS}_{xx}}}$

σ에 대한 추정값으로 s를 사용한다는 것과 $s_{\hat{\beta}_1}$는 s를 $\sqrt{\mathrm{SS}_{xx}}$로 나누어서 계산함을 주의해서 보자. t 통계량의 자유도는 s의 자유도와 같다. 제 4 절에서 이 자유도가 $n-2$였음을 기억할 것이다.

모형의 유용성과 관계된 검정은 다음과 같이 정리된다.

모형의 유용성 검정

1. 단측검정(one-tailed test)

$H_0: \beta_1=0$

$H_a: \beta_1 < 0$

[또는 $H_a: \beta_1 > 0$]

검정통계량: $T = \dfrac{\hat{\beta}_1}{s_{\hat{\beta}_1}} = \dfrac{\hat{\beta}_1}{s/\sqrt{SS_{xx}}}$

기각영역: $t < -t_\alpha$

[또는 $t > t_\alpha$]

* t_α는 $n-2$의 자유도와 α의 유의수준을 갖는 통계량

2. 양측검정(two-tailed test)

$H_0: \beta_1 = 0$

$H_a: \beta_1 \neq 0$

검정통계량: $T = \dfrac{\hat{\beta}_1}{s_{\hat{\beta}_1}} = \dfrac{\hat{\beta}_1}{s/\sqrt{SS_{xx}}}$

기각영역: $t < -t_{\alpha/2}$

[그리고 $t > t_{\alpha/2}$]

* $t_{\alpha/2}$는 $n-2$의 자유도와 $\alpha/2$의 유의수준을 갖는 t 통계량

예제 11.5

광고비-매출액 예에서 유의수준을 $\alpha = 0.05$로 정하고 모형의 유용성에 대한 검정을 실시하라.

해답

(1) 자유도는 $df = n-2 = 5-2 = 3$이므로 양측검정의 기각영역은 다음과 같다.

$$t < t_{0.025} = -3.182$$
$$t > t_{0.025} = 3.182$$

(2) $\hat{\beta}_1 = 1.4$, $s = 1.211$, $SS_{xx} = 10$이었으므로 검정통계량 t는

$$T = \frac{\hat{\beta}_1}{s/\sqrt{SS_{xx}}} = \frac{1.4}{1.211/\sqrt{10}}$$
$$= \frac{1.4}{0.382} \fallingdotseq 3.66 > 3.182$$

계산된 T 통계량이 기각영역에 들어가기 때문에 귀무가설 H_0는 기각되고 우리는 β_1이 0이 아니라고 결론지을 수 있다. 즉, '표본의 자료에 의하면 매출액 y를 직선모형으로 예측할 때 x가 의미 있는 정보를 제공한다(유의하다)'고 할 수 있다.

만일 t 통계량이 기각영역에 들어가지 않는다면 어떤 결론을 내려야 할까? 앞의 추정과 검정에서 다루었듯이 t 통계량이 기각영역에 들어가지 않는다고 해서 귀무가설을 받아들이지는 않는다. 즉, $\beta_1 = 0$이라고 결론을 짓지는 않는다. 다만 '$\beta_1 = 0$일 가능성을 배제할 수 없다'고 결론지을 수 있다. 추가적으로 자료를 수집해 보면 β_1이 0이 아니라는 결론에 이를 수 있고, 또는 x와 y 사이에 직선이 아닌 더 복잡한 관계가 존재할 수도 있다.

그림 11.13 β_1=0의 검정통계량과 기각영역

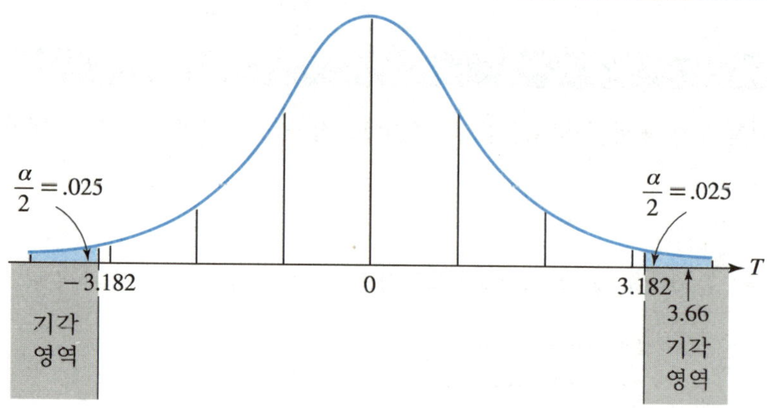

2) $\boldsymbol{\beta_1}$에 대한 신뢰구간추정

기울기 β_1에 대한 또 다른 추론방법은 신뢰구간을 이용하여 다음과 같이 β_1을 추정하는 것이다.

기울기 $\boldsymbol{\beta_1}$의 100(1−$\boldsymbol{\alpha}$)% 신뢰구간

$$\hat{\beta}_1 \pm t_{\alpha/2}\, s_{\hat{\beta}_1}$$

여기서, $s_{\hat{\beta}_1} = \dfrac{s}{\sqrt{\mathrm{SS}_{xx}}}$

$t_{\alpha/2}$ =자유도 $n-2$, 유의수준 $\alpha/2$인 t 통계량

예제 11.6

광고비-매출액 예에서 β_1의 95% 신뢰구간을 구하라.

해답

앞에서 $t_{0.025} = 3.182$이고, $\hat{\beta}_1 = 1.4$, $s = 1.211$, $\mathrm{SS}_{xx} = 10$이었으므로

$$\begin{aligned} \hat{\beta}_1 \pm t_{\alpha/2}\, s_{\hat{\beta}_1} &= 1.4 \pm 3.182 \frac{s}{\sqrt{\mathrm{SS}_{xx}}} \\ &= 1.4 \pm 3.182 \left[\frac{1.211}{\sqrt{10}} \right] \\ &= 1.4 \pm 1.2185 \end{aligned}$$

따라서 $0.1815 \le \beta_1 \le 2.6185$

그러므로 기울기 β_1의 95% 신뢰구간은 0.1815에서 2.6185이다.

신뢰구간 내의 모든 값이 양수이므로 β_1은 양수이고 따라서 y의 평균 $E(y)$는 x가 증가함에 따라 증가한다고 할 수 있다.

그리고 신뢰구간의 폭이 넓은 것은 표본수가 작은 것을 의미하므로 표본수를 늘리면 신뢰구간의 폭이 좁아질 것임을 알 수 있다.

11.6 상관계수와 결정계수

1) 상관관계

우리는 일상생활에서 '상관관계'에 대해 많이 이야기한다. "범죄율과 실업률은 밀접한 '상관관계'가 있다"라든지 "GNP와 물가상승률은 '상관관계'가 높다"라는 등의 말을 한다. 심지어 "경기지표와 치마의 길이는 '상관관계'가 있다"는 말도 들을 수 있다.

이와 같이 상관관계는 두 변수 사이의 관계 정도를 나타내는 말이다. 피어슨 상관계수 r(Pearson correlation coefficient)은 회귀선의 기울기 β_1과 마찬가지로 두 변수 x, y 사이의 선형관계의 정도를 측정하는 척도이다. 그러나 회귀선의 기울기 β_1과는 달리 r은 x, y의 측정단위의 영향을 받지 않는다.[2)] 즉, x와 y의 단위에 관계없이 -1에서 1 사이의 값을 갖는다.

정의 11.2

피어슨 상관계수(Pearson correlation coefficient) r은 두 변수 x, y 사이의 선형관계의 정도를 나타내 주는 척도로서 아래와 같이 계산한다.

$$r = \frac{SS_{xy}}{\sqrt{SS_{xx}SS_{yy}}}$$

r과 β_1은 모형의 유용성에 관한 정보를 제공하는 점에서 같으며 그 계산

2) 광고비 지출액의 단위를 100만에서 1만으로 변화시켜서 β_1을 추정하면 새로운 β_1의 추정값은 이전추정의 100배가 된다.

그림 11.14 상관계수의 예

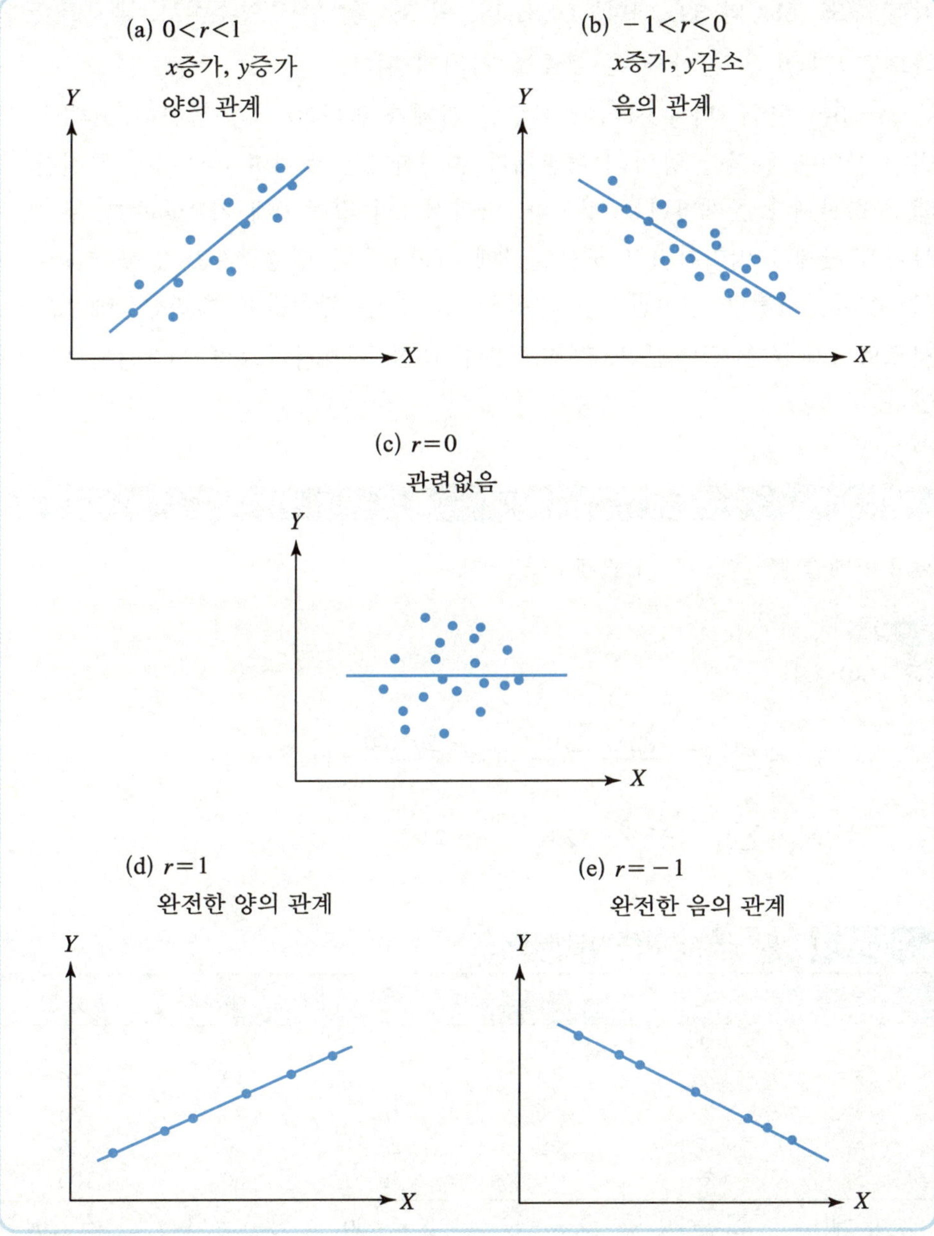

식도 비슷한 점이 많다. r과 β_1의 계산식에서 분자는 둘다 SS_{xy}로 같고 분모는 각각 $\sqrt{SS_{xx}SS_{yy}}$와 SS_{xx}이다. $\sqrt{SS_{xx}SS_{yy}}$와 SS_{xx}는 모두 양수이고, 분자가 동일하므로 r과 β_1은 항상 같은 부호를 가지게 된다.

$r=0$은 변수 x와 y 사이에 아무런 관계가 없다는 것을 뜻하며, $r=1$은 두 변수 사이에 완전한 양의 선형관계가 존재한다는 것이며 $r=-1$은 완전한 음의 선형관계가 존재한다는 것이다. 따라서 r의 값이 0에 가까울수록 두 변수 사이에 관계가 미미하며 1 또는 -1에 가까울수록 선형관계가 강하다. $r=\pm1$인 경우는 완전한 선형관계를 의미하므로 모든 관측값이 회귀선상에 있다는 것으로 y와 $\hat{y}$가 같아진다. 여러 r값에 대한 예제가 [그림 11.14]에 나타나 있다.

예제 11.7

광고비-매출액의 예에서 상관계수를 구하라.

해답

〈표 11.6〉에서

$$SS_{xy} = \sum x_i y_i - \frac{(\sum x_i)(\sum y_i)}{n} = 134 - \frac{20 \times 30}{5} = 14$$

$$SS_{yy} = \sum y_i^2 - \frac{(\sum y_i)^2}{n} = 204 - \frac{30^2}{5} = 24$$

표 11.6 r을 구하기 위한 사전계산

i	x_i	y_i	x_i^2	$x_i y_i$	y_i^2
1	2	4	4	8	16
2	3	4	9	12	16
3	4	6	16	24	36
4	5	6	25	30	36
5	6	10	36	60	100
합 계	$\sum x_i = 20$	$\sum y_i = 30$	$\sum x_i^2 = 90$	$\sum x_i y_i = 134$	$\sum y_i^2 = 204$

$$SS_{xx} = \sum x_i^2 - \frac{(\sum x_i)^2}{n} = 90 - \frac{20^2}{5} = 10$$

$$\therefore\ r = \frac{SS_{xy}}{\sqrt{SS_{xx}SS_{yy}}} = \frac{14}{\sqrt{10 \times 24}} = 0.904$$

2) 결정계수

x가 y의 예측에 공헌한 정도를 측정하는 또 다른 방법은 x에 의해서 y의 예측오차가 얼마나 감소했는가를 살펴보는 것이다.

예를 들어 어떤 표본자료가 [그림 11.15] (a)와 같은 산점도를 갖는다고 생각해 보자. 만일 x가 y의 예측에서 아무런 정보도 제공해 주지 않는다면 y에 대한 가장 좋은 예측값은 표본의 평균인 $\bar{y}$가 될 것이다. $\bar{y}$는 [그림 11.15] (b)에서 수평선으로 나타난다. 이 $\bar{y}$수평선에서 각 점에 그려진 수직선은 $\bar{y}$(즉, 예측값 $\hat{y}$)에 대한 각 점의 편차를 뜻한다. 그러므로 $\hat{y} = \bar{y}$모형에서 편차의 제곱합 SS_{yy}은 다음과 같으며, 이를 총변동이라 한다.

$$SS_{yy} = \sum (y_i - \bar{y})^2$$

만일 같은 자료에 대해서 최소자승선을 구해서 자료에 적응시켰다면 [그림 11.15] (c)와 같은 형태가 될 것이다. 그림 (b)와 (c)의 예측오차를 비교해 보면 (c)가 훨씬 작은 것을 알 수 있다.

[그림 11.15]의 (b)와 (c)에서 다음을 알 수 있다.

(1) x가 y의 아무런 정보도 제공하지 않거나, 아주 적은 정보만 제공해 준다면

$SS_{yy} = \sum (y_i - \bar{y})^2$과

$SSE = \sum (y_i - \hat{y})^2$은

그림 11.15 편차의 제곱합의 비교

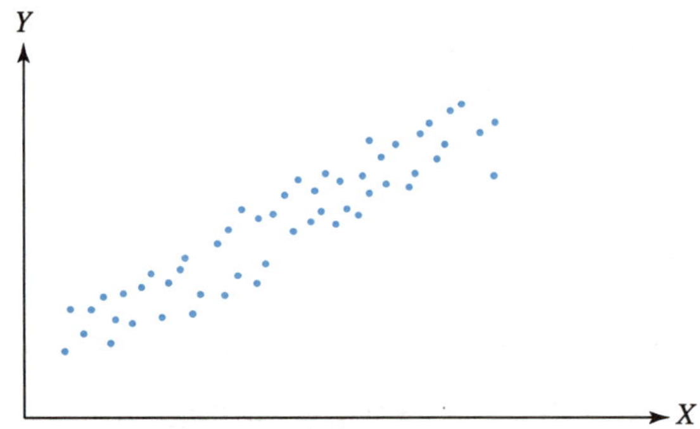

(a) 자료의 산점도

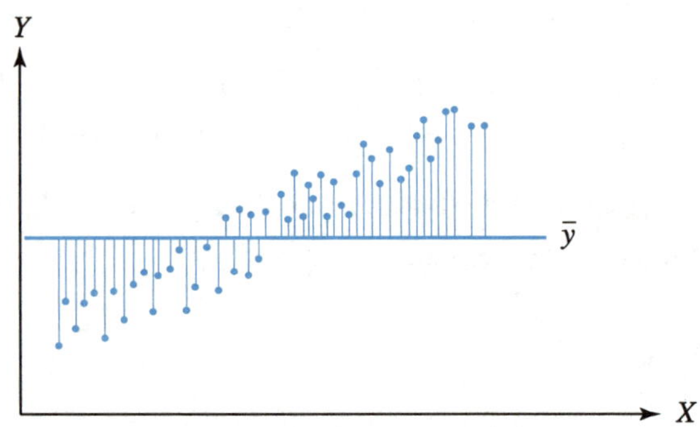

(b) 가정: x가 y의 예측에 공헌 못함, $\hat{y}=\bar{y}$

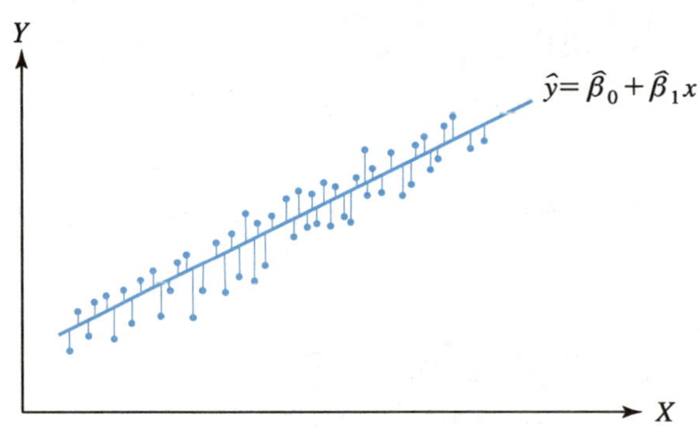

(c) 가정: x가 y의 예측에 공헌함, $\hat{y}=\hat{\beta}_0+\hat{\beta}_1 x$

값이 같거나 거의 같은 값을 가질 것이다.

(2) x가 y의 예측에 어느 정도 공헌한다면 SSE는 SS_{yy}보다 작은 값을 가질 것이다. 만일 모든 자료가 최소자승선 위에 놓여진다면 y와 $\hat{y}$이 같아지므로 SSE=0이 될 것이다.

그러므로 x가 y의 예측에 공헌하는 정도는 $SS_{yy}-SSE$로 표시할 수 있다. 이것을 SS_{yy}에 대한 비율로 나타낸 것을 결정계수(coefficient of determination)라 한다.

$$\text{결정계수} = \frac{SS_{yy}-SSE}{SS_{yy}}$$

그리고 이 값은 단순회귀의 상관계수 r의 제곱과 같기 때문에 r^2으로 표현한다.

정의 11.3

결정계수(coefficient of determination) r^2는 상관계수의 제곱이다. 이 값은 y의 편차의 제곱합 중에서 x와 y의 선형관계에 의해 설명되는 부분의 비율이다.

$$r^2 = \frac{SS_{yy}-SSE}{SS_{yy}} = 1-\frac{SSE}{SS_{yy}}$$

r이 -1에서 $+1$ 사이의 값을 갖기 때문에 r^2은 항상 0에서 1 사이의 값을 갖는다. 그러므로 r^2이 0.6이라는 것은 y의 예측값으로 $\bar{y}$ 대신 $\hat{y}$을 사용함으로써 y의 예측오차의 제곱합을 60% 감소시켰다는 의미가 된다.

예제 11.8

광고비와 매출액의 예에서 결정계수를 구하라.

해답

〈표 11.6〉에서

$$\begin{aligned} SS_{yy} &= \sum y_i^2 - \frac{(\sum y_i)^2}{5} \\ &= 204 - \frac{30^2}{5} = 204 - 180 = 24 \end{aligned}$$

$$\begin{aligned} SSE &= \sum (y_i - \hat{y}_i)^2 \\ &= SS_{yy} - \hat{\beta}_1 SS_{xy} = 4.4 \end{aligned}$$

$$\therefore \ r^2 = \frac{4.4}{24} \fallingdotseq 0.817$$

또한 예제 10.7에서 $r = 0.904$, 따라서 $r^2 = 0.904 = 0.817$

상관계수 r은 두 변수 사이의 선형관계의 정도를 나타내는 것으로 $r = 0.8$일 때 회귀식이 총변동의 80%를 설명하는 것이 아니다. 실제 $r^2 = 0.8^2 = 0.64$이므로 회귀식이 총변동의 64%만을 설명하고 있다.

11.7 단순회귀분석의 종합사례

본절에서는 앞에서 배웠던 적합한 직선의 결정, 설명력의 측정, 통계량의 해석 등을 종합적인 예를 통하여 살펴보기로 하자.

어떤 주택건설회사에서는 공사 현장소장의 근속연수가 그 공사의 수익성에 영향을 미친다고 생각하고 있다. 그래서 이 둘 사이의 관계를 회귀분석을 통해 분석하기로 하고 자료를 수집한 결과가 다음 표의 첫째, 둘째 열과 같다.

다음 〈표 11.7〉의 15개 자료를 이용해서 회귀분석을 해 보기로 하자.

표 11.7 현장소장의 근속연수와 수익성

	근속연수(년)	수익성(%)	X^2	XY	Y^2
	3.4	26.2	11.56	89.08	686.44
	1.8	17.8	3.24	32.04	316.84
	4.6	31.3	21.16	143.98	979.69
	2.3	23.1	5.29	53.13	533.61
	3.1	27.5	9.61	85.24	756.25
	5.5	36.0	30.25	198.00	1,296.00
	0.7	14.1	0.49	9.87	198.81
	3.0	22.3	9.00	66.90	497.29
	2.6	19.6	6.76	50.96	384.16
	4.3	31.3	18.49	134.59	979.69
	2.1	24.0	4.41	50.40	576.00
	1.1	17.3	1.21	19.03	299.29
	6.1	43.2	37.21	263.52	1,866.24
	4.8	36.4	23.04	174.72	1,324.96
	3.8	26.1	14.44	99.18	681.21
합계	$\sum x_i = 49.2$	$\sum y_i = 396.2$	$\sum x_i^2 = 196.16$	$\sum x_i y_i = 1{,}470.65$	$\sum y_i^2 = 11{,}376.48$

단계 11.1

[그림 11.16]에서 자료의 산점도를 보면 수익성과 근속연수 사이에 선형관계가 있음을 알 수 있다.

따라서 수익성 y와 근속연수 x의 관계를 모형화시키기 위해서 다음과 같은 선형모형을 수립한다.

$$y = \beta_0 + \beta_1 x + \varepsilon$$

단계 11.2

앞의 자료를 이용해서 위 모형의 모수 β_0, β_1을 추정한다. 이를 위한 사전계산과정이 〈표 11-7〉에 나타나 있다.

$$SS_{xx} = \sum x_i^2 - \frac{(\sum x_i)^2}{15} = 196.16 - \frac{(49.2)^2}{15}$$
$$= 196.16 - 161.376 = 34.784$$
$$SS_{yy} = \sum y_i^2 - \frac{(\sum y_i)^2}{15} = 11376.48 - \frac{(362.2)^2}{15}$$
$$= 11376.48 - 10464.963 = 911.517$$
$$SS_{xy} = \sum x_i y_i - \frac{(\sum x_i)(\sum y_i)}{15} = 1470.65 - \frac{(49.2)(396.2)}{15}$$
$$= 1470.65 - 1299.536 = 171.114$$

그림 11.16 산점도와 최소자승선

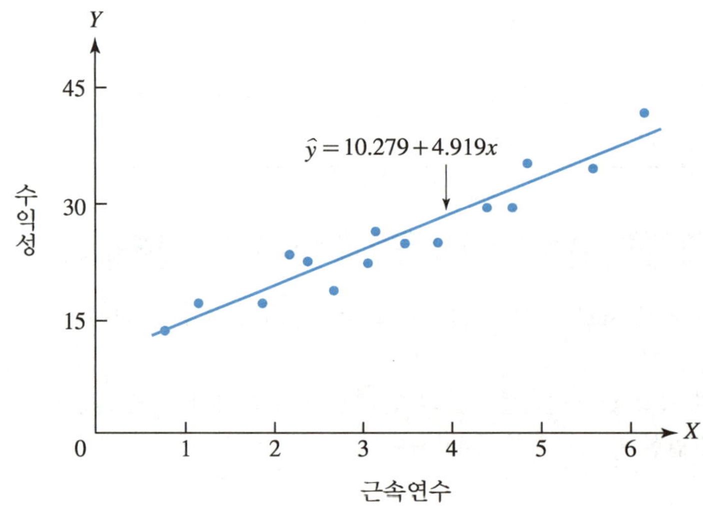

이제 β_0과 β_1에 대한 최소자승 추정값을 구할 차례이다.

$$\hat{\beta}_1 = \frac{SS_{xy}}{SS_{xx}} = \frac{171.114}{34.784} = 4.919$$
$$\hat{\beta}_0 = \bar{y} - \hat{\beta}_1 \bar{x} = \frac{396.2}{15} - 4.919\left[\frac{49.2}{15}\right]$$

$$=26.413-(4.919)(3.28)=26.413-16.134=10.279$$

그러므로 최소자승선은 다음과 같다.

$$\hat{y}=10.279+4.919x$$

이 예측식과 자료의 관계는 [그림 11.16]과 같다.

단계 11.3

모형의 임의오차 ε의 분산을 추정한다. 임의오차 ε의 분포에 대한 가정은 제 3 절의 모형의 가정에서 다룬 바 있다. 현실에서 이들 가정을 완전히 충족시키는 경우는 거의 없지만 본 예에서는 충족시킨다고 가정하자.

ε의 분산 σ^2을 추정하기 위해 SSE를 계산한다.

$$\begin{aligned}\text{SSE}&=\sum(y_i-\hat{y}_i)=\text{SS}_{yy}-\hat{\beta}_1\text{SS}_{xy}=911.517-(4.919)(171.114)\\&=911.517-841.709766=69.807234\end{aligned}$$

σ^2의 추정값 s^2은 SSE를 오차의 자유도$(=n-2)$로 나누면 된다.

$$s^2=\frac{\text{SSE}}{n-2}=\frac{69.807234}{15-2}=5.3698$$

$$s=\sqrt{5.3698}=2.32$$

단계 11.4

x가 y의 설명에 공헌하는지를 확인한다. 우선 다음과 같은 가설을 검정한다.

$$H_0:\beta_1=0 \qquad H_a:\beta_1\neq 0$$

$$\text{검정통계량: } T=\frac{\hat{\beta}_1}{s_{\hat{\beta}_1}}=\frac{\hat{\beta}_1}{s/\sqrt{\text{SS}_{xx}}}$$

유의수준 $\alpha=0.05$로 설정하면 기각영역은

$$t>t_{\alpha/2} \text{ 그리고 } t<-t_{\alpha/2}$$

가 되는데, $n=15$, $\mathrm{df}=n-2=15-2=13$이고, $t_{0.025}=2.16$이 된다.

$$T=\frac{\hat{\beta}_1}{s_{\hat{\beta}_1}}=\frac{\hat{\beta}_1}{s/\sqrt{\mathrm{SS}_{xx}}}$$

$$=\frac{4.919}{2.32/\sqrt{34.784}}=12.50>2.16$$

따라서 H_0는 기각되며 β_1은 0이 아니라고 결론짓는다.

β_1의 95% 신뢰구간은 $4.919\pm0.849=(4.070,\ 5.768)$

따라서 우리는 95%의 신뢰수준에서 현장소장의 근속연수가 1년 증가할 때 수익성의 증가는 4.070~5.768 사이라고 말할 수 있다.

모형의 유용성을 측정할 수 있는 또 하나의 기준으로는 상관계수 r이 있다.

$$r=\frac{\mathrm{SS}_{xy}}{\sqrt{\mathrm{SS}_{xx}\mathrm{SS}_{yy}}}=\frac{171.114}{\sqrt{(34.784)(911.517)}}$$

$$=\frac{171.114}{178.062}=0.96$$

r이 매우 높으므로 현장소장의 근속연수와 수익성과는 밀접한 관계가 있다고 할 수 있다.

결정계수 r^2은 다음과 같이 구할 수 있다.

$$r^2=(0.96)^2=0.92$$

이상의 결과(t 통계량 r, r^2)을 종합해 볼 때 y와 x는 강한 선형관계가 있다고 결론지을 수 있다. 즉, y는 x의 회귀식으로 잘 설명된다고 할 수 있다.

단계 11.5

회귀식을 예측에 이용한다. 이 회사에서 근속연수가 3.5년인 현장소장이 이 공사를 맡을 경우의 수익성을 예측하고자 한다면, 즉 $x_p=3.5$라면 y의 예측값은 다음과 같이 계산된다.

$$y=\widehat{\beta}_0+\widehat{\beta}_1x_p=10.279+(4.919)(3.5)$$
$$=10.279+17.216=27.50$$

요약

이 장에서는 두 자료 사이의 선형관계를 추정하는 최소자승법(least square method)에 대해서 배웠다. 이와 같은 추정과정과 추정결과에 대한 통계적 검정절차를 통틀어 회귀분석(regression analysis)이라 한다. 자료를 이용하여 회귀분석을 실시하는 다섯 단계는 다음과 같다.

(1) 자료 사이의 관계에 대한 확률모형을 세운다. 이 장에서는 직선모형인

$$y=\beta_0+\beta_1x+\varepsilon$$

을 가정하였다.

(2) 구한 자료를 바탕으로 최소자승법을 이용해서 미지의 모수인 β_0과 β_1을 추정한다. 최소자승법을 이용하면 잔차의 제곱의 합(Sum of Squared Error: SSE)을 최소로 하는 직선모형

$$\hat{y}=\widehat{\beta}_0+\widehat{\beta}_1x$$

을 구할 수 있다.

(3) 임의오차 ε의 분산 σ^2을 추정한다.

(4) 모형의 유용성을 검정한다. 이것은 크게 두 가지로 나누어진다.

첫째, 직선의 기울기 β_1에 대한 추론

둘째, 상관계수 r와 결정계수 r^2의 계산

(5) 검정결과 추정된 모형이 유용한 것으로 판단되었다면 이 모형을 예측에 이용한다. 즉 주어진 x값에 대한 y의 예측값을 구한다.

연습문제

EXERCISES

11.1 어떤 자동차 대리점에서는 매주일 판매되는 자동차 대수와 전시장에서 일하는 종업원의 숫자 사이의 관계를 모형화하고 싶어한다. 이 두 변수간의 관계는 직선식으로 가장 잘 나타낼 수 있을 것으로 생각된다. 아래 표에 표본자료가 제시되어 있다.

주	판매된 자동차 대수(Y)	판매원 수(X)
1	20	6
2	18	6
3	10	4
4	6	2
5	11	3

a. 자료의 산점도를 작성하여라.

b. 직선식으로 변수들간의 관계가 가장 잘 설명된다고 가정하고, 직선의 y절편과 기울기를 추정하기 위해 최소자승법을 사용하여라.

c. 산점도 위에 최소자승선을 그려보아라.

d. 완성된 최소자승선에 의하면, 전시장에서 다섯 명의 판매원이 일을 한다면 약 몇 대의 차가 판매될 것을 예상할 수 있는가?

11.2 관악유통은 신입판매원들의 경력이 쌓일수록 판매액이 높을 것이라는 생각을 가지고 있다. 7명의 신입판매원들을 무작위 추출해 경력과 판매액의 자료를 구해보았다.

근무기간 X(월)	월 판매액 Y(백만원)
2	2.4
4	7.0
8	11.3
12	15.0
1	0.8
5	3.7
9	12.0

a. 최소자승선을 구하여라.
b. 위 자료를 좌표에 표시하고 최소자승선을 그려보아라.
c. 6개월간 일한 후에 기대되는 판매원의 판매실적은 얼마인가?
d. SSE와 s^2을 계산하여라.

11.3 아래의 각 경우의 β_1에 대한 95%와 90% 신뢰구간을 구하여라.

a. $\widehat{\beta}_1=5$, $s=2$, $SS_{xx}=16$, $n=15$

b. $\widehat{\beta}_1=99$, $SSE=2560$, $SS_{xx}=25$, $n=12$

c. $\widehat{\beta}_1=-10.2$, $SSE=3000$, $SS_{xx}=64$, $n=22$

11.4 제조활동과 관련된 비용은 재료비와 직접 노무비 그리고 간접비로 나뉘어질 수 있다. 자전거를 만들고 있는 한 제조업자는 월별 제조 간접비와 제조되는 자전거의 총수량과의 관계에 관심이 있다. 이 수치는 다음 해의 제조비 예산을 세우는 데 사용될 것이다. 다음 자료는 지난 12개월 동안에 얻어진 것이다.

월	생산량 X(천대)	간접비 Y(백만원)
1	16.9	41.4
2	15.6	35.0
3	17.4	38.3
4	11.6	29.5
5	17.7	39.6
6	17.6	37.4
7	16.3	37.5
8	15.5	47.9
9	28.4	55.6
10	27.1	53.1
11	19.2	40.6

a. 월별 생산량 x와 간접비 y 사이의 최소자승식을 구하여라.
b. 선형모델이 간접비를 예측하는 데 도움을 줄 수 있는지 검정해보아라($\alpha=0.05$를 사용할 것).
c. ε에 관해서 세웠던 가정 중에 어느 것이 이 문제에 적합하지 못한가? 설명해 보아라.

11.5 한 양조회사는 총 매출액과 TV광고료 사이에 선형관계가 존재하는지의 여부에 관심이 있다. 다음 표를 이용해 이를 알아보려고 한다.

월	생산량 X(천대)	간접비 Y(백만원)
1	50	0.5
2	90	0.9
3	30	0.4
4	90	0.7
5	91	1.1
6	95	0.75
7	95	0.8

a. 주어진 자료의 최소자승선을 구하라. 주어진 자료를 산점도로 표시하고 최소자승선을 그려라.

b. $\alpha=0.05$로 놓고 귀무가설 $\beta_1=0$을 검정하여라. 이 검정의 대립가설로는 어떤 것이 적합한가? 매출액과 TV광고료 사이의 관계를 설명하기 위한 선형모형의 적합성에 대해서 설명해 보아라.

c. 선형모형에서의 기울기 모수에 대한 90%의 신뢰구간을 구하여라.

d. 신뢰구간의 의미와 그것이 매출액과 TV광고료 사이의 관계에 대해서 말해 주는 바에 대해 설명해 보아라.

11.6 β_1의 추정값으로서의 $\widehat{\beta}_1$의 정확성은 그 표준편차 $\sigma_{\hat{\beta}_1}$에 의해서 측정된다. 일반적으로, $\sigma_{\hat{\beta}_1}$의 값이 클수록 β_1에 대한 신뢰구간은 넓어진다(정확성이 떨어진다). $\sigma_{\hat{\beta}_1}$의 값이 작을수록 β_1에 대한 신뢰구간은 좁아진다(보다 정확하다).
$\sigma_{\hat{\beta}_1}$을 구하는 공식을 설명하고 독립변수들의 값이 $\sigma_{\hat{\beta}_1}$의 크기에 어떻게 영향을 끼치는지 설명해 보아라.

11.7 문제 11.2에 있는 자료들은 판매원들의 경력이 늘어남에 따라 판매액이 증가한다는 논리를 뒷받침해 줄 수 있는가? $\alpha=0.05$로 검정하여라.

11.8 다음의 상관계수들이 x와 y값들의 관계에 대해서 말하고 있는 바가 무엇인지 설명해 보아라.

a. $\gamma=1$ b. $\gamma=0$ c. $\gamma=-1$
d. $\gamma=0.05$ e. $\gamma=0.85$ f. $\gamma=-0.91$

11.9 다음 자료는 안구의 압력을 측정하는 새로운 기계를 보다 정밀하게 만들기 위해서 수립된 것이다. 10명의 백내장 환자들을 대상으로, 첫째, 새로운 기계를 이용해 안구의 압력을 측정하고, 둘째, 많은 시간을 들여 표준적인 방법으로, 안구의 압력을 측정했다. 다음 표본자료들의 상관계수와 결정계수를 계산하고 그 값들을 해석해 보아라.

환 자	표준방법 X	새로운 기계 Y
1	20.2	20.0
2	16.7	17.1
3	17.1	17.2
4	26.3	25.1
5	22.2	22.0
6	21.8	22.1
7	19.1	18.9
8	22.9	22.2
9	23.5	24.0
10	17.0	18.1

11.10 아래의 자료는 월별 매출액, 단위당 가격, 그리고 광고비에 관한 것이다. 이 표본에 의하면 어떤 변수 — 가격 혹은 광고비 — 가 매출액에 관한 보다 좋은 정보를 제공한다고 할 수 있겠는가? 설명해 보아라.

월	월 매출액 Y(백만원)	단위당 가격 X_1(천원)	광고비 지출 X_2(십만원)
6	40	0.85	6.0
7	50	0.76	5.0
8	55	0.75	8.0
9	30	1.00	7.5
10	45	0.80	5.5

11.11 최소자승법을 사용하여서 다음 자료에 의한 총변동비와 특정 제품의 제조 개수와의 관계를 모형화하여라. 결정계수를 구하고 그 유의성을 설명해 보아라.

총개수	총변동비 Y
10	10
15	12
20	20
20	21
25	22
30	20
30	19

11.12 H제약회사는 애연가들의 흡연을 줄일 수 있는 의약품을 개발해냈다. 하지만 이 약이 심장박동을 낮출 가능성이 있음을 알게 되었다. 이 약이 심장박동에 미치는 영향을 알아보기 위해 6명의 임의추출된 환자들에게 서로 다른 양의 약을 투여했다. 그리고 30분 후 각 환자들의 심장박동률의 감소를 측정하였다.

환자	약의 양 X(cm³)	심장박동률의 감소 Y(박동수/분)
1	2.0	55
2	1.5	9
3	3.0	18
4	2.5	16
5	4.0	23
6	3.0	20

a. 약의 용량과 심장박동수의 변화 사이에 선형관계가 있음을 보이는 증거가 있는가? $\alpha=0.10$에서 검정하여라.

b. 기울기 β_1에 대한 95%의 신뢰구간을 구하여라.

c. 3.5cm의 약을 투여한 사람의 심장박동률이 평균감소에 대한 99% 신뢰구간을 구하여라.

d. 3.5cm의 약을 투여한 사람의 심장박동률 감소예측값의 99% 신뢰구간을 구하여라.

11.13 문제 11.5를 참조하여라. 다음 달의 TV광고료는 75만원이 될 것이다.

a. 다음 달의 매출액 예측값에 대해 90% 신뢰구간을 구하여라.

b. TV광고료가 75만원일 때의 월 평균매출액에 대해 90% 신뢰구간을 구하여라.

c. a와 b의 신뢰구간의 크기를 비교하고 설명해 보아라.

d. 표본의 크기를 늘린다면 둘 중 한 개 혹은 두 개 모두의 신뢰구간의 크기를 줄일 수 있을까? 설명해 보아라.

11.14 주어진 x값에 대해서 왜 개별 y값의 예측구간은 y 평균값의 신뢰구간보다 항상 넓은가를 설명해 보아라.

11.15 $x=x_p$에 대한 y평균값의 신뢰구간은 x_p가 $\bar{x}$로부터 멀리 떨어져 있을수록 넓어지는 이유를 설명해 보아라. 이러한 현상이 추정과 예측에 있어서 암시하는 바는 무엇인가?

11.16 $n=15$인 자료에 대한 최소자승선을 구한 결과 다음과 같은 값들을 얻어냈다.

$$SS_{xx}=50 \qquad \bar{x}=1.3$$
$$SS_{yy}=25 \qquad \bar{y}=27$$
$$SS_{xy}=-30$$

a. 최소자승선을 구하여라.
b. 최소자승선을 그려보아라.
c. SSE를 구하여라
d. S^2을 계산하여라.
e. β_1의 90% 신뢰구간을 구하고 그 의미를 설명하여라.
f. $x_p=1.8$일 경우, y 평균값의 90% 신뢰구간을 구하여라.
g. $x_p=1.8$일 경우, y 예측값의 90% 신뢰구간을 구하여라.

11.17 다음의 자료는 서로 다른 옥탄가의 휘발유를 사용할 때의 자동차의 연비를 시험자동차를 사용해 조사해 본 결과이다.

주행거리 Y(km/)	옥탄가 X
13.0	89
13.2	93
13.0	87
13.6	90
13.3	89
13.8	95
14.1	100
14.0	98

a. r과 r^2을 구하여라.

b. 위의 자료는 옥탄가와 리터당 주행거리 사이에 상관관계가 있다는 것을 충분히 증명해 주고 있는가?

11.18 다음의 자료는 8개월 동안에 판매된 오렌지 박스의 개수와 박스당 가격을 보여주고 있다.

월	판매량 Y(천 박스)	가격 X(천원)
10	6,100	6.20
11	6,800	6.05
12	8,400	6.20
1	6,000	8.10
2	5,800	8.70
3	5,500	8.75
4	4,400	9.40
5	4,000	9.75

a. 자료의 산점도를 그려보아라.

b. 최소자승선을 구하고 산점도상에 최소자승선을 그려보아라.

c. 이 문제에서 β_1을 정의해 보아라.

d. 단기수요에 대해 선형모형이 사용될 때, 박스당 오렌지 가격이 오렌지 판매량을 예측하는 데 유용한 정보를 제공하는가?($\alpha=0.05$를 사용하여라).

e. β_1에 대한 90%의 신뢰구간을 구하고 설명해 보아라.

f. 주어진 자료에 대한 상관계수를 구하여라.

g. 선형모델에 대한 결정계수를 구하고 그 결과를 해석해 보아라.

h. 박스당 가격이 8천원일 때, 오렌지 판매량 예측값의 90%의 신뢰구간을 구하여라.

i. 박스당 가격이 8천원일 때, 판매되리라고 기대되는 오렌지 판매량의 95%의 신뢰구간을 구하여라.

11.19 소득세법에 의하면 많은 소득을 가지고 있는 사람들이 높은 비율의 소득세를 내도록 되어 있다. 하지만 법이 가지고 있는 허점이나 보호망을 이용하는 경우가 많다. 다음은 무작위 추출된 7명의 소득과 소득세율을 조사한 것이다.

개인	총소득 X(백만원)	소득세율 Y(%)
1	35.8	16.7
2	80.2	21.4
3	14.9	15.2
4	7.3	10.1
5	9.1	12.2
6	150.7	19.6
7	25.9	17.3

a. 최소자승선을 구하여라.

b. γ과 γ^2을 계산하고 해석해 보아라.

c. 총소득이 7천만원인 사람의 평균소득세율에 대한 90%의 신뢰구간을 구하여라.

11.20 한 타이어 회사는 다섯 가지의 서로 다른 타이어를 생산하고 있다. 비싼 것일수록 강도나 내구성, 승차감 등이 뛰어나다. 하지만 높은 가격 때문에 많은 수요를 갖지 못한다. 다음의 자료는 지난 1년간 판매된 다섯 가지 타이어에 관한 것이다.

타이어 가격 X(천원)	판매량 Y(백개)
20	13
35	57
45	85
60	43
70	17

a. 최소자승선을 구하여라.

b. 자료의 점들과 최소자승선을 그려보아라.

c. $\alpha=0.05$ 수준에서 양측검정을 사용해 H_0 : $\beta_1=0$을 검정하여라. H_0을 기각하지 않는 것은 가격과 판매량 사이에 아무런 관련이 없음을 의미하는 것인가?

부록

표 Ⅰ. 난 수 표

표 Ⅱ. 이항분포표

표 Ⅲ. 포아송분포표

표 Ⅳ. $e^{-\lambda}$표

표 Ⅴ. 표준정규분포표

표 Ⅵ. T분포표

표 Ⅶ. F분포표

표 I. 난 수 표

COLUMN / ROW	1	2	3	4	5	6	7	8	9	10	11	12	13	14
1	10480	15011	01536	02011	81647	91646	69179	14194	62590	36207	20969	99570	91291	90700
2	22368	46573	25595	85393	30995	89198	27982	53402	93965	34095	52666	19174	39615	99505
3	24130	48360	22527	97265	76393	64809	15179	24830	49340	32081	30680	19655	63348	58629
4	42167	93093	06243	61680	07856	16376	39440	53537	71341	57004	00849	74917	97758	16379
5	37570	39975	81837	16656	06121	91782	60468	81305	49684	60672	14110	06927	01263	54613
6	77921	06907	11008	42751	27756	53498	18602	70659	90655	15053	21916	81825	44394	42880
7	99562	72905	56420	69994	98872	31016	71194	18738	44013	48840	63213	21069	10634	12952
8	96301	91977	05463	07972	18876	20922	94595	56869	69014	60045	18425	84903	42508	32307
9	89579	14342	63661	10281	17453	18103	57740	84378	25331	12566	58678	44947	05585	56941
10	85475	36857	53342	53988	53060	59533	38867	62300	08158	17983	16439	11458	18593	64952
11	28918	69578	88231	33276	70997	79936	56865	05859	90106	31595	01547	85590	91610	78188
12	63553	40961	48235	03427	49626	69445	18663	72695	52180	20847	12234	90511	33703	90322
13	09429	93969	52636	92737	88974	33488	36320	17617	30015	08272	84115	27156	30613	74952
14	10365	61129	87529	85689	48237	52267	67689	93394	01511	26358	85104	20285	29975	89868
15	07119	97336	71048	08178	77233	13916	47564	81056	97735	85977	29372	74461	28551	90707
16	51085	12765	51821	51259	77452	16308	60756	92144	49442	53900	70960	63990	75601	40719
17	02368	21382	52404	60268	89368	19885	55322	44819	01188	65255	64835	44919	05944	55157
18	01011	54092	33362	94904	31273	04146	18594	29852	71585	85030	51132	01915	92747	64951
19	52162	53916	46369	58586	23216	14513	83149	98736	23495	64350	94738	17752	35156	35749
20	07056	97628	33787	09998	42698	06691	76988	13602	51851	46104	88916	19509	25625	58104
21	48663	91245	85828	14346	09172	30168	90229	04734	59193	22178	30421	61666	99904	32812
22	54164	58492	22421	74103	47070	25306	76468	26384	58151	06646	21521	15227	96909	44592
23	32639	32363	05597	24200	13363	38005	94342	28728	35806	06912	17012	64161	18296	22851
24	29334	27001	87637	87308	58731	00256	45834	15398	46557	41135	10367	07684	36188	18510
25	02488	33062	28834	07351	19731	92420	60952	61280	50001	67658	32586	86679	50720	94953

COLUMN / ROW	1	2	3	4	5	6	7	8	9	10	11	12	13	14
26	81525	72295	04839	96423	24878	82651	66566	14778	76797	14780	13300	87074	79666	95725
27	29676	20591	68086	26432	46901	20849	89768	81536	86645	12659	92259	57102	80428	25280
28	00742	57392	39064	66432	84673	40027	32832	61362	98947	96067	64760	64584	96096	98253
29	05366	04213	25669	26422	44407	44048	37937	63904	45766	66134	75470	66520	34693	90449
30	91921	26418	64117	94305	26766	25940	39972	22209	71500	64568	91402	42416	07844	69618
31	00582	04711	87917	77341	42206	35126	74087	99547	81817	42607	43808	76655	62028	76630
32	00725	69884	62797	56170	86324	88072	76222	36086	84637	93161	76038	65855	77919	88006
33	69011	65795	95876	55293	18988	27354	26575	08625	40801	59920	29841	80150	12777	48501
34	25976	57948	29888	88604	67917	48708	18912	82271	65424	69774	33611	54262	85963	03547
35	09763	83473	73577	12908	30883	18317	28290	35797	05998	41788	34952	37888	38917	88050
36	91576	42595	27958	30134	04024	86385	29880	99730	55536	84855	29080	09250	79656	73211
37	17955	56349	90999	49127	20044	59931	06115	20542	18059	02008	73708	83517	36103	42791
38	46503	18584	18845	49618	02304	51038	20655	58727	28168	15475	56942	53389	20562	87338
39	92157	89634	94824	78171	84610	82834	09922	25417	44137	48413	25555	21246	35509	20468
40	14577	62765	35605	81263	39667	47358	56873	56307	61607	49518	89656	20103	77490	18062
41	98427	07523	33362	64270	01638	92477	66969	98420	04880	45585	46565	04102	46880	45709
42	34914	63976	88720	82765	34476	17032	87589	40836	32427	70002	70663	88863	77775	69348
43	70060	28277	39475	46473	23219	53416	94970	25832	69975	94884	19661	72828	00102	66794
44	53976	54914	06990	67245	68350	82948	11398	42878	80287	88267	47363	46634	06541	97809
45	76072	29515	40980	07391	58745	25774	22987	80059	39911	96189	41151	14222	60697	59583
46	90725	52210	83974	29992	65831	38857	50790	83765	55657	14361	31720	57375	56228	41546
47	64364	67412	33339	31926	14883	24413	59744	92351	97473	89286	35931	04110	23726	51900
48	08962	00358	31662	25388	61642	34072	81249	35648	56891	69352	48373	45578	78547	81788
49	95012	68379	93526	70765	10592	04542	76463	54328	02349	17247	28865	14777	62730	92277
50	15664	10493	20492	38391	91132	21999	59516	81652	27195	48223	46751	22923	32261	85653
51	16408	81899	04153	53381	79401	21438	83035	92350	36693	31238	59649	91754	72772	02338
52	18629	81953	05520	91962	04739	13092	97662	24822	94730	06496	35090	04822	86774	98289

COLUMN / ROW	1	2	3	4	5	6	7	8	9	10	11	12	13	14
53	73115	35101	47498	87637	99016	71060	88824	71013	18735	20286	23153	72924	35165	43040
54	57491	16703	23167	49323	45021	33132	12544	41035	80780	45393	44812	12515	98931	91202
55	30405	83946	23792	14422	15059	45799	22716	19792	09983	74353	68668	30429	70735	25499
56	16631	35006	85900	98275	32388	52390	16815	69298	82732	38480	73817	32523	41961	44437
57	96773	20206	42559	78985	05300	22164	24369	54224	35083	19687	11052	91491	60383	19746
58	38935	64202	14349	82674	66523	44133	00697	35552	35970	19124	63318	29686	03387	59846
59	31624	76384	17403	53363	44167	64486	64758	75366	76554	31601	12614	33072	60332	92325
60	78919	19474	23632	27889	47914	02584	37680	20801	72152	39339	34806	08930	85001	87820
61	03931	33309	57047	74211	63445	17361	62825	39908	05607	91284	68833	25570	38818	46920
62	74426	33278	43972	10119	89917	15665	52872	73823	73144	88662	88970	74492	51805	99378
63	09066	00903	20795	95452	92648	45454	09552	88815	16553	51125	79375	97596	16296	66092
64	42238	12426	87025	14267	20979	04508	64535	31355	86064	29472	47689	05974	52468	16834
65	16153	08002	26504	41744	81959	65642	74240	56302	00033	67107	77510	70625	28725	34191
66	21457	40742	29820	96783	29400	21840	15035	34537	33310	06116	95240	15957	16572	06004
67	21581	57802	02050	89728	17937	37621	47075	42080	97403	48626	68995	43805	33386	21597
68	55612	78095	83197	33732	05810	24813	86902	60397	16489	03264	88525	42786	05269	92532
69	44657	66999	99324	51281	84463	60563	79312	93454	68876	25471	93911	25650	12682	73572
70	91340	84979	46949	81973	37949	61023	43997	15263	80644	43942	89203	71795	99533	50501
71	91227	21199	31935	27022	84067	05462	35216	14486	29891	68607	41867	14951	91696	85065
72	50001	38140	66321	19924	72163	09538	12151	06878	91903	18749	34405	56087	82790	70925
73	65390	05224	72958	28609	81406	39147	25549	48542	42627	45233	57202	94617	23772	07896
74	27504	96131	83944	41575	10573	08619	64482	73923	36152	05184	94142	25299	84387	34925
75	37169	94851	39117	89632	00959	16487	65536	49071	39782	17095	02330	74301	00275	48280
76	11508	70225	51111	38351	19444	66499	71945	05422	13442	78675	84081	66938	93654	59894
77	37449	30362	06694	54690	04052	53115	62757	95348	78662	11163	81651	50245	34971	52924
78	46515	70331	85922	38329	57015	15765	97161	17869	45349	61796	66345	81073	49106	79860
79	30986	81223	42416	58353	21532	30502	32305	86482	05174	07901	54339	58861	74818	46942

COLUMN / ROW	1	2	3	4	5	6	7	8	9	10	11	12	13	14
80	63798	64995	46583	09785	44160	78128	83991	42865	92520	83531	80377	35909	81250	54238
81	82486	84846	99254	67632	43218	50076	21361	64816	51202	88124	41870	52689	51275	83556
82	21885	32906	92431	09060	64297	51674	64126	62570	26123	05155	59194	52799	28225	85762
83	60336	98782	07408	53458	13564	59089	26445	29789	85205	41001	12535	12133	14645	23541
84	43937	46891	24010	25560	86355	33941	25786	54990	71899	15475	95434	98227	21824	19585
85	97656	63175	89303	16275	07100	92063	21942	18611	47348	20203	18534	03862	78095	50136
86	03299	01221	05418	38982	55758	99237	26759	86367	21216	98442	08303	56613	91511	75928
87	79626	06486	03574	17668	07785	76020	79924	25651	83325	88428	85076	72811	22717	50585
88	85636	68335	47539	03129	65651	11977	02510	26113	99447	68645	34327	15152	55230	93448
89	18039	14367	61337	06177	12143	46609	32989	74014	64708	00533	35398	58408	13261	47908
90	08362	15656	60627	36478	65648	16764	53412	09013	07832	41574	17639	82163	60859	75567
91	79556	29068	04142	16268	15387	12856	66227	38358	22478	73373	88732	09443	82558	05250
92	92608	82674	27072	32534	17075	27698	98204	63863	11951	34648	88022	56148	34925	57031
93	23982	25835	40055	67006	12293	02753	14827	23235	35071	99704	37543	11601	35503	85171
94	09915	96306	05908	97901	28395	14186	00821	80703	70426	75647	76310	88717	37890	40129
95	59037	33300	26695	62247	69927	76123	50842	43834	86654	70959	79725	93872	28117	19233
96	42488	78077	69882	61657	34136	79180	97526	43092	04098	73571	80799	76536	71255	64239
97	46764	86273	63003	93017	31204	36692	40202	35275	57306	55543	53203	18098	47625	88684
98	03237	45430	55417	63282	90816	17349	88298	90183	36600	78406	06216	95787	42579	90730
99	86591	81482	52667	61582	14972	90053	89534	76036	49199	43716	97548	04379	46370	28672
100	38534	01715	94964	87288	65680	43772	39560	12918	86537	62738	19636	51132	25739	56947

출처: Abridged from W. H. Beyer, ed., *CRC Standard Mathematical Tables*, 24th ed.(Cleveland: The Chemical Rubber Company), 1976.

표 Ⅱ. 이항분포표

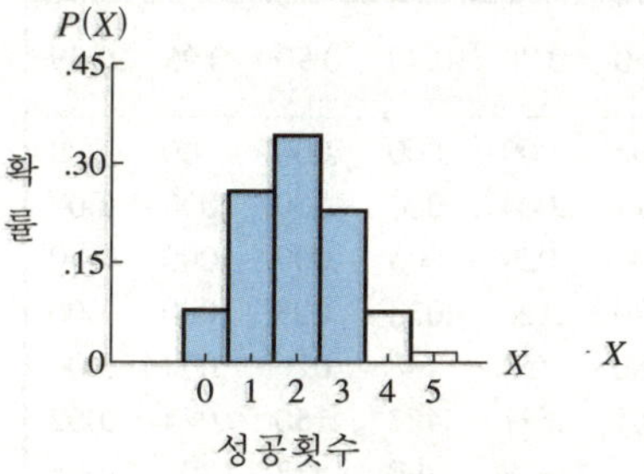

아래 표의 값들은 n, p에 대하여 $X \le k$가 되는 누적확률을 나타내고 있으며 다음 함수로 정의된다.

$$P(X \le k \mid n,\ p) = \sum_{x=0}^{k} \binom{n}{x} p^x (1-p)^{n-x}$$

$k = n$번의 시행 중 성공한 횟수

$p =$각 시행의 성공확률

예: 성공할 확률 $P=0.4$, 시행 $n=5$, 성공한 횟수 $X \le 3$일 때,

$P=(X \le 3 \mid 5,\ 0.4)=0.9130$

a. $n=5$

k \ p	0.01	0.05	0.10	0.20	0.30	0.40	0.50	0.60	0.70	0.80	0.90	0.95	0.99
0	.951	.774	.590	.328	.168	.078	.031	.010	.002	.000	.000	.000	.000
1	.999	.977	.919	.737	.528	.337	.188	.087	.031	.007	.000	.000	.000
2	1.000	.999	.991	.942	.837	.683	.500	.317	.163	.058	.009	.001	.000
3	1.000	1.000	1.000	.993	.969	.913	.812	.663	.472	.263	.081	.023	.001
4	1.000	1.000	1.000	1.000	.998	.990	.969	.992	.832	.672	.410	.226	.049

b. $n=6$

k \ p	0.01	0.05	0.10	0.20	0.30	0.40	0.50	0.60	0.70	0.80	0.90	0.95	0.99
0	.941	.735	.531	.262	.118	.047	.016	.004	.001	.000	.000	.000	.000
1	.999	.967	.886	.655	.420	.233	.109	.041	.011	.002	.000	.000	.000
2	1.000	.998	.984	.901	.744	.544	.344	.179	.070	.017	.001	.000	.000
3	1.000	1.000	.999	.983	.930	.821	.656	.456	.256	.099	.016	.002	.000
4	1.000	1.000	1.000	.998	.989	.959	.891	.767	.580	.345	.114	.033	.001
5	1.000	1.000	1.000	1.000	.999	.996	.984	.953	.882	.738	.469	.265	.059

c. $n=7$

k \ p	0.01	0.05	0.10	0.20	0.30	0.40	0.50	0.60	0.70	0.80	0.90	0.95	0.99
0	.932	.698	.478	.210	.082	.028	.008	.002	.000	.000	.000	.000	.000
1	.998	.956	.850	.577	.329	.159	.063	.019	.004	.000	.000	.000	.000
2	1.000	.996	.974	.852	.647	.420	.227	.096	.029	.005	.000	.000	.000
3	1.000	1.000	.997	.967	.874	.710	.500	.290	.126	.033	.003	.000	.000
4	1.000	1.000	1.000	.995	.971	.904	.773	.580	.353	.148	.026	.004	.000
5	1.000	1.000	1.000	1.000	.996	.981	.937	.841	.671	.423	.150	.044	.002
6	1.000	1.000	1.000	1.000	1.000	.998	.992	.972	.918	.790	.522	.302	.068

d. $n=8$

k \ p	0.01	0.05	0.10	0.20	0.30	0.40	0.50	0.60	0.70	0.80	0.90	0.95	0.99
0	.923	.663	.430	.168	.058	.017	.004	.001	.000	.000	.000	.000	.000
1	.997	.943	.813	.503	.255	.106	.035	.009	.001	.000	.000	.000	.000
2	1.000	.994	.962	.797	.552	.315	.145	.050	.011	.001	.000	.000	.000
3	1.000	1.000	.995	.944	.806	.594	.363	.174	.058	.010	.000	.000	.000
4	1.000	1.000	1.000	.990	.942	.826	.637	.406	.194	.056	.005	.000	.000
5	1.000	1.000	1.000	.999	.989	.950	.855	.685	.448	.203	.038	.006	.000
6	1.000	1.000	1.000	1.000	.999	.991	.965	.894	.745	.497	.187	.057	.003
7	1.000	1.000	1.000	1.000	1.000	.999	.996	.983	.942	.832	.570	.337	.077

e. $n=9$

k \ p	0.01	0.05	0.10	0.20	0.30	0.40	0.50	0.60	0.70	0.80	0.90	0.95	0.99
0	.914	.630	.387	.134	.040	.010	.002	.000	.000	.000	.000	.000	.000
1	.997	.929	.775	.436	.196	.071	.020	.004	.000	.000	.000	.000	.000
2	1.000	.992	.947	.738	.463	.232	.090	.025	.004	.000	.000	.000	.000
3	1.000	.999	.992	.914	.730	.483	.254	.099	.025	.003	.000	.000	.000
4	1.000	1.000	.999	.980	.901	.733	.500	.267	.099	.020	.001	.000	.000
5	1.000	1.000	1.000	1.000	.975	.901	.746	.517	.270	.086	.008	.001	.000
6	1.000	1.000	1.000	1.000	.996	.975	.910	.768	.537	.262	.053	.008	.000
7	1.000	1.000	1.000	1.000	1.000	.996	.980	.929	.804	.564	.225	.071	.003
8	1.000	1.000	1.000	1.000	1.000	1.000	.998	.990	.960	.866	.613	.370	.086

f. $n=10$

k \ p	0.01	0.05	0.10	0.20	0.30	0.40	0.50	0.60	0.70	0.80	0.90	0.95	0.99
0	.904	.599	.349	.107	.028	.006	.001	.000	.000	.000	.000	.000	.000
1	.996	.914	.736	.376	.149	.046	.011	.002	.000	.000	.000	.000	.000
2	1.000	.988	.930	.678	.383	.167	.055	.012	.002	.000	.000	.000	.000
3	1.000	.999	.987	.879	.650	.382	.172	.055	.011	.001	.000	.000	.000
4	1.000	1.000	.998	.967	.850	.633	.377	.166	.047	.006	.000	.000	.000
5	1.000	1.000	1.000	.994	.953	.834	.623	.367	.150	.033	.002	.000	.000
6	1.000	1.000	1.000	.999	.989	.945	.828	.618	.350	.121	.013	.001	.000
7	1.000	1.000	1.000	1.000	.998	.988	.945	.833	.617	.322	.070	.012	.000
8	1.000	1.000	1.000	1.000	1.000	.998	.989	.954	.851	.624	.264	.086	.004
9	1.000	1.000	1.000	1.000	1.000	1.000	.999	.994	.972	.893	.651	.401	.096

g. $n=15$

k \ p	0.01	0.05	0.10	0.20	0.30	0.40	0.50	0.60	0.70	0.80	0.90	0.95	0.99
0	.860	.463	.206	.035	.005	.000	.000	.000	.000	.000	.000	.000	.000
1	.990	.829	.549	.167	.035	.005	.000	.000	.000	.000	.000	.000	.000
2	1.000	.964	.816	.398	.127	.027	.004	.000	.000	.000	.000	.000	.000
3	1.000	.995	.944	.648	.297	.091	.018	.002	.000	.000	.000	.000	.000
4	1.000	.999	.987	.836	.515	.217	.059	.009	.001	.000	.000	.000	.000
5	1.000	1.000	.998	.939	.722	.403	.151	.034	.004	.000	.000	.000	.000
6	1.000	1.000	1.000	.982	.869	.610	.304	.095	.015	.001	.000	.000	.000
7	1.000	1.000	1.000	.996	.950	.787	.500	.213	.050	.004	.000	.000	.000
8	1.000	1.000	1.000	.999	.985	.905	.696	.390	.131	.018	.000	.000	.000
9	1.000	1.000	1.000	1.000	.996	.966	.849	.597	.278	.061	.002	.000	.000
10	1.000	1.000	1.000	1.000	.999	.991	.941	.783	.485	.164	.013	.001	.000
11	1.000	1.000	1.000	1.000	1.000	.998	.982	.909	.703	.352	.056	.005	.000
12	1.000	1.000	1.000	1.000	1.000	1.000	.996	.973	.873	.602	.184	.036	.000
13	1.000	1.000	1.000	1.000	1.000	1.000	1.000	.995	.965	.833	.451	.171	.010
14	1.000	1.000	1.000	1.000	1.000	1.000	1.000	1.000	.995	.965	.794	.537	.140

h. $n=20$

k \ p	0.01	0.05	0.10	0.20	0.30	0.40	0.50	0.60	0.70	0.80	0.90	0.95	0.99
0	.818	.358	.122	.012	.001	.000	.000	.000	.000	.000	.000	.000	.000
1	.983	.736	.392	.069	.008	.001	.000	.000	.000	.000	.000	.000	.000
2	.999	.925	.677	.206	.035	.004	.000	.000	.000	.000	.000	.000	.000
3	1.000	.984	.867	.411	.107	.016	.001	.000	.000	.000	.000	.000	.000
4	1.000	.997	.957	.630	.238	.051	.006	.000	.000	.000	.000	.000	.000
5	1.000	1.000	.989	.804	.416	.126	.021	.002	.000	.000	.000	.000	.000
6	1.000	1.000	.998	.913	.608	.250	.058	.006	.000	.000	.000	.000	.000
7	1.000	1.000	1.000	.968	.772	.416	.132	.021	.001	.000	.000	.000	.000
8	1.000	1.000	1.000	.990	.887	.596	.252	.057	.005	.000	.000	.000	.000
9	1.000	1.000	1.000	.997	.952	.755	.412	.128	.017	.001	.000	.000	.000
10	1.000	1.000	1.000	.999	.983	.872	.588	.245	.048	.003	.000	.000	.000
11	1.000	1.000	1.000	1.000	.995	.943	.748	.404	.113	.010	.000	.000	.000
12	1.000	1.000	1.000	1.000	.999	.979	.868	.584	.228	.032	.000	.000	.000
13	1.000	1.000	1.000	1.000	1.000	.994	.942	.750	.392	.087	.002	.000	.000
14	1.000	1.000	1.000	1.000	1.000	.998	.979	.874	.584	.196	.011	.000	.000
15	1.000	1.000	1.000	1.000	1.000	1.000	.994	.949	.762	.370	.043	.003	.000
16	1.000	1.000	1.000	1.000	1.000	1.000	.999	.984	.893	.589	.133	.016	.000
17	1.000	1.000	1.000	1.000	1.000	1.000	1.000	.996	.965	.794	.323	.075	.001
18	1.000	1.000	1.000	1.000	1.000	1.000	1.000	.999	.992	.931	.608	.264	.017
19	1.000	1.000	1.000	1.000	1.000	1.000	1.000	1.000	.999	.988	.878	.642	.182

i. $n=25$

k \ p	0.01	0.05	0.10	0.20	0.30	0.40	0.50	0.60	0.70	0.80	0.90	0.95	0.99
0	.778	.277	.072	.004	.000	.000	.000	.000	.000	.000	.000	.000	.000
1	.974	.642	.0271	.027	.002	.000	.000	.000	.000	.000	.000	.000	.000
2	.998	.873	.537	.098	.009	.000	.000	.000	.000	.000	.000	.000	.000
3	1.000	.966	.764	.234	.033	.002	.000	.000	.000	.000	.000	.000	.000
4	1.000	.993	.902	.421	.090	.009	.000	.000	.000	.000	.000	.000	.000
5	1.000	.999	.967	.617	.193	.029	.002	.000	.000	.000	.000	.000	.000
6	1.000	1.000	.991	.780	.341	.074	.007	.000	.000	.000	.000	.000	.000
7	1.000	1.000	.998	.891	.512	.154	.022	.001	.000	.000	.000	.000	.000
8	1.000	1.000	1.000	.953	.677	.274	.054	.004	.000	.000	.000	.000	.000
9	1.000	1.000	1.000	.983	.811	.425	.115	.013	.000	.000	.000	.000	.000
10	1.000	1.000	1.000	.994	.902	.586	.212	.034	.002	.000	.000	.000	.000
11	1.000	1.000	1.000	.998	.956	.732	.345	.078	.006	.000	.000	.000	.000
12	1.000	1.000	1.000	1.000	.983	.846	.500	.154	.017	.000	.000	.000	.000
13	1.000	1.000	1.000	1.000	.994	.922	.655	.268	.044	.002	.000	.000	.000
14	1.000	1.000	1.000	1.000	.998	.966	.788	.414	.098	.006	.000	.000	.000
15	1.000	1.000	1.000	1.000	1.000	.987	.885	.575	.189	.017	.000	.000	.000
16	1.000	1.000	1.000	1.000	1.000	.996	.946	.726	.323	.047	.000	.000	.000
17	1.000	1.000	1.000	1.000	1.000	.999	.978	.846	.488	.109	.002	.000	.000
18	1.000	1.000	1.000	1.000	1.000	1.000	.993	.926	.659	.220	.009	.000	.000
19	1.000	1.000	1.000	1.000	1.000	1.000	.998	.971	.807	.383	.033	.001	.000
20	1.000	1.000	1.000	1.000	1.000	1.000	1.000	.991	.910	.579	.098	.007	.000
21	1.000	1.000	1.000	1.000	1.000	1.000	1.000	.998	.967	.766	.236	.034	.000
22	1.000	1.000	1.000	1.000	1.000	1.000	1.000	1.000	.991	.902	.463	.127	.002
23	1.000	1.000	1.000	1.000	1.000	1.000	1.000	1.000	.998	.973	.729	.358	.026
24	1.000	1.000	1.000	1.000	1.000	1.000	1.000	1.000	1.000	.996	.928	.723	.222

표 Ⅲ. 포아송분포표

아래의 각 값들은 발생횟수(λ)에 대하여 $X=x$가 될 확률을 나타내며 다음 식과 같은 함수로 정의된다.

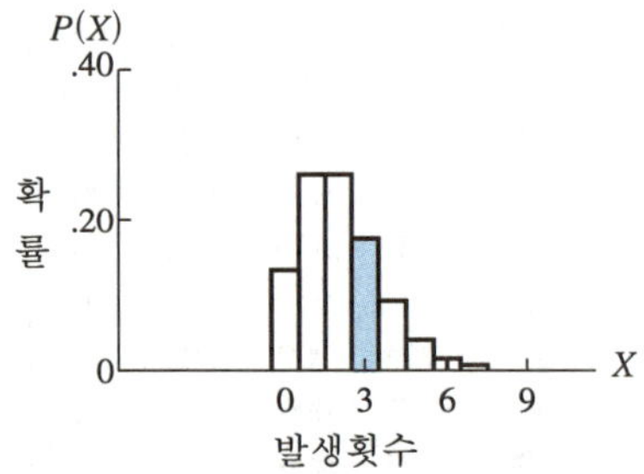

$$P(X=x)=\frac{e^{-\lambda}\lambda^{x}}{x!}$$

예: 1. $\lambda=2$, $x=3$일 때, $P(X=3)=0.1804$

2. $\lambda=2$, $x=2$일 때,

$$P(X\leq 2)=0.1353+0.2707+0.2707$$
$$=0.6767$$

	λ									
x	.1	.2	.3	.4	.5	.6	.7	.8	.9	1.0
0	.9048	.8187	.7408	.6703	.6065	.5488	.4966	.4493	.4066	.3679
1	.0905	.1637	.2222	.2681	.3033	.3293	.3476	.3595	.3659	.3679
2	.0045	.0164	.0333	.0536	.0758	.0988	.1217	.1438	.1647	.1839
3	.0002	.0011	.0033	.0072	.0126	.0198	.0284	.0383	.0494	.0613
4	.0000	.0001	.0003	.0007	.0016	.0030	.0050	.0077	.0111	.0153
5	.0000	.0000	.0000	.0001	.0002	.0004	.0007	.0012	.0020	.0031
6	.0000	.0000	.0000	.0000	.0000	.0000	.0001	.0002	.0003	.0005
7	.0000	.0000	.0000	.0000	.0000	.0000	.0000	.0000	.0000	.0001
8	.0000	.0000	.0000	.0000	.0000	.0000	.0000	.0000	.0000	.0000

	λ									
x	1.1	1.2	1.3	1.4	1.5	1.6	1.7	1.8	1.9	2.0
0	.3329	.3012	.2725	.2466	.2231	.2019	.1827	.1653	.1496	.1353
1	.3662	.3614	.3543	.3452	.3347	.3230	.3106	.2975	.2842	.2707
2	.2014	.2169	.2303	.2417	.2510	.2584	.2640	.2678	.2700	.2707
3	.0738	.0867	.0998	.1128	.1255	.1378	.1496	.1607	.1710	.1804
4	.0203	.0260	.0324	.0395	.0471	.0551	.0636	.0723	.0812	.0902
5	.0045	.0062	.0084	.0111	.0141	.0176	.0216	.0260	.0309	.0361
6	.0008	.0012	.0018	.0026	.0035	.0047	.0061	.0078	.0098	.0120
7	.0001	.0002	.0003	.0005	.0008	.0011	.0015	.0020	.0027	.0034
8	.0000	.0000	.0001	.0001	.0001	.0002	.0003	.0005	.0006	.0009
9	.0000	.0000	.0000	.0000	.0000	.0000	.0001	.0001	.0001	.0002
10	.0000	.0000	.0000	.0000	.0000	.0000	.0000	.0000	.0000	.0000

표 IV. $e^{-\lambda}$표

λ	$e^{-\lambda}$	λ	$e^{-\lambda}$	λ	e^{-}
0.00	1.000000	2.35	.955369	4.70	.009095
0.05	.951229	2.40	.090718	4.75	.008652
0.10	.904837	2.45	.086294	4.80	.008230
0.15	.860708	2.50	.082085	4.85	.007828
0.20	.818731	2.55	.078082	4.90	.007447
0.25	.778801	2.60	.074274	4.95	.007083
0.30	.740818	2.65	.070651	5.00	.006738
0.35	.704688	2.70	.067206	5.05	.006409
0.40	.670320	2.75	.063928	5.10	.006097
0.45	.637628	2.80	.060810	5.15	.005799
0.50	.606531	2.85	.057844	5.20	.005517
0.55	.576950	2.90	.055023	5.25	.005248
0.60	.548812	2.95	.052340	5.30	.004992
0.65	.522046	3.00	.049787	5.35	.004748
0.70	.496585	3.05	.047359	5.40	.004517
0.75	.472367	3.10	.045049	5.45	.004296
0.80	.440329	3.15	.042852	5.50	.004087
0.85	.427415	3.20	.040762	5.55	.003887
0.90	.406570	3.25	.038774	5.60	.003698
0.95	.386741	3.30	.036883	5.65	.003518
1.00	.367879	3.35	.035084	5.70	.003346
1.05	.349938	3.40	.033373	5.75	.003183
1.10	.332871	3.45	.031746	5.80	.003028
1.15	.316637	3.50	.030197	5.85	.002880
1.20	.301194	3.55	.028725	5.90	.002739
1.25	.286505	3.60	.027324	5.95	.002606
1.30	.272532	3.65	.025991	6.00	.002479
1.35	.259240	3.70	.024740	6.05	.002358
1.40	.246597	3.75	.023518	6.10	.002243
1.45	.234570	3.80	.022371	6.15	.002133
1.50	.223130	3.85	.021280	6.20	.002029
1.55	.212248	3.90	.020242	6.25	.001930
1.60	.201897	3.95	.019255	6.30	.001836
1.65	.192050	4.00	.018316	6.35	.001747
1.70	.182684	4.05	.017422	6.40	.001661
1.75	.173774	4.10	.016573	6.45	.001581
1.80	.165299	4.15	.015764	6.50	.001503
1.85	.157237	4.20	.014996	6.55	.001430
1.90	.149569	4.25	.014264	6.60	.001360
1.95	.142274	4.30	.013569	6.65	.001294
2.00	.135335	4.35	.012907	6.70	.001231
2.05	.128735	4.40	.012277	6.75	.001171
2.10	.122456	4.45	.011679	6.80	.001114
2.15	.116484	4.50	.011109	6.85	.001059
2.20	.110803	4.55	.010567	6.90	.001008
2.25	.105399	4.60	.010052	6.95	.000959
2.30	.100259	4.65	.009562	7.00	.000912

λ	$e^{-\lambda}$	λ	$e^{-\lambda}$	λ	$e^{-\lambda}$
7.05	.000867	8.05	.000319	9.05	.000117
7.10	.000825	8.10	.000304	9.10	.000112
7.15	.000785	8.15	.000289	9.15	.000106
7.20	.000747	8.20	.000275	9.20	.000101
7.25	.000710	8.25	.000261	9.25	.000096
7.30	.000676	8.30	.000249	9.30	.000091
7.35	.000643	8.35	.000236	9.35	.000087
7.40	.000611	8.40	.000225	9.40	.000083
7.45	.000581	8.45	.000214	9.45	.000079
7.50	.000553	8.50	.000204	9.50	.000075
7.55	.000526	8.55	.000194	9.55	.000071
7.60	.000501	8.60	.000184	9.60	.000068
7.65	.000476	8.65	.000175	9.65	.000064
7.70	.000453	8.70	.000167	9.70	.000061
7.75	.000431	8.75	.000158	9.75	.000058
7.80	.000410	8.80	.000151	9.80	.000056
7.85	.000390	8.85	.000143	9.85	.000053
7.90	.000371	8.90	.000136	9.90	.000050
7.95	.000353	8.95	.000130	9.95	.000048
8.00	.000336	9.00	.000123	10.00	.000045

표 V. 표준정규분포표

아래 표의 값들을 표준정규분포의 확률을 의미하며 다음 그림에서 평균값과 z 값 사이의 면적으로 표시된다.

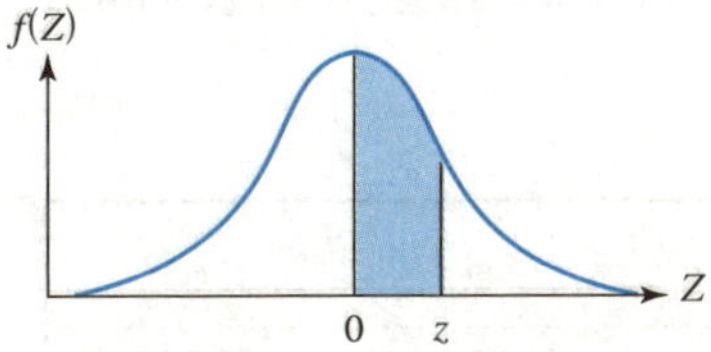

$$P(Z \leq z) = \int_0^z \frac{1}{\sqrt{2\pi}} e^{-\frac{z^2}{2}} dz$$

예: $z=1.65$일 때, $P(Z \leq 1.65) = 0.4505$

z	.00	.01	.02	.03	.04	.05	.06	.07	.08	.09
.00	.0000	.0040	.0080	.0120	.0160	.0199	.0239	.0279	.0319	.0359
.10	.0398	.0438	.0478	.0517	.0557	.0596	.0636	.0675	.0714	.0753
.20	.0793	.0832	.0871	.0910	.0948	.0987	.1026	.1064	.1103	.1141
.30	.1179	.1217	.1255	.1293	.1331	.1368	.1406	.1443	.1480	.1517
.40	.1554	.1591	.1628	.1664	.1700	.1736	.1772	.1808	.1844	.1879
.50	.1915	.1950	.1985	.2019	.2054	.2088	.2123	.2157	.2190	.2224
.60	.2257	.2291	.2324	.2357	.2389	.2422	.2454	.2486	.2517	.2549
.70	.2580	.2611	.2642	.2673	.2703	.2734	.2764	.2794	.2823	.2852
.80	.2881	.2910	.2939	.2967	.2995	.3023	.3051	.3078	.3106	.3133
.90	.3159	.3186	.3212	.3238	.3264	.3289	.3315	.3340	.3365	.3389
1.00	.3413	.3438	.3461	.3485	.3508	.3531	.3554	.3577	.3599	.3621
1.10	.3643	.3665	.3686	.3708	.3729	.3749	.3770	.3790	.3810	.3830
1.20	.3849	.3869	.3888	.3907	.3925	.3944	.3962	.3980	.3997	.4015
1.30	.4032	.4049	.4066	.4082	.4099	.4115	.4131	.4147	.4162	.4177
1.40	.4192	.4207	.4222	.4236	.4251	.4265	.4279	.4292	.4306	.4319
1.50	.4332	.4345	.4357	.4370	.4382	.4394	.4406	.4418	.4429	.4441
1.60	.4452	.4463	.4474	.4484	.4495	.4505	.4515	.4525	.4535	.4545
1.70	.4554	.4564	.4573	.4582	.4591	.4599	.4608	.4616	.4625	.4633
1.80	.4641	.4649	.4656	.4664	.4671	.4678	.4686	.4693	.4699	.4706
1.90	.4713	.4719	.4726	.4732	.4733	.4744	.4750	.4756	.4761	.4767
2.00	.4772	.4775	.4783	.4788	.4793	.4798	.4803	.4808	.4812	.4817
2.10	.4821	.4826	.4830	.4834	.4838	.4842	.4846	.4850	.4854	.4857
2.20	.4861	.4864	.4868	.4871	.4875	.4878	.4881	.4884	.4887	4890
2.30	.4893	.4896	.4898	.4901	.4904	.4906	.4909	.4911	.4913	.4916
2.40	.4918	.4920	.4922	.4925	.4927	.4929	.4931	.4932	.4934	.4936
2.50	.4938	.4940	.4941	.4943	.4945	.4946	.4948	.4949	4951	.4952
2.60	.4953	.4955	.4956	.4957	.4959	.4960	.4961	.4962	.4963	.4964
2.70	.4965	.4966	.4967	.4968	.4969	.4970	.4971	.4972	.4973	.4974
2.80	.4974	.4975	.4976	.4977	.4977	.4978	.4979	.4979	.4980	.4981
2.90	.4981	.4982	.4982	.4983	.4984	.4984	.4985	.4985	.4986	.4986
3.00	4987	4987	4987	4988	4988	4989	4989	4989	4990	4990
3.10	.4990	.4991	.4991	.4991	.4992	.4992	.4992	.4992	.4993	.4993
3.20	.4993	.4993	.4994	.4994	.4994	.4994	.4994	.4995	.4995	.4995
3.30	.4995	.4995	.4995	.4996	.4996	.4996	.4996	.4996	.4996	.4997
3.40	.4997	.4997	.4997	.4997	.4997	.4997	.4997	.4997	.4997	.4998
3.50	.4998	.4998	.4998	.4998	.4998	.4998	.4998	.4998	.4998	.4998
3.60	.4998	.4998	.4999	.4999	.4999	.4999	.4999	.4999	.4999	.4999
3.70	.4999	.4999	.4999	.4999	.4999	.4999	.4999	.4999	.4999	.4999

표 VI. T 분포표

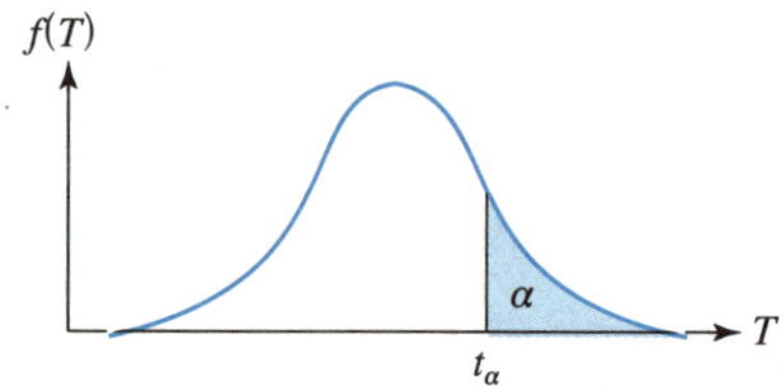

예: $\alpha=0.05$, 자유도$=10$일 때, $t_{0.05}=1.812$

α / 자유도	$t_{.100}$	$t_{.050}$	$t_{.025}$	$t_{.010}$	$t_{.005}$
1	3.078	6.314	12.706	31.821	63.657
2	1.886	2.920	4.303	6.695	9.925
3	1.638	2.353	3.182	4.541	5.841
4.	1.533	2.132	2.776	3.747	4.604
5	1.476	2.015	2.571	3.365	4.032
6	1.440	1.943	2.447	3.143	3.707
7	1.415	1.895	2.365	2.998	3.499
8	1.397	1.860	2.306	2.896	3.355
9	1.383	1.833	2.262	2.821	3.250
10	1.372	1.812	2.228	2.764	3.169
11	1.363	1.796	2.201	2.718	3.106
12	1.356	1.782	2.179	2.681	3.055
13	1.350	1.771	2.160	2.650	3.012
14	1.345	1.761	2.145	2.624	2.977
15	1.341	1.753	2.131	2.602	2.947
16	1.337	1.746	2.120	2.583	2.921
17	1.333	1.740	2.110	2.567	2.898
18	1.330	1.734	2.101	2.552	2.878
19	1.328	1.729	2.093	2.539	2.861
20	1.325	1.725	2.086	2.528	2.845
21	1.323	1.721	2.080	2.518	2.831
22	1.321	1.717	2.074	2.508	2.807
23	1.319	1.714	2.069	2.500	2.807
24	1.318	1.711	2.064	2.492	2.797
25	1.316	1.708	2.060	2.485	2.787
26	1.315	1.706	2.056	2.479	2.779
27	1.314	1.703	2.052	2.473	2.771
28	1.313	1.701	2.048	2.467	2.763
29	1.311	1.699	2.045	2.462	2.756
∞	1.282	1.645	1.960	2.326	2.576

출처: M. Merrington, "Table of Percentage Points of the *t*-Distribution," *Biometrika*, 1941, *32*, 300.

표 Ⅶ. F 분포표

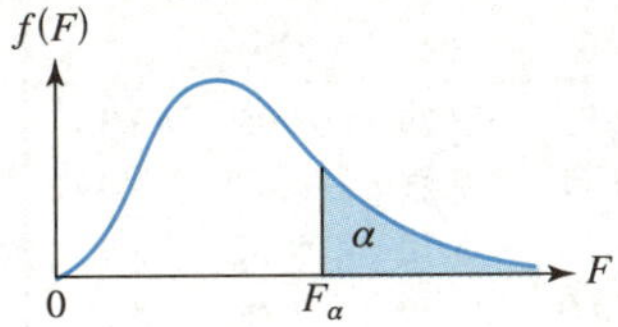

예: $\alpha=0.05$, 분자자유도 $\nu_1=4$,
분모자유도 $\nu_2=7$일 때, $F_{0.05}=4.12$

$\alpha=0.10$

ν_2 \ ν_1	분자자유도								
	1	2	3	4	5	6	7	8	9
1	39.86	49.50	53.59	55.83	57.24	58.20	58.91	59.44	59.86
2	8.53	9.00	9.16	9.24	9.29	9.33	9.35	9.37	9.38
3	5.54	5.46	5.39	5.34	5.31	5.28	5.27	5.25	5.24
4	4.54	4.32	4.19	4.11	4.05	4.01	3.98	3.95	3.94
5	4.06	3.78	3.62	3.52	3.45	3.40	3.37	3.34	3.32
6	3.78	3.46	3.29	3.18	3.11	3.05	3.01	2.98	2.96
7	3.59	3.26	3.07	2.96	2.88	2.83	2.78	2.75	2.72
8	3.46	3.11	2.92	2.81	2.73	2.67	2.62	2.59	2.56
9	3.36	3.01	2.81	2.69	2.61	2.55	2.51	2.47	2.44
10	3.29	2.92	2.73	2.61	2.52	2.46	2.41	2.38	2.35
11	3.23	2.86	2.66	2.54	2.45	2.39	2.34	2.30	2.27
12	3.18	2.81	2.61	2.48	2.39	2.33	2.28	2.24	2.21
13	3.14	2.76	2.56	2.43	2.35	2.28	2.23	2.20	2.16
14	3.10	2.73	2.52	2.39	2.31	2.24	2.19	2.15	2.12
분모자유도 15	3.07	2.70	2.49	2.36	2.27	2.21	2.16	2.12	2.09
16	3.05	2.67	2.46	2.33	2.24	2.18	2.13	2.09	2.06
17	3.03	2.64	2.44	2.31	2.22	2.15	2.10	2.06	2.03
18	3.01	2.62	2.42	2.29	2.20	2.13	2.08	2.04	2.00
19	2.99	2.61	2.40	2.27	2.18	2.11	2.06	2.02	1.98
20	2.97	2.59	2.38	2.25	2.16	2.09	2.04	2.00	1.96
21	2.96	2.57	2.36	2.23	2.14	2.08	2.02	1.98	1.95
22	2.95	2.56	2.35	2.22	2.13	2.06	2.01	1.97	1.93
23	2.94	2.55	2.34	2.21	2.11	2.05	1.99	1.95	1.92
24	2.93	2.54	2.33	2.19	2.10	2.04	1.98	1.94	1.91
25	2.92	2.53	2.32	2.18	2.09	2.02	1.97	1.93	1.89
26	2.91	2.52	2.31	2.17	2.08	2.01	1.96	1.92	1.88
27	2.90	2.51	2.30	2.17	2.07	2.00	1.94	1.91	1.87
28	2.89	2.50	2.29	2.16	2.06	2.00	1.94	1.90	1.87
29	2.89	2.50	2.28	2.15	2.06	1.99	1.93	1.89	1.86
30	2.88	2.49	2.28	2.14	2.05	1.98	1.93	1.88	1.85
40	2.84	2.44	2.23	2.09	2.00	1.93	1.87	1.83	1.79
60	2.79	2.39	2.18	2.04	1.95	1.87	1.82	1.77	1.74
120	2.75	2.35	2.13	1.99	1.90	1.82	1.77	1.72	1.68
∞	2.71	2.30	2.08	1.94	1.85	1.77	1.72	1.67	1.63

출처: M. Merrington and C. M. Thompson, "Table of Percentage Points of the Inverted Beta(F)-Distribution," *Biometrika,* 1943, *33,* 78~88.

$\alpha=0.10$

ν_2 \ ν_1	분자자유도									
	10	12	15	20	24	30	40	60	120	∞
1	60.19	60.71	61.22	61.74	62.00	62.26	62.53	62.79	63.06	63.33
2	9.39	9.41	9.42	9.44	9.45	9.46	9.47	9.47	9.48	9.49
3	5.23	5.22	5.20	5.18	5.18	5.17	5.16	5.15	5.14	5.13
4	3.92	3.90	3.87	3.84	3.83	3.82	3.80	3.79	3.78	3.76
5	3.30	3.27	3.24	3.21	3.19	3.17	3.16	3.14	3.12	3.10
6	2.94	2.90	2.87	2.84	2.82	2.80	2.78	2.76	2.74	2.72
7	2.70	2.67	2.63	2.59	2.58	2.56	2.54	2.51	2.49	2.47
8	2.54	2.50	2.46	2.42	2.40	2.38	2.36	2.34	2.32	2.29
9	2.42	2.38	2.34	2.30	2.28	2.25	2.23	2.21	2.18	2.16
10	2.32	2.28	2.24	2.20	2.18	2.16	2.13	2.11	2.08	2.06
11	2.25	2.21	2.17	2.12	2.10	2.08	2.05	2.03	2.00	1.97
12	2.19	2.15	2.10	2.06	2.04	2.01	1.99	1.96	1.93	1.90
13	2.14	2.10	2.05	2.01	1.98	1.96	1.93	1.90	1.88	1.85
14	2.10	2.05	2.01	1.96	1.94	1.91	1.89	1.86	1.83	1.80
분모자유도 15	2.06	2.02	1.97	1.92	1.90	1.87	1.85	1.82	1.79	1.76
16	2.03	1.99	1.94	1.89	1.87	1.84	1.81	1.78	1.75	1.72
17	2.00	1.96	1.91	1.86	1.84	1.81	1.78	1.75	1.72	1.69
18	1.98	1.93	1.89	1.84	1.81	1.78	1.75	1.72	1.69	1.66
19	1.96	1.91	1.86	1.81	1.79	1.76	1.73	1.70	1.67	1.63
20	1.94	1.89	1.84	1.79	1.77	1.74	1.71	1.68	1.64	1.61
21	1.92	1.87	1.83	1.78	1.75	1.72	1.69	1.66	1.62	1.59
22	1.90	1.86	1.81	1.76	1.73	1.70	1.67	1.64	1.60	1.57
23	1.89	1.84	1.80	1.74	1.72	1.69	1.66	1.62	1.59	1.55
24	1.88	1.83	1.78	1.73	1.70	1.67	1.64	1.61	1.57	1.53
25	1.87	1.82	1.77	1.72	1.69	1.66	1.63	1.59	1.56	1.52
26	1.86	1.81	1.76	1.71	1.68	1.65	1.61	1.58	1.54	1.50
27	1.85	1.80	1.75	1.70	1.67	1.64	1.60	1.57	1.53	1.49
28	1.84	1.79	1.74	1.69	1.66	1.63	1.59	1.56	1.52	1.48
29	1.83	1.78	1.73	1.68	1.65	1.62	1.58	1.55	1.51	1.47
30	1.82	1.77	1.72	1.67	1.64	1.61	1.57	1.54	1.50	1.46
40	1.76	1.71	1.66	1.61	1.57	1.54	1.51	1.47	1.42	1.38
60	1.71	1.66	1.60	1.51	1.51	1.48	1.44	1.40	1.35	1.29
120	1.65	1.60	1.55	1.48	1.45	1.41	1.37	1.32	1.26	1.19
∞	1.60	1.55	1.49	1.42	1.38	1.34	1.30	1.24	1.17	1.00

$\alpha=0.05$

ν_2 \ ν_1	분자자유도								
	1	2	3	4	5	6	7	8	9
1	161.4	199.5	215.7	224.6	230.2	234.0	236.8	238.9	240.5
2	18.51	19.00	19.16	19.25	19.30	19.33	19.35	19.37	19.38
3	10.13	9.55	9.28	9.12	9.01	8.94	8.89	8.85	8.81
4	7.71	6.94	6.59	6.39	6.26	6.16	6.09	6.04	6.00
5	6.16	5.79	5.41	5.19	5.05	4.95	4.88	4.82	4.77
6	5.99	5.14	4.76	4.53	4.39	4.28	4.21	4.15	4.10
7	5.59	5.74	4.35	4.12	3.97	3.87	3.79	3.73	3.68
8	5.32	4.46	4.07	3.84	3.69	3.58	3.50	3.44	3.39
9	5.12	4.26	3.86	3.63	3.48	3.37	3.29	3.23	3.18
10	4.96	4.10	3.71	3.48	3.33	3.22	3.14	3.07	3.02
11	4.84	3.98	3.59	3.36	3.20	3.09	3.01	2.95	2.90
12	4.75	3.89	3.49	3.26	3.11	3.00	2.91	2.85	2.80
13	4.67	3.81	3.41	3.18	3.03	2.92	2.83	2.77	2.71
14	4.60	3.74	3.34	3.11	2.96	2.85	2.76	2.70	2.65
분모자유도 15	4.54	3.68	3.29	3.06	2.90	2.79	2.71	2.64	2.59
16	4.49	3.63	3.24	3.01	2.85	2.74	2.66	2.59	2.54
17	4.45	3.59	3.20	2.96	2.81	2.70	2.61	2.55	2.49
18	4.41	3.55	3.16	2.93	2.77	2.66	2.58	2.51	2.46
19	4.38	3.52	3.13	2.90	2.74	2.63	2.54	2.48	2.42
20	4.35	3.49	3.10	2.87	2.71	2.60	2.51	2.45	2.39
21	4.32	3.47	3.07	2.84	2.68	2.57	2.49	2.42	2.37
22	4.30	3.44	3.05	2.82	2.66	2.55	2.46	2.40	2.34
23	4.28	3.42	3.03	2.80	2.64	2.53	2.44	2.37	2.32
24	4.26	3.40	3.01	2.78	2.62	2.51	2.42	2.36	2.30
25	4.24	3.39	2.99	2.76	2.60	2.49	2.40	2.34	2.28
26	4.23	3.37	2.98	2.74	2.59	2.47	2.39	2.32	2.27
27	4.21	3.35	2.96	2.73	2.57	2.46	2.37	2.31	2.25
28	4.20	3.34	2.95	2.71	2.56	2.45	2.36	2.29	2.24
29	4.18	3.33	2.93	2.70	2.55	2.43	2.35	2.28	2.22
30	4.17	3.32	2.92	2.69	2.53	2.42	2.33	2.27	2.21
40	4.08	3.23	2.84	2.61	2.45	2.34	2.25	2.18	2.12
60	4.00	3.15	2.76	2.53	2.37	2.25	2.17	2.10	2.04
120	3.92	3.07	2.68	2.45	2.29	2.17	2.09	2.02	1.96
∞	3.84	3.00	2.60	2.37	2.21	2.10	2.01	1.94	1.88

출처: M. Merrington and C. M. Thompson, "Table of Percentage Points of the Inverted Beta(F)-Distribution," *Biometrika*, 1943, *33*, 78~88.

$\alpha=0.05$

ν_2 \ ν_1 (분모자유도 \ 분자자유도)	10	12	15	20	24	30	40	60	120	∞
1	241.9	243.9	245.9	248.0	249.1	250.1	251.1	252.2	253.3	254.3
2	19.40	19.41	19.43	19.44	19.45	19.46	19.47	19.48	19.49	19.50
3	8.79	8.74	8.70	8.66	8.64	8.62	8.59	8.57	8.55	8.53
4	5.96	5.91	5.86	5.80	5.77	5.75	5.72	5.69	5.66	5.63
5	4.74	4.68	4.62	4.56	4.53	4.50	4.46	4.43	4.40	4.36
6	4.06	4.00	3.94	3.87	3.84	3.81	3.77	3.74	3.70	3.67
7	3.64	3.57	3.51	3.44	3.41	3.38	3.34	3.30	3.27	3.23
8	3.35	3.28	3.22	3.15	3.12	3.08	3.04	3.01	2.97	2.93
9	3.14	3.07	3.01	2.94	2.90	2.86	2.83	2.79	2.75	2.71
10	2.98	2.91	2.85	2.77	2.74	2.70	2.66	2.62	2.58	2.54
11	2.85	2.79	2.72	2.65	2.61	2.57	2.53	2.49	2.45	2.40
12	2.75	2.69	2.62	2.54	2.51	2.47	2.43	2.38	2.34	2.30
13	2.67	2.60	2.53	2.46	2.42	2.38	2.34	2.30	2.25	2.21
14	2.60	2.53	2.46	2.39	2.35	2.31	2.27	2.22	2.18	2.13
15	2.54	2.48	2.40	2.33	2.29	2.25	2.20	2.16	2.11	2.07
16	2.49	2.42	2.35	2.28	2.24	2.19	2.15	2.11	2.06	2.01
17	2.45	2.38	2.31	2.23	2.19	2.15	2.10	2.06	2.01	1.96
18	2.41	2.34	2.27	2.19	2.15	2.11	2.06	2.02	1.97	1.92
19	2.38	2.31	2.23	2.16	2.11	2.07	2.03	1.98	1.93	1.88
20	2.35	2.28	2.20	2.12	2.08	2.04	1.99	1.95	1.90	1.84
21	2.32	2.25	2.18	2.10	2.05	2.01	1.96	1.92	1.87	1.81
22	2.30	2.23	2.15	2.07	2.03	1.98	1.94	1.89	1.84	1.78
23	2.27	2.20	2.13	2.05	2.01	1.96	1.91	1.86	1.81	1.76
24	2.25	2.18	2.11	2.03	1.98	1.94	1.89	1.84	1.79	1.73
25	2.24	2.16	2.09	2.01	1.96	1.92	1.87	1.82	1.77	1.71
26	2.22	2.15	2.07	1.99	1.95	1.90	1.85	1.80	1.75	1.69
27	2.20	2.13	2.06	1.97	1.93	1.88	1.84	1.79	1.73	1.67
28	2.19	2.12	2.04	1.96	1.91	1.87	1.82	1.77	1.71	1.65
29	2.18	2.10	2.03	1.94	1.90	1.85	1.81	1.75	1.70	1.64
30	2.16	2.09	2.01	1.93	1.89	1.84	1.79	1.74	1.68	1.62
40	2.08	2.00	1.92	1.84	1.79	1.74	1.69	1.64	1.58	1.51
60	1.99	1.92	1.84	1.75	1.70	1.65	1.59	1.53	1.47	1.39
120	1.91	1.83	1.75	1.66	1.61	1.55	1.50	1.43	1.35	1.25
∞	1.83	1.75	1.67	1.57	1.52	1.46	1.39	1.32	1.22	1.00

$\alpha = 0.025$

ν_2 \ ν_1	분자자유도								
분모자유도	1	2	3	4	5	6	7	8	9
1	647.8	799.5	864.2	899.6	921.8	937.1	948.2	956.7	963.3
2	38.51	39.00	39.17	39.25	39.30	39.33	39.36	39.37	39.39
3	17.44	16.04	15.44	15.10	14.88	14.73	14.62	14.54	14.47
4	12.22	10.65	9.98	9.60	9.36	9.20	14.07	8.98	8.90
5	10.01	8.43	7.76	7.39	7.15	6.98	6.85	6.76	6.68
6	8.81	7.26	6.60	6.23	5.99	5.82	5.70	5.60	5.52
7	8.07	6.54	5.89	5.52	5.29	5.12	4.99	4.90	4.82
8	7.57	6.06	5.42	5.05	4.82	4.65	4.53	4.43	4.36
9	7.21	5.71	5.08	4.72	4.48	4.32	4.20	4.10	4.03
10	6.94	5.46	4.83	4.47	4.24	4.07	3.95	3.85	3.78
11	6.72	5.26	4.63	4.28	4.04	3.88	3.76	3.66	3.59
12	6.55	5.10	4.47	4.12	3.89	3.73	3.61	3.51	3.44
13	6.41	4.97	4.35	4.00	3.77	3.60	3.48	3.39	3.31
14	6.30	4.86	4.24	3.89	3.66	3.50	3.38	3.28	3.21
15	6.20	4.77	4.15	3.80	3.58	3.41	3.29	3.20	3.12
16	6.12	4.69	4.08	3.73	3.50	3.34	3.22	3.12	3.05
17	6.04	4.62	4.01	3.66	3.44	3.28	3.16	3.06	2.98
18	5.98	4.56	3.95	3.61	3.38	3.22	3.10	3.01	2.93
19	5.92	4.51	3.90	3.56	3.33	3.17	3.05	2.96	2.88
20	5.87	4.46	3.86	3.51	3.29	3.13	3.01	2.91	2.84
21	5.83	4.42	3.82	3.48	3.25	3.09	2.97	2.87	2.80
22	5.79	4.38	3.78	3.44	3.22	3.05	2.93	2.84	2.76
23	5.75	4.35	3.75	3.41	3.18	3.02	2.90	2.81	2.73
24	5.72	4.32	3.72	3.38	3.15	2.99	2.87	2.78	2.70
25	5.69	4.29	3.69	3.35	3.13	2.97	2.85	2.75	2.68
26	5.66	4.27	3.67	3.33	3.10	2.94	2.82	2.73	2.65
27	5.63	4.24	3.54	3.31	3.08	2.92	2.80	2.71	2.63
28	5.61	4.22	3.63	3.29	3.06	2.90	2.78	2.69	2.61
29	5.59	4.20	3.61	3.27	3.04	2.88	2.76	2.67	2.59
30	5.57	4.18	3.59	3.25	3.03	2.87	2.75	2.65	2.57
40	5.42	4.05	3.46	3.13	2.90	2.74	2.62	2.53	2.45
60	5.29	3.93	3.34	3.01	2.79	2.63	2.51	2.41	2.33
120	5.15	3.80	3.23	2.89	2.67	2.52	2.39	2.30	2.22
∞	5.02	3.69	3.12	2.79	2.57	2.41	2.29	2.19	2.11

출처: M. Merrington and C. M. Thompson, "Table of Percentage Points of the Inverted Beta(F)-Distribution," *Biometrika*, 1943, *33,* 78~88.

$\alpha=0.025$

ν_2 \ ν_1 (분자자유도)	10	12	15	20	24	30	40	60	120	∞
1	968.6	976.7	984.9	993.1	997.2	1,001	1,006	1,010	1,014	1,018
2	39.40	39.41	39.43	39.45	39.46	39.46	39.47	39.48	39.49	39.50
3	14.42	14.34	14.25	14.17	14.12	14.08	14.04	13.99	13.95	13.90
4	8.84	8.75	8.66	8.56	8.51	8.46	8.41	8.36	8.31	8.26
5	6.62	6.52	6.43	6.33	6.28	6.23	6.18	6.12	6.07	6.02
6	5.46	5.37	5.27	5.17	5.12	5.07	5.01	4.96	4.90	4.85
7	4.76	4.67	4.57	4.47	4.42	4.36	4.31	4.25	4.20	4.14
8	4.30	4.20	4.10	4.00	3.95	3.89	3.84	3.78	3.73	3.67
9	3.96	3.87	3.77	3.67	3.61	3.56	3.51	3.45	3.39	3.33
10	3.72	3.62	3.52	3.42	3.37	3.31	3.26	3.20	3.14	3.08
11	3.53	3.43	3.33	3.23	3.17	3.12	3.06	3.00	2.94	2.88
12	3.37	3.28	3.18	3.07	3.02	2.96	2.91	2.85	2.79	2.72
13	3.25	3.15	3.05	2.95	2.89	2.84	2.78	2.72	2.66	2.60
14	3.15	3.05	2.95	2.84	2.79	2.73	2.67	2.61	2.55	2.49
15	3.06	2.96	2.86	2.76	2.70	2.64	2.59	2.52	2.46	2.40
16	2.99	2.89	2.79	2.68	2.63	2.57	2.51	2.45	2.38	2.32
17	2.92	2.82	2.72	2.62	2.56	2.50	2.44	2.38	2.32	2.25
18	2.87	2.77	2.67	2.56	2.50	2.44	2.38	2.32	2.26	2.19
19	2.82	2.72	2.62	2.51	2.45	2.39	2.33	2.27	2.20	2.13
20	2.77	2.68	2.57	2.46	2.41	2.35	2.29	2.22	2.16	2.09
21	2.73	2.64	2.53	2.42	2.37	2.31	2.25	2.18	2.11	2.04
22	2.70	2.60	2.50	2.39	2.33	2.27	2.21	2.14	2.08	2.00
23	2.67	2.57	2.47	2.36	2.30	2.24	2.18	2.11	2.04	1.97
24	2.64	2.54	2.44	2.33	2.27	2.21	2.15	2.08	2.01	1.94
25	2.61	2.51	2.41	2.30	2.24	2.18	2.12	2.05	1.98	1.91
26	2.59	2.49	2.39	2.28	2.22	2.16	2.09	2.03	1.95	1.88
27	2.57	2.47	2.36	2.25	2.19	2.13	2.07	2.00	1.93	1.85
28	2.55	2.45	2.34	2.23	2.17	2.11	2.05	1.98	1.89	1.83
29	2.53	2.43	2.32	2.21	2.15	2.09	2.03	1.96	1.89	1.81
30	2.51	2.41	2.31	2.20	2.14	2.07	2.01	1.94	1.87	1.79
40	2.39	2.29	2.18	2.07	2.01	1.94	1.88	1.80	1.72	1.64
60	2.27	2.17	2.06	1.94	1.88	1.82	1.74	1.67	1.58	1.48
120	2.16	2.05	1.95	1.82	1.76	1.69	1.61	1.53	1.43	1.31
∞	2.05	1.94	1.83	1.71	1.64	1.57	1.48	1.39	1.27	1.00

(행: 분모자유도 ν_2)

$\alpha=0.01$

ν_2 \ ν_1 (분자자유도)	1	2	3	4	5	6	7	8	9
1	4,052	4,999.5	5,403	5,625	5,764	5,859	5,928	5,982	6,022
2	98.50	99.00	99.17	99.25	99.30	99.33	99.36	99.37	99.39
3	34.12	30.82	29.46	28.71	28.24	27.91	27.67	27.49	27.35
4	21.20	18.00	16.69	15.98	15.52	15.21	14.98	14.80	14.66
5	16.26	13.27	12.06	11.39	10.97	10.67	10.46	10.29	10.16
6	13.75	10.92	9.78	9.15	8.75	8.47	8.26	8.10	7.98
7	12.25	9.55	8.45	7.85	7.46	7.19	6.99	6.84	6.72
8	11.26	8.65	7.59	7.01	6.63	6.37	6.18	6.03	5.91
9	10.56	8.02	6.99	6.42	6.06	5.80	5.61	5.47	5.35
10	10.04	7.56	6.55	5.99	5.64	5.39	5.20	5.06	4.94
11	9.65	7.21	6.22	5.67	5.32	5.07	4.89	4.74	4.63
12	9.33	6.93	5.95	5.41	5.06	4.82	4.64	4.50	4.39
13	9.07	6.70	5.74	5.21	4.86	4.62	4.44	4.30	4.19
14	8.86	6.51	5.56	5.04	4.69	4.46	4.28	4.14	4.03
분모자유도 15	8.68	6.36	5.42	4.89	4.56	4.32	4.14	4.00	3.89
16	8.53	6.23	5.29	4.77	4.44	4.20	4.03	3.89	3.78
17	8.40	6.11	5.18	4.67	4.34	4.10	3.93	3.79	3.68
18	8.29	6.01	5.09	4.58	4.25	4.01	3.84	3.71	3.60
19	8.18	5.93	5.01	4.50	4.17	3.94	3.77	3.63	3.52
20	8.10	5.85	4.94	4.43	4.10	3.87	3.70	3.56	3.46
21	8.02	5.78	4.87	4.37	4.04	3.81	3.64	3.51	3.40
22	7.95	5.72	4.82	4.31	3.99	3.76	3.59	3.45	3.35
23	7.88	5.66	4.76	4.26	3.94	3.71	3.54	3.41	3.30
24	7.82	5.61	4.72	4.22	3.90	3.67	3.50	3.36	3.26
25	7.77	5.57	4.68	4.18	3.85	3.63	3.46	3.32	3.22
26	7.72	5.53	4.64	4.14	3.82	3.59	3.42	3.29	3.18
27	7.68	5.49	4.60	4.11	3.78	3.56	3.39	3.26	3.15
28	7.64	5.45	4.57	4.07	3.75	3.53	3.36	3.23	3.12
29	7.60	5.42	4.54	4.04	3.73	3.50	3.33	3.20	3.09
30	7.56	5.39	4.51	4.02	3.70	3.47	3.30	3.17	3.07
40	7.31	5.18	4.31	3.83	3.51	3.29	3.12	2.99	2.89
60	7.08	4.98	4.13	3.65	3.34	3.12	2.95	2.82	2.72
120	6.85	4.79	3.95	3.48	3.17	2.96	2.79	2.66	2.56
∞	6.63	4.61	3.78	3.32	3.02	2.80	2.64	2.51	2.41

출처: M. Merrington and C. M. Thompson, "Table of Percentage Points of the Inverted Beta(F)-Distribution," *Biometrika,* 1943, *33,* 78~88.

$\alpha=0.01$

ν_2 \ ν_1	분자자유도									
	10	12	15	20	24	30	40	60	120	∞
1	6,056	6,106	6,157	6,209	6,235	6,261	6,287	6,313	6,339	6,366
2	99.40	99.42	99.43	99.45	99.46	99.47	99.47	99.48	99.49	99.50
3	27.23	27.05	26.87	26.69	26.60	26.50	26.41	26.32	26.22	26.13
4	14.55	14.37	14.20	14.02	13.93	13.84	13.75	13.65	13.56	13.46
5	10.05	9.89	9.72	9.55	9.47	9.38	9.29	9.20	9.11	9.02
6	7.87	7.72	7.56	7.40	7.31	7.23	7.14	7.06	6.97	6.88
7	6.62	6.47	6.31	6.16	6.07	5.99	5.91	5.82	5.74	5.65
8	5.81	5.67	5.52	5.36	5.28	5.20	5.12	5.03	4.95	4.86
9	5.26	5.11	4.96	4.81	4.73	4.65	4.57	4.48	4.40	4.31
10	4.85	4.71	4.56	4.41	4.33	4.25	4.17	4.08	4.00	3.91
11	4.54	4.40	4.25	4.10	4.02	3.94	3.86	3.78	3.69	3.60
12	4.30	4.16	4.01	3.86	3.78	3.70	3.62	3.54	3.45	3.36
13	4.10	3.96	3.82	3.66	3.59	3.51	3.43	3.34	3.25	3.17
14	3.94	3.80	3.66	3.51	3.43	3.35	3.27	3.18	3.09	3.00
분모자유도 15	3.80	3.67	3.52	3.37	3.29	3.21	3.13	3.05	2.96	2.87
16	3.69	3.55	3.41	3.26	3.18	3.10	3.02	2.93	2.84	2.75
17	3.59	3.46	3.31	3.16	3.08	3.00	2.92	2.83	2.75	2.65
18	3.51	3.37	3.23	3.08	3.00	2.92	2.84	2.75	2.66	2.57
19	3.43	3.30	3.15	3.00	2.92	2.84	2.76	2.67	2.58	2.49
20	3.37	3.23	3.09	2.94	2.86	2.78	2.69	2.61	2.52	2.42
21	3.31	3.17	3.03	2.88	2.80	2.72	2.64	2.55	2.46	2.36
22	3.26	3.12	2.98	2.83	2.75	2.67	2.58	2.50	2.40	2.31
23	3.21	3.07	2.93	2.78	2.70	2.62	2.54	2.45	2.35	2.26
24	3.17	3.03	2.89	2.74	2.66	2.58	2.49	2.40	2.31	2.21
25	3.13	2.99	2.85	2.70	2.62	2.54	2.45	2.36	2.27	2.17
26	3.09	2.96	2.81	2.66	2.58	2.50	2.42	2.33	2.23	2.13
27	3.06	2.93	2.78	2.63	2.55	2.47	2.38	2.29	2.20	2.10
28	3.03	2.90	2.75	2.60	2.52	2.44	2.35	2.26	2.17	2.06
29	3.00	2.87	2.73	2.57	2.49	2.41	2.33	2.23	2.14	2.03
30	2.98	2.84	2.70	2.55	2.47	2.39	2.30	2.21	2.11	2.01
40	2.80	2.66	2.52	2.37	2.29	2.20	2.11	2.02	1.92	1.80
60	2.63	2.50	2.35	2.20	2.12	2.03	1.94	1.84	1.73	1.60
120	2.47	2.34	2.19	2.03	1.95	1.86	1.76	1.66	1.53	1.38
∞	2.32	2.18	2.04	1.88	1.79	1.70	1.59	1.47	1.32	1.00

연습문제 해답

제 1 장

1. 7　a. 질적자료　b. 양적자료　c. 질적자료　d. 양적자료

제 3 장

3. 1　39.75; 41.5

3. 2　a. 15,325; 11,450; 4개의 최빈치들: 9,000, 10,000, 12,000 그리고 17,000

3. 3　b. 3; 3

3. 4　a. $\bar{X}=5$; $s^2=43.1$; $s=6.56$　b. $\bar{X}=9.5$; $s^2=9.85$; $s=3.14$

3. 5　a. 6; 27; 5.20　b. 6.25; 28.25; 5.32　c. 7; 37.67; 6.14　d. 3; 0; 0

3. 6　a. 124,000원　b. 42,480원　c. 표준편차

3. 7　11.1; 35.36; 5.95

3. 8　a. 22.84; 10.89; 3.3

　b. 적어도 0%; 적어도 75; 적어도 88.9%

　d. 68%; 96%; 100%

3. 9　a. 많아야 25%; 100%; 많아야 11.1%

　b. 1.5; 1.5

3.10　a. 5.1; 5.5; 6; 9; 7.43; 2.73

　b. 2.25　c. 중심화경향: 평균, 중위수, 최빈치

3.11　a. 8월, $R=11$(반면에 6월의 $R=10$); 6월, $s^2=17.48$(반면에, 8월의 $s^2=11.9$); s^2(왜냐하면 R은 극단적인 값들에 의하여 영향을 받기 때문이다)

　b. $s^2=17.48$; 아무런 영향이 없음

c. $s^2=157.3$; s^2은 상수의 제곱에 의하여 곱해준 값이 된다.

3.12 a. 약 0.68 b. 약 0.475 c. 약 0.16

제 4 장

4. 1 b. 0.152 c. 0.252

4. 2 $P(A)=0.16$; $P(B)=0.64$

4. 3 a. 6/8 b. 0 c. 3/8 d. 0

4. 4 a. 0.9 b. 0.10

4. 5 a. 0.36 b. 0.68 c. 0.14 d. 0.2059 e. 0 f. 0

4. 6 모두 다 종속적이다.

4. 7 $P(R \mid S)=0$; $P(S \mid R)=0$

4. 8 a. $P(A \cup B)=0.55$; $P(A \cap B)=0.15$ b. 0.5

4. 9 a. 0.028

4.10 a. 0.429 b. 0.24 c. 0.221 d. 0.875

4.12 0.79

제 5 장

5. 1 a. 이산확률변수 b. 연속확률변수 c. 연속확률변수

5. 2 a. 연속확률변화 b. 이산확률변수 c. 이산확률변수 d. 연속확률변수

5. 3 a. H: 앞면, T: 뒷면이라고 하자.

HHH, HTH, THH, HHT, TTH, THT, HTT, TTT

b.

X	0	1	2	3
$P(X)$	1/8	3/8	3/8	3/8

5. 4 a.

X	1	2	3	4	5	6
$P(X)$	1/6	1/6	1/6	1/6	1/6	1/6

5. 5 a. 0.35 b. 0.15 c. 0.25 d. 0.65 e. 1.0 f. 0.65

5. 6 a. 0.41 b. 0.26 c. 0.17

5. 7 a. 0.7

5. 8 a. 0.325; 0.011875; 0.1090 c. 0.60 d. 1.0

5. 9 a. 800 b. 아니오

제 6 장

6. 1 a. 0.311 b. 0.0256 c. 0.64

6. 2 a.

X	0	1	2	3	4	5
$P(X)$	0.031	0.157	0.312	0.312	0.157	0.031

b. 2.5; 1.25 c. 2.52.24 d. 0.938

6. 3 a. 0.167 b. 0.164 c. 1.0 d. 0 e. 0

6. 4 a. 0.001 b. $\binom{10,000}{10,000}(0.3)^{10,000}(0.7)^{0}$

6. 5 0.098

6. 6 b. $\mu=\sigma^2=\lambda=3$; $\sigma=1.732$; 3 ± 3.464 c. 0.9664

6. 7 c와 e 구간 내에 있지 않다.

6. 8 a. 0.7764 b. 0.1118

6. 9 0.1920; 0.6602

6.10 a. 0 b. 0.0833 c. 0.333 d. 0.1667

6.11 0.05; 0.05;0.5

6.12 a. 0.53 b. 1,240천원 c. 240천원

6.13 0.4019; 0.1608

6.14 33,333.33천원

6.15 0.0996; 0.0738

6.16 0.042

제 7 장

7. 1 a. 0.0013 b. 0.3085 c. 아마도 그 주장은 설득력 없다고 할 수 있다.

7. 2 a. 0.6826 b. 0.950 c. 0.90 d. 0.9544

7. 3 a. −3.0 b. 1.96 c. 1.645 d. 1.0 e. −0.15 f. 0.25

7. 4 2.07%

7. 5 a. 7,666.5 b. 0.4562

7. 6 b. 0.03; 0.00013 c. 0.0069에서 0.0531 d. 0.04

7. 7 a. 0.002479 b. 0.011109 c. 0.000123 d. 0.25924

7. 8 a. A: 0.632121, B: 0.864665 b. 18.4분 c. 9.2분

7. 9 a. 0.0918 b. 0 c. 4.87 데시벨만큼 낮춘다(즉, 평균소음수준=95.13)

7.10 0.0122; 0.0062

7.11 a. 0.095 b. 0.9987 c. 0.3085

7.12 a. 0.135 b. 0.5940

7.13 a. 0.0548 b. 0.6006 c. 0.3446 d. 6,503.80(천원)

7.14 a. 0.2033 b. 12,800(천원)

제 8 장

8. 1 a. 25; 0.77 b. 100; 1.83 c. 36; 0.71 d. 500; 0.8

8. 2 a. 20; 0.6 b. 1.67 c. −1.67

8. 3 a. 0.045 b. 0.9525 c. 0.9525 d. 0.9050 e. 0.0475

8. 4 a. 6; 0.3536 b. 0.5222 c. 0.0793 d. 더 작은 표준편차

8. 5 a. 12; 0.8 b. 10; 0.6 c. 2; 1 d. 정규분포를 이루게 된다.

8. 6 a. −0.5 b. 0.6915 c. 0.3085 d. 0.8426

8. 7 a. 0.35; 0.6538 b. $\mu_{\bar{x}}=0.35$ 그리고 $\sigma_{\bar{x}}=0.03269$인 정규분포

c. 0.35; 0.03269 d. 0.0630

8. 8 a. $\mu_{\bar{x}}=400$이며 $\sigma_{\bar{x}}=11.86$인 정규분포 b. 0.0174; 0.5

8.10 a. 0.0013 b. 아니다

8.11 a. $\mu_{\bar{x}}=45$이며, $\sigma_{\bar{x}}=0.258$인 개략적인 정규분포 b. 0.8508 c. 개략적으로 0

8.12 a. 45: {(1, 2), (1, 3), (1, 4), ⋯, (9, 10)} b. 21/45

b.

X	0	1	2
$P(X)$	3/45	21/45	21/45

8.13 a. 0.0202; 0.8294

제 9 장

9. 1 a. 5±1.176

9. 2 a. 15.5±0.564 b. 15.5±0.74 c. 증가한다

9. 3 19.8 ± 1.225

9. 4 32.6 ± 0.814

9. 5 a. $Z > 1.5$되면, H_0(귀무가설)을 기각한다. b. 0.0668

9. 6 a. $Z = 2.5$; H_0를 기각한다. b. H_0를 기각한다.

9. 7 a. 0.0183 b. 0.0015 c. $Z = 4.23$; 그렇다.

9. 8 $Z = -2.66$; 그렇다.

9. 9 $Z = -4.49$; 그렇다.

9.10 a. 2.365 b. 2.821 c. −2.878 d. −1.782

9.11 a. $t = -1.8$; H_0(귀무가설)을 기각하지 않는다.

b. $t = -1.8$; H_0를 기각하지 않는다.

9.13 $t = -4.19$; 그렇다.

9.14 322

제10장

10. 1 a. $Z = -2.78$; 그렇다. b. 0.0027

10. 2 $Z = 2.69$; 그렇다.

10. 3 $Z = -4.22$; 그렇다.

10. 4 a. 13.72 b. $t = -4.63$; 그렇다. c. p값< 0.01

10. 5 $t = 2.099$; 아니다.

10. 6 a. 3.73 b. 3.09 c. 6.54 d. 2.09

10. 7 a. $F = 2.47$; 그렇다. b. $0.05 <$ p값< 0.10

10. 8 b. $t = -2.57$; H_0를 기각한다. c. $0.005 <$ p값< 0.01

10. 9 $F = 1.11$; H_0를 기각하지 않는다.

10.10 a. $\bar{X}_D = -7.5$; $S_D = 3.94$ c. $t = -4.67$; 그렇다. d. p값< 0.01

f. -7.5 ± 4.13

10.11 a. $t = -5.88$; 그렇다 b. −2.20.798

10.12 a. $\hat{p}_1 = 0.2$; $\hat{p}_2 = 0.318$ b. $|Z| > 1.645$ c. $Z = -1.94$; H_0를 기각한다.

d. 0.0524

10.13 a. $n_1 = n_2 = 62$ b. 감소된다

제11장

11. 1 b. $\hat{\beta}_0 = -.125$; $\hat{\beta}_1 = 3.125$ d. 15.5

11. 2 a. $\hat{y} = -.2462 + 1.3152x$ c. 7.645 d. 12.4366; 2.487

11. 3 a. 51.08; 5.886 b. 997.13; 995.80 c. $-10.23.19$; $-10.22.64$

11. 4 a. $\hat{y} = 12.71 + 50x$ b. $t = 18.26$; 그렇다

11. 5 a. $\hat{y} = 10.39 + 90.92x$ b. H_a: $\beta_1 > 0$; $t = 3.182$; H_0을 기각한다.
c. 90.92 ± 57.58

11. 7 $t = 8.12$; 그렇다

11. 9 .9852; .9706

11.10 $r_1 = -.9674$; $r_2 = -.1105$; x_1

11.11 $\hat{y} = 7.32 + .485x$; $r^2 = .592$

11.12 a. $t = 6.97$; 그렇다. b. 5.261 ± 2.096 c. 21.22 ± 4.013 d. 21.22 ± 7.901

11.13 a. 78.58 ± 35.56 b. 78.58 ± 12.60

11.16 a. $\hat{y} = 27.78 - .6x$ c. 7 d. .5385 e. $-.6.1838$ f. 26.7.3479
g. 26.71.3453

11.17 a. .8914; .795 b. $t = 4.82$; 그렇다($\alpha = .05$)

11.18 b. $\hat{y} = 11{,}898.8 - 763.1x$ d. $t = -3.944$; H_0을 기각 e. -763.1 ± 375.9
f. $-.8495$ g. 7217 h. $5{,}739.9 \pm 1{,}609.3$ i. $5{,}793.9 \pm 677.2$

11.19 a. $\hat{y} = 13.48 + .056x$ b. $r = .7402$; $r^2 = .5479$ c. 17.402.474

11.20 a. $\hat{y} = 44.17 - .0255x$ c. $t = -.0294$; H_0을 기각하지 않는다; 아니다.

참고문헌

김우철 외, 통계학개론, 영지문화사, 1990.

김효석, 통계학, 형설출판사, 1988.

안상형, 경영수학, 법문사, 1992.

안상형 · 이명호, 경영 · 경제통계학, 박영사, 2011.

Harnett, Donald L. and Ashok K. Soni, Statistical Methods for Business and Economics, 4th ed., AddisonWesley Publishing Company, 1991.

Jarrett, Jeffery, Business Forecasting Method, Blackwell, 1991.

Jarrett, Jeffery and Arthur Kraft, Statistical Analysis for Decision Making, Allyn and Bacon, 1989.

McClave, James T. and P. Geroge Benson, Statistics for Business and Economics, Dellen, 1988.

Makridakis, Spyros and Steven Wheelwright, Forecasting Methods for Management, John Wiley and Sons, 1989.

Mason, Robert and Douglas Lind, Statistical Techniques in Business and Economics, Irwin, 1990.

Sandy, Robert, Statistics for Business and Economics, McGraw Hill, 1990.

Watson, Collin J., et al., Statistics for Management and Economics, Allyn and Baon, 1990.

찾아보기

| 저자소개 |

이명호 Georgia Institute of Technology 산업공학박사
현) 한국외국어대학교 교수
e-mail: leemh@hufs.ac.kr

안상형 Carnegie Mellon University 경영학박사
현) 서울대학교 경영전문대학원 교수
e-mail: shahn@snu.ac.kr

구지현 한국외국어대학교 경영학박사
현) 한국외국어대학교 강사
e-mail: 9koofox@daum.net

통계학으로의 여행 -원리와 응용사례 중심으로 배우는-

초판발행 2015년 3월 10일
중판발행 2018년 2월 10일

지은이 이명호 · 안상형 · 구지현
펴낸이 안종만

편 집 우석진
기획/마케팅 강상희
표지디자인 홍실비아
제 작 우인도 · 고철민

펴낸곳 (주) 박영사
서울시 종로구 새문안로3길 36, 1601
등록 1959. 3. 11. 제300-1959-1호(倫)
전 화 02)733-6771
f a x 02)736-4818
e-mail pys@pybook.co.kr
homepage www.pybook.co.kr
ISBN 979-11-303-0154-9 93320

정 가 25,000원